U0295628

传感与测试技术

主编 张 金 刘 芳

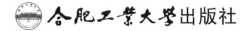

合肥工业大学出版社

图书在版编目(CIP)数据

传感与测试技术/张金,刘芳主编 . —合肥:合肥工业大学出版社,2024.1
ISBN 978 - 7 - 5650 - 6338 - 1

Ⅰ.①传⋯　Ⅱ.①张⋯　②刘⋯　Ⅲ.①传感器—测试技术　Ⅳ.①TP212.06

中国国家版本馆 CIP 数据核字(2023)第 225080 号

传感与测试技术

张　金　刘　芳　主编　　　　　　　责任编辑　赵　娜

出　版	合肥工业大学出版社	版　次	2024 年 1 月第 1 版
地　址	合肥市屯溪路 193 号	印　次	2024 年 1 月第 1 次印刷
邮　编	230009	开　本	710 毫米×1010 毫米　1/16
电　话	理工图书出版中心：0551 - 62903004	印　张	25.5
	营销与储运管理中心：0551 - 62903163	字　数	430 千字
网　址	press. hfut. edu. cn	印　刷	安徽联众印刷有限公司
E-mail	hfutpress@163.com	发　行	全国新华书店

ISBN 978 - 7 - 5650 - 6338 - 1　　　　　　　　　　　　定价：78.00 元

如果有影响阅读的印装质量问题,请与出版社营销与储运管理中心联系调换。

编 委 会

前　言

　　该教材以信息感知—系统特性—测试接口—装备应用—静态测试—动态测试为主线，系统介绍了传感与测试技术的全貌。教材紧密结合陆军转型"机械化、信息化、智能化"融合发展顶层设计需求，坚持经典与现代、器件与系统、理论与实践相结合的课程内容体系，淘汰陈旧内容，更新学科领域最新研究成果，将传感与测试技术同陆战场典型物理量测试有机融合，内容丰富新颖，适应新形势下实战化训练需要，符合陆军炮兵指挥人才培养目标要求。

　　本教材分为 3 篇，共 8 章。上篇为传感与测试技术理论基础，包括第 1～2 章，主要介绍传感与测试技术概述，传感器的定义、组成及分类，传感与测试技术的地位、作用，传感与测试技术的发展动态，传感与测试系统静态特性，传感与测试系统动态特性，负载效应及不失真测试等。中篇为传感器原理及应用，包括第 3～5 章，集中介绍电阻应变式传感器、电容式传感器、电感式传感器、压电式传感器、热电式传感器、光电式传感器、红外传感器、声学传感器、姿态传感器、智能传感器及无线传感网络 3 类 10 种传感器的原理、特性及接口。下篇为陆战场典型物理量测试技术，包括第 6～8 章，主要介绍火炮身管静态参数测试、火炮身管内膛疵病测试、瞬时速度测量法、外弹道区截测速法、雷达测速法、火炮动态参数测试要求和参数选取、火炮动态参数综合测试系统的总体方案、自动机线位移测试、供弹系统角位移测试、火炮温度测试、火炮振动测试、火炮压力测试等典型物理量动静态测试方法。教材既考虑到教学大纲和人才培养方案中的必修内容，又考虑到学员的发展潜力和技术发展趋势，在尊重科学体系的前提下，充实了大量经典军事应用案例，教学过程中可根据教学对象的特点进行适当选择。

　　本教材由中国人民解放军陆军炮兵防空兵学院机械工程系测控工程教研室张金教授统稿,参与教材编写的还有刘芳、王鑫、周迎春、朱敏、姚莹、郑玲玲、丁俊香、赵婷、张恒辉、汪旻达、李瑞鹏等同志,研究生董子华、王学彬参与了书稿的校对工作。

　　本教材由合肥工业大学胡鹏浩教授主审。教材编写过程中,我们参考了许多同行专家的著作,无法一一列出,在此表示衷心的感谢!

　　由于编者水平有限,书中难免存在疏漏和不足之处,敬请读者批评指正。

编　者

2023 年 8 月

目　　录

上篇　传感与测试技术理论基础

I

中篇　传感器原理及应用

下篇　陆战场典型物理量测试技术

上 篇

传感与测试技术理论基础

第1章 绪 论

　　人类在社会发展中创造并发展了测试学科。"凡存在之物，必以一定的量存在。""当你能够测量你正谈及的事物并将它用数字表达时，你对它便是有所了解的；而当你不能测量它，不能将它用数字表达时，你的知识是贫乏和不能令人满意的。"这两段描述指出了测量的广博性，也指出了测试的内涵及其科学性。

　　测量是指以确定被测对象属性值为目的的全部操作。测试是具有试验性质的测量，试验是对未知事物的探索性认识的过程，因此测试具有探索、分析和研究的特征。从信息科学的角度来看，测试技术的主要任务是寻找与自然信息具有对应关系的不同表现形式的信号，以及确定两者间的定性、定量关系；从反映某一信息的多种信号表现中挑选出所处条件下最为合适的表现形式，以及寻求最佳的采集、变换、处理、传输、存储、显示等的方法和相应的设备。

　　传感器是测试活动中感知、传输、转换和处理信息的器件或装置。传感器与测试技术同属于信息技术的范畴，两者紧密相连，代表着信息获取过程的不可分割的两个方面，一般很难从技术体系中把两者分开。

1.1　传感与测试技术概述

1.1.1　被测量的分类

　　被测量的种类非常多，一般将被测量分为电量和非电量两大类。

　　1. 电量

　　电量包括电压、电流、功率、电阻、电容、电感、频率、相位、功率因数、增益和电场强度等。

2. 非电量

非电量是除电量以外的一切量。非电量大致可分为热工量、机械量、物性和成分量以及状态量四大类。

1）热工量

热工量包括温度、热量、热流、比热容、热分布,压力(压强)、压差、真空度,流量、流速、风速,物位、液位、界面,等等。

2）机械量

机械量包括位移(角位移)、长度(尺寸、厚度、角度等)、形状、形变,力、应力、力矩、扭矩,重量、质量,转速、线速度、角速度、振动、加速度、噪声,等等。

3）物性和成分量

物性和成分量包括气/液体化学成分,酸碱度、盐度、浓度、黏度、湿度、密度,等等。

4）状态量

状态量包括颜色、透明度、颗粒度、硬度、磨损度,裂纹、缺陷、泄漏、表面质量,等等。

在实际工业生产中,需要测量的量五花八门,远不止以上所列举的项目。但从本质上看,不少是从上述一些基本量中派生出来的,如位移就可派生出线位移、角位移、长度、厚度、入射角、角振动等。

电量的测量技术随着电子技术的飞速发展而得到很大的提高,这促使人们研究采用电量的测量技术来测量非电量,即利用传感器将被测的非电量转换成电量,然后用电量的测量技术来测量,这就是所谓的非电量电测技术。

1.1.2 传感与测试系统的组成

简单的传感器或测试系统可以只有一个模块,如玻璃管温度计,它直接将温度变化转换成液面示值,没有电量转换和分析电路,很简单,但精度低,无法实现测试自动化。

下面通过一个实例来分析传感与测试系统的一般组成。图1-1为装备火控系统组成框图,其主要由目标搜索分系统、目标跟踪分系统、载体姿态测量分系统、系统操作控制台、脱靶量测量分系统、武器随动分系统、定位定向分系统、弹道气象测量分系统、火控计算分系统等组成。各部分组成一个信息感知、信号处理、信息传输与存储显示、执行控制的完整测控系统。其中,目标搜索分系统、载体姿态测量分系统、脱靶量测量分系统、定位定向分系统、弹道气象测量分系统等就是典型的传感与测试系统。

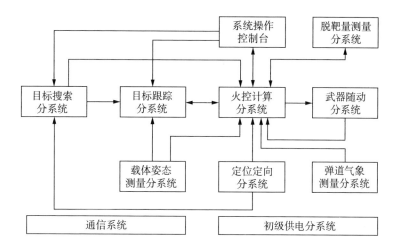

图 1-1 装备火控系统组成框图

典型的传感与测试系统由传感器、信号调理电路、显示和记录装置等几部分组成(见图 1-2)。

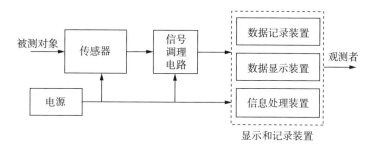

图 1-2 典型的传感与测试系统组成框图

传感器是传感与测试系统的第一个环节,用来感知被测量,并将其转换为适合后续处理的信号。例如,装备载体姿态测量时,可以采用多轴倾角传感器或者陀螺仪将载体三个转动自由度姿态转换成电压变化量。再如,采用弹簧秤测量物体受力,其中弹簧便是一个传感器(敏感元件),它将物体受力转换成弹簧的变形(位移量)进行测量。可见,对于不同的被测物理量要采用不同的传感器。

从传感器中出来的信号往往具有光、机、电等多种形式,而且混杂着干扰和噪声。信号调理就是对传感器输出的信号做转换、匹配、放大、滤波、隔离屏蔽、储存、重放、调制解调、模拟和数字转换等进一步的加工和处理,最终获取能便于传输、显示、记录和可做进一步后续处理的信号。例如,传感器为电参量式的,即被测信号的变化引起传感器的电阻、电感、电容等参数的变化,传感器输出为电路参数 R、L、C,通过基本转换电路将其转换为容易测量的电量(如电压、电流或电荷等)。如果被测模拟量要通过计算机处理,则必须把模拟量转换成相应的数字量,此时还需要模数转换器(A/D 转换器)。

显示和记录装置将信号调理电路处理过的信号用便于人们观察和分析的介质和手段进行记录或显示。常用的显示方式有三种:模拟显示、数字显示和图形显示。模拟显示就是利用表头指针的偏转角度的大小来显示读数,常用的有毫伏表、毫安表、微安表及装备牵引车辆的状态指示仪表。数字显示是用数字形式来显示读数,常用的有数字电压表、数字电流表和数字频率计。图形显示通过屏幕显示读数或被测参数变化的曲线。在测量过程中有时不仅要读出被测参数的数值,还要了解它的变化过程,特别是动态过程的变化。动态过程的变化根本无法用显示仪表指示,那么就要将信号送至记录仪进行自动记录。常用的记录仪有笔式记录仪(如电平记录仪、x-y 函数记录仪等)、光线示波器、磁带记录仪等。对于动态信号的测量,有时需要对测得的信号数值加以分析和数据处理,如对复杂波形要进行频谱分析和运算。常用于信号处理的仪器有频谱分析仪、波形分析仪、实时信号分析仪、快速傅里叶变换仪、逻辑分析仪等。

智能处理器在测量中的应用使传感与测试系统产生了质的飞跃,极大地提高了系统的信息处理能力。计算机数据采集系统、智能数据采集系统及虚拟仪器技术等,都是计算机技术在传感与测试系统中应用的结果。测量数据的微机处理不仅可以对信号进行分析、判断、推理,产生控制量,还可以用数字、图表显示测量结果。若在微机中使用多媒体技术,则可使测量结果的显示更直观。

被测对象和观测者也是测试系统的组成部分,它们同传感器、信号调理电路、显示和记录装置一起构成了一个完整的传感与测试系统。

1.2　传感器的定义、组成及分类

1.2.1　传感器的定义

传感器是一种以一定的精确度把被测量转换为与之有确定对应关系的、便于应用的某种物理量的测量装置。其包含以下四个方面的含义:

（1）传感器是测量装置，能完成信息感知任务；

（2）它的输入量是某一被测量，可能是物理量，也可能是化学量、生物量等；

（3）它的输出量是某种物理量，这种量要便于传输、转换、处理、显示等，这种量可以是气、光、电量，但主要是电量；

（4）输出、输入有对应关系，且应有一定的精确程度。

一种非电量常常可以用多种电测法来测量，就其转换方法而言可以归纳为两大类：直接转换法和间接转换法。

直接转换法就是用传感器直接将被测非电量 x 转换为电量 y，直接转换法所使用的传感器的可用非电量必须正好是被测量，而且其输出电量 y 应是被测量 x 的单值函数，即

$$y = f(x) \qquad (1-1)$$

直接转换法所使用的传感器称为直接传感器。

间接转换法就是先用敏感器将被测量 x 转换为传感器的可用非电量 z，再用传感器将可用非电量 z 转换为电量 y。设传感器的转换关系为

$$y = \varphi(z) \qquad (1-2)$$

则敏感器的转换关系为

$$z = \psi(x) \qquad (1-3)$$

由敏感器与传感器组合成的非电量 x 的转换关系便为复合函数，即

$$y = \varphi[\psi(x)] = f(x) \qquad (1-4)$$

按照传感器的定义，这种敏感器与传感器的组合装置仍可称为传感器，但却不是原来的非电量 z 的传感器，而是被测量 x 的传感器。因为其转换关系为复合函数，故称为复合传感器或间接传感器。

在很多情况下，传感器所转换得到的电量并不能被后面的显示和记录装置直接利用。例如，电阻应变式传感器可以把应变转换为电阻变化，但不能像热电偶产生的热电势那样被电压显示仪表所接收。这就需要用某种电路来对传感器转换出来的电量进行变换和处理，使之成为便于显示、记录、传输或处理的可用电信号。接在传感器后面具有这种功能的电路，称为传感器测试接口。例如，电阻应变片接入电桥，将电阻变化转换成电压变化，这里的电桥便是电阻传感器常用的测试接口。

很多传感器产品广告和说明书把能够输出标准信号的传感器称为变送器。

也就是说,"变送器"是"传感器"配接能输出标准信号的"测试接口"后构成的将非电量转换为标准信号的器件或装置。所谓"标准信号",是指物理量的形式和数值范围都符合国际标准的信号。由于直流信号具有不受线路中电感、电容和负载性质的影响,不存在相移问题等优点,因此国际电工委员会(International Electrotechnical Commission,IEC)将电流信号 4~20 mA(DC)和电压信号 1~5 V(DC)确定为测试系统电模拟信号的统一标准。无论什么仪表或装置,只要有相同标准的输入电路或接口,就可以从各种变送器获得被测变量的信号。这样,兼容性和互换性大为提高,仪表的配套也极为方便。

传感器与被测对象的关联方式有接触式和非接触式两种。接触式的优点是传感器与被测对象被视为一体,传感器的标定无须在使用现场进行。接触式的缺点是传感器与被测对象接触会对被测对象的状态或特性产生一定的影响,从而带来测量误差。非接触式则没有这种影响,但是由于非接触式传感器的输出会受到被测对象与传感器之间介质或环境的影响,因此传感器标定必须在使用现场进行。

1.2.2 传感器的组成

传感器的基本功能是获取信号和进行信号转换。传感器总是处于测试系统的最前端,用来获取被测信息,其性能的好坏将直接影响整个测试系统,对测量的精确度起着决定性作用。传感器一般由敏感元件、转换元件、信号调理电路和电源电路四部分组成,如图 1-3 所示。

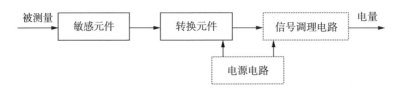

图 1-3 传感器组成框图

1) 敏感元件

敏感元件是指能够直接感知(响应)被测量,并按一定规律转换成与被测量有确定关系的其他量的元件。例如,应变式压力传感器的弹性膜片就是敏感元件,其作用是将压力转换成弹性膜片的变形。再如,目标角速度传感器的传动装置将角速度变化转换成角位移变化。

2) 转换元件

转换元件是指能将敏感元件的输出量直接转换成电量输出的元件,一般情况下不直接感知(响应)被测量(特殊情况例外)。例如,应变式压力传感器中的应变片就是转换元件,其作用是将弹性膜片的变形转换成电阻值的变化。再如,目标角速度传感器中的测速电机将角位移变化转换成电压变化。

3)信号调理电路

信号调理电路也称为测试接口或二次仪表,是把转换元件输出的电信号放大、转换为便于显示、记录、处理和控制的有用电信号的电路,如目标角速度传感器中的放大电路,它将微弱现场感知信号转换为易于后续电路处理的电信号。这些电路的类型视传感器类型而定,通常采用的有电桥电路、放大电路、滤波电路、A/D转换电路、D/A转换电路、调制电路和振荡器电路等。半导体器件与集成技术在传感器中的应用,已经实现了将传感器的信号调理电路与敏感元件一起集成在同一芯片上的传感器模块,如集成温度传感器 AD590、DS18B20 等。

4)电源电路

有的传感器需要外部电源供电,有的传感器则不需要外部电源供电,如电感传感器需要提供外部电源,而压电传感器则无须供电。

1.2.3 传感器的分类

传感器一般都是根据物理学、化学、生物学的效应和规律设计而成的,因此大体上可分为物理型、化学型和生物型三大类。物理传感器主要应用于工业测控技术领域。化学传感器是利用电化学反应原理,把无机化学物质和有机化学物质的成分、浓度等转换为电信号的传感器。生物传感器是利用生物活性物质选择性识别和测定生物和化学物质的传感器。后两类传感器广泛应用于化学工业、环保监测和医学诊断中。

按构成原理,物理传感器可分为物性型传感器和结构型传感器。物性型传感器是利用某些功能材料本身所具有的内在特性及效应来感知被测量,并将其转换成电量的,如热敏电阻传感器、光敏电阻传感器、霍尔传感器等。结构型传感器是利用其结构参数变化来实现信号转换的,如变极距型电容传感器、变气隙式电感传感器等。

根据能量观点,物理传感器又可分为能量转换型传感器和能量控制型传感器。能量转换型传感器将非电能量转换为电能量,不需要外电源,故又称为有源传感器、换能器。压电式传感器、磁电式传感器和热电偶传感器等就属于这一类。有源传感器犹如一台微型发电机,能将非电功率转换成电功率,因此也称为发电型传感器,其后续的信号调理电路通常是信号放大器。能量控制型传感器需要外部电源供给能量,故又称为无源传感器。这类传感器本身不是一个换能器,被测非电量仅对传感器中的能量起控制或调节作用。电阻式传感器、电感式传感器和电容式传感器都属于这一类。无源传感器本身不是一个信号源,后续的信号调理电路通常是电桥或者谐振电路。

按输出信号表示形式,物理传感器又可分为模拟式传感器和数字式传感器。

总之,物理传感器的分类方法很多,但常用的分类方法有两种:一种是按照被测的物理量分类;另一种是按照输出量的性质分类。物理传感器按照输出量的性质分类见表1-1所列。

表1-1 物理传感器按照输出量的性质分类

传感器分类		变换原理	变换器名称	典型应用
电参数式传感器	电阻式	移动电位器触点改变电阻	电位器	位移、压力
		改变电阻丝或电阻片的几何尺寸	电阻丝应变片	位移、力、力矩、应变
			半导体应变片	
		利用电阻的温度物理效应(电阻温度系数)	热丝计	气流流速、液体质量
			电阻温度计	温度、辐射热
			热敏电阻	温度
		利用电阻的光敏物理效应	光敏电阻	光强
		利用电阻的湿度物理效应	电阻湿度计	湿度
	电容式	改变电容的几何尺寸	电容式压力计	位移、压力
			电容式微音器	声强
		改变电容介的性质和含量	电容式液面计	液位、厚度
			含水量测量仪	含水量
	电感式	通过改变磁路几何尺寸、导磁体位置来改变变换器电感	电感变换器	位移、压力
		利用压磁物理效应	压磁计	力、压力
		改变互感	差动变压器	位移、压力
	频率式	通过改变电的或机械的固有参数来改变谐振频率	涡流传感器	位移、厚度
			振弦式压力传感器	压力
			振筒式压力传感器	气压
			石英晶体谐振式传感器	压力

（续表）

传感器分类		变换原理	变换器名称	典型应用
电量传感器	电势	温差热电势	热电偶	温度、热流
			热电堆	热辐射
		电磁感应	感应式变换器	速度
		霍尔效应	霍尔片	磁通、电流
		光电效应	光电池	光强
	电荷	光致电子发射	光发射管	光强、放射性
		辐射电离	电离室	离子计数、放射性
		压电效应	压电传感器	力、加速度

1.3 传感与测试技术的地位、作用

1.3.1 传感与测试技术课程定位

武器装备技术密集度提高的主要特征是信息化,核心是计算机技术、智能控制和网络通信,测试技术则是信息技术与武器装备之间的桥梁。战场上,一方面靠外部传感器快速发现与精确测定敌方目标,并通过有效通信、精准控制、精确指挥快速、准确地打击敌方目标;另一方面,靠各种内部传感器测定火控系统、发动机系统等部位不同类型的参数,保证武器系统本身处于最佳状态,发挥最大效能。因此有人说,实战中,看得见、听得到要靠传感器,打得准要靠传感器,全天候作战要靠传感器,装备故障诊断与维修也要靠传感器。

传感与测试技术是炮兵保障专业分队指挥(侦测)方向测控技术与仪器专业的核心必修课程,其根本任务是对学生进行系统的信息感知的概念、方法和途径的教育,引导学生理解与掌握传感器、测试信号接口、陆战场典型物理量测试的方法和技术途径,对学生理解实战化训练过程中涉及的传感、测试领域问题,提高分析信息感知类问题的能力具有重要意义。

本课程涉及机械、动力、光学、材料、电子、半导体、信息处理等众多学科领域,应用范围十分广泛,与当前多学科交叉融合的趋势相一致,在专业课程体系中起到承上启下的作用。其前导课程包括高等数学、电工技术基础、机械技术基础、大学

物理、电子技术基础、自动控制原理等。通过对本课程的学习,学生应具备测试技术及传感器的基本理论与专业素质;掌握解决装备测试技术实际问题的方法和技术;掌握陆战场典型参数测量和分析的方法及手段;为进一步研究和处理装备测试技术问题,装备计量测试与校准、检测与维修等打下基础;为学习测量技术基础、侦测装备原理、炮兵侦察装备操作与使用、炮兵兵器与技术勤务等后续课程,掌握第一任职岗位装备原理、操作、维护保障技能打下扎实的专业技术基础。

1.3.2　传感与测试技术的应用

随着科学技术的飞速发展和工程领域的迫切需求,传感与测试技术已越来越广泛地应用于工业、农业、国防、航空、航天、医疗卫生和生物工程等各个领域。

1. 应用于仪器仪表,成为国民经济的"倍增器"

传感器是信息获取 — 处理 — 传输链条中的源头技术。没有传感器就不能获取生产、科学、环境、社会等领域中全方位的信息,进入信息时代更是不可能的。传感与测试技术最直接的应用就是各种仪器仪表,其在工农业生产中起着把关者和指导者的作用。它从生产现场获取各种参数,运用科学规律和系统工程的做法,综合有效地利用各种先进技术,通过自动控制手段和装备,使每个生产环节得到优化,进而保证生产规范化、提高产品质量、降低成本、满足需要、保证安全生产。

在各种现代机械设备的设计和制造中,传感与测试技术的成本已达到设备系统总成本的50% ~ 70%。据资料统计:一辆汽车需要30 ~ 100种传感器及配套仪表用以检测车速、方位、转矩、振动、油压、油量、温度等;一架飞机需要3 600余种传感器及配套仪表用来监测飞机各部位的参数(如压力、应力、温度等)。据美国国家标准与技术研究院(National Institute of Standards and Technology,NIST) 的统计,美国为了质量认证和控制、自动化及流程分析,每天要完成2.5亿个测试。要完成这些测试任务,需要大量的、种类繁多的分析仪器仪表。NIST于20世纪90年代初评估仪器仪表工业对美国国民经济总产值的影响作用所提出的调查报告中称,仪器仪表工业总产值只占工业总产值的4%,但它对国民经济的影响达到66%。

2. 应用于科学研究,成为科学发展的"推进剂"

测试是人类认识世界和改造世界必不可少的重要手段。在科学技术的发展过程中,人们根据对客观事物所做的大量的试验和测量,形成定性和定量的认识,总结出客观世界的规律;通过试验和测量进一步检验这些规律是否符合客观实际;在利用这些客观规律改造客观世界的过程中，又通过试验和测量来检验实际效果。科学的发展、突破是以测试技术的水平为基础的。例如，人类在光学显微镜出现以前，只能用肉眼来分辨物质；16 世纪出现的光学显微镜使人们能够借助显微镜来观察细胞，从而大大推动了生物科学的发展；20 世纪 30 年代出现的电子显微镜使人们的观察能力进入微观世界，这又推动了生物科学、电子科学和材料科学的发展。诺贝尔物理学奖和化学奖中大约有四分之一是关于测试技术和手段的创新。

3. 应用于国防现代化建设，提高武器系统"实战能力"

在军事上，传感与测试技术就是"战斗力"，未来的战争越来越依赖传感器，可以说未来的战场将变成高度复杂的"传感器迷宫"。图 1-4 为传感与测试技术在国防现代化建设中应用的需求关系框图。

测试控制的精度决定了武器系统的打击精度，测试速度、诊断能力则决定了武器系统的反应能力。信息战争时代，作战向信息收集、分类、处理、决策、打击一体化方向发展，传统的作战思想、作战方式已经发生了根本性的变化，以信息为基础的高度机动性、隐蔽性及空地一体化是现代战争的主要特点，近年来的几次局部战争已经证明了信息在战争对抗中的决定性作用。"信息获取""精确信息控制"和"一致性战场空间理解"构成了战场感知的三个基本要素。有资料表明，在未来作战中，70% ～ 80% 的伤亡发生在实施"信息获取"的侦察人员身上。

战场感知是随着信息技术特别是探测技术的发展、信息优势等概念的形成，以及新军事革命理论的深化而产生的新概念，是所有参战部队和支援保障部队对战场空间内敌、我、友各方兵力部署、武器装备和战场环境（如地形、气象、水文等）等信息的实时掌握过程。地面战场侦察传感器系统是一种能对地面运动目标或低空飞行目标进行探测的技术侦察设备。这类技术侦察设备一般都装有微处理机、雷达、摄像机、夜视观测仪、激光目标指示器、三防探测装置和报警器等，其主要作用是利用设置在地面上的各种传感器侦察地面运动目标或低空飞行目标的位置、性质、出现时间、运动速度、方向及行动规模等情报信息，能近距离针对目标进行细节侦察，特别适合于敌后侦察和谍报侦察；对战场目标（如军舰、坦克、军队等）进行空中或地面监视、毁伤效果评估（实时图像传回），并为导弹等进行目标指示。

随着转型发展的推进，我国陆军装备信息化程度日益提高，如新装备的155 mm 自行加榴炮武器系统就集成了 30 多个传感器，应用主要体现在三个方面：一是发动机系统中使用的绝对压力、速度、流量、温度、氧分压等传感器，用来监测、控制发动机，从而使装备加速快、控制自如，以最少能耗保证最大的动力；二是火控系统中使用的姿态倾角、火药温度及环境温度、压力、风向、风速等传感器,可以保证火力系统自动瞄准目标,并根据火炮及外界环境条件及时修正;三是故障诊断系统中使用的温度、压力、压差、转速、扭矩等传感器,对武器系统整体进行故障诊断。

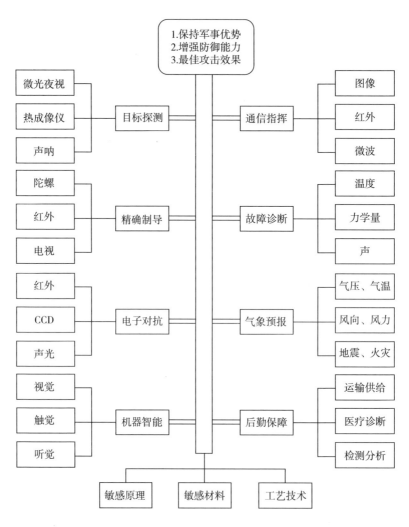

图1-4 传感与测试技术在国防现代化建设中应用的需求关系框图

高新技术弹药一般在弹药上采用了末端敏感技术、末端制导技术、弹道修正技术等,此类弹药都具有一定的目标探测功能。图1-5为末端敏感炮弹(末敏弹)采用的探测工作方式,其中末端制导技术根据制导的方式不同,分别使用可见光、红外、毫米波、声等探测技术，通过目标识别，控制弹丸跟踪、命中目标。

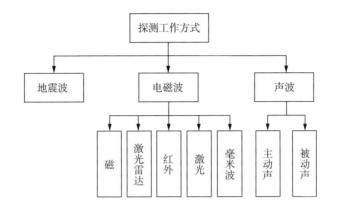

图 1-5　末敏弹采用的探测工作方式

　　末端敏感技术主要用在末敏弹上，末敏弹是用火炮发射的一种"打了后不用管"的子母炮弹，该弹飞抵目标区域后，通过时间引信作用，抛出敏感子弹，在敏感子弹的整体旋转中，依靠弹上的敏感器对地面进行扫描，自动探测目标，在发现目标的同时，识别出子弹与目标之间的相对空间位置，再依靠爆炸成型弹丸毁伤目标。末敏弹没有制导系统，它只探测、识别目标，而不追踪目标，末敏弹常用的探测器有毫米波探测器、红外探测器、双色红外探测器等。弹道修正技术主要用在炮弹上。炮弹在飞行中的弹道参数和目标参数通过地面站测定，地面站发射出修正信号，炮弹上只完成接收信号和控制弹丸运动的工作。除此之外，弹道修正技术还可以把来自弹载的全球定位系统（Global Positioning System，GPS）接收机或其他类似的接收机通过探测系统测得的弹道信息回传给火炮，使射击指挥系统通过弹丸飞行中的实测参数来修订发射火炮的装定诸元，以提高命中精度。

　　在发射炮弹的瞬间，需要采用多种测试方法来测量各种参数，如膛压的变化过程、弹底压力、弹后压力波、身管压力分布、弹丸在膛线的挤进过程、弹丸在膛内运动的速度、膛内燃气温度及身管温度分布、炮的激波压力、发射瞬间的轴向加速度以及炮身的振动和反作用力等。炮弹离开炮口能否准确射向目标和摧毁目标也要在试验中跟踪测试，包括中间弹道测试、外弹道测试和终点弹道测试。

　　兵器的研制过程中，只有通过各种先进的测试手段进行严格和准确的测试，才能为改进和优化设计提供各种数据依据，也才能缩短研制周期，减少研制费用，提高战术技术指标。

1.4 传感与测试技术的发展动态

20 世纪 70 年代以来,微电子技术的大力发展与进步极大地促进了通信技术和计算机技术的快速发展。相对而言,传感器技术发展却十分缓慢,制约了现代信息技术的整体发展与进步。美国曾把 20 世纪 80 年代看成传感器技术时代,将传感器技术列为 20 世纪 90 年代 22 项关键技术之一。从 20 世纪 80 年代中后期开始,我国也把传感器技术列为国家优先发展的技术之一。进入 21 世纪,一方面,现代科学技术的发展不断向测试技术提出新的要求,推动了传感器与测试技术的发展;另一方面,传感器与测试技术迅速吸取各个科学技术领域(如材料科学、微电子学、计算机科学等)的新成果,促进自身的发展。近年来传感与测试技术的发展主要表现在以下几个方面。

1.4.1 传感器技术的发展

1. 发现新原理

传感器的工作原理是基于各种效应、反应和物理现象的,所以发现新现象与新效应是发展传感器技术的重要工作。由此启发人们进一步探索具有新效应的敏感功能材料,并以此研制出具有新原理的新型物性型传感器。研制新型物性型传感器是发展高性能、多功能、低成本和小型化传感器的重要途径。一般来说,结构型传感器结构复杂、体积偏大、价格偏高。物性型传感器大致与之相反,具有不少诱人的优点,加之过去发展也不够,世界各国都在物性型传感器方面投入了大量人力、物力,从而使它成为一个值得关注的发展动向。

大自然是生物传感器的优秀"设计师",经过漫长的岁月,不仅造就了集多种感官于一身的人类本身,还设计了许许多多功能奇特、性能高超的生物传感器。例如,狗的嗅觉(灵敏阈为人的 1 200 倍),鸟的视觉(视力为人的 8 ~ 50 倍),蝙蝠、飞蛾、海豚的听觉(主动型生物雷达 —— 超声波传感器),蛇的接近觉(分辨率达 $0.001℃$ 的红外测温传感器),等等。研究动物的感官机理,开发仿生传感器,是引人注目的方向。

2. 开发新材料

材料是传感器技术的重要基础。随着材料科学的进步,人们在制造时可任意控制成分,从而设计制造出各种功能材料。用复杂材料来制造性能更加良好的传感器是今后的发展方向之一,如半导体氧化物可以制造各种气体传感器。近年来,将有机材料作为传感器材料引起国内外学者的极大兴趣。

应用于研制传感器的新型材料主要有以下几类。

(1) 半导体敏感材料,包括单晶硅、多晶硅、非晶硅、硅蓝宝石等。硅具有相互兼容的优良的电学特性和机械特性,可用来研制各种类型的硅微结构传感器。

(2) 石英晶体材料,包括压电石英晶体和熔凝石英晶体(又称为石英玻璃),具有极高的机械品质因数和非常好的温度稳定性。同时,天然的石英晶体还具有良好的压电特性,可用来研制各种微小型化的高精密传感器。

(3) 功能陶瓷材料,目前已经能够按照人为的设计配方制造出所要求性能的功能材料。特别是气体传感器,用不同配方混合的原料,在精密调制化学成分的基础上,经高精度成型烧结成对某一种或某几种气体进行识别的功能陶瓷,可用来研制新型气体传感器。

此外,化合物半导体材料、复合材料、薄膜材料、磁性材料、形状记忆合金材料、智能材料等在传感器技术中也得到了成功的应用。

3. 采用新工艺

新型传感器的发展,离不开新工艺。传感器有逐渐小型化、微型化的趋势,这为传感器的应用带来了许多便利。基于集成电路(Integrated Circuit,IC)制造技术发展起来的微机械加工工艺(又称为微细加工技术,指离子束、电子束、分子束、激光束和化学刻蚀等用于微电子加工的技术)可使被加工的敏感结构尺寸达到微米级、亚微米级,并且可以批量生产,从而制造出既微型化又便宜的传感器。例如,利用半导体技术制造出压阻式传感器;利用薄膜工艺制造出快速响应的气敏传感器、湿敏传感器;日本横河电机利用各向异性腐蚀技术进行高精度三维加工,在硅片上构成孔、沟、棱锥、半球等各种形状,制作出全硅谐振式压力传感器。

微机械加工工艺主要包括以下技术:

(1) 平面电子加工工艺技术,如光刻、扩散、沉积、氧化、溅射等;

(2) 选择性的三维刻蚀工艺技术、各向异性腐蚀技术、外延技术、牺牲层技术、光刻电铸 LIGA 技术(X 射线深层光刻、电铸成型、注塑工艺的组合)等;

(3) 固相键合工艺技术,如 Si—Si 键合,实现硅一体化结构;

(4) 机械切割技术,将每个芯片用分离切断技术分割开来,以避免损伤和残余应力;

(5) 整体封装工艺技术,将传感器芯片封装于一个合适的腔体内,隔离外界干扰对传感器芯片的影响,使传感器在较理想的状态下工作。

4. 使用新技术

利用红外焦平面阵列技术、分布式光纤传感技术、多传感器数据融合技术、模糊信息处理技术等开发新一代多功能智能传感器。

红外探测是在 $2 \sim 2.26~\mu m$、$3 \sim 5~\mu m$ 和 $8 \sim 14~\mu m$ 三个红外辐射窗口进行的。红外焦平面阵列技术是目前红外探测技术领域的发展重点,它具有高度的光响应均匀性、高信噪比和低成本的优点。红外探测器可装载于舰艇、飞机及车辆等平台,用于夜间短、中、长距离战场红外识别系统,机载、车载和舰载前视红外(Forward Looking Infra - Red,FLIR)系统,红外搜索与跟踪系统,战术武器的精确制导,等等。

光纤传感器利用光纤特殊的传光特性,具有在复杂和恶劣环境条件下实现高精度检测和超凡的信息传输能力。例如,光纤陀螺可用于对飞行器、水下兵器、陆用战车的惯性制导和对运动载体的姿态控制;微振动传感器和光纤信息传输网可用于海洋防卫、反潜作战的光纤水听器传感阵列网;温度传感器、压力传感器、振动传感器的智能结构可用于水下兵器和航空航天等领域。光纤传感器具有获取敌方信息的功能,能起到监视、预警、隐身和通信等重要作用。

1.4.2 测试方法的发展

近年来,测试方法的发展突飞猛进,主要体现在以下几个方面。

(1)主动测试法。为了充分掌握被测对象内在的运动特征,对被测对象施加有针对性的激励信号,通过深入分析所得到的响应,获取有用信号。

(2)非接触式测试法。基于光电、超声、微波与射线等技术,实现非接触测试。非接触测试的最大特点是测试过程尽可能简单或不与被测对象进行能量交换,从而不干扰被测对象自身的运动状态。

(3)非电信号测试法。为了提高测试过程的抗干扰能力、保密程度与防爆能力,充分利用非电量测量方法。例如,采用光纤技术,利用特殊功能材料的物理特性,可以充分发挥非电信号的测试优点。

(4)多功能测试。基于多功能传感器技术,实现单只传感器多参数的测量,从而带动与促进多功能测试方法的发展。

(5)自动测试技术。基于计算机技术的快速发展,在接口技术与总线技术的配合下,充分发挥计算机信息处理的强大功能,实现对大型、复杂对象的多路与多参数的测试,实现系统的快速巡回测试、实时测试与同步测试,实现对大量数据的存储、传输、分析与处理。

1.4.3　图视显示技术和记录设备的发展

1. 图视显示技术的发展

图视显示技术在传感与测试技术领域中早期主要体现在测试信号波形的输出显示上。采用点阵图视显示技术,信号波形的输出显示、测试结果和信息的显示、测试参数的配置、信号通道和测控环节的选择都可以通过软件融合在一起,成为可视化软件技术。所谓可视化软件技术,就是利用软件在图视显示器上用图形、图像控制面板或用图形、图像控制接口等虚拟输入输出构件,可视化、直观地对测试仪器的测量参数、控制环节和测试结果进行调整、修整和多模式显示输出的一种新技术。

2. 记录设备的发展

任何一台通用的计算机,配上满足信号采集要求的数据采集卡,再辅以其外设数字存储媒体(如磁带、磁盘、光盘、新型的固态半导体存储盘等),就可以构成一台通用的测试信号数字记录设备。

1.4.4　传感与测试技术的发展方向

1. 测试向高精度和多功能方向发展

精度是传感与测试技术永恒的主题。随着科学技术的发展,各个领域对测试的精度要求越来越高。测量仪器及整个测量系统性能的提高,使测得数据的可信度也相应提高。产品研制过程中需要进行大量试验,用来测量某些性能参数,然后对新测数据进行统计分析。提高精度可以减少试验次数,从而减少试验经费,降低产品成本。例如,在尺寸测量范畴内,从绝对量来看已经提出了纳米测量与亚纳米测量的要求,纳米测量已经不仅仅是要求单一方向的测量,而是要求实现空间坐标的测量。在时间测量上,相对精度为 10^{-14},近年来国际上又开始了对光钟时间基准的研究,精度为 10^{-19}。

在提高测量精度的同时,扩展功能也是目前的发展趋势,特别是计算机技术的发展,使传感与测试技术产生了革命性的变化。在许多测试系统中,利用计算机使得测量精度更高、功能更全。在科学技术进步与社会发展过程中,会不断出现新领域、新事物,需要人们去认识、探索和开拓。例如,开拓外层空间、探索微观世界、了解人类自身的奥秘等,为此需要测试的领域越来越多,环境越来越复杂,所有这一切都要求传感与测试技术具有更强的功能。

2. 参数测量与数据处理向自动化方向发展

装备的大型综合性试验,准备时间长,待测参数多,少则有几十个数据通道,多则有几百个数据通道。这些通道状态如果完全依靠人工检查,那么就要耗费很长时间;众多的数据如果依靠手工去处理,那么不仅处理周期太长,而且处理结果精度也很低。现代传感与测试技术的发展目标是采用以计算机为核心的自动测试系统,这种系统能实现自动校准、自动修正、故障诊断、信号调制、多路采集和自动分析处理,并能打印输出测试结果。

实现多参数的自动测量与处理可以大大提高测量精度,缩短试验周期,加速装备的更新与开发。

3. 传感器技术向智能化、集成化、微型化、量子化、网络化方向发展

传感器技术的智能化就是将传感器获取信息的基本功能与专用的微处理器的信息分析、处理功能紧密结合在一起,同时实现必要的自诊断、自校验、通信与控制等功能,能将已获得的大量数据进行分割处理,实现远距离、高速度、高精度传输等。

传感器技术的集成化是指在同一芯片上,或将众多同一类型的单个传感器件集成一维线型、二维阵列(面)型传感器,或将传感器与调理、补偿等电路集成一体化。前一种集成化使传感器的测试参数实现"点 → 线 → 面 → 体"多维图像化,甚至能加上时序,变单参数测试为多参数测试。例如,温、气、湿三功能陶瓷传感器的研制成功;同时感测 Na^+、K^+ 和 H^+ 的传感器,可感测血液中的 Na^+、K^+、H^+ 的浓度,对诊断心血管疾患有重大意义,该传感器的尺寸为 $2.5\ mm \times 0.5\ mm \times 0.5\ mm$,可直接用导管送到心脏内检测。把多个功能不同的传感元件集成在一起,除可同时进行多种参数的测量外,还可对这些参数的测量结果进行综合处理和评价,可反映出被测系统的整体状态。后一种集成化使传感器由单一的信号变换功能扩展为兼有放大、运算、干扰补偿等多功能 —— 实现了横向和纵向的多功能化。

传感器技术的微型化主要是以微机电系统(Micro Electro - Mechanical System,MEMS)技术为基础的传感器。目前比较成熟的有微型压力传感器、微型加速度传感器等。

传感器技术的量子化是指利用量子力学的一些效应研制用于测试极微弱信号的传感器。例如,利用核磁共振效应做成的磁敏传感器,可将量程扩展到地磁场的 10^{-7},利

用约瑟夫（Josephson）效应做成的热噪声传感器，可测出 10^{-6} K（1 K ＝ －272.15 ℃）的超低温等。

传感器技术的网络化主要是将传感器技术、通信技术以及计算机技术相结合，从而构成网络传感器，实现信息采集、传输和处理的一体化。

4. 开展极端条件测试

相对而言，常规测试技术比较成熟，而一些极端情况下的测试，如超高温与超低温的测试、大尺寸及微尺寸的测试等则需要解决更多的技术问题。

以压力测试为例，在火炮膛压测试技术中，常规火炮膛压小于 600 MPa 的测试，采用铜柱（铜球）测压器或电测传感器均可满足要求。为提高火炮的射程和射击精度、增大威力，在高膛压火炮的研究中，膛压可高达 800 ～ 1 000 MPa，并伴随着 9.8×10^5 m/s² 的高冲击加速度。这就促使膛压测试技术要有相应的发展，需要研制出量程更大的压力传感器及配套的压力动态标定装置，而且研制的测压传感器和测温传感器要能在高冲击加速度下稳定工作。

思考题

1. 试举例说明传感与测试系统的基本组成及其各环节的功能。

2. 什么是传感器？你是如何理解的？

3. 简述传感器分为哪几类，并简要说明各类的特点。

4. 试给出一种传感器在炮兵装备及实战化训练过程中的应用案例。

5. 简述传感与测试技术的发展动态（集中某一点）。

6. 结合所学专业与技术发展方向，写一篇有关"战场感知"理论、技术与装备或传感器军事应用方面的课程论文，要求图文并茂，不少于 3 000 字。

第2章　传感与测试系统基本特性

任何系统都有自身的传输特性，假设输入信号用 $x(t)$ 表示，系统的传输特性用 $h(t)$ 表示，输出信号用 $y(t)$ 表示，则通常的传感与测试问题总是在处理 $x(t)$、$h(t)$ 和 $y(t)$ 三者之间的关系。系统输入、输出的关系如图 2-1 所示。

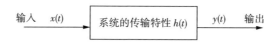

图 2-1　系统输入、输出的关系

（1）若输入信号 $x(t)$ 和输出信号 $y(t)$ 是已知量，则通过输入、输出就可以判断系统的传输特性；

（2）若系统的传输特性 $h(t)$ 已知，输出信号 $y(t)$ 可测，则通过 $h(t)$ 和 $y(t)$ 可推断出对应于该输出的输入信号 $x(t)$；

（3）若输入信号 $x(t)$ 和系统的传输特性 $h(t)$ 已知，则可推断和估计出系统的输出信号 $y(t)$。

从输入到输出，系统对输入信号进行传输和变换，系统的传输特性将对输入信号产生影响，因此，要使输出信号真实地反映输入的状态，系统必须满足一定的性能要求。

一个理想的系统应该具有单一的、确定的输入输出关系，即对应于每个确定的输入量都应有唯一的输出量与之对应，并且以输出和输入呈线性关系为最佳。而且，系统的特性不应随时间的推移发生改变。满足上述要求的系统称为线性时不变系统，也称为最佳测试系统。

为真实地传输信号，系统必须具备一些必要的特性，通常用静态特性和动态特性来描述。

2.1　传感与测试系统静态特性

如果测量时,传感与测试系统的输入、输出信号不随时间而变化(或变化缓慢),则称为静态测量。静态测量时,传感与测试系统表现出的响应特性称为静态特性。表示静态特性的参数主要有灵敏度、非线性度和回程误差等。为了评定测试装置的静态特性,通常采用静态测量的方法求出输入-输出关系曲线,并将其作为该装置的标定曲线。理想的线性传感与测试系统的标定曲线应该是直线,但受各种原因的影响,实际传感与测试系统的标定曲线并非如此。因此,一般还要按最小二乘法原理求出标定曲线的拟合直线。

2.1.1　静态特性

静态测量时系统处于稳定状态,输出信号 y 与输入信号 x 之间的函数关系一般可用下列多项式来表示:

$$y = a_0 + a_1 x + a_2 x^2 + \cdots + a_n x^n \tag{2-1}$$

式中, $a_0, a_1, a_2, \cdots, a_n$ 为标定系数,它决定静态特性曲线的形状和位置。当所有标定系数 $a_0, a_1, a_2, \cdots, a_n$ 均不为 0 时,系统的静态特性曲线如图 2-2(a) 所示,其中 a_0 称为零点输出。

当式(2-1)中仅 a_1 不为 0 时, $y = a_1 x$,即输出与输入特性曲线是经过坐标原点的直线[见图 2-2(b)],这是一种理想的线性传感与测试系统。

当式(2-1)中仅 a_0、a_1 不为 0 时, $y = a_0 + a_1 x$,即特性曲线是一条零点迁移的直线[见图 2-2(c)],其中 a_1 称为理论灵敏度。

当式(2-1)中仅奇次项不为 0 时, $y = a_1 x + a_3 x^3 + a_5 x^5 + \cdots$,则在原点附近相当范围内特性曲线基本上呈线性关系,并具有 $y(x) = -y(-x)$,即曲线关于原点对称的性质[见图 2-2(d)]。

当式(2-1)中仅一次项和偶次项不为 0 时, $y = a_1 x + a_2 x^2 + a_4 x^4 + \cdots$,则特性曲线只有较小的线性段,且曲线不对称[见图 2-2(e)]。

通常希望传感与测试系统的静态特性曲线呈线性关系,在实际运用时,如果非线性项的方次不高,则在输入量变化不大的范围内,可以用切线或割线代替实际曲线的某一段,使传感器的静态特性近似于线性。

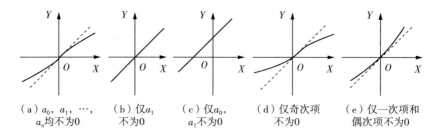

（a）a_0，a_1，…，　　（b）仅a_1　　　（c）仅a_0，　　（d）仅奇次项　　（e）仅一次项和
　a_n均不为0　　　不为0　　　　a_1不为0　　　不为0　　　　偶次项不为0

图 2-2　传感与测试系统的静态特性曲线

应该指出，传感与测试系统的静态特性是在静态标准条件下进行校准（标定）的。静态标准条件是指没有加速度、振动、冲击（除非这些参数本身就是被测物理量），环境温度一般为室温 20 ℃±5 ℃，相对湿度不大于 85%，大气压力为 101 324.72 Pa±7 999.32 Pa[（760±60）mmHg]的情况。在这种标准条件下，利用一定精度等级的校准设备，向系统输入高精度的标准量信号，测出相应的输出量值，并进行反复测试，得出系统的静态特性，可以用输出-输入数据制成的表格或绘成的曲线（称为校准曲线或标定曲线）来表示。

2.1.2　静态特性指标

1. 灵敏度（S）

灵敏度是指传感与测试系统在静态测量时，输出量的增量与输入量的增量之比的极限值，即

$$S = \lim_{\Delta x \to 0} \frac{\Delta y}{\Delta x} = \frac{\mathrm{d}y}{\mathrm{d}x} \qquad (2-2)$$

灵敏度的量纲是输出量的量纲和输入量的量纲之比。当某些传感器或组成环节的输出和输入具有同一量纲时，常用"增益"或"放大倍数"来代替灵敏度。

对线性传感与测试系统来说，灵敏度为

$$S = \frac{y}{x} = K = \frac{m_y}{m_x} = \tan\theta \qquad (2-3)$$

式中，m_y、m_x 分别为坐标轴 y 和 x 上曲线的比例尺；θ 为相应点切线与 x 轴间的夹角。

式（2-3）表示线性传感与测试系统的灵敏度为一个常数，可由静态特性曲线（直线）的斜率来求得，曲线的斜率越大，其灵敏度就越高[见图 2-3（a）]。对于线

性不好的传感与测试系统[见图 2-3(b)]，可用输出量与输入量测量范围 $\bar{y}$ 与 $\bar{x}$ 的比值来表示其平均灵敏度，即

$$\bar{S} = \frac{\bar{y}}{\bar{x}} = \frac{m_y}{m_x} = \tan\theta \qquad (2-4)$$

式中，$\bar{x} = x_h - x_l$，$\bar{y} = y_h - y_l$，其中 x_1 与 y_1 分别为 x 和 y 的测量下限值，x_h 与 y_h 分别为 x 和 y 的测量上限值。

对于非线性传感与测试系统，其灵敏度是变化的[见图 2-3(c)]。一般希望传感与测试系统的灵敏度 S 在整个测量范围内保持为常数，一方面有利于读数，另一方面便于分析和处理测量结果。

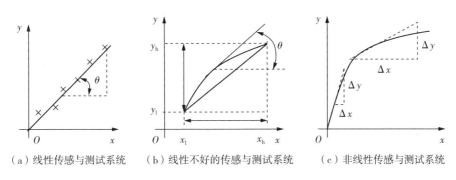

（a）线性传感与测试系统　　（b）线性不好的传感与测试系统　　（c）非线性传感与测试系统

图 2-3　传感与测试系统灵敏度

在实际测量中，最常用的还有相对灵敏度表示法，其定义为输出变化量与被测量的相对变化率之比，即

$$S_r = \frac{\Delta y}{\dfrac{\Delta x}{x} \times 100\%} \qquad (2-5)$$

2. 精度

传感与测试系统示值绝对误差 Δ 与量程 L 的比值称为示值的引用误差 q。引用误差常以百分数表示，即

$$q = \frac{\Delta}{L} \times 100\% \qquad (2-6)$$

最大引用误差是传感与测试系统基本误差的主要形式，故也常称之为传感与测试系统的基本误差。测试仪表在出厂检验时，其示值的允许误差 q_{max} 不能超过其允许误差 Q（以百分数表示），即 $q_{max} \leqslant Q$。

工业仪表常以允许误差 Q 作为判断精度等级的尺度。规定:取允许误差百分数的分子作为精度等级的标志,即用允许误差中去掉百分数(%)后的数字来表示精度等级,其符号是 G,即 $G = Q \times 100$ 或 $Q = G\%$。工业仪表常见的精度等级见表 2 - 1 所列。

表 2 - 1   工业仪表常见的精度等级

精度等级	0.1	0.2	0.5	1.0	1.5	2.0	2.5	5.0
允许误差 $\|Q\|$	0.1%	0.2%	0.5%	1%	1.5%	2%	2.5%	5%

一般情况下,1.0 级精度仪表,表示其允许误差 $Q = \pm 1\%$,即允许误差的变化范围为 $-1\% \sim +1\%$。应当注意的是,虽然精度等级说明了引用误差允许值的大小,但它并不表示该仪表实际测量中出现的误差大小。如果认为 1.0 级仪表所提供的测量结果一定包含着 $\pm 1\%$ 的误差,那就错了,只能说在规定的条件下使用时,它的绝对误差的最大值的范围是在量程的 $\pm 1\%$ 之内,即 $\Delta_{\max} = \pm G\% \times L = \pm 1\% \times L$。

3. 非线性度(δ_L)

传感与测试系统的传输特性如下。

(1)具有单值的、确定的输入-输出关系。对于每一输入量都应该只有单一的输出量与之对应。知道其中一个量就可以确定另一个量。其中以输出和输入呈线性关系最佳。

(2)系统的特性不随时间的推移发生改变。

由于各种原因,传感与测试系统输出量与输入量之间的关系并不是完全线性的。通常用传感与测试系统的标定曲线(静态测试中,试验方法求取的系统输入-输出关系曲线)与某种拟合直线之间的偏差程度作为线性度的一种度量,并以输出最大偏差与满量程(FS)输出比值的百分数来表示其大小。非线性度是指传感与测试系统的实际输入-输出关系对于理想的线性关系的偏离程度,用 δ_L 表示,即

$$\delta_L = \frac{(\Delta y_L)_{\max}}{y_{FS}} \times 100\% \qquad (2-7)$$

式中,y_{FS} 为满量程输出,$y_{FS} = |B(x_{\max} - x_{\min})|$,其中 B 为拟合直线的斜率;$(\Delta y_L)_{\max}$ 为 n 个测点中的最大偏差,$(\Delta y_L)_{\max} = \max|\Delta y_{iL}| = \max|\bar{y}_i - y_i|$,其中 Δy_{iL} 为第 $i(i=1,2,\cdots,n)$ 个标定点平均输出值与拟合直线上相应点的偏差。

确定非线性度的关键是拟合直线的确定,不同的确定方法会得到不同的非线

性度。常用的拟合直线确定方法有端基直线和最小二乘直线(见图 2 - 4)。

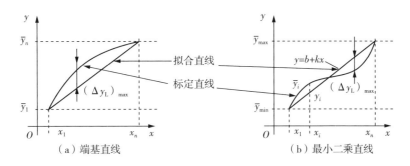

（a）端基直线　　　　　　　　　　（b）最小二乘直线

图 2 - 4　非线性度示意

1) 端基直线

端基直线是指标定过程两个端点的连线,校准数据零点输出平均值和满量程输出平均值连成直线,作为拟合直线[见图 2 - 4(a)]。端基直线可表示为

$$y = \bar{y}_1 + \frac{\bar{y}_n - \bar{y}_1}{x_n - x_1}(x - x_1) \tag{2-8}$$

这种拟合直线方法简单直观,应用比较广泛,但是没有考虑所有校准数据的分布,拟合精度很低,尤其当传感与测试系统存在比较明显的非线性时,拟合精度更差。

2) 最小二乘直线

最小二乘直线指按最小二乘法原理求取拟合直线[见图 2 - 4(b)]。该直线能保证同传感与测试系统校准数据的偏差(残差)平方和最小。若最小二乘法拟合直线方程式为

$$y = b + kx \tag{2-9}$$

式中,系数 b(截距)和 k(斜率)可根据下述分析求得。

设实际校准测试点有 n 个,第 i 个校准数据 y_i 与其拟合直线上相应值之间的偏差为

$$v_i = y_i - (b + kx_i) \tag{2-10}$$

按最小二乘法原理,应使 $\sum\limits_{i=1}^{n} v_i^2$ 为最小值,故将 $\sum\limits_{i=1}^{n} v_i^2$ 分别对 k 和 b 求一阶偏导数并令其等于零,即可求得 k 和 b,即

$$k = \frac{n \sum x_i y_i - \sum x_i \sum y_i}{n \sum x_i^2 - \left(\sum x_i \right)^2} \tag{2-11}$$

$$b = \frac{\sum x_i^2 \sum y_i - \sum x_i \sum x_i y_i}{n \sum x_i^2 - \left(\sum x_i \right)^2} \tag{2-12}$$

式中，

$$\sum x_i = x_1 + x_2 + \cdots + x_n$$

$$\sum y_i = y_1 + y_2 + \cdots + y_n$$

$$\sum x_i y_i = x_1 y_1 + x_2 y_2 + \cdots + x_n y_n$$

$$\sum x_i^2 = x_1^2 + x_2^2 + \cdots + x_n^2$$

拟合直线的斜率 k 和截距 b 也可由以下两式求得

$$k = \frac{\sum (x_i - \bar{x})(y_i - \bar{y})}{\sum (x_i - \bar{x})^2} \tag{2-13}$$

$$b = \bar{y} - k\bar{x} \tag{2-14}$$

式（2-13）和式（2-14）中，$\bar{x}$ 和 $\bar{y}$ 为全部测试点的平均值，就是全部测试点的点系中心，$\bar{x} = \frac{1}{n} \sum x_i$，$\bar{y} = \frac{1}{n} \sum y_i$。若将式（2-14）代入式（2-9），则得 $y = \bar{y} - k\bar{x} + kx$。由此可见，当 $x = \bar{x}$ 时，$y = \bar{y}$，亦即由最小二乘法原理求得的拟合直线将通过全部测试点的点系中心。

最小二乘法的拟合精度很高，是一种常用的测试数据处理分析手段。

4. 回程误差（δ_H）

传感与测试系统的输入量由小增大（正行程），继而自大减小（反行程）的测试过程中，对于同一输入量，输出量往往有差别，这种现象称为回程误差，也称为迟滞，用 δ_H 表示。回程误差是由装置内部的弹性元件、磁性元件及机械部分的摩擦、间隙、积塞灰尘等产生的，反映测试过程中正行程与反行程的标定曲线不重合程度（见图 2-5）。

对于第 i 个测点，其正行程和反行程输出的平均标定点分别为 $(x_i, \bar{y}_{ui})$ 和 $(x_i, \bar{y}_{di})$，且有

$$\bar{y}_{ui} = \frac{1}{m}\sum_{j=1}^{m} y_{uij}$$

$$\bar{y}_{di} = \frac{1}{m}\sum_{j=1}^{m} y_{dij} \qquad (2-15)$$

第 i 个测点的正行程和反行程的偏差为

$$\Delta y_{iH} = \left| \bar{y}_{ui} - \bar{y}_{di} \right| \qquad (2-16)$$

则回程误差为

$$\delta_H = \frac{\max(\Delta y_{iH})}{y_{FS}} \times 100\% \qquad (2-17)$$

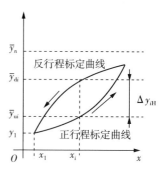

图 2-5　回程误差示意

5. 重复性误差(δ_R)

同一个测点,传感与测试系统多次重复测试时,在同是正行程或同是反行程中,对于同一输入量其输出量也不一样,是随机的(见图 2-6)。重复性表示对应于同一输入量时其输出量的重复程度。

重复性误差 δ_R 反映的是校准数据的离散程度,属于随机误差,根据标准偏差计算,即

$$\delta_R = \pm \frac{z\sigma}{y_{FS}} \times 100\% \qquad (2-18)$$

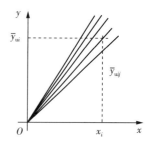

图 2-6　重复性示意

式中,σ 为子样标准偏差;z 为置信系数,通常取 2 或 3。误差服从正态分布,z 取 2 时,置信概率为 95.4%;z 取 3 时,置信概率为 99.73%。

重复性误差 δ_R 服从正态分布,标准偏差 σ 常用贝塞尔公式来计算。先计算各标定点的标准偏差,即

$$\begin{cases} \sigma_{ui} = \sqrt{\dfrac{\sum\limits_{j=1}^{m}(y_{uij} - \bar{y}_{ui})^2}{m-1}} \\[4mm] \sigma_{di} = \sqrt{\dfrac{\sum\limits_{j=1}^{m}(y_{dij} - \bar{y}_{di})^2}{m-1}} \end{cases} \qquad (2-19)$$

式中,σ_{ui}、σ_{di} 分别为正行程和反行程各标定点响应量的标准偏差;$\bar{y}_{ui}$、$\bar{y}_{di}$ 分别为正行程和反行程各标定点响应量的平均值;i 为标定点序号,$i = 1, 2, \cdots, n$;j 为标定时

重复测量次数，$j=1,2,\cdots,m$；y_{uij}、y_{dij}分别为正行程和反行程各标定点的输出值。

对全部 n 个测点，当认为是等精度测量时，整个测试过程中的标准偏差为

$$\sigma = \sqrt{\frac{1}{n}\sum_{i=1}^{n}(\sigma_{ui}^2 + \sigma_{di}^2)} \qquad (2-20)$$

也可利用 n 个测点的正行程和反行程的子样标准偏差中的最大值来计算，即

$$\sigma = \max(\sigma_{ui}, \sigma_{di}) \qquad (2-21)$$

6. 可靠性

现代国防工业的自动化程度日益提高，传感与测试系统的任务不仅要提供测试数据，还要以此为依据，直接参与生产过程的控制。出现故障往往会导致严重的事故，为此必须加强对传感与测试系统可靠性的研究。可靠性是指传感与测试系统在规定的工作条件和规定的时间内，具有正常工作性能的能力。它是一种综合性的质量指标，包括可靠度、平均无故障工作时间（Mean Time Between Failure，MTBF）、失效率和平均故障修复时间（Mean Time To Repair，MTTR）等指标。

（1）可靠度：传感与测试系统在规定的使用条件和工作周期内，达到所规定性能的概率。

（2）平均无故障工作时间：相邻两次故障期间传感与测试系统正常工作时间的平均值。

（3）失效率：在规定的条件下工作到某个时刻，传感与测试系统在连续单位时间内发生失效的概率。对于可修复的产品，其又叫作故障率。失效率是时间的函数，失效率变化曲线如图 2-7 所示。失效率一般分为三个阶段：早期失效期、偶然失效期和衰老失效期。

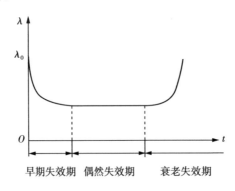

图 2-7　失效率变化曲线

衡量传感与测试系统可靠性的综合指标是有效度,其定义为

$$有效度 = \frac{平均无故障工作时间}{平均无故障工作时间 + 平均故障修复时间} \qquad (2-22)$$

(4)平均故障修复时间:排除故障所花费时间的平均值。

2.2　传感与测试系统动态特性

2.2.1　动态参数测试的特殊问题

在测试静态信号时,线性测试系统的输出-输入特性是一条直线,二者之间有一一对应的关系,而且因为被测信号不随时间变化,测试过程不受时间限制。在实际测试过程中,大量的被测信号是动态信号,传感与测试系统对动态信号的测试任务不仅需要精确地测试出信号幅值的大小,还需要测试和记录动态信号变化过程的波形,这就要求传感与测试系统具有良好的动态特性。

传感与测试系统的动态特性是指系统对随时间变化的输入量的响应特性。一个动态特性良好的系统,其输出量随时间变化的规律能够再现输入量随时间变化的规律。这就是动态测量中对传感与测试系统提出的新要求。但是,实际上传感与测试系统除了具有理想的比例特性外,输出信号将不会与输入信号具有完全相同的时间函数,这种输出量与输入量之间的差异就是所谓的动态误差。

为了进一步说明传感与测试系统参数测试中的特性问题,下面讨论一个动态测温的过程。把一支热电偶(温度测试系统)从温度为 t_0 环境中迅速插入温度为 t 的恒温热水槽中(插入时间忽略不计),这时热电偶测量的介质温度突然从 t_0 上升到 t,而热电偶反映出来的温度从 t_0 变化到 t 需要经历一段时间,即有一个过渡的过程(见图 2-8)。热电偶反映出来的温度与介质温度的差值即为动态误差。

动态误差究竟是什么原因造成的呢?我们知道,热电偶有热惯性(由其比热容和质量大小决定)和传热热阻,使得在动态测

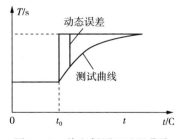

图 2-8　热电偶测温过程曲线

温时测试系统输出总是滞后于被测介质温度变化。这种热惯性是热电偶固有的，其决定了热电偶测量快速温度变化时会产生动态误差。带有套管的热电偶的热惯性要比裸露的热电偶大得多。

这种影响动态特性的"固有因素"任何系统都有，只不过它们的表现形式和影响程度不同而已。研究传感与测试系统的动态特性，主要是从测量误差的角度分析产生动态误差的原因和提出改善传感与测试系统动态特性的措施。

2.2.2　研究动态特性的方法

研究传感与测试系统的动态特性可从时域和频域两个方面采用瞬态响应法和频率响应法来分析。由于输入信号的时间函数形式是多种多样的，在时域内研究传感与测试系统的响应特性时，只能研究几种特定的输入时间函数如阶跃函数、脉冲函数和斜坡函数等的响应特性。

传感与测试系统时域动态特性常用输入信号为单位阶跃信号（初始条件为零）时输出信号 $y(t)$ 的变化曲线来表示。表征动态特性的主要参数有上升时间 t_{rs}、响应时间 t_{st}（过程时间）、超调量 M、衰减度 ψ 等（见图 2-9）。

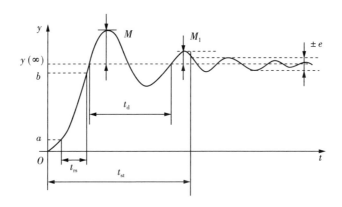

图 2-9　阶跃输入的时域动态性能指标

上升时间 t_{rs} 定义为传感与测试系统示值从最终值的 $a\%$ 变化到 $b\%$ 所需时间。$a\%$ 常取 5% 或 10%，而 $b\%$ 常取 95% 或 90%。

响应时间 t_{st} 是指输出量 y 从开始变化到示值进入最终值的规定范围 $+e$ 内所需最小时间。最终值的规定范围常取系统的允许误差值，它应与响应时间一起写出，如 $t_s = 0.5\ s(\pm 5\%)$。

超调量 M 是指控制系统在稳定后,输出信号超过了设定值的最大偏差量,常用最大值与最终值之间的差值对最终值之比的百分数来表示,即

$$\sigma_p = \frac{y_m - y(\infty)}{y(\infty)} \times 100\% \qquad (2-23)$$

衰减度 ψ 用来描述瞬态过程中振荡幅值衰减的速度,定义为 $\psi = \dfrac{M - M_1}{M}$,其中 M_1 为出现 M 一个周期后的 $y(t)$ 值与最终值 $y(\infty)$ 之间的差值。如果 $M_1 \ll M$,则 $\varphi \approx 1$,表示衰减很快,该系统很稳定,振荡很快停止。

总之,上升时间 t_{rs}、响应时间 t_{st} 表征的是系统的响应速度性能;超调量 M、衰减度 ψ 表征的是系统的稳定性能。因此,t_{rs}、t_{st}、M、ψ 能完整地描述系统的动态特性。

在频域内研究动态特性一般是采用正弦输入得到频率响应特性,动态特性好的传感与测试系统暂态响应时间很短或者频率响应范围很宽。

传感与测试系统的频域动态性能指标由幅频特性和相频特性的特性参数表示(见图 2-10)。

带宽频率 $\omega_{0.707}$:闭环幅频特性的幅值 $A(\omega)$ 下降到零频幅值 $A(0)$ 的 0.707 时所对应的频率。

工作频带 $(0 \sim \omega_{gi})$:当给定传感器的幅值误差为 $\pm 1\%$、$\pm 2\%$、$\pm 5\%$、$\pm 10\%$ 时所对应的频率称为截止频率 ω_{gi}。这就是说,当输入信号的最高频率不超过截止频率 ω_{gi} 时,幅值误差不会超过所给定的允许误差。因此 $0 \sim \omega_{gi}$ 称为工作频带,它给出了幅频特性平直段的范围。

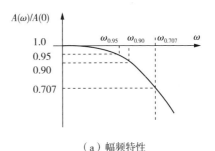

（a）幅频特性

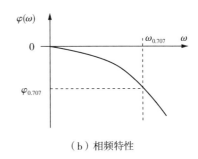

（b）相频特性

图 2-10　频域动态性能指标示意

谐振频率 ω_r:当 $|H(j\omega)| = |H(j\omega)|_{max}$ 时所对应的频率称为谐振频率 ω_r。

跟随角 $\varphi_{0.707}$:当 $\omega = \omega_{0.707}$ 时相频特性上所对应的相角称为跟随角。

全面描述测试系统的动态特性,必须同时给出时域和频域的动态性能指标。

2.2.3　传感与测试系统的数学描述

1. 一般数学模型

研究传感与测试系统动态特性的理论方法是根据数学模型,通过求解微分方程来分析输出信号与输入信号之间的关系。但是,由于实际传感与测试系统的数学模型往往难于建立,因此这种理论分析方法仅限于某些线性传感与测试系统。

一般在工程中使用的传感与测试系统都看作线性时不变系统。因此,通常认为可以用常系数线性微分方程式来描述输入信号与输出信号的关系。对于任意线性系统,其数学模型的一般表达式为

$$a_n \frac{\mathrm{d}^n y}{\mathrm{d}t^n} + \cdots + a_1 \frac{\mathrm{d}y}{\mathrm{d}t} + a_0 y = b_m \frac{\mathrm{d}^m x}{\mathrm{d}t^m} + b_{m-1} \frac{\mathrm{d}^{m-1} y}{\mathrm{d}t^{m-1}} + \cdots + b_1 \frac{\mathrm{d}x}{\mathrm{d}t} + b_0 x$$

$$(2-24)$$

式中,y 为传感与测试系统的输出信号 $y(t)$;x 为输入信号 $x(t)$;t 为时间;a_0,a_1,$\cdots$,a_n 为仅取决于传感器本身特性的常数;b_0,b_1,$\cdots$,b_m 为仅取决于传感与测试系统本身特性的常数。当 $n \geq m$ 时,n 决定传感与测试系统的"阶数"。

对于常系数线性系统来说,同时作用的两个输入信号所引起的输出信号,等于这两个输入信号单独作用引起的输出信号之和(叠加原理);常数倍输入信号所得的输出信号等于原输入信号所得输出信号的常数倍(比例特性);系统对原输入信号的微分等于原输出信号的微分(微分特性);当初始条件为零时,系统对原输入信号的积分等于原输出信号的积分(积分特性);若系统的输入为某一频率的谐波信号,则系统的稳态输出将为同一频率的谐波信号(频率不变原理)。因此,欲分析常系数线性系统在复杂输入信号作用下的总输出,可以先将输入信号分解成许多简单的输入信号分量,分别求得这些输入信号分量各自对应的输出信号,然后再求这些输出信号之和。

2. 传递函数

式(2-24)所示的常系数线性微分方程可以运用拉普拉斯变换求解。当输入信号 $x(t)$、输出信号 $y(t)$ 及它们的各阶时间导数的初始值($t=0$ 时的值)为零时,系统传递函数为

$$H(s) = \frac{Y(s)}{X(s)} = \frac{b_m s^m + b_{m-1} s^{m-1} + \cdots + b_1 s + b_0}{a_n s^n + a_{n-1} s^{n-1} + \cdots + a_1 s + a_0}$$

$$(2-25)$$

式中,s 为拉普拉斯算子;$X(s)$、$Y(s)$ 分别为初始条件为零时,传感与测试系统输入信号、输出信号的拉普拉斯变换式;$H(s)$ 为传感器的传递函数,它是初始条件为零时,传感与测试系统的输出信号与输入信号的拉普拉斯变换式之比。

传递函数 $H(s)$ 表达了传感与测试系统本身固有的动态特性。当知道传递函数之后,就可以由系统的输入信号按式(2-25)求出其输出信号(动态响应)的拉普拉斯变换,再通过求逆变换可得其输出信号 $y(t)$。此外,传递函数并不表明系统的物理性质,许多物理性质不同的传感与测试系统有相同的传递函数。因此通过对传递函数的分析研究,就能统一处理各种物理性质不同的线性传感与测试系统。$H(s)$ 是在复频域中表达系统的动态特性,而微分方程则是在时域中表达系统的动态特性,这两种动态特性的表达形式对任何输入信号形式都适用。

3. 频率响应函数

将 $s = j\omega$ 代入式(2-25),可得传感与测试系统在正弦输入时的动态特性,即传感与测试系统的频域特性(频率响应函数)为

$$H(j\omega) = \frac{b_m (j\omega)^m + b_{m-1} (j\omega)^{m-1} + \cdots + b_1 (j\omega) + b_0}{a_n (j\omega)^n + a_{n-1} (j\omega)^{n-1} + \cdots + a_1 (j\omega) + a_0} = \frac{Y(j\omega)}{X(j\omega)} \quad (2-26)$$

$$H(j\omega) = A(\omega) e^{j\varphi(\omega)} = A(\omega) \angle \varphi(\omega) \quad (2-27)$$

式中,$A(\omega)$ 为 $H(j\omega)$ 的模,$A(\omega)$ 称为传感与测试系统的幅频特性,即

$$A(\omega) = \left| \frac{Y(\omega)}{X(\omega)} \right| = |H(j\omega)| = \sqrt{[H_R(\omega)]^2 + [H_I(\omega)]^2} \quad (2-28)$$

其中,$H_R(\omega)$ 和 $H_I(\omega)$ 分别为 $H(j\omega)$ 的实部和虚部;$\varphi(\omega)$ 为 $H(j\omega)$ 的相角,$\varphi(\omega)$ 称为传感与测试系统的相频特性,即

$$\varphi(\omega) = \arctan H(j\omega) = -\arctan \frac{H_I(\omega)}{H_R(\omega)} \quad (2-29)$$

幅频特性和相频特性具有明确的物理意义和重要的实际意义,利用它们可以从频域形象、直观、定量地表示传感与测试系统的动态特性。

频率响应函数是传递函数的特例,在推导传递函数 $H(s)$ 时,系统初始条件为 0,而对于一个从 $t = 0$ 开始施加的简谐信号激励来说,采用拉普拉斯变换解得的系统输出信号将由两部分组成:由激励所引起的反映系统固有特性的瞬态输出信号和该激励所对应的系统稳态输出信号。也就是说,系统在激励开始之后有一个过

渡过程,经过一定长时间以后,系统的瞬态输出信号趋于定值,即进入稳态输出信号,因此传递函数反映了全过程。

当输入信号为简谐信号时,系统的瞬态响应趋于0,频率响应函数反映的是系统对正弦输入信号的稳态响应,因此不能反映系统的过渡过程。但频率响应函数反映了系统对不同频率输入信号的响应特性,并且可以较容易地通过试验的方法获得,因而在工程测试中成为最广泛的动态特性分析工具。

4. 脉冲响应函数

单位脉冲函数 $\delta(t)$ 的傅里叶变换 $\Delta(\mathrm{j}\omega)=1$。同样,对于 $\delta(t)$ 的拉普拉斯变换 $\Delta(s)=\mathrm{L}[\delta(t)]$,传感与测试系统在激励输入信号为 $\delta(t)$ 时的输出将是 $Y(s)=H(s)X(s)=H(s)\Delta(s)=H(s)$。对 $Y(s)$ 作拉普拉斯反变换可得系统输出的时域表达为

$$y(t)=\mathrm{L}^{-1}[Y(s)]=h(t) \tag{2-30}$$

式中,$h(t)$ 为系统的脉冲响应函数或权函数。

对于任意输入信号 $x(t)$,可将其用一系列等间距 $\Delta\tau$ 划分的矩形条来逼近(见图 2-11)。在 $k\Delta\tau$ 时刻的矩形条的面积为 $x(k\Delta\tau)\cdot\Delta\tau$。若 $\Delta\tau$ 充分小,则可近似将该矩形条看作幅度为 $x(k\Delta\tau)\cdot\Delta\tau$ 的脉冲对传感与测试系统的输入。而传感与测试系统在该时刻的响应则应该为 $[x(k\Delta\tau)\cdot\Delta\tau]h(t-k\Delta\tau)$。在上述一系列的窄矩形脉冲的作用下,传感与测试系统的零状态响应根据线性时不变(Linear Time Invariant, LTI)特性应该为

$$y(t)\approx\sum_{k=0}^{\infty}x(k\Delta\tau)h(t-k\Delta\tau)\Delta\tau \tag{2-31}$$

当 $\Delta\tau\to0(k\to\infty)$ 时,对式(2-31)取极限得

$$y(t)=\lim_{\Delta\tau\to0}\sum_{k=0}^{\infty}x(k\Delta\tau)h(t-k\Delta\tau)\Delta\tau$$

$$=\int_{0}^{\infty}x(\tau)h(t-\tau)\mathrm{d}\tau \tag{2-32}$$

上述推导过程亦即卷积公式的另一种推导过程。可将式(2-32)写为

$$y(t)=x(t)*h(t) \tag{2-33}$$

式(2-33)表明,传感与测试系统对任意激励信号的响应是该输入激励信号与

传感与测试系统的脉冲响应函数的卷积。根据卷积定理,式(2-33)的频域表达式为

$$Y(s) = X(x)H(x) \qquad (2-34)$$

若输入信号 $x(t)$ 也符合傅里叶变换条件,则有

$$Y(\text{j}\omega) = X(\text{j}\omega)H(\text{j}\omega) \qquad (2-35)$$

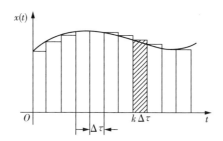

图 2-11　任意输入信号 $x(t)$ 的脉冲函数分解

2.2.4　传感与测试系统的频域响应

1. 环节的串联与并联

传感与测试系统通常由若干个环节组成,系统传递函数与各环节传递函数之间的关系取决于各环节之间的结构形式,由 n 个环节串联组成的系统传递函数为

$$H(s) = \prod_{i=1}^{n} H_i(s) \qquad (2-36)$$

由 n 个环节并联组成的系统传递函数为

$$H(s) = \sum_{i=1}^{n} H_i(s) \qquad (2-37)$$

对于稳定的传感与测试系统,式(2-25)中分母 s 的幂次总高于分子 s 的幂次,即 $n > m$,且 s 的极点应为负实数。将式(2-25)中的分母分解为 s 的一次和二次实系数因子式(二次实系数式对应其复数极点),即

$$a_n s^n + a_{n-1} s^{n-1} + \cdots + a_1 s + a_0 = a_n \prod_{i=1}^{r} (s + p_i) \prod_{i=1}^{(n-r)/2} (s^2 + 2\zeta_i \omega_{ni} s + \omega_{ni}^2)$$

$$(2-38)$$

则式（2-25）可改写为

$$H(s) = \sum_{i=1}^{r} \frac{q_i}{js + p_i} + \sum_{i=1}^{(n-r)/2} \left(\frac{\alpha_i s + \beta_i}{s^2 + 2\zeta_i \omega_{ni} s + \omega_{ni}^2} \right) \tag{2-39}$$

或

$$H(j\omega) = \prod_{i=1}^{r} \frac{q_i'}{j\omega + p_i} \prod_{i=1}^{(n-r)/2} \frac{\alpha_i' j\omega + \beta_i'}{\omega^2 + 2\zeta_i \omega_{ni} j\omega + \omega_{ni}^2} \tag{2-40}$$

式（2-39）和式（2-40）中，α_i、α_i'、β_i、β_i'、p_i、ζ_i、ω_i、q_i、q_i' 为常量。可见，任何一个传感与测试系统均可视为是由多个一阶、二阶传感与测试系统的并联，也可将其转换为若干一阶、二阶传感与测试系统的串联。

在正弦激励下，一阶、二阶系统的稳态输入信号也都是该激励频率的正弦函数，但在不同频率下有不同的幅值响应和相位滞后。在正弦激励之初，还有一个过渡过程。由于正弦激励是周期性和长时间持续的，因此在测试中可以方便地观察其稳态输出信号而不细究其过渡过程。用不同频率的正弦信号激励系统观察稳态时的响应幅值和相位滞后，可以得到较为准确的系统动态特性。

2. 一阶传感与测试系统的频率响应

若传感与测试系统满足：

$$a_1 \frac{dy(t)}{dt} + a_0 y(t) = b_0 x(t) \tag{2-41}$$

则称该传感与测试系统为一阶传感与测试系统。

$K = b_0 / a_0$ 为传感与测试系统的静态灵敏度，K 是一个只取决于系统结构而与输入信号频率无关的常数，因而它不反映系统的动态特性。为了使表达更加简洁，一般总是将 K 设为1，则系统传递函数、频率特性、幅频特性和相频特性分别为

$$H(s) = \frac{Y(s)}{X(s)} = \frac{1}{\tau s + 1} \tag{2-42}$$

$$H(j\omega) = \frac{1}{\tau(j\omega) + 1} \tag{2-43}$$

$$A(\omega) = |H(j\omega)| = \frac{1}{\sqrt{1 + (\omega\tau)^2}} \tag{2-44}$$

$$\varphi(\omega) = -\arctan(\omega\tau) \tag{2-45}$$

式(2-42)～式(2-45)中,$\tau = a_1/a_0$ 为传感与测试系统时间常数,其决定传感与测试系统工作频率范围。当 $\omega\tau$ 较小时,幅值和相位的失真都较小;当 $\omega\tau$ 一定时,时间常数 τ 越小,频率响应特性就越好,工作频率范围就越宽。

常见的一阶传感与测试系统(见图 2-12)有液体温度计、RC 电路等。一阶传感与测试系统的频率响应特性曲线如图 2-13 所示。

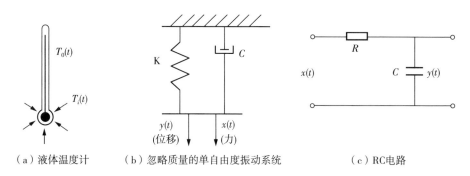

（a）液体温度计　　　　（b）忽略质量的单自由度振动系统　　　　（c）RC电路

图 2-12　常见的一阶传感与测试系统

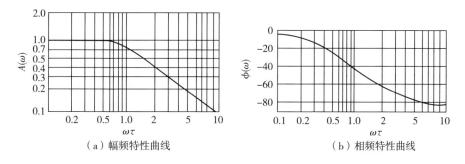

（a）幅频特性曲线　　　　　　　　　　（b）相频特性曲线

图 2-13　一阶传感与测试系统的频率响应特性曲线

由图 2-13 可见:一阶传感与测试系统幅频特性具有低通性质,幅值比 $A(\omega)$ 随输入信号频率 ω 的增大而减小;当 $\omega\tau \ll 1$ 时,$A(\omega) \approx 1$,此时系统输出信号与输入信号呈线性关系;当 $\varphi(\omega)$ 很小时,$\tan\varphi \approx \varphi$,$\varphi(\omega) \approx \omega\tau$,相位差与频率呈线性关系,输出信号 $y(t)$ 真实地反映输入信号 $x(t)$ 的变化规律,测试基本上无失真。

一阶传感与测试系统适用于测量缓变或低频被测量。为了减小传感器的动态误差,增大工作频率范围,应尽可能采用时间常数小的传感与测试系统。

【例】　设一阶传感与测试系统的时间常数 $\tau = 0.1\,\mathrm{s}$,问:输入信号频率 ω 为多大时其输出信号的幅值误差不超过 6%?

【解】 因为 $A(\omega) = |H(j\omega)| = \dfrac{1}{\sqrt{1+(\tau\omega)}} \leqslant 1$，且 $\varepsilon = |A(\omega)-1| \times 100 \leqslant 6\%$，

所以 $A(\omega) \geqslant 0.94$。将 $\tau = 0.1$ 代入 $A(\omega)$ 中得到 $\omega \leqslant 3.63\ \text{rad/s}$。

结论：一阶传感与测试系统的时间常数 τ 确定后，若规定一个允许的幅值误差 ε，则可确定其测试的最高信号频率 ω_h，该系统的可用频率范围为 $0 \sim \omega_h$。反之，若要选择一阶传感与测试系统，必须了解被测信号的幅值变化范围和频率范围，根据其最高频率 ω_h 和允许的幅值误差去选择或设计一阶传感与测试系统。

3. 二阶传感与测试系统的频率响应

若传感与测试系统满足：

$$a_2 \frac{\mathrm{d}^2 y(t)}{\mathrm{d}t^2} + a_1 \frac{\mathrm{d}y(t)}{\mathrm{d}t} + a_0 y(t) = b_0 x(t) \tag{2-46}$$

则称该传感与测试系统为二阶传感与测试系统。

$K = b_0/a_0$ 为传感与测试系统的静态灵敏度；$\omega_n = \sqrt{\dfrac{a_0}{a_2}}$ 为传感与测试系统的无阻尼固有频率，单位为 rad/s；$\zeta = \dfrac{a_1}{2\sqrt{a_0 a_2}}$ 为传感与测试系统的阻尼比。

对式(2-46)进行拉普拉斯变换，得传感器的传递函数为

$$H(s) = \frac{Y(s)}{X(s)} = \frac{K}{\dfrac{s^2}{\omega_n^2} + 2\zeta \dfrac{s}{\omega_n} + 1} \tag{2-47}$$

显然，ω_n、ζ 和 K 都是取决于系统的结构参数，系统组成调整完毕，它们的值也随之确定。同一阶传感与测试系统类似，灵敏度参数 K 也是一个只取决于系统结构而与输入信号频率无关的常数，因而它不反映系统的动态特性。为了方便表达，一般总是将 K 设为 1，此时，二阶传感与测试系统的频率特性、幅频特性和相频特性分别为

$$H(j\omega) = \frac{1}{\left[1 - \left(\dfrac{\omega}{\omega_n}\right)^2\right] + 2j\zeta\left(\dfrac{\omega}{\omega_n}\right)} \tag{2-48}$$

$$A(\omega) = \frac{1}{\sqrt{\left[1 - \left(\dfrac{\omega}{\omega_n}\right)^2\right]^2 + \left[2\zeta\left(\dfrac{\omega}{\omega_n}\right)\right]^2}} \tag{2-49}$$

$$\varphi(\omega) = -\arctan \frac{2\zeta\left(\dfrac{\omega}{\omega_n}\right)}{1-\left(\dfrac{\omega}{\omega_n}\right)^2} \qquad (2-50)$$

二阶传感与测试系统的频率响应特性曲线如图 2-14 所示。

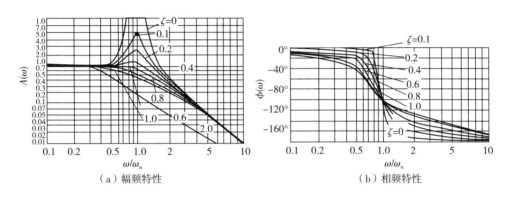

（a）幅频特性　　　　　　　　　　　　　（b）相频特性

图 2-14　二阶传感与测试系统的频率响应特性曲线

由图 2-14 可见：系统频率响应特性的好坏主要取决于测试系统的固有频率 ω_n 和阻尼比 ζ。当 $\zeta > 1$ 时，过阻尼；当 $\zeta = 1$ 时，临界阻尼；当 $\zeta < 1$ 时，欠阻尼。一般系统都工作于欠阻尼状态。

当 $\zeta < 1$、$\omega \ll \omega_n$ 时，$A(\omega) \approx 1$，幅频特性曲线平直，输出与输入为线性关系，$\varphi(\omega)$ 很小，$\varphi(\omega)$ 与频率 ω 呈线性关系。此时，系统的输出信号 $y(t)$ 能真实、准确地复现输入信号 $x(t)$ 的波形。

当 $\zeta > 0.707$ 时，$A(\omega) \leqslant 1$，无谐振，$A(\omega)$ 随 ω 增加而单调下降，频率响应具有低通特性。

当 $\zeta < 0.707$ 时，在 $\omega/\omega_n = 1$ 附近，系统将出现谐振，$A(\omega)$ 有峰值。此时，输出信号与输入信号的相位差 $\varphi(\omega)$ 由 $0°$ 突然变化到 $180°$。为了避免这种情况，可增大 ζ 值，当 $\zeta > 0$ 而 $\omega/\omega_n = 1$ 时，输出信号与输入信号的相位差 $\varphi(\omega)$ 均为 $90°$，利用这一特点可测定系统的固有频率 ω_n。

当 $\zeta = 0$ 时，在 $\omega_r \approx \omega_0$ 处产生谐振，$A(\omega) \to \infty$。

显然，频率响应与固有频率 ω_n 有关，ω_n 越高，保持动态误差在一定范围内的工作频率范围越宽，反之越窄。

对二阶传感与测试系统通常推荐采用阻尼比 $\zeta = 0.7$ 左右，且可用频率为 $0 \sim$

$0.6\omega_n$,传感与测试系统可获得较好的动态特性,失真最小,其幅值误差不超过 5%,同时相频特性接近于直线,即传感与测试系统的动态特性误差较小,可用频率范围也较宽。典型二阶传感与测试系统如图 2 - 15 所示。

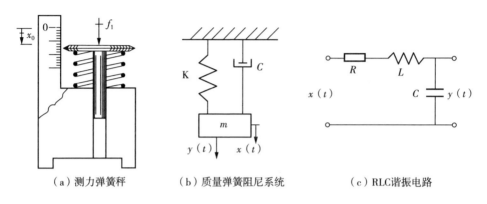

(a)测力弹簧秤　　　　　(b)质量弹簧阻尼系统　　　　　(c)RLC谐振电路

图 2 - 15　典型二阶传感与测试系统

2.2.5　传感与测试系统的瞬态响应

传感与测试系统的动态特性除了可以在频域中用频率特性分析外,也可以在时域内研究过渡过程与动态响应特性。常用的典型标准激励信号有脉冲函数、阶跃函数、斜坡函数等。

理想的单位脉冲输入信号实际上是不存在的。但是,假如给系统以非常短暂的脉冲输入信号,其作用时间小于 $\tau/10$(τ 为一阶传感与测试系统的时间常数或二阶系统的振荡周期),则近似地认为是单位脉冲输入信号。在单位脉冲激励下系统输出的频域函数就是系统的频率响应函数,时域响应就是脉冲响应。

单位阶跃函数可以看作单位脉冲函数的积分,因此单位阶跃输入信号下的输出信号就是系统脉冲响应的积分。对系统的突然加载或突然卸载即属于阶跃输入信号。这种输入方式既简单易行,又能充分揭示测试系统的动态特性,故常被采用。由阶跃响应可见,一阶传感与测试系统的时间常数应越小越好。当 $t = 4\tau$ 时,$y(t) = 0.982$,此时系统输出值与系统稳定时的响应值的差已不足 2%,可近似认为系统已到达稳态。阶跃响应函数方程式中的误差项均包含因子 e^{-AT} 项,故当 $t \to \infty$ 时,动态误差为零,亦即它们没有稳态误差。但是系统的响应在很大程度上取决于阻尼比 ζ 和固有频率 ω_n,ω_n 越高,系统的响应越快,阻尼比 ζ 直接影响系统超调量和振荡次数。当 $\zeta = 0$ 时，系统超调量为 100%，系统持续振荡；当 $\zeta > 1$ 时，系统蜕化为两个一阶传感与测试系统的串联，此时系统虽无超调（无振荡），但仍需较长时间才能达到稳态；当 $\zeta < 1$ 时，若选择 ζ 为 $0.6 \sim 0.8$，最大超调量为 $2.5\% \sim 10\%$，则对于 $2\% \sim 5\%$ 的允许误差认为达到稳态的所需调整时间也最短，为 $3/\zeta\omega_n \sim 4/\zeta\omega_n$。因此，许多传感与测试在设计参数时也常常将阻尼比选择为 $0.6 \sim 0.8$。

斜坡函数也可视为阶跃函数的积分，因此系统对单位斜坡输入信号的响应同样可通过系统对阶跃输入信号的响应的积分求得。由于输入信号不断增大，一阶、二阶传感与测试系统的相应输出信号也不断增大，但总是"滞后"于输入信号一段时间。所以，不管是一阶还是二阶传感与测试系统，都有一定的"稳态误差"，并且误差随 τ 的增大（或 ω_n 的减小或 ζ 的增大）而增大。

一阶和二阶传感与测试系统的各种典型输入信号的响应及其图形见表 2－2 所列。

表 2－2　一阶和二阶传感与测试系统的各种典型输入信号的响应及其图形

输　　入		输　　出	
		一阶传感与测试系统	二阶传感与测试系统
		$H(s) = \dfrac{1}{\tau s + 1}$	$H(s) = \dfrac{\omega_n^2}{s^2 + 2\zeta\omega_n s + \omega_n^2}$
单位脉冲	$X(s) = 1$　$x(t) = \delta(t)$	$Y(s) = \dfrac{1}{\tau s + 1}$ $y(t) = \dfrac{1}{\tau}\mathrm{e}^{-t/\tau}$ 	$Y(s) = \dfrac{\omega_n^2}{s^2 + 2\zeta\omega_s n + \omega_n^2}$ $y(t) = \dfrac{\omega_n}{\sqrt{1 - \zeta^2}}\mathrm{e}^{-\zeta\omega_n t} \cdot$ $\sin\left(\sqrt{1 - \zeta^2}\,\omega_n t\right)$

（续表）

输　　入	输　　出	
	一阶传感与测试系统 $H(s) = \dfrac{1}{\tau s + 1}$	二阶传感与测试系统 $H(s) = \dfrac{\omega_n^2}{s^2 + 2\zeta\omega_n s + \omega_n^2}$
单位阶跃 $X(s) = \dfrac{1}{s}$	$Y(s) = \dfrac{1}{s(\tau s + 1)}$	$Y(s) = \dfrac{\omega_n^2}{s\left(s^2 + 2\zeta\omega_n s + \omega_n^2\right)}$
$x(t) = \begin{cases} 0 & t < 0 \\ 1 & t \geqslant 0 \end{cases}$	$y(t) = 1 - \mathrm{e}^{-t/\tau}$	$y(t) = 1 - \dfrac{\mathrm{e}^{-\zeta\omega_n t}}{\sqrt{1 - \zeta^2}} \cdot$ $\sin\left(\sqrt{1 - \zeta^2}\,\omega_n t + \phi\right)$
单位斜坡 $X(s) = \dfrac{1}{s^2}$	$Y(s) = \dfrac{1}{s^2(\tau s + 1)}$	$Y(s) = \dfrac{\omega_n^2}{s^2\left(s^2 + 2\zeta\omega_n s + \omega_n^2\right)}$
$x(t) = \begin{cases} 0 & t < 0 \\ 1 & t \geqslant 0 \end{cases}$	$y(t) = t - \tau(1 - \mathrm{e}^{-t/\tau})$	$y(t) = t - \dfrac{2\zeta}{\omega_n} + \dfrac{\mathrm{e}^{-\zeta\omega_n^2}}{\omega_d} \cdot$ $\sin\left[\omega_d t + \arctan\left(\dfrac{2\zeta\sqrt{1 - \zeta^2}}{2\zeta^2 - 1}\right)\right]$

（续表）

输　入	输　出	
	一阶传感与测试系统	二阶传感与测试系统
	$H(s) = \dfrac{1}{\tau s + 1}$	$H(s) = \dfrac{\omega_n^2}{s^2 + 2\zeta\omega_n s + \omega_n^2}$
单位正弦　$X(s) = \dfrac{\omega}{s^2 + \omega^2}$	$Y(s) = \dfrac{\omega}{(s^2 + \omega^2)(\tau s + 1)}$	$Y(s) =$ $\dfrac{\omega_n^2}{(s^2 + \omega_n^2)(s^2 + 2\zeta\omega_n s + \omega_n^2)}$
$x(t) = \sin\omega t$ $(t > 0)$	$y(t) = \dfrac{1}{\sqrt{1 + (\omega\tau)^2}} \cdot$ $[\sin(\omega t + \phi_1) - \mathrm{e}^{-t/\tau}\cos\phi_1]$	$y(t) = A(\omega)\sin[\omega t + \phi_2(\omega)] -$ $\mathrm{e}^{-\zeta\omega_n t}[K_1\cos\omega_\mathrm{d} t + K_2\sin\omega_\mathrm{d} t]$

2.3　负载效应及不失真测试

2.3.1　负载效应

在电路系统中,定义后级与前级相连时,系统阻抗受后级阻抗的影响发生变化的现象称为负载效应。一个传感与测试系统可以认为是被测对象与测量装置的连接。

由于传感、显示等中间环节的影响,系统的前后环节之间发生了能量的交换。测试装置的输出信号 $z(t)$ 将不再等于被测对象的输出信号 $y(t)$。当两个系统互联而发生能量交换时,系统连接点的物理参量将发生变化。两个系统将不再简单地保留其原有的传递函数,而是共同形成一个整体系统的新传递函数。

负载效应是一种不能不考虑的现象,因为它影响到测量的实际结果。减小负载效应的措施如下:提高后续环节(负载)的输入阻抗;在原来两个相连接的环节中,插入高输入阻抗、低输出阻抗的放大器,以便减小从前一环节吸取的能量,同时在承受后一环节(负载)后能减小电压输出的变化,从而减轻总的负载效应;采用反馈等测量原理,使后面环节几乎不从前面环节吸取能量,同时可采用频域分析的手段(如傅里叶变换、均方功率谱密度函数等),将这种效应降至最小。总之,在组成传感与测试系统时,要充分考虑各组成环节之间连接时的负载效应,尽可能地减小负载效应的影响。

2.3.2 不失真测试

测试的任务就是要通过传感与测试系统来精确地复现被测对象的特征量或参数,因此对于一个理想的传感与测试系统来说,必须能够精确地复现被测信号的波形,且在时间上没有任何延时。从频域上分析,系统频域响应函数应满足系统的放大倍数为常数、相位为零。

实际中,许多传感与测试系统通过选择合适的参数能够满足放大倍数(幅值比)为常数的要求,但在信号的频率范围上同时实现接近于 0 的相位滞后,除了少数系统外(如具有小的阻尼比和固有频率的二阶压电系统),几乎是不可能的。这是因为任何传感与测试系统都伴随时间上的滞后。因此,对于实际的系统,上述条件可修改为以下形式:

若把被测信号 $x(t)$ 视为输入信号而把记录信号 $y(t)$ 视为输出信号,则

$$y(t) = Kx(t - t_0) \tag{2-51}$$

式中,K 和 t_0 都为常数。式(2-51)表明输出波形与输入波形完全相似,只是瞬时值放大了 K 倍,时间滞后了 t_0。无失真测试条件如图 2-16 所示。输出信号的频谱(幅值谱和相位谱)与输入信号的频谱完全相似,可见满足式(2-51)才能使输出信号波形无失真地复现输入波形。

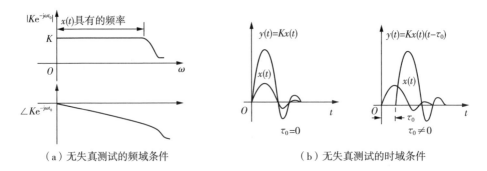

（a）无失真测试的频域条件   （b）无失真测试的时域条件

图 2-16 无失真测试条件

对于一个无非线性失真($D=0$)的线性传感与测试系统,要使输出信号波形能无失真地复现输入信号波形,还必须满足线性不失真条件。对式(2-51)取傅里叶变换,得

$$Y(j\omega) = K e^{-j\omega t_0} X(j\omega) \tag{2-52}$$

系统的频率响应 $H(j\omega)$ 应满足:

$$H(j\omega) = \frac{Y(j\omega)}{X(j\omega)} = K e^{-j\omega t_0} \tag{2-53}$$

即

$$A(\omega) = |H(j\omega)| = K \tag{2-54}$$

$$\varphi(\omega) = -\omega t_0 \tag{2-55}$$

可见,线性传感与测试系统无失真地复现输入信号的条件是幅频特性应当是常数(水平直线),其相频特性是一条通过原点的负斜率直线(与频率呈线性关系)。如果不满足式(2-54),即传感与测试系统对信号的各个频率分量的放大倍数不相同,那么输出信号波形会产生失真,这种失真称为幅度失真。如果不满足式(2-55),即传感与测试系统对信号的各个频率分量附加了不同的延时,这也将造成输出信号波形失真,这种失真称为相位失真。

需要指出的是,上述不失真测试条件是指波形不失真的条件。对许多工程应用来说,测试的目的仅要求被测结果能无失真地复现输入信号的波形,那么上述条件完全可以满足要求。但在某些应用场合,相角的滞后会带来问题。例如,对于具有反馈闭环的传感与测试系统,输出信号对输入信号的滞后可能会破坏整个传感与测试系统的稳定性。这时便严格要求测量结果无滞后,即 $\varphi(\omega)=0$。

实际传感与测试系统不可能在非常宽广的频率范围内都满足式(2-54)和式(2-55)的要求,所以一般既有幅值失真,也有相位失真。信号中不同频率成分通过传感与测试系统后的输出信号如图2-17所示。四个输入信号都是正弦信号(包括直流信号),在某参考时刻 $t=0$,初始相位角均为零。图2-17中形象地显示各输出信号相对输入信号有不同的幅值增益和相角滞后。对于单一频率成分的信号,因为定常线性系统具有频率保持性,只要其幅值未进入非线性区,输出信号的频率也是单一的,也就无所谓的失真问题。对于含多种频率成分的情况,如果频率过高,实际系统的特性曲线不可能是理想的直线,各个频率成分幅值放大倍数或相移各不相同,显然输出的信号既引起幅值失真,又引起相位失真。

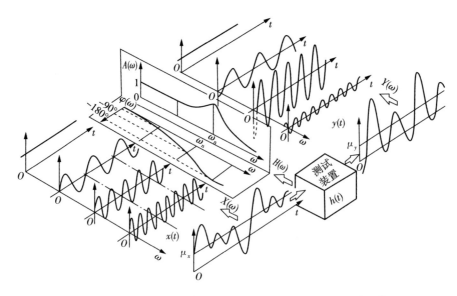

图 2 - 17　信号中不同频率成分通过传感与测试系统后的输出信号

　　传感与测试系统的特性选择对测试任务的顺利实施至关重要。如对于一阶传感与测试系统,时间常数 τ 越小,则系统的响应速度越快,近于满足不失真测试条件,通频带也越宽。所以,一阶传感与测试系统的时间常数 τ 原则上越小越好。

　　对于二阶传感与测试系统来说,其特性曲线上有两段值得注意。一般而言,当 $\omega < 0.3\omega_n$ 时,$\varphi(\omega)$ 的数值较小,$\varphi(\omega) - \omega$ 特性曲线接近直线,$A(\omega)$ 的变化不超过 10%,输出信号波形的失真较小;当 $\omega > 2.5\omega_n$ 时,$\varphi(\omega)$ 接近 180°,且随 ω 变化甚小。此时如在实际测试电路中或数据处理中减去固定相位差或把测试信号反相,能使其相频特性基本上满足不失真的测试条件,但 $A(\omega)$ 值较小,如果需要可将其增益扩大。当 $0.3\omega_n < \omega < 2.5\omega_n$ 时,其频率特性受阻尼比的影响较大,需作具体分析。当 ζ 为 $0.6 \sim 0.8$ 时,二阶传感与测试系统具有较好的综合特性。例如,当 $\zeta = 0.7$ 时,在 $0 \sim 0.58\omega_n$ 的带宽内,$A(\omega)$ 的变化不超过 5%,同时相频特性 $\varphi(\omega)$ 也接近于直线,此时波形失真较小。

　　传感与测试系统中,任何一个环节产生的波形失真都会引起整个系统最终输出信号波形失真。虽然各环节对最后波形的失真影响程度不一样,但原则上在信号频带内都应使每个环节基本上满足不失真测试的要求。

思考题

　　1. 试求传递函数分别为 $H(s) = \dfrac{1.5}{3.5s + 0.5}$ 和 $H(s) = \dfrac{41\omega_n^2}{s^2 + 1.4\omega_n s + \omega_n^2}$ 的两个环节串联后

组成的系统的总灵敏度。(提示:先将传递函数化成标准形式。)

2. 用时间常数为 0.35 s 的一阶传感与测试系统分别去测量周期分别为 1 s、2 s 和 5 s 的正弦信号,幅值误差是多少?

3. 想用一阶系统测量 100 Hz 的正弦信号,如要求限制振幅误差在 5% 以内,则时间常数应取多少?若用该系统测试 50 Hz 正弦信号,此时的振幅误差和相角差是多少?

4. 用传递函数为 $H(s) = \dfrac{1}{0.01s+1}$ 的装置测量信号 $x(t) = 0.6\sin10t + 0.6\sin(100t-30°)$,试求系统稳态输出信号 $y(t)$。

5. 已知线性装置 $H(\mathrm{j}\omega) = \dfrac{1}{1+\mathrm{j}0.02\omega}$,现测得该装置的稳态响应输出信号 $y(t) = 10\sin(30t-45°)$,试求其对应的输入信号 $x(t)$。

6. 测试系统的工作频带是如何确定的?应如何扩展一阶和二阶传感与测试系统的工作频带?为什么通常二阶传感与测试系统的阻尼比 $\zeta = 0.7$ 左右?

7. 设某测力传感器可作为二阶传感与测试系统处理。已知传感器的固有频率为 800 Hz,阻尼比 $\zeta = 0.14$,问使用该传感器测试频率分别为 600 Hz 和 400 Hz 的正弦力时,其幅值比 $A(\omega)$ 和相角 $\varphi(\omega)$ 各为多少?若该装置的阻尼比 $\zeta = 0.7$,问 $A(\omega)$ 和 $\varphi(\omega)$ 又将作何种变化?

8. 解释下列概念:频率特性、频率响应函数和工作频带。

9. 一个优良的测试装置或系统,当测取一个理想的三角波时,也只能做到工程意义上的不失真测试,这是为什么?

10. 设用一个时间常数为 $\tau = 0.1$ s 的一阶装置测试输入信号为 $x(t) = \sin4t + 0.2\sin40t$ 的信号,试求其输出信号 $y(t)$ 的表达式。设静态灵敏度 $K = 1$。

11. 某 $\tau = 0.1$ s 的一阶传感与测试系统,当允许幅值误差在 10% 以内时,试确定输入信号的频率范围。

12. 对某二阶传感与测试系统输入一单位阶跃信号后,测得其响应中数值为 1.5 的第一个超调量峰值。同时测得其振荡周期为 6.28 s。若该装置的静态灵敏度 $K = 3$,试求该装置的动态特性参数及其频率响应函数。

13. 简述传感与测试系统不失真测试条件。

14. 传感与测试系统的静态特性指标有哪些?

15. 气象探测气球携带时间常数为 15τ 的一阶温度计,并以 5 m/s 的速度通过大气层,已知温度随高度变化为升高 30 m 下降 0.15 ℃,探测气球将高度和温度数据用无线电信号发回地面,按理论计算,在 3 000 m 处的温度应为 -1 ℃。试问在实测 -1 ℃ 处的高度应是多少?

16. 试列举出实战化训练过程由于传感器静态特性指标变化而影响装备性能的实例。

中 篇

传感器原理及应用

第3章 无源传感器及测试接口

无源传感器是指不需要使用外接电源,可通过外部获取到无限制能源的传感器,主要由能量变换元件构成,也称为能量控制型传感器。

3.1 电阻应变式传感器

电阻应变式传感器由弹性敏感元件和电阻应变片组成。当弹性敏感元件受到被测量作用时,将产生位移、应力和应变,粘贴在弹性敏感元件上的电阻应变片将应变转换成电阻的变化。这样,通过测量电阻应变片的电阻值变化,就能确定被测量的大小。

电阻应变式传感器是应用较广泛的传感器之一,选择不同的弹性敏感元件形式,可构成测量位移、加速度、压力等各种参数的电阻应变式传感器。虽然新型传感器的不断出现为测试技术开拓了新的领域,但由于电阻应变测试技术具有其独特的优点,因此其仍然是目前非常重要的测试手段之一。电阻应变式传感器的主要优点如下:

(1)电阻应变片尺寸小、重量轻,因而具有良好的动态特性,而且应变片粘贴在试件上对其工作状态和应力分布基本上没有影响,适用于静态和动态测量;

(2)测量应变的灵敏度和精度高,可测量 $1 \sim 2~\mu m$ 应变,误差小于 2%;

(3)测量范围上,既可测量弹性变形,也可测量塑性变形,变形范围为 $1\% \sim 20\%$;

(4)能适应各种环境,可在高(低)温、超低压、高压、水下、强磁场以及辐射和化学腐蚀等恶劣环境下使用;

(5)频率响应特性好,响应时间约为 10^{-7} s。

电阻应变式传感器的缺点:输出信号微弱,在大应变状态下具有较明显的非线性等。

3.1.1 电阻应变式传感器的工作原理

导体或半导体材料在受到外界力(拉力或压力)作用时,将产生机械变形,机械变形会导致其电阻值发生变化,这种因形变而使其电阻值发生变化的现象称为应变电阻效应。

由金属和半导体制成的应变 —— 电阻转换元件称为电阻应变片,是电阻应变式传感器的核心部件。

1. 电阻应变片的结构

电阻应变片的形式多样,但其基本结构大体相同,一般由敏感栅、基底、盖片、引线、黏结层组成(见图3-1)。图3-1中,L为应变片的标距或基长,是敏感栅沿轴向方向测量变形的有效长度。

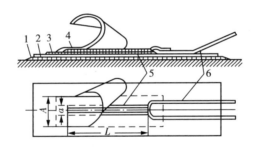

1,3—黏结层;2—基底;4—盖片;5—敏感栅;6—引线。

图 3-1 应变片的基本结构示意

敏感栅是应变片中实现应变 —— 电阻转换的敏感元件,由直径为 $0.01 \sim 0.05$ mm 的高电阻率的合金电阻丝烧成。为保持敏感栅固定的形状、尺寸和位置,通常用黏结剂将其黏结在纸质或胶质的基底上。基底的作用是将被测构件上的应变不失真地传递到敏感栅上,因此很薄,一般为 $0.03 \sim 0.06$ mm。敏感栅上粘贴有纸质或胶质的盖片,起着防潮、防蚀、防损等作用。敏感栅电阻丝两端焊接引出线,用以和外接电路连接。

2. 电阻应变片的工作原理

电阻应变片的工作原理是基于导体和半导体材料的"电阻应变效应"和"压阻效应"。导体受拉伸后的参数变化如图3-2所示。

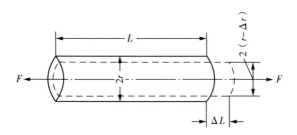

图 3 - 2　导体受拉伸后的参数变化

一个电导体的电阻值按如下的公式进行变化：

$$R = \rho \cdot L / A \tag{3-1}$$

式中，R 为电阻，单位为 Ω；ρ 为材料的电阻率，单位为 $\Omega \cdot \text{mm}^2/\text{m}$；$L$ 为导体的长度，单位为 m；A 为导体的截面积，单位为 mm^2。

当金属丝受到拉力 F 作用时，则 ρ、L、A 的变化 $\mathrm{d}\rho$、$\mathrm{d}L$、$\mathrm{d}A$ 将会引起电阻 $\mathrm{d}R$ 的变化，对式（3-1）进行微分可得

$$\mathrm{d}R = \frac{A(\rho \mathrm{d}l + l\mathrm{d}\rho) - \rho l \mathrm{d}A}{A^2} \tag{3-2}$$

对于半径为 r 的圆柱形电阻丝，截面面积 $A = \pi r^2$，于是有

$$\frac{\mathrm{d}R}{R} = \frac{\mathrm{d}L}{L} - 2\frac{\mathrm{d}r}{r} + \frac{\mathrm{d}\rho}{\rho} \tag{3-3}$$

令 $\dfrac{\mathrm{d}L}{L} = \varepsilon_x$ 为金属丝的轴向应变，$\dfrac{\mathrm{d}r}{r} = \varepsilon_y$ 为金属丝的径向应变。由材料力学相关知识可知，在弹性范围内，金属丝受拉力时，沿轴向伸长，沿径向缩短，那么轴向应变和径向应变的关系可表示为

$$\varepsilon_y = -\mu\varepsilon_x \tag{3-4}$$

式中，μ 为金属材料的泊松系数。将式（3-4）代入式（3-3）得金属材料的电阻相对变化为

$$\frac{\Delta R}{R} \approx \frac{\mathrm{d}R}{R} = \varepsilon_x + 2\mu\varepsilon_x + \frac{\mathrm{d}\rho}{\rho} = \left(1 + 2\mu + \frac{1}{\varepsilon_x}\frac{\mathrm{d}\rho}{\rho}\right)\varepsilon_x = K_m\varepsilon_x \tag{3-5}$$

式中，K_m 为金属丝的灵敏系数，表示金属丝单位变形所引起的电阻相对变化的大小。它受两个因素影响：一是 $1 + 2\mu$，它是由金属丝几何尺寸改变引起的，其数值为 $1 \sim 2$；另一个是 $\mathrm{d}\rho/(\varepsilon_x\rho)$，它是由于材料发生变形时，其自由电子的活动能力和

数量均发生了变化。对于金属材料来说，$d\rho/(\varepsilon_x\rho)$ 的值比 $1+2\mu$ 要小得多，可以忽略，故 $K_m \approx 1+2\mu$。大量试验证明，在金属丝拉伸极限内，电阻的相对变化与应变近似成正比，即 K_m 可近似为常数。因此，$\dfrac{dR}{R} \approx (1+2\mu)\varepsilon_x$。

半导体材料在受到应力作用时，其电阻率也会发生变化，这种现象称为压阻效应。

半导体材料的电阻率相对变化量与作用于材料的轴向应力 σ 成正比，即

$$\frac{d\rho}{\rho} = \pi\sigma = \pi E\varepsilon_x \tag{3-6}$$

式中，π 为半导体材料的压阻系数；σ 为半导体材料所受应变力；E 为半导体材料的弹性模量；ε_x 为半导体材料轴向线应变。

将式(3-6)代入式(3-5)得半导体材料的电阻相对变化为

$$\frac{\Delta R}{R} \approx \frac{dR}{R} = (1+2\mu+\pi E)\varepsilon_x = K_s\varepsilon_x \tag{3-7}$$

式中，K_s 为半导体材料的应变灵敏系数。

试验证明，因为半导体材料 πE 比 $(1+2\mu)$ 大上百倍，所以 $1+2\mu$ 可以忽略，故半导体应变片的灵敏系数为 $K_s \approx \pi E$。显然 $\dfrac{dR}{R} \approx \pi E\varepsilon_x$。

综合式(3-6)和式(3-7)，可得电阻应变效应的表达式为

$$\frac{\Delta R}{R} \approx K_o\varepsilon_x \tag{3-8}$$

式中，K_o 为应变电阻材料的应变灵敏系数。式(3-8)表明，应变电阻阻值的相对变化与应变电阻的应变近似成正比。利用应变电阻效应可以将应变转换为电阻的相对变化，做成电阻应变式传感器。

3.1.2 电阻应变片的种类和主要参数

1. 电阻应变片的种类

按制造敏感栅的材料，电阻应变片可分为金属电阻应变片和半导体应变片两大类。按敏感栅形状和制造工艺的不同，金属电阻应变片又可分为丝式、箔式和薄膜式三种。半导体应变片又分为体型、薄膜型、扩散型、PN 结型及其他型。

按工作温度，电阻应变片可分为低温应变片(低于 $-30\ ℃$)、常温应变片

（－30 ～ 60 ℃）、中温应变片（60 ～ 300 ℃）、高温应变片（300 ℃ 以上）。

按用途，电阻应变片可分为一般用途应变片和特殊用途应变片（如水下、疲劳寿命、裂纹扩展以及大应变测量）。

金属丝式应变片的敏感栅，由直径 0.012 ～ 0.05 mm 的金属丝绕成［见图 3 - 3(a)］，是应用最早的电阻应变片。

金属箔式应变片的敏感栅是用光刻、腐蚀等技术制成的很薄的金属箔片，可制成各种形状（应变花）［见图 3 - 3(b)］。与金属丝式应变片相比，金属箔式应变片具有散热性能好、允许电流大、灵敏度高、寿命长、可制成任意形状、易加工、生产效率高等优点，因此应用范围日益扩大，已逐渐取代金属丝式应变片而占主要地位。

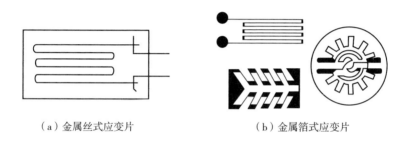

（a）金属丝式应变片　　　　　　　　（b）金属箔式应变片

图 3 - 3　金属丝式应变片与箔式应变片

金属薄膜式应变片是采用真空蒸发或真空沉积等镀膜技术将电阻材料镀在基底上，制成各种各样的敏感栅而形成的应变片。它灵敏度高，易实现工业化生产，特别是它可以直接制作在弹性敏感元件上，形成测量元件或传感器。由于这种应用方式免去了应变片的粘贴工艺过程，因此具有一定优势。

2. 电阻应变片的主要参数

电阻应变片的性能参数很多，下面介绍其主要性能参数，以便合理地选用电阻应变片。

1）应变片电阻值

应变片电阻值是指应变片未粘贴时，在室温下所测得的电阻值，用 R_0 表示。R_0 值越大，允许的工作电压越大，灵敏度越高。应变片电阻值已趋于标准化，有 60 Ω、120 Ω、250 Ω、350 Ω 和 1 000 Ω，其中以 120 Ω 最常用。

2）几何尺寸

由于应变片所测出的应变值是敏感栅区域内的平均应变，因此通常标明其尺寸参数。尺寸参数以敏感栅的长度 l(称为基长或标距)和宽度 b(称为基宽)表示,即为 $l \times b$。应变梯度较大时通常选用基长短的应变片,应变梯度较小时不宜选短的,因为小基长的应变片对制造、粘贴要求高,且应变片的蠕变、滞后及横向效应大。

3)绝缘电阻

绝缘电阻是指应变片敏感栅及引出线与粘贴该应变片的试件之间的电阻值,其值越大越好,一般应大于 10^{10} Ω。绝缘电阻下降和不稳定都会产生零漂和测量误差。

4)灵敏度系数

灵敏度系数是指将应变片粘贴于单向应力作用下的试件表面,并使敏感栅纵向轴线与应力方向一致时,应变片电阻值的变化率与沿应力方向的应变 ε_x 之比,用 S 表示。由于横向效应的影响,应变片的灵敏度系数 $K_m(K_s)$ 总是小于敏感栅材料的灵敏度系数 K_0。

$K_m(K_s)$ 值的准确性将直接影响测量精度,通常要求 $K_m(K_s)$ 值尽量大且稳定。

5)允许电流

允许电流是指应变片接入测试电路后,允许通过敏感栅而不影响工作特性的最大电流,它与应变片本身、试件、黏合剂和环境等因素有关。为保证测量精度,静态测量时,允许电流一般为 25 mA,动态测量或使用金属箔式应变片时允许电流可达 75 ~ 500 mA。

6)机械滞后

在温度保持不变的情况下,对贴有应变片的试件进行循环加载和卸载,应变片对同一机械应变量的指示应变的最大差值称为应变片的机械滞后。为了减小机械滞后,测量前应多次循环加载和卸载。

7)应变极限

在温度一定时,应变片的指示应变值和真实应变值的相对误差在 10% 的范围内,应变片所能达到的最大应变值称为应变极限。

8)零漂和蠕变

零漂是指试件不受力且温度恒定的情况下,应变片的指示应变不为零,且数值随时间变化的特性。

蠕变指在温度恒定、试件受力也恒定的情况下,指示应变随时间变化的特性。

9）热滞后

热滞后是指当试件不受力作用时,在室温和极限工作温度之间,对应变片加温及降温,对应于同一温度下指示应变的差值。

10）疲劳寿命

疲劳寿命是指在恒定幅值（一般为 $1500\,\mu\varepsilon$）的交变应变作用下（频率为 $20\sim50\,\mathrm{Hz}$）,应变片连续工作直至产生疲劳损坏时的循环次数,一般为 $10^6\sim10^7$ 次。

当然,不同用途的应变片,对其工作特性的要求也不同。选用应变片时,应根据测试环境、应变性质、试件状况等使用要求,有针对性地选用具有相应性能的应变片。

3.1.3　电阻应变片的温度误差及其补偿

电阻应变片的敏感栅是由金属或半导体材料制成的,因此工作时,既能感受应变,也能感受温度的变化。由于应变引起的电阻变化很小,因此必须消除温度的影响,才能提高测量精度。

1. 温度误差

由温度引起应变片电阻变化的原因主要有以下两个。

（1）敏感栅的电阻值随温度的变化而改变,即电阻温度效应,其产生的电阻变化为

$$R_t = R_0(1 + \alpha\Delta t) = R_0 + \Delta R_{t\alpha} \qquad (3-9)$$

$$\Delta R_{t\alpha} = R_0 \alpha \Delta t \qquad (3-10)$$

式中,R_t、R_0 为应变片在温度为 t 和 t_0 时的电阻值;α 为应变片的电阻温度系数,表示单位温度变化引起的电阻相对变化（1/℃）;Δt 为温度的变化。

将温度变化 Δt 时的电阻变化折合成应变为

$$\varepsilon_{t\alpha} = \frac{\Delta R_{t\alpha}/R_0}{K} = \frac{\alpha\Delta t}{K} \qquad (3-11)$$

式中,K 为应变片的灵敏度系数。

（2）构件与应变丝的材料线膨胀系数不一致使应变丝产生附加变形,从而造成电阻变化（见图 3-4）。

若应变丝材料和构件材料的线膨胀系数分别为 β_s、β_g,电阻应变片上的电阻丝的初始长度为 l_0,当温度改变 Δt 时,应变丝受热膨胀至 l_{st},而应变丝下的构件相应的由 l_0 伸长到 l_{gt},则总的电阻变化量及相对变化量为

$$\Delta R_t = \Delta R_{t\alpha} + \Delta R_{t\beta} = R_0 \alpha \Delta t + R_0 K(\beta_g - \beta_s) \Delta t \tag{3-12}$$

$$\frac{\Delta R_t}{R_0} = R_0 \Delta t + K(\beta_g - \beta_s) \Delta t \tag{3-13}$$

折合成相应的应变量(总的虚假应变)为

$$\varepsilon_t = \frac{\Delta R_t / R_0}{K} = \frac{\alpha \Delta t}{K} + (\beta_g - \beta_s) \Delta t \tag{3-14}$$

ε_t 就是因温度变化引起的测量误差。

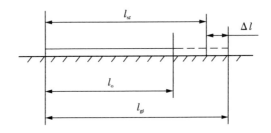

图 3-4　应变丝和构件因温度变化引起的变形

2. 温度补偿

温度补偿就是消除 ε_t 对测量应变的干扰,常采用温度自补偿法、桥路补偿法及热敏电阻补偿法。

1) 温度自补偿法

温度自补偿法的原理是粘贴在被测对象上的是一种特殊的应变片,当温度变化时,产生的附加应变为零或相互抵消。这种特殊的应变片称为温度自补偿应变片。温度自补偿应变片主要有单丝自补偿应变片和双丝自补偿应变片两种。

(1) 单丝自补偿应变片。单丝自补偿应变片也称为选择式自补偿应变片,根据式(3-14),要实现补偿的目的必须满足条件:

$$\varepsilon_t = \left[\frac{\alpha}{k} + (\beta_g - \beta_s) \right] \Delta t = 0$$

则

$$\alpha = -K(\beta_g - \beta_s) \tag{3-15}$$

当被测试件材料确定后,就可选择合适的应变片敏感栅材料满足式(3-15),以达到温度补偿的目的。其优点是结构简单,制造、使用方便。缺点是一种 α 值的应变片只能在一种材料上应用,局限性大。

(2) 双丝自补偿应变片。双丝自补偿应变片也称为组合式补偿片或双金属敏感栅自补偿片。双丝自补偿应变片的第一种形式是选用电阻温度系数为一正一负的两种合金丝串联制成敏感栅(见图3-5)。

当工作温度变化时,若 R_1 和 R_2 产生的电阻变化为 ΔR_1、ΔR_2,其值大小相等而符号相反。通过调节两段敏感栅的长度,使温度变化产生的电阻变化相互抵消,即 $\Delta R_1 + \Delta R_2$ 在工作温度范围内为零,通常精度可达到 $\pm 0.14\ \mu\varepsilon/℃$。

双丝自补偿应变片的第二种形式是选用电阻温度系数符号相同的两种电阻丝 R_1 和 R_2 串联成敏感栅,R_1 和 R_2 分别接入电桥的相邻两臂:R_1 单独作一臂,R_2 与外接串联电阻 R_B 组成另一臂,另两臂照例接入平衡电阻 R_3 和 R_4(见图3-6)。R_B 的温度系数应很小,并通过调整 R_B 值使其满足:

$$R_B = R_1\frac{\Delta R_{2t}}{\Delta R_{1t}} - R_2 \tag{3-16}$$

便可补偿温度变化引起的测量误差。也就是说,在没有应变的情况下,如果温度变化前电桥输出电压为零,即

$$\frac{R_1}{R_2 + R_B} = \frac{R_4}{R_3} \tag{3-17}$$

那么温度变化后,R_B 只要满足式(3-16),电桥输出仍为零,即

$$\frac{R_1 + \Delta R_{1t}}{R_2 + \Delta R_{2t} + R_B} = \frac{R_4}{R_3} \tag{3-18}$$

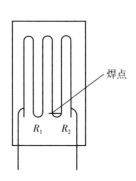

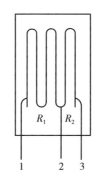

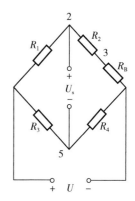

图3-5 双丝自补偿应变片的第一种形式　　图3-6 双丝自补偿应变片的第二种形式

这种补偿的缺点是，当有应变时，R_1 和 R_2 均随之变化，使应变电桥的输出灵敏度降低。为此，R_1 必须选用电阻率大而温度系数小的材料，R_2 则必须选用电阻率小而温度系数大的材料。R_1 主要起感受应变的作用，故称为工作栅；R_2 主要起温度补偿作用，故称为补偿栅。

2）桥路补偿法

桥路补偿法的原理是基于电桥的和差特性，这种方法简便易行，在常温下补偿效果好，是最常用的方法。

桥路补偿法也称为补偿片法，应变片通常是作为平衡电桥的一个臂来测量应变的（见图 3-7）。

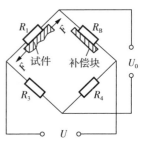

图 3-7 中，R_1 为工作应变片，R_B 为补偿应变片，工作应变片粘贴在试件上需测量应变的地方，补偿应变片 R_B 粘贴在一块不受力的与试件相同的材料上，这块材料自由地放在试件上或附近。当温度发生变化时，工作应变片 R_1 和补偿应变片 R_B 的电阻都发生变化，且它们的温度变化相同。由于 R_1 与 R_B 为同类

图 3-7 桥路补偿法

应变片，又粘贴在同种材料上，因此温度变化引起 R_1 和 R_B 的变化相同，即 $\Delta R_{1t} = \Delta R_{Bt}$。在不承受应变的情况下，温度变化前若满足电桥平衡条件即 $R_1 = R_B$、$R_3 = R_4$，温度变化后由于 $\Delta R_{1t} = \Delta R_{Bt}$、$R_1 + \Delta R_{1t} = R_2 + \Delta R_{Bt}$、$R_3 = R_4$，因此电阻仍满足平衡条件。这就是说，在不承受应变的情况下，应变电桥不会因温度变化而产生输出电压，只有当工作应变片 R_1 受到应变时，电桥才会与之相应的输出电压。

进一步改善上述方法就形成了一种差动方式。这种方式可通过改变应变片的粘贴位置实现温度补偿。测量时直接将两个参数相同的应变片分贴于试件的上下两面对称位置，再将两个应变片接入电桥的相邻两臂。此时两个应变片感受的应变大小相同、符号相反，故电桥的灵敏度提高一倍。只要试件的上下面温度一致，就会使两应变电阻随温度的变化大小相同，符号也相同，因此在不承受应变情况下，电桥并不会因温度变化而产生输出电压。这种方法称为差动电桥补偿法（见图 3-8），目前在应用中最为常用。

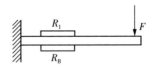

图 3-8 差动电桥补偿法

3.1.4　电阻应变式传感器测试接口

为了进一步将电阻应变式传感器的电阻转换为电压、电流、频率等便于放大和

显示的电量形式,还必须将传感器接入适当的电路,这种电路称为电阻应变式传感器测试接口。

电桥电路是最常用的一种通用测试接口,可以将电阻、电容、电感等许多电路特征参数转换为电压(电流)信号,而且具有相对比较高的测试精度。

1. 惠斯通电桥

惠斯通电桥是英国科学家查尔斯·惠斯通(Charles Wheatstone)于 1843 年发明的。普通的惠斯通电桥如图 3-9 所示。它由被连接成四边形的四个阻抗、跨接在其中一条对角线上的激励源(电压源或电流源)和跨接在另一条对角线上的电压检测器构成。检测器测量跨接激励源上的两个分压器输出之间的电位差。图 3-9 中四个桥壁 Z_1、Z_2、Z_3、Z_4 按顺时针方向为序,A、C 为电源端,B、D 为输出端。

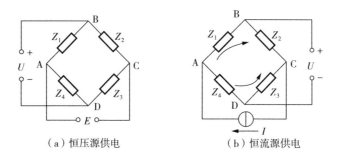

(a) 恒压源供电　　　　　(b) 恒流源供电

图 3-9　普通的惠斯通电桥

按供电电源,电桥可分为直流电桥(直流电源供电的电桥,只能接入电阻)和交流电桥(交流电源供电的电桥,可接入电阻、电感、电容)。

恒压源供电时,电桥开路输出电压为

$$U = E\left(\frac{Z_1}{Z_1 + Z_2} - \frac{Z_4}{Z_3 + Z_4}\right) = E\,\frac{Z_1 Z_3 - Z_2 Z_4}{(Z_1 + Z_2)(Z_3 + Z_4)} \tag{3-19}$$

恒流源供电时,电桥开路输出电压为

$$U = I\,\frac{Z_1 Z_3 - Z_2 Z_4}{Z_1 + Z_2 + Z_3 + Z_4} \tag{3-20}$$

电桥平衡时,$U = 0$,即

$$Z_1 Z_3 = Z_2 Z_4 \tag{3-21}$$

也就是说,相对臂阻抗模乘积相等、阻抗角的和相等,即

$$\begin{cases} |Z_1| \cdot |Z_3| = |Z_2| \cdot |Z_4| \\ \varphi_1 + \varphi_3 = \varphi_2 + \varphi_4 \end{cases} \quad (3-22)$$

将阻抗参数值随被测非电量变化的阻抗式传感器接入电桥,当被测非电量为 0 时(初始状态),电桥平衡,即输出电压为 0;当被测非电量变化而不为 0 时,引起阻抗参数值变化,电桥不平衡,即输出电压不为 0。被测非电量越大,电桥输出电压也越大。这样就把被测非电量变化转换成电桥电压的变化。 只要测得电桥电压,就可求得非电量。

电阻传感器的电阻值是被测非电量 x 的函数,即 $R_i = R + \Delta R_i$。通常,初始时,$x = 0, \Delta R = 0, R_i = R$,电桥平衡,即 $U = 0$。初始平衡时四臂阻值都相等的电桥称为等臂电桥。图 3-10 为电阻传感器电桥在等臂条件下的几种工作情况,图中 ΔR 表示被测非电量 x 引起的传感器电阻的变化。

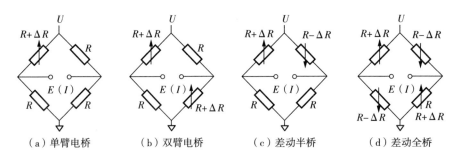

（a）单臂电桥　　　　（b）双臂电桥　　　　（c）差动半桥　　　　（d）差动全桥

图 3-10　电阻传感器电桥在等臂条件下的几种情况

表 3-1 列出了传感器电桥的工作情况的对比,表中 ΔR 表示被测非电量 x 引起的传感器电阻的变化,ΔR_T 表示温度引起的传感器电阻的变化,e 表示不考虑温度影响时的非线性误差。

表 3-1　传感器电桥的工作情况的对比

传感器电桥的工作情况	恒压源供电	恒流源供电
图 3-10(a) 单臂电桥 $Z_1 = R + \Delta R + \Delta R_T$ $Z_2 = Z_3 = Z_4 = R$	$U = \dfrac{E}{4} \dfrac{\Delta R + \Delta R_T}{R} \dfrac{1}{1 + \dfrac{\Delta R + \Delta R_T}{2R}}$ $e = \dfrac{1}{2} \dfrac{\Delta R}{R}$	$U = \dfrac{I}{4} (\Delta R + \Delta R_T) \dfrac{1}{1 + \dfrac{\Delta R + \Delta R_T}{4R}}$ $e = \dfrac{1}{4} \dfrac{\Delta R}{R}$

传感器电桥的工作情况	恒压源供电	恒流源供电
图 3-10(b) 双臂电桥 $Z_1 = R + \Delta R + \Delta R_T$ $Z_3 = R + \Delta R + \Delta R_T$ $Z_2 = Z_4 = R$	$U = \dfrac{E}{2}\dfrac{\Delta R + \Delta R_T}{R}\dfrac{1}{1 + \dfrac{\Delta R + \Delta R_T}{2R}}$ $e = \dfrac{1}{2}\dfrac{\Delta R}{R}$	$U \approx \dfrac{I}{2}(\Delta R + \Delta R_T)\dfrac{1}{1 + \dfrac{\Delta R + \Delta R_T}{2R}}$ $e = \dfrac{1}{2}\dfrac{\Delta R}{R}$
图 3-10(c) 差动半桥 $Z_1 = R + \Delta R + \Delta R_T$ $Z_2 = R - \Delta R + \Delta R_T$ $Z_3 = Z_4 = R$	$U = \dfrac{E}{2}\dfrac{\Delta R}{R}\dfrac{1}{1 + \dfrac{\Delta R_T}{R}}$ $e = 0$	$U = \dfrac{I}{2}\Delta R\dfrac{1}{1 + \dfrac{\Delta R_T}{2R}}$ $e = 0$
图 3-10(d) 差动全桥 $Z_1 = R + \Delta R + \Delta R_T$ $Z_3 = R + \Delta R + \Delta R_T$ $Z_2 = R - \Delta R + \Delta R_T$ $Z_4 = R - \Delta R + \Delta R_T$	$U = E\dfrac{\Delta R}{R}\dfrac{1}{1 + \dfrac{\Delta R_T}{R}}$ $e = 0$	$U = I\Delta R$ $e = 0$

从表 3-1 的对比可以得出以下三点结论。

（1）差动半桥、差动全桥与单臂电桥相比，有三个优点：灵敏度提高、非线性误差减小、温度误差减小。双臂电桥虽然也是双臂工作，但只能提高灵敏度，并不能减小非线性误差和温度误差。因此，应尽可能采用差动式电阻传感器和差动电桥。

（2）恒流源供电时单臂电桥和差动半桥的温度误差都比恒压源供电时小，恒流源供电时差动全桥在理论上无温度误差。

（3）金属应变片灵敏度系数 $K = 2$，当承受应变 $\varepsilon < 500 \times 10^{-6}$ 时，$\Delta R_1/R_1 = K\varepsilon = 0.01$，非线性误差为 0.5%，不算太大。但对半导体应变片灵敏度系数 $K = 100$，当承受应变 $\varepsilon = 1000 \times 10^{-6}$ 时，$\Delta R_1/R_1 = K\varepsilon = 0.1$，此时电桥的非线性误差将达到 5%，所以半导体应变片测试接口要做特殊处理，以减小非线性误差。

为使电桥输出功率最大，应使电桥的输出阻抗和负载相等，即

$$R_0 = R_g = \dfrac{R_1 R_2}{R_1 + R_2} + \dfrac{R_3 R_4}{R_3 + R_4} \tag{3-23}$$

$$U = E \frac{R_1 R_3 - R_2 R_4}{(R_1 + R_2)(R_3 + R_4) + \dfrac{1}{R_g}[R_1 R_2 (R_3 + R_4) + R_3 R_4 (R_1 + R_2)]}$$

$$(3-24)$$

由于 R_g 很大，式(3-24)中分母的第二项可忽略不计，因此 $U = E$ $\dfrac{R_1 R_3 - R_2 R_4}{(R_1 + R_2)(R_3 + R_4)}$。当 $R_1 \to R_1 + \Delta R$ 时，$U = E \dfrac{R(R + \Delta R) - RR}{[(R + \Delta R) + R](R + R)}$。

例如，等臂电桥单臂工作时，有

$$U = \frac{E}{4} \frac{\Delta R}{R} \frac{1}{1 + \dfrac{\Delta R}{2R}}$$

$$(3-25)$$

当 $\Delta R \ll R$ 时，式(3-25)可近似为

$$U \approx U' = \frac{E}{4} \frac{\Delta R}{R}$$

$$(3-26)$$

实际上 $U = \dfrac{E}{4} \dfrac{\Delta R}{R} \dfrac{1}{1 + \dfrac{\Delta R}{2R}}$ 与理想化的线性关系 $U' = \dfrac{E}{4} \dfrac{\Delta R}{R}$ 存在误差，非线性

误差为

$$e = \frac{U' - U}{U} = \frac{1}{2} \frac{\Delta R}{R}$$

$$(3-27)$$

图 3-10 和表 3-1 归纳了电阻传感器电阻变化的绝对值都相同的几种工作情况，下面再讨论电阻变化的绝对值不相同的工作情况。

假设图 3-10(d)所示电桥的四臂分别接入四个型号相同且初始电阻也都相同的电阻传感器，即 $Z_i = R_i + \Delta R_i (i = 1, 2, 3, 4)$。初始时，$x = 0, \Delta R_i = 0, Z_i = R_i = R$，电桥平衡，即 $U = 0$。代入式(3-24)，得电桥的开路输出电压为

$$U = E \frac{(R_1 + \Delta R_1)(R_3 + \Delta R_3) - (R_2 + \Delta R_2)(R_4 + \Delta R_4)}{(R_1 + \Delta R_1 + R_2 + \Delta R_2)(R_3 + \Delta R_3 + R_4 + \Delta R_4)}$$

$$(3-28)$$

通常 $\Delta R_i \ll R_i$，因此可略去 ΔR_i 的二阶微量，将上式近似为

$$U \approx U' = \frac{E}{4}\left(\frac{\Delta R_1}{R_1} - \frac{\Delta R_2}{R_2} + \frac{\Delta R_3}{R_3} - \frac{\Delta R_4}{R_4}\right)$$

$$(3-29)$$

非线性误差近似为

$$e = \frac{U' - U}{U} = \frac{1}{2}\left(\frac{\Delta R_1}{R_1} + \frac{\Delta R_2}{R_2} + \frac{\Delta R_3}{R_3} + \frac{\Delta R_4}{R_4}\right) \tag{3-30}$$

请注意上两式中 $\Delta R_i/R_i$ 前的"+""—"号。结论如下：① 由于温度引起的电阻变化是相同的，因此如果电阻传感器接在电桥的相邻两臂，温度引起的电阻变化将相互抵消，其影响将减小或消除；② 被测非电量若使两电阻传感器的电阻变化符号相同，则应将这两电阻传感器接在电桥的相对两臂，但是这只能提高电桥输出电压，并不能减小温度变化的影响和非线性误差；③ 被测非电量若使两电阻传感器的电阻变化符号相反，则应将这两电阻传感器接在电桥的相邻两臂，即构成差动电桥，这既能提高电桥输出电压，又能减小温度变化的影响和非线性误差。

因为应变电阻变化通常满足 $\Delta R_i \ll R_i$，所以常用式(3-29)计算应变电桥的输出电压。若图 3-10 中接入四个型号相同的应变片，它们的初始电阻值 R 和灵敏度系数 K 相同，$Z_i = R_i + \Delta R_i (i=1,2,3,4)$，$\dfrac{\Delta R_i}{R_i} = K\varepsilon_i (i=1,2,3,4)$，则该应变电桥输出电压为

$$U = \frac{KE}{4}(\varepsilon_1 - \varepsilon_2 + \varepsilon_3 - \varepsilon_4) \tag{3-31}$$

由式(3-31)可见，在电桥电源电压稳定不变的情况下，只要测出应变电桥输出电压，就可求得相应的应变。此外，应变片的灵敏度系数 K 越大，应变电桥输出电压就越高。半导体应变片的灵敏度系数比金属应变片的灵敏度系数大几十倍，应变电桥输出电压不必再放大，因此多采用直流电桥。相反，金属应变片多采用交流电桥。

最后需要指出的是，若电阻传感器的电阻变化不满足 $\Delta R_i \ll R_i$，用式(3-29)计算电阻传感器电桥的输出电压则会产生很大的误差。应改用式(3-24)式(3-25)或表 3-1 中的公式计算。

2. 有源电桥

单个电阻传感器接入惠斯通电桥，由式(3-24)可知，电桥的输出电压 U 与被测电阻相对变化 $\Delta R/R$ 呈非线性关系。图 3-11 为四种有源电桥，电桥输出电压 U_o 都与被测电阻相对变化 $\Delta R/R$ 呈线性关系。

图 3-11 中 R 均为固定电阻，$R + \Delta R$ 为电阻传感器电阻。

图 3-11(a) 中输出电压为

$$U_o = -\frac{E}{2}\frac{\Delta R}{R} \tag{3-32}$$

图 3-11(b) 中输出电压为

$$U_\circ = -E \frac{\Delta R}{R} \tag{3-33}$$

图 3-11(c) 中输出电压为

$$U_\circ = -\frac{E}{2} \frac{\Delta R}{R} \left(1 + \frac{R_2}{R_1}\right) \tag{3-34}$$

图 3-11(d) 为恒流源供电的双臂有源电桥,其开路输出电压为

$$U_\circ = -\frac{E}{2R_s} \cdot \Delta R \tag{3-35}$$

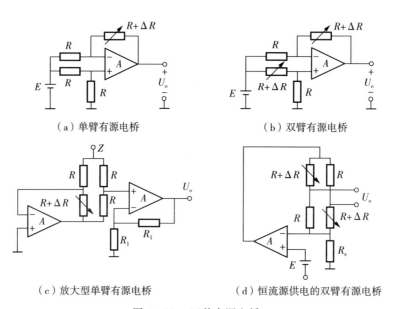

（a）单臂有源电桥　　　　　　　　　　　（b）双臂有源电桥

（c）放大型单臂有源电桥　　　　　（d）恒流源供电的双臂有源电桥

图 3-11　四种有源电桥

3.1.5　压阻式传感器

依据半导体的压阻效应,现已制成两类传感器:一类是利用半导体材料的体电阻制成粘贴式应变片,做成半导体应变式传感器;另一类是在半导体材料的基片上用集成电路工艺制成扩散电阻,作为测量传感元件,这类传感器也称为扩散型压阻式传感器。后者的应变电阻与基底是同一块材料,通常是半导体硅,因此又称为扩散硅压阻式传感器。半导体应变片结构示意如图 3-12 所示。半导体应变片分为N 型和 P 型两种。P 型应变片在施加有效应变时会增加其电阻值,而 N 型应变片则

减少其阻值。半导体应变片最主要的特点是具有很高的应变灵敏系数,一般可高达 150 左右。

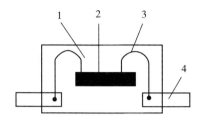 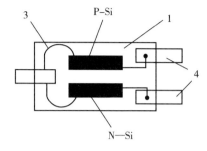

1—基片;2—半导体敏感条;3—内引线;4—接线柱。

图 3-12　半导体应变片结构示意

由于取消了胶接,因此半导体应变片的滞后、蠕变及老化现象大为减少,而且不存在胶层热阻的妨碍,使导热性能大为改善。此外,这类传感器是以半导体硅作为芯片,利用集成电路工艺制成,如果在制备传感器的芯片时,同时设计制造一些温度补偿、信号处理与放大电路,就能构成集成传感器。如果进一步与微处理器相结合,就有可能做成智能传感器。因此,这类传感器一出现就受到人们的极大重视,得到快速的发展。目前扩散硅压阻式传感器已在力学量传感器中取得重要地位,主要用来测量压力和加速度等物理量。

几种常用半导体材料特性见表 3-2 所列。从表 3-2 可以看出,同一半导体材料,载荷施加方向不同,压阻效应及灵敏度均不相同。

表 3-2　几种常用半导体材料特性

材　　料	电阻率 $\rho/(\Omega \cdot cm)$	弹性模量 $E/(\times 10^7 \ N/cm^2)$	灵敏度	晶向
P 型硅	7.8	1.87	175	【111】
N 型硅	11.7	1.23	−132	【100】
P 型锗	15.0	1.55	102	【111】
N 型锗	16.6	1.55	−157	【100】
N 型锗	1.5	1.55	−147	【111】
P 型锑化铟	0.54	—	−45	【100】
P 型锑化铟	0.01	0.745	30	【111】
N 型锑化铟	0.013	—	74.5	【100】

压阻式传感器的优点:①灵敏度非常高,有时传感器的输出不需放大可直接用于测量;②分辨力高,如测量压力时可测出 10～20 Pa 的微压;③测量元件的有效面积可做得很小,故频率响应高、动态响应好、易于集成化等;④可测量低频加速度与直线加速度。压阻式传感器的缺点是温度误差较大,应变特性的非线性大、分散性大、互换性差。

3.1.6　电阻应变式传感器的应用

电阻应变片除了能直接用于测量试件的应力、应变外,还可以和弹性敏感元件配合组成各种电阻应变式传感器,用来测量力、扭矩、加速度等物理量。

1. 测力传感器

应变式测力传感器是工业测量和试验技术中使用最广泛的一种传感器,不仅灵敏度高,而且量程大。应变式测力传感器的弹性元件有柱式、梁式、环式等,从而可构成多种结构的测力传感器。

1)柱式测力传感器

图 3-13 为空心柱式传感器的弹性元件及结构示意。

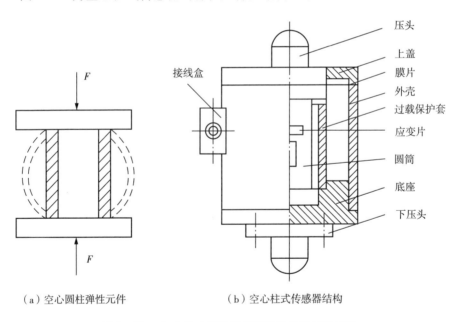

（a）空心圆柱弹性元件　　　　（b）空心柱式传感器结构

图 3-13　空心柱式传感器的弹性元件及结构示意

空心柱式传感器的弹性元件为圆筒,被测力通过压头直接作用于粘贴有电阻应变片的空心圆柱体上,使弹性元件产生形变,从而引起粘贴在其上的电阻应变片的阻值发生变化,通过外壳上接线盒引出导线,接入测试接口电路。

空心圆柱弹性元件的直径根据允许应力确定,因为

$$\frac{\pi}{4}(D^2 - d^2) \geqslant \frac{F}{\sigma_b} \qquad (3-36)$$

所以

$$D \geqslant \sqrt{\frac{4F}{\pi \sigma_b} + d^2} \qquad (3-37)$$

式(3-36)和式(3-37)中,D 为空心圆柱外径;d 为空心圆柱内径。

弹性元件的高度对传感器的精度和动态特性都有影响。由材料力学性质可知,高度对沿其横截面积的变形有影响。当高度与直径的比值 $H/D \gg 1$ 时,沿其中间断面上的应力状态和变形状态与其端面上作用的载荷性质和接触条件无关。试验研究的结果建议采用下式,即

$$H \geqslant 2D + l_j \qquad (3-38)$$

式中,l_j 为应变片的基长。

对于空心圆柱有

$$H \geqslant D - d + l_j \qquad (3-39)$$

弹性元件上应变片的粘贴和桥路的连接应尽量消除偏心、弯矩和温度的影响[见图 3-14(a)]。

一般将应变片对称地贴在应力均匀的圆柱表面的中间部分[见图 3-14(a)],并连成如图 3-14(b)所示的桥路:T_1 和 T_3、T_2 和 T_4 分别串联,放在相对臂内,以减小弯矩的影响。横向粘贴的应变片作为温度补偿片。

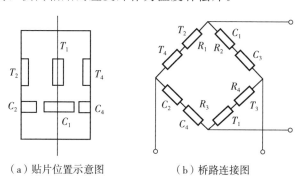

（a）贴片位置示意图　　　　（b）桥路连接图

图 3-14　空心柱式力传感器应变片粘贴位置和桥路连接图

2）梁式测力传感器

梁式测力传感器有等截面梁、等强度梁等不同形式。

（1）等截面梁结构如图 3-15(a) 所示，弹性元件为一端固定的悬臂梁，其宽度为 b，厚度为 h，长度为 l。当力作用在自由端时，在固定端截面中产生的应力最大，而自由端的挠度最大。在固定端附近，距载荷点为 l_0 的上下表面，顺着 l 的方向分别贴上应变片 R_1、R_2、R_3、R_4，此时，若 R_1、R_2 受拉，则 R_3、R_4 受压，两者产生极性相反的等量应变。把四个应变片组成差动电桥，以获取高的灵敏度。粘贴应变片处的应变为

$$\varepsilon_0 = \frac{\sigma}{E} = \frac{6Fl_0}{bh^2E} \qquad (3-40)$$

这种传感器适于测量 5 kN 以下的载荷，最小的可测几百牛顿的力。这种传感器具有结构简单、加工容易、应变片容易粘贴、灵敏度高等特点。

（2）等强度梁结构如图 3-15(b) 所示，在自由端加作用力时，梁表面整个长度方向上产生大小相等的应变，应变大小为

$$\varepsilon = \frac{6Fl}{b_0h^2E} \qquad (3-41)$$

为了保证等应变性，作用力 F 必须在梁的两斜边的交会点上。这种梁的优点是对 l 方向上粘贴应变片位置要求不变。设计时应根据最大载荷 F 和材料允许应力 σ 选择梁的尺寸。这种传感器自由端的最大挠度不能太大，否则荷重方向与梁的表面不成直角，会产生误差。

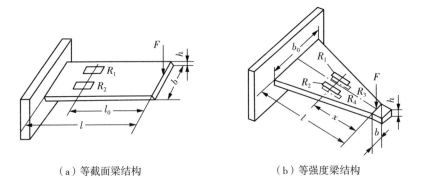

（a）等截面梁结构　　　　　　（b）等强度梁结构

图 3-15　梁式弹性元件

2. 加速度传感器

测力传感器是力(集中力或均布力)直接作用在弹性敏感元件上,使弹性敏感元件产生正比于力的应变。加速度是运动参数,它不可能直接使弹性敏感元件产生变形,因此首先要经过质量-弹簧组成的惯性系统将加速度转换为力,再作用在弹性敏感元件上,可见应变式加速度传感器是一种测力式加速度传感器,适用于动态加速度的测量。

图 3-16 为 EAR6 型应变式加速度传感器的结构示意。

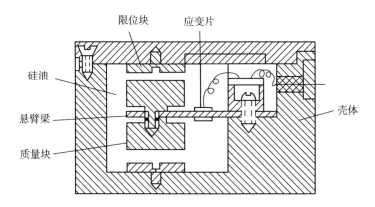

限位块　　应变片
硅油
悬臂梁
质量块
壳体

图 3-16　EAR6 型应变式加速度传感器的结构示意

图 3-16 中,在等强度梁的自由端固定质量块,另一端用螺钉固定在壳体上,梁的上下两面粘贴应变片,传感器内部充满硅油(阻尼液),用以产生合适的阻尼。测量加速度时,将传感器的壳体刚性连接在被测体上,当有加速度作用在壳体上时,由于梁的刚度很大,惯性质量块也以同样的加速度运动,其产生的惯性力作用在梁的端部使梁产生变形,应变片的阻值也发生相应的变化。为了防止传感器在过载时被破坏,对应质量块上下端面处安装了限位块。这类传感器最高可测 10^6 m/s^2 的加速度,固有频率可达到 16 kHz。

3. 压阻式油量传感器

油箱底面所受的压力等于燃油上表面的压力和燃油本身所产生的压力之和。压阻式油量传感器采用"压差法"测量无人机、牵引车辆等油箱中燃油的存贮量,即测量燃油上下表面的压力差进而换算出油箱中油量,主要适用于 T-6 无人机等软油箱场合。

压阻式油量传感器由缓冲器和传感器两部分组成,两者之间由管子相连,传感器内部含差压传感器、放大电路及抗干扰措施等。图 3-17 为压阻式油量传感器原理框图。

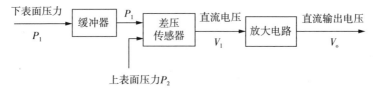

图 3-17　压阻式油量传感器原理框图

缓冲器的作用:① 减小振动加速度的影响,使差压传感器感受到的压力比较平稳;② 减小冲击加速度的影响,起保护差压传感器的作用。实际使用中的(无人机)压力差有可能是差压传感器测量上限的 9 倍,如果不采取措施就有可能损坏传感器中的敏感元件,造成整个传感器报废,所以安装缓冲器是十分重要的一个环节。

差压传感器的作用是把压力差转换成与其呈线性关系的直流电压,是利用单晶硅的压阻效应而制成的一种力敏器件。差压传感器如图 3-18 所示。以单晶硅为基体,按特定晶面制成弹性应变元件,在弹性应变元件的适当位置用半导体工艺扩散四个等值的应变电阻组成惠斯通电桥。当不受压力作用时,电桥处于平衡状态;当受到压力作用时,一对电桥臂的电阻变大,另一对桥臂的电阻变小,电桥失去平衡。若在桥路的一条对角线上加一恒定电源,即可在另一对角线上测到与所加压力呈线性关系的电压信号。

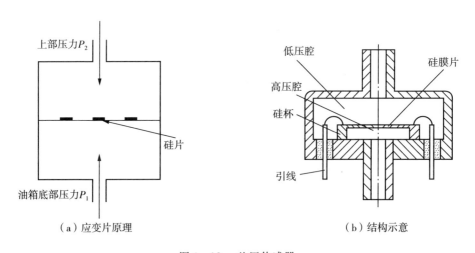

图 3-18　差压传感器

放大电路的作用是把差压传感器的输出信号放大至满足要求的大小。从测量原理可知,由于飞机飞行的姿态、加速度等情况都可能影响油量测量的准确度,因此在读取油量值时应以飞机水平、直线、等速飞行时为准,其他情况下有可能出现较大误差。

GUR-19型油量传感器主要用于我国陆军炮兵侦察校射无人机油量测试,主要性能参数如下:

(1) 测量范围:0 ~ 3922.6 Pa;

(2) 输出信号:与被测压差呈线性关系的直流电压,输出电压范围为0 ~ 2.80 V;

(3) 静态精度:5%;

(4) 使用环境温度:-40 ~ 55 ℃;

(5) 电源电压:±(13±1)V。

4. 流比计型油压表

流比计型油压表用来测量发动机润滑系统的机油压力,测量范围为0 ~ 15 kg/cm²。

流比计型油压表由指示器、传感器和导线接头等组成,流比计型油压表工作原理如图3-19所示。指示器由流比计和构成桥式电路的电阻组成。传感器的测量元件是弹性波纹薄膜,机油压力经薄膜推动传动机构使可变电阻的电刷移动。因此,随着可变电阻到流比计两个线圈电流的变化,活动永久磁铁的稳定位置也随之变化。

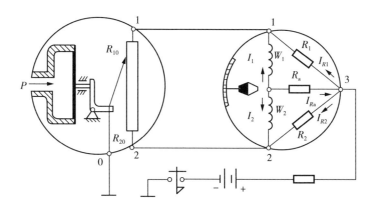

图 3-19 流比计型油压表工作原理

流比计型油压表电路接通后电流自三点分三路:电流 I_{R1} 经电阻 R_1、可变电阻 R_{10}、电刷到负极;电流 I_{R2} 经电阻 R_2、可变电阻 R_{20}、电刷到负极;电流 I_{Ra} 经电阻 R_a 后分成两支,电流 I_1 经流比计线圈 W_1、可变电阻 R_{10}、电刷到负极,电流 I_2 经流比计线圈 W_2、可变电阻 R_{20}、电刷到负极。可以看出,流比计两线圈的电流 I_1、I_2 与点

2 和点 1 两点的电位变化有直接的关系。

当机油压力等于零时,电刷(负极)位于最上端,点 1 电位最低,点 2 电位最高,因此电流 I_1 最大,I_2 最小(近似为零),活动永久磁铁停在线圈 W_1 磁场的轴线方向上,指针指示为零。

当机油压力等于半量程(7.5 kg/cm²)时,电刷位于可变电阻中间位置,点 2 和点 1 电位相等,因此电流 I_1 和 I_2 相等,活动永久磁铁在线圈 W_1 和 W_2 合成磁场的轴线方向上,处在中间位置,即指针指示 7.5 kg/cm²。

当机油压力等于满量程(15 kg/cm²)时,电刷位于可变电阻最下端,点 2 电位最低,点 1 电位最高,因此电流 I_2 最大,I_1 最小(近似为零),活动永久磁铁停在线圈 W_2 磁场的轴线方向上。

流比计型油压表的工作过程可用图 3 - 20 所示的框图来概括。

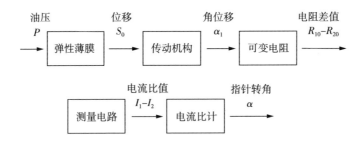

图 3 - 20　流比计型油压表的工作过程

用来测量两电流比值的测量机构统称为流比计。流比计外形示意如图 3 - 21(a) 所示。磁电式流比计是利用通过线圈的电流产生的磁场与永久磁铁的磁场相互作用而产生转矩的,它主要由两组线圈和永久磁铁组成,而每组线圈由两个线圈串联而成。两组线圈固定不动,互成 120°。在两组线圈所包围的空间安装着一个铁镍铝合金制成的固定在轴上的活动永久磁铁。轴的一端固定着指针,指针可以随活动永久磁铁转动。为使指针平稳,活动永久磁铁装在铜质的阻尼中。两线圈应该这样连接:它们通过电流产生磁场时,活动永久磁铁产生方向相反的力矩,当活动永久磁铁在某一位置受到方向相反、大小相等的力矩作用时,活动部分即达到平衡。这就是说,活动部分总是在两个力矩差的作用下转动。因为流比计没有一般测量机构用来产生反力矩的盘形弹簧,所以当它不工作时,指针并不一定指在零点,而可以停留在刻度盘的任何位置,这很容易造成错觉。为此,在支架上固定一根回零小磁棒,受活动永久磁铁与回零小磁棒的相互作用,指针平时紧贴针档(零以下位置)。为了减小外界磁场的影响,整个流比计外壳用坡莫合金制成,形成磁屏蔽。

这种流比计的工作原理与指南针一样,只是在流比计中,磁场是由通入电流的两个线圈形成的,活动磁铁带着指针随着两个线圈合成总磁场方向的变化而变化。

在未接通电源时,两线圈的电流 $I_1 = I_2 = 0$。在回零小磁棒作用下,指针压在针档上[见图 3-21(b)]。

接通电源,两线圈就有电流通过,若此时 $I_1 > I_2$,两线圈中的磁场强度 $H_1 > H_2$,合成磁场方向如图 3-21(c) 所示,活动磁铁也就偏转到合成磁场方向,使指针指示在一定数值。

如果随着被测量数值的增大,I_1 减小、I_2 增大,H_1 减小、H_2 增大,合成磁场和活动磁铁将向右转动,指针指示另一较大数值[见图 3-21(d)]。

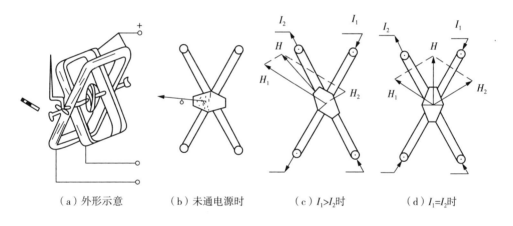

（a）外形示意　　　（b）未通电源时　　　（c）$I_1>I_2$时　　　（d）$I_1=I_2$时

图 3-21　流比计外形及工作原理示意

流比计的计算原理示意如图 3-22 所示。

设 I_1、I_2 分别为流过两线圈的电流;H_1、H_2 分别为两线圈的磁场强度;γ 为线圈夹角;α 为流比计的转角;m 为活动永久磁铁的磁矩。

作用在活动永久磁铁上的力矩分别为

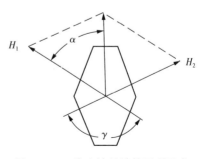

图 3-22　流比计的计算原理示意

$$\begin{cases} M_1 = mH_1\sin\alpha \\ M_2 = mH_2\sin(\gamma - \alpha) \end{cases} \qquad (3-42)$$

式中,$H_1 = KI_1$,$H_2 = KI_2$(K 为线圈的机电常数)。当活动磁铁稳定时,$M_1 = M_2$,有

$$\begin{cases} mKI_1\sin\alpha = mKI_2\sin(\gamma - \alpha) \\[2mm] \dfrac{I_1}{I_2}\sin\alpha = \sin\gamma\cos\alpha - \cos\gamma\sin\alpha \\[2mm] \left(\dfrac{I_1}{I_2} + \cos\gamma\right)\sin\alpha = \sin\gamma\cos\alpha \\[2mm] \tan\alpha = \dfrac{\sin\gamma}{\dfrac{I_1}{I_2} + \cos\gamma} \end{cases} \qquad (3-43)$$

从式(3-43)可以看出,两线圈的夹角 γ 固定不变,因此流比计的转角 α 是随着电流比值 I_1/I_2 的大小而变化的。式(3-43)称为流比计的刻度盘公式,根据此式即可对指示度盘进行刻度。

流比计是用来测量两个电流的比值,因此它的指示几乎不受电源电压变化的影响。如果电压升高,电流 I_1 和 I_2 会同时增大,但其比值 I_1/I_2 不变,指针转角也不变。正是因为这一特点,流比计型仪表的测量结果不受电源变化影响,故在军用车辆上被广泛应用。

流比计型油压表的等效电路如图 3-23 所示,流比计的两个线圈接在电桥的对角线上,用电流法可以推出电流比值 I_1/I_2 和电位器上两段电阻之差 $R_{20} - R_{10}$ 的关系。

设流比计两线圈的电阻相等,其阻值为 R;桥式线路中两臂阻值相等,其阻值为 R_b;电位器电阻为 R_0,$R_{10} + R_{20} = R_0$。由图 3-23 知,

$$\begin{cases} i_a = I_1 + I_2 \\ i_{10} = I_1 + i_{b1} \\ i_{20} = I_2 + i_{b2} \end{cases} \qquad (3-44)$$

由基尔霍夫定律,令 $A = \dfrac{R_0}{2}R_b + R\left(R_b + \dfrac{R_0}{2}\right)$,可得

$$\frac{I_1}{I_2} = \frac{A + \dfrac{R_{20} - R_{10}}{2}(R + R_b + 2R_a)}{A - \dfrac{R_{20} - R_{10}}{2}(R + R_b + 2R_a)} \tag{3-45}$$

式（3-45）就是油压表电路的基本公式。

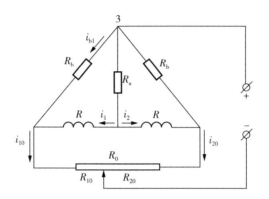

图 3-23　流比计型油压表的等效电路

当指针在零位时，$I_1 > I_2$，$R_{20} > R_{10}$，当 R_a 增大，式（3-45）中分子增大而分母减小，所以电流比值 I_1/I_2 增大。由于这时指针是在零位，因此 R_a 增大使电流比值的始值$(I_1/I_2)_{\min}$增大。当指针在终点最大位置时，$I_2 > I_1$，$R_{10} > R_{20}$，当 R_a 增大，式（3-45）分子减少而分母增大，所以电流比值 I_1/I_2 减小。由于这时指针位置是在终点位置，因此 R_a 增大使电流比值的终值$(I_1/I_2)_{\max}$减小。

综上所述，R_a 增大，电流比值的始值增大而终值减小，也就是流比计的测量范围 $\mu = (I_1/I_{2\min})/(I_1/I_2)_{\max}$ 增大。被测压力范围已给定时，指针的活动范围扩大，即仪表的灵敏度提高。具体来说，我们所看到的现象是指针在中间位置以前，指示都偏小；指针在中间位置以后，指示都偏大。相反，当 R_a 减小时，流比计的测量范围缩小。

3.2　电容式传感器

电容式传感器是以各种类型的电容器作为传感元件，将被测量的变化转换为电容量的变化的一种传感器。典型的电容式传感器中的电容通常做成平行平面形或平行曲面形。电容式传感器的精度和稳定性日益提高，精度可达 0.01%。

3.2.1　电容式传感器的基本原理及结构类型

1. 基本原理

在极板的几何尺寸(长和宽)远大于极间距离且介质均匀的条件下(此时电场的边缘效应可忽略),平行平面形电容器的电容为

$$C = \frac{\varepsilon A}{d} \tag{3-46}$$

式中,A 为两个极板相互覆盖的面积;d 为两个极板间的距离;ε 为极板间介质的介电常数(空气或真空的介电常数为 $\varepsilon_0 = 8.85 \times 10^{-12}$ F/m)。

由式(3-46)可见,电容量取决于 ε、A、d 三个参数,如果让被测量与其中一个参数相关联,保持其余两个参数不变,这样就能使电容量与被测量有单值的函数关系,从而把被测量变化转换为电容的变化,这就是电容式传感器的基本工作原理。

2. 结构类型

电容式传感器按被测量所改变的电容器的参数可分为变极距型、变面积型和变介电常数型三种(见图 3-24);按被测位移可分为角位移式和线位移式;按组成方式可分为单一式和差动式;按电容极板形状可分为平板电容和圆筒电容或平行平面型和平行曲面型。

3.2.2　输入 / 输出特性

1. 变极距型电容传感器

变极距型电容传感器如图 3-24 所示。变极距型电容传感器一般用来测量微小的线位移。变极距型电容传感器基本结构如图 3-24(a)所示。

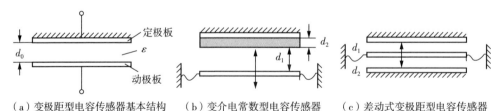

（a）变极距型电容传感器基本结构　　（b）变介电常数型电容传感器　　（c）差动式变极距型电容传感器

图 3-24　变极距型电容传感器

设初始时动极板与定极板间距(极距)为 d_0,电容值为

$$C_0 = \frac{\varepsilon_0 A}{d_0} \tag{3-47}$$

当被测量变化使动极板上移 Δd 时,设 $\Delta d \ll d_0$,则电容值为

$$C = \frac{\varepsilon_0 A}{d_0 - \Delta d} = \frac{\dfrac{\varepsilon_0 A}{d_0}}{1 - \dfrac{\Delta d}{d_0}} = C_0 - \frac{1 + \dfrac{\Delta d}{d_0}}{1 - \dfrac{(\Delta d)^2}{d_0^2}} \tag{3-48}$$

电容量为

$$\Delta C = \frac{\varepsilon_0 A}{d_0 - \Delta d} - \frac{\varepsilon_0 A}{d_0} = \frac{\varepsilon_0 A}{d_0} \left(\frac{1}{1 - \dfrac{\Delta d}{d_0}} - 1 \right) \tag{3-49}$$

电容的相对变化为

$$\frac{\Delta C}{C_0} = \frac{\dfrac{\Delta d}{d_0}}{1 - \dfrac{\Delta d}{d_0}} \tag{3-50}$$

因为 $\dfrac{\Delta d}{d_0} < 1$,式(3-50)按级数展开得到

$$\frac{\Delta C}{C_0} = \frac{\Delta d}{d_0} \left[1 + \frac{\Delta d}{d_0} + \left(\frac{\Delta d}{d_0} \right)^2 + \left(\frac{\Delta d}{d_0} \right)^3 + \cdots \right] \tag{3-51}$$

由式(3-51)可知,输出电容的相对变化与输入位移之间的关系是非线性的,当 $\Delta d / d_0 \ll 1$ 时,可略去非线性项(高次项),则得到近似的线性关系式:

$$\frac{\Delta C}{C_0} \approx \frac{\Delta d}{d_0} \tag{3-52}$$

电容式传感器的灵敏度为

$$K = \frac{\Delta C}{\Delta d} = \frac{C_0}{d_0} \tag{3-53}$$

若考虑式(3-51)的线性项与二次项,则有

$$\frac{\Delta C}{C_0} = \frac{\Delta d}{d_0} \left(1 + \frac{\Delta d}{d_0} \right) \tag{3-54}$$

则相对非线性误差为

$$\delta = \frac{\left(\dfrac{\Delta d}{d_0}\right)^2}{\left|\dfrac{\Delta d}{d_0}\right|} \times 100\% = \left|\frac{\Delta d}{d_0}\right| \times 100\% \tag{3-55}$$

由式(3-55)可知,要提高灵敏度,应减小起始间隙 d_0,但 d_0 过小,容易引起电容击穿或短路。为此,极板间可采用高介电常数的材料(云母或塑料膜等)作为介质[见图 3-24(b)],设空气隙为 d_1,固体介质的厚度为 d_2,此时电容 C 变为

$$C = \frac{\varepsilon_0 A}{d_1 + \dfrac{d_2}{\varepsilon_r}} \tag{3-56}$$

式中,ε_r 为固体介质的相对介电常数;ε_0 为空气的介电常数。云母的介电常数为空气的 7 倍,击穿电压不小于 1 000 kV/mm。一般电容式传感器起始电容为 20 ～ 30 pF,极板间距为 25 ～ 200 μm,最大位移应该小于间距的 10%。

在实际应用中,为了提高灵敏度、减小非线性,大都采用差动式结构[见图 3-24(c)]。差动式变极距型电容传感器由两个定极板和一个共用的动极板构成,电容器的初始电容值为

$$C_1 = C_2 = C_0 = \frac{\varepsilon_0 A}{d_0} \tag{3-57}$$

当动极板位移为 Δd 时,$d_1 = d_0 - \Delta d$,$d_2 = d_0 + \Delta d$,则有

$$C_1 = \frac{\varepsilon_0 A}{d_0 - \Delta d} = C_0 \frac{1}{1 - \dfrac{\Delta d}{d_0}} \tag{3-58}$$

$$C_2 = \frac{\varepsilon_0 A}{d_0 + \Delta d} = C_0 \frac{1}{1 + \dfrac{\Delta d}{d_0}} \tag{3-59}$$

电容的总变化为

$$\Delta C = C_1 - C_2 = C_0 \left[2\frac{\Delta d}{d_0} + 2\left(\frac{\Delta d}{d_0}\right)^3 + \cdots \right] \tag{3-60}$$

电容的相对变化为

$$\frac{\Delta C}{C_0} = 2\frac{\Delta d}{d_0}\left[1 + \left(\frac{\Delta d}{d_0}\right)^2 + \left(\frac{\Delta d}{d_0}\right)^4 + \cdots\right] \tag{3-61}$$

略去高次项,则有

$$\frac{\Delta C}{C_0} \approx 2\frac{\Delta d}{d_0} \tag{3-62}$$

近似呈线性关系,差动式变极距型电容传感器的灵敏度为

$$K = \frac{\Delta C}{\Delta d} = 2\frac{C_0}{d_0} \tag{3-63}$$

其非线性误差近似为

$$\delta = \frac{2\left|\left(\frac{\Delta d}{d_0}\right)^3\right|}{2\left|\frac{\Delta d}{d_0}\right|} \times 100\% = \left(\frac{\Delta d}{d_0}\right)^2 \times 100\% \tag{3-64}$$

比较式(3-53)与式(3-63),式(3-55)与式(3-64)可知,电容式传感器做成差动结构以后,灵敏度提高一倍,非线性误差大大降低。差动结构还能减小静电引力给测量带来的影响,并有效地改善由温度等环境影响所造成的误差。

2. 变面积型电容传感器

如图3-25(a)所示,被测量使动极板左右移动,引起两极板有效覆盖面积 A 改变,从而使电容相应改变。设极板长为 l_0,宽为 b,极板间距为 d,介电常数为 ε,在保持 d 不变的前提下,动极板沿长度方向平移 Δl,则电容值变为

$$C = \frac{\varepsilon b(l - \Delta l)}{d} = C_0 - \frac{\varepsilon b}{d}\Delta l \tag{3-65}$$

电容的总变化为

$$\Delta C = C - C_0 = -\frac{\varepsilon b}{d}\Delta l = -C_0\frac{\Delta l}{l} \tag{3-66}$$

线位移式变面积型电容传感器的灵敏度为

$$K = \frac{\Delta C}{\Delta l} = -\frac{\varepsilon b}{d} \tag{3-67}$$

显然,这种传感器的输出特性呈线性关系,因而其量程不受线性范围的限制,

适合测量较大的直线位移。上述结论是在保持 d 不变的前提下得出的。极板移动过程中如果 d 不能一直保持不变,就会导致测量误差,为了减少这种影响,可以采用图 3-25(b) 所示的中间极移动的结构。

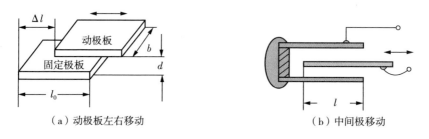

（a）动极板左右移动   （b）中间极移动

图 3-25   线位移式变面积型电容传感器结构示意

因为一般 $l > d$,所以变面积型电容传感器的灵敏度比变极距型电容传感器的灵敏度低。因此,实际应用中也采用差动式结构,以提高灵敏度。

角位移测量用变面积型电容传感器结构示意如图 3-26 所示。图 3-26(a) 初始时有

$$C_{AC_0} = C_{BC_0} = C_0 = \frac{\varepsilon A}{d} = \frac{\varepsilon \pi (R^2 - r^2)}{d} \frac{\alpha_0}{2\pi} = \frac{\varepsilon (R^2 - r^2)}{2d} \alpha_0 \qquad (3-68)$$

动极板转动 $\Delta \alpha$ 后,差动电容分别为

$$\begin{cases} C_1 = C_0 \left(1 + \dfrac{\Delta \alpha}{\alpha_0}\right) \\ C_2 = C_0 \left(1 - \dfrac{\Delta \alpha}{\alpha_0}\right) \end{cases} \qquad (3-69)$$

图 3-26(b) 初始时有

$$C_{AC_0} = C_{BC_0} = C_0 = \frac{\varepsilon l r}{R - r} \alpha_0 \qquad (3-70)$$

动极板转动 $\Delta \alpha$ 后,电容变化同式(3-69)。

由式(3-69)可得,图 3-26(b) 所示的差动式变面积型电容传感器的差动电容为

$$\frac{C_1 - C_2}{C_1 + C_2} = \frac{\Delta \alpha}{\alpha_0} \qquad (3-71)$$

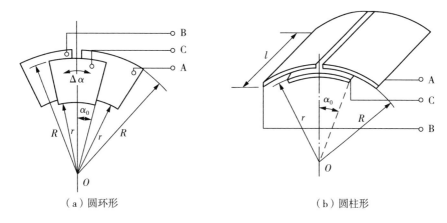

（a）圆环形　　　　　　　　　　　　（b）圆柱形

图 3-26　角位移测量用变面积型电容传感器结构示意

3. 变介电常数型电容传感器

图 3-27 为介电常数型电容式液位传感器结构示意。

设被测介质的介电常数为 ε_1，液面高度为 h，变换器总高度为 H，内筒外径为 d，外筒内径为 D，此时传感器的电容值为

$$C = \frac{2\pi\varepsilon_1 h}{\ln\dfrac{D}{d}} + \frac{2\pi(H-h)\varepsilon}{\ln\dfrac{D}{d}} = \frac{2\pi\varepsilon H}{\ln\dfrac{D}{d}} + \frac{2\pi h(\varepsilon_1 - \varepsilon)}{\ln\dfrac{D}{d}} = C_0 + \frac{2\pi h(\varepsilon_1 - \varepsilon)}{\ln\dfrac{D}{d}}$$

$$(3-72)$$

式中，ε 为空气介电常数；C_0 为由传感器的基本尺寸决定的初始电容值，即
$C_0 = \dfrac{2\pi\varepsilon H}{\ln\dfrac{D}{d}}$。

由式（3-72）可见，此传感器的电容增量正比于被测液位高度 h。

变介电常数型电容传感器有较多的结构形式。图 3-28 所示的变介电常数型电容传感器可以用来测量纸张、绝缘薄膜等的厚度，也可用来测量粮食、纺织品、木材或煤等非导电固体介质的湿度。图 3-28 中两平行极板固定不动，极距为 d_0，相对介电常数为 ε_{r2} 的电介质以不同深度插入电容器中，从而改变两种介质的极板覆盖面积。此时，传感器总电容量为

$$C = C_1 + C_2 = \varepsilon_0 b_0 \frac{\varepsilon_{r1}(L_0 - L) + \varepsilon_{r2} L}{d_0} \qquad (3-73)$$

式中，L_0、b_0 分别为极板的长度和宽度；L 为第二种介质进入极板间的长度。

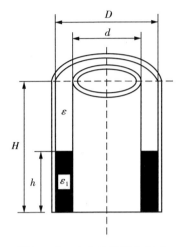

图 3 - 27　介电常数型电容式
液位传感器结构示意

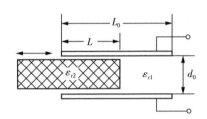

图 3 - 28　变介电常数型电容传感器

若电介质 $\varepsilon_{r1} = 1, L = 0$ 时,传感器初始电容 $C_0 = \varepsilon_0 \dfrac{\varepsilon_{r1} L_0 b_0}{d_0}$;当被测介质 ε_{r2} 进入极板间深度 L 后,引起电容相对变化量为

$$\frac{\Delta C}{C_0} = \frac{C - C_0}{C_0} = \frac{(\varepsilon_{r2} - 1) L}{L_0} \tag{3-74}$$

由式(3 - 74)可见,电容量的变化与电介质 ε_{r2} 的移动量 L 呈线性关系。

3.2.3　电容式传感器的等效电路

电容式传感器的等效电路如图 3 - 29 所示。图 3 - 29 中考虑了电容器的损耗和电感效应,R_p 为并联损耗电阻,它代表极板间的泄漏电阻和介质损耗,这些损耗在低频时影响较大,随着工作频率的增高,容抗减小,影响减弱。R_s 代表串联损耗,即代表引线电阻、电容器支架和极板电阻的损耗。电感 L 由电容器本身的电感和外部引线电感组成。

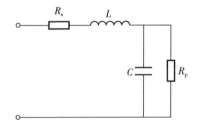

图 3 - 29　电容式传感器的等效电路

由等效电路可知,它有一个谐振频率,通常为几十兆赫。当工作频率等于或接近谐振频率时,谐振频率破坏了电容的正常作用。因此,工作频率应该低于谐振频

率,否则电容式传感器不能正常工作。

由 $\dfrac{1}{j\omega C_e} = j\omega L + \dfrac{1}{j\omega C}$ 可求得传感元件的有效电容 C_e 为

$$C_e = \frac{C}{1 - \omega^2 LC}(忽略 R_s 和 R_p) \tag{3-75}$$

$$\Delta C_e = \frac{\Delta C}{1 - \omega^2 LC} + \frac{\omega^2 LC \Delta C}{(1 - \omega^2 LC)^2} = \frac{\Delta C}{(1 - \omega^2 LC)^2} \tag{3-76}$$

在这种情况下,电容的实际相对变化量为

$$\frac{\Delta C_e}{C_e} = \frac{\Delta C / C}{1 - \omega^2 LC} \tag{3-77}$$

式(3-77)表明传感元件的实际相对变化量与传感元件的固有电感(包括引线电感)有关。因此,在实际应用时必须与标定时的条件相同,否则将会引入测量误差。如果改变激励频率或者更换传输电缆,就需要对测量系统重新进行标定。

3.2.4　电容式传感器测试接口

电容式传感器将位移等非电量转换为电容的变化,为了将电容的变化转换为电压或频率,还需要选择适当的测试接口。选择的基本原则是尽可能使输出电压或频率与被测非电量呈线性关系。

1. 运算放大器式测试接口

由于运算放大器的放大倍数非常大,而且输入阻抗 Z_i 很高,因此能够克服变极距型电容传感器的非线性,同时使输出电压与输入位移(间距变化)呈线性关系。图 3-30 为运算放大器式测试接口,图中 C_0 为固定电容,通常取其值为传感器的初始电容,C_x 为传感器电容,$\dot{U}_e$ 是交流电源电压,$\dot{U}_o$ 是输出信号电压。

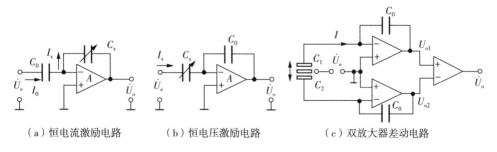

（a）恒电流激励电路　　　（b）恒电压激励电路　　　（c）双放大器差动电路

图 3-30　运算放大器式测试接口

单一的变极距型电容传感器宜选择图 3-30(a) 所示的测试接口,这种接法称为恒电流激励电路,其特点是输出电压与被测电容 C_x 成反比:

$$\dot{U}_o = -\dot{U}_e \frac{C_0}{C_x} \tag{3-78}$$

将式 $C_x = \dfrac{\varepsilon A}{d}$ 代入式(3-78)得

$$\dot{U}_o = -\dot{U}_e \frac{C_0}{\varepsilon A} d \tag{3-79}$$

可见,输出电压与被测位移 d 呈线性关系,从原理上消除了变极距型电容传感器的非线性。

单一的变面积型和变介质型电容传感器宜选择图 3-30(b) 所示的测试接口,这种接法称为恒电压激励电路,其特点是输出电压与被测电容 C_x 成正比:

$$\dot{U}_o = -\dot{U}_e \frac{C_x}{C_0} \tag{3-80}$$

将式(3-65)代入式(3-80)得

$$\dot{U}_o = -\dot{U}_e \left(1 - \frac{\Delta l}{l}\right) \tag{3-81}$$

可见,输出电压与被测位移 Δl 呈线性关系。

差动式变面积型电容传感器宜选择图 3-30(c) 所示的测试接口,这种接法的特点是输出电压与两电容差 $C_2 - C_1$ 成正比。

$$\dot{U}_o = \dot{U}_e \frac{C_2 - C_1}{C_0} = -2\dot{U}_e \frac{\Delta \alpha}{\alpha_0} \tag{3-82}$$

可见,输出电压与被测位移 $\Delta \alpha$ 呈线性关系。

2. 交流电桥

图 3-31(a) 为电阻平衡臂交流电桥,两个平衡电阻 $R_1 = R_2$ 分别提供 $\dot{U}_s/2$ 电压,这种电桥结构简单,它的两个电阻 R_1、R_2 可用两个电阻和一个电位器组成,调零方便。图 3-31(b) 为变压器交流电桥,其输出阻抗小,变压器二次线圈中心抽头提供 $\dot{U}_s/2$ 电压。

这两种交流电桥为开路($Z_L \rightarrow \infty$) 时,输出电压都为

$$\dot{U}_o = \dot{U}_s \frac{Z_2}{Z_1 + Z_2} - \frac{\dot{U}_s}{2} = \frac{\dot{U}_s}{2} \frac{Z_2 - Z_1}{Z_1 + Z_2} \tag{3-83}$$

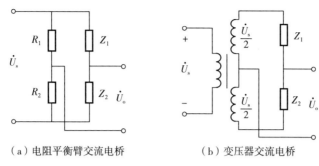

（a）电阻平衡臂交流电桥　　　　　（b）变压器交流电桥

图 3-31　两种交流电桥

图 3-31 中 Z_1 和 Z_2 为电容传感器，即 $Z_1 = \dfrac{1}{\mathrm{j}\omega C_1}$，$Z_2 = \dfrac{1}{\mathrm{j}\omega C_2}$，代入式（3-83）得

$$\dot{U}_\mathrm{o} = \frac{\dot{U}_\mathrm{s}}{2} \cdot \frac{C_1 - C_2}{C_1 + C_2} \qquad (3-84)$$

式（3-84）包含两电容的差与两电容的和之比，因此这两种交流电桥很适合差动式变面积型电容传感器：

$$\dot{U}_\mathrm{o} = \frac{\dot{U}_\mathrm{s}}{2} \cdot \frac{\Delta d}{d_0} \qquad (3-85)$$

可见，输出电压与被测位移 Δd 呈线性关系。电桥输出还与电源电压有关，要求电源电压采取稳幅和稳频措施。由于电桥输出电压幅值小，输出阻抗很高（兆欧级），因此其后必须接高输入阻抗放大器才能工作。

3. 调频式测试接口

图 3-32 为调频式测试接口原理框图。传感器的电容作为振荡器谐振回路的一部分，当输入信号导致电容信号发生变化时，振荡器的振荡频率也随之发生变化，其输出信号经过限幅、鉴频和放大器放大后变成输出电压。虽然可将频率作为测量系统的输出信号，用以判断被测非电量的大小，但此时系统是非线性的，不易校正，因此必须加入鉴频器，将频率的变化转换为电压振幅的变化，经过放大就可以用仪器指示或记录仪记录下来。

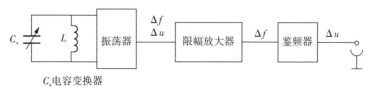

图 3-32　调频式测试接口原理框图

图 3-32 中调频振荡的振荡频率为

$$f = \frac{1}{2\pi\sqrt{LC}}$$ (3-86)

式中，L 为振荡回路的电感；C 为振荡回路的总电容，$C = C_1 + C_2 + C_x$，其中 C_1 为振荡回路固有电容，C_2 为传感器引线分布电容，$C_x = C_0 \pm \Delta C$ 为传感器的电容。

当被测信号为 0 时，$\Delta C = 0$，则 $C = C_0 + C_1 + C_2$，于是振荡器有一个固有频率 f_0，其表示式为

$$f_0 = \frac{1}{2\pi\sqrt{(C_1 + C_2 + C_0)L}}$$ (3-87)

当被测信号不为 0 时，$\Delta C \neq 0$，于是振荡器频率有相应变化，此时频率为

$$f = \frac{1}{2\pi\sqrt{(C_1 + C_2 + C_0 \mp \Delta C)L}} = f_0 \pm \Delta f$$ (3-88)

调频电容传感器测试接口具有较高的灵敏度，可以测量 $0.01\ \mu m$ 级位移变化量。数字仪器可以测量信号的输出频率，并与计算机通信，其抗干扰能力力强，可以发送、接收信号，以达到遥测遥控的目的。

3.2.5　影响电容式传感器精度的因素分析

电容式传感器广泛应用于角度、位移、液位等参数的精确测量，其具有高灵敏度和高精度等优点。这些优点都与传感器的设计是否正确、选材是否正确及加工工艺是否精细有关，也要注意以下影响电容式传感器精度的因素。

（1）温度对结构尺寸的影响。环境温度的改变将引起电容式传感器各组成部分的几何尺寸和相互位置的变化，从而导致电容式传感器产生温度附加误差，在检测间隙变化的电容式传感器中，温度附加误差更大，因为此时初始间隙很小。

（2）温度对介电常数的影响。电容式传感器的电容值与介质的介电常数成正比，因此对于介电常数的温度系数不为零的传感器，温度的变化必然会引起传感器电容值的改变，从而造成温度附加误差。

（3）漏电阻的影响。电容式传感器的容抗很高，尤其是激励频率较低时。当两极间总的漏电阻与容抗相近时，就必须考虑分路作用对整个系统总灵敏度的影响，它将使传感器的灵敏度下降。

（4）边缘效应与寄生参量的影响。边缘效应使计算复杂化、产生非线性并降低传感器的灵敏度。消除和减小边缘效应的方法是在结构上增设防护电极，防护电极必须与被防护电极取相同的电位，尽量使它们同为地电位。

寄生电容可能比传感器的电容大几倍甚至几十倍，影响传感器的灵敏度和输出特性，严重时会淹没传感器的有用信号，使传感器无法正常工作。因此，减小或消除寄生电容的影响是设计电容式传感器的关键。通常可采用如下方法来解决这个问题。

① 增加电容初始值。增加电容初始值可以减小寄生电容的影响，可采用减小电容式传感器极板之间的距离，增大有效覆盖面积来增加初始电容值。

② 采用驱动电缆技术。驱动电缆技术又叫作双层屏蔽等位传输技术，它实际上是一种等电位屏蔽法。如图 3-33 所示，电容式传感器与测量电路之间的引线采用双层屏蔽电缆，其内屏蔽层与信号传输线（电缆芯线）通过增益为 1 的驱动放大器成为等电位，从而消除芯线对内屏蔽层的容性漏电，克服寄生电容的影响，而内外屏蔽层之间的电容是 1:1 放大器的负载。

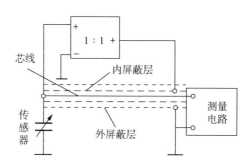

图 3-33　驱动电缆技术原理框图

因此，驱动放大器是一个输入阻抗很高、具有容性负载、放大倍数为 1 的同相放大器。该方法的难点在于要在很宽的频带上实现放大倍数等于 1 且输入输出的相移为零的功能。由于屏蔽线上有随传感器输出信号变化而变化的电压，因此称为驱动电缆。外屏蔽层接大地或接仪器地，用来防止外界电场的干扰。

3.2.6　电容式传感器的应用

电容式传感器可用来测量直线位移、角位移、振动振幅（测至 $0.05\ \mu m$ 的微小振幅），尤其适合测量高频振动振幅、精密轴系回转精度、加速度等机械量，还可用来测量压力、差压力、液位、料面、粮食中的水分含量，非金属材料的涂层，油膜厚度，电介质的湿度、密度、厚度等。在现代测试系统中，电容式传感器常被当作位置信号发生器。

1. 电容式差压变送器

电容式差压变送器结构示意如图 3-34 所示。它的核心部分是一个差动变极距电容传感器。当被测压力 p_1、p_2 由两侧的内螺纹压力接头进入各自的空腔时,压力通过不锈钢波纹隔离膜片以及热稳定性很好的灌充液(导压硅油)传导到 δ 腔。弹性平膜片由于受到来自两侧的压力之差而凸向压力小的一侧,引起差动电容 C_1、C_2 的变化。

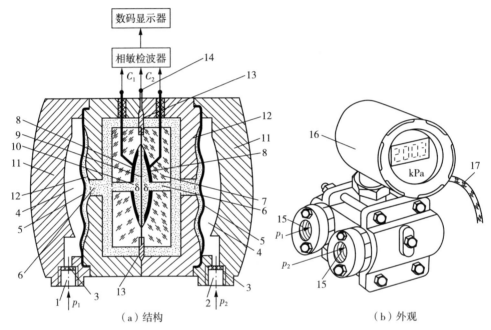

1—高压侧进气口;2—低压侧进气口;3—过滤片;4—空腔;5—不锈钢波纹隔离膜片;
6—导压硅油;7—凹形玻璃圆片;8—镀金凹形电极(定极板);9—弹性平膜片;10—δ 腔;
11—铝合金外壳;12—限位波纹盘;13—过压保护悬浮波纹膜片;14—公共参考端(地电位);
15—内螺纹压力接头;16—测量转换电路及显示器铝合金盒;17—信号电缆。

图 3-34 电容式差压变送器结构示意

将图 3-34 所示的电容式差压变送器的高压侧(p_1)进气孔通过管道与储液罐相连,就组成差压式液位计(见图 3-35)。

设储液罐是密闭的,则施加在差压电容膜片上的压力之差为

$$\Delta p = p_1 - p_2 = \rho g (h - h_0) \tag{3-89}$$

式中,ρ 为液体的密度;g 为重力加速度;h 为待测液位;h_0 为差压变送器的安装高度。

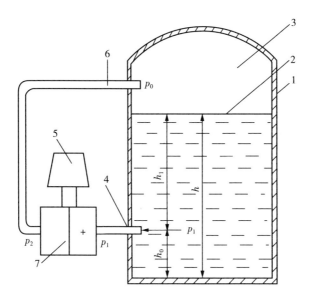

1—储液罐;2—液面;3—上部空间;4—高压侧管道;5—电容差压变送器;6—低压侧管道;7—膜片。

图 3-35　差压式液位计

2. 电容式加速度传感器

加速度传感器是惯性导航系统中较重要的传感器之一(见图 3-36)。传感器由玻璃／硅／玻璃结构构成。硅悬臂梁的自由端设置有敏感加速度的质量块,并在其上、下两侧面淀积有金属电极,形成活动电极。把活动电极安装在固定电极板之间可以组成一差动式平板电容器。当有加速度(惯性力)施加在加速度传感器上时,活动极板(质量块)将产生微小的位移,引起电容变化,电容变化量 ΔC 由开关电容电路检测并放大。两路脉宽调制信号 U_e 和 $\overline{U}_e$ 由脉宽调制器产生,并分别加在两对电极上,通过这两路脉宽调制信号产生的静电力去控制活动极板的位置。对任何加速度值,只要检测合成电容和控制脉冲宽度,便能够使活动电极准确地保持在两固定电极之间(保持在非常接近零位移的位置上)。因为这种脉宽调制产生的静电力总是阻止活动电极偏离零位,且与加速度 g 成正比,所以通过低通滤波器的脉宽信号 U_e 即为该加速度传感器输出的电压信号。

当传感器壳体随被测对象在垂直方向上有加速度时,质量块由于惯性要保持相对静止,而两个固定电极将相对质量块在垂直方向上产生位移,位移的大小正比于被测加速度。此位移使两个差动电容的间隙都发生变化,一个增加,一个减小,从而使 C_1 和 C_2 产生大小相等、符号相反的增量,此增量正比于被测加速度。电容式加速度传感器的主要特点是频率响应快且量程范围大,大多采用空气或其他气体作阻尼物质。

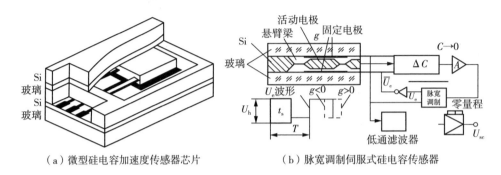

（a）微型硅电容加速度传感器芯片　　（b）脉宽调制伺服式硅电容传感器

图 3-36　零位平衡式硅电容加速度传感器

3. 电容式位移传感器

图 3-37 为圆筒式变面积型电容式位移传感器。

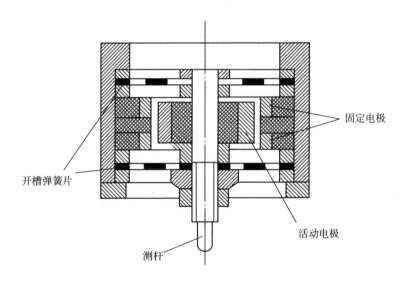

图 3-37　圆筒式变面积型电容式位移传感器

圆筒式变面积型电容式位移传感器采用差动式结构,其固定电极与外壳绝缘,活动电极与测杆相连并彼此绝缘。测量时活动电极随被测物发生轴向移动,从而改变活动电极与两个固定电极之间的有效覆盖面积,使电容发生变化,电容的变化量与位移成正比。开槽弹簧片为传感器的导向与支撑,无机械摩擦,灵敏度高,但行程小,主要用于接触式测量。

图 3-38 为电容式传感器用于测量振动位移,属于动态非接触式测量。

图 3-38(a) 中电容式传感器和被测物体分别构成电容的两个电极,当被测物发生振动时,电容两极板之间的距离发生变化,从而改变电容的大小,再经测试接口实现测量。图 3-38(b) 所示的电容传感器中,在旋转轴外侧相互垂直的位置放置两个电容极板作为定极板,被测旋转轴作为电容传感器的动极板。测量时,首先调整好电容极板与被测旋转轴之间的原始间距,当轴旋转时因轴承间隙等原因产生径向位移和摆动,定极板和动极板之间的距离发生变化,传感器的电容量也相应地发生变化,再经过测试接口可测得轴的回转精度和轴心的偏摆。

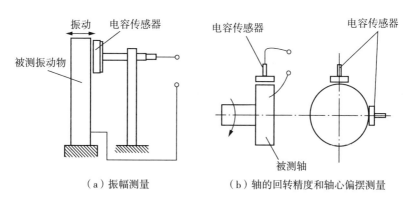

（a）振幅测量　　　　　　　（b）轴的回转精度和轴心偏摆测量

图 3-38　电容式传感器用于测量振动位移

4. 电容式油量表

图 3-39 为电容式油量表原理示意,当油箱中无油时,电容式传感器的电容量 $C_x = C_{x0}$,调节匹配电容使 $C_0 = C_{x0}$、$R_4 = R_3$,并使调零电位器 R_p 的滑动臂位于零点,即 R_p 的电阻值为 0。此时,电桥满足 $C_x/C_0 = R_3/R_4$ 的平衡条件,电桥输出为零,伺服电动机不转动,油量表指针偏转角 $\theta = 0$。

当油箱中注满油时,液位上升至 h 处,$C_x = C_{x0} + \Delta C_x$,而 ΔC_x 与 h 成正比,此时电桥失去平衡,电桥的输出电压 U_o 经放大后驱动伺服电动机,再由减速箱减速后带动指针顺时针偏转,同时带动 R_p 的滑动臂移动,从而使 R_p 阻值增大,$R_{cd} = R_3 + R_p$ 也随之增大。当 R_p 阻值达到一定值时,电桥又达到新的平衡状态,$U_o = 0$,于是伺服电动机停转,指针停留在转角 θ 处。

由于指针及可变电阻的滑动臂同时被伺服电动机所带动,因此 R_p 的阻值与 θ 间存在着确定的对应关系,即 θ 正比于 R_p 的阻值,而 R_p 的阻值又正比于液位高度 h,因此可直接从刻度盘上读得液位高度 h。

当油箱中的油位降低时,伺服电动机反转,指针逆时针偏转(示值减小),同时带动 R_p 的滑动臂移动,使 R_p 的阻值减小。当 R_p 的阻值达到一定值时,电桥又达到新的平衡状态, $U_o = 0$,于是伺服电动机再次停转,指针停留在与该液位相对应的转角 θ 处。

从以上分析可知,放大器的非线性及温度漂移对测量精度影响不大,电容式油量表在倾斜状态仍可使用,可用于飞机油箱剩余油量检测。

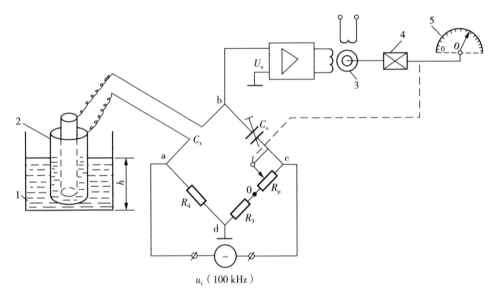

1—油箱;2—圆柱形电容器;3—伺服电动机;4—减速箱;5—油量表。

图 3 - 39　电容式油量表原理示意

3.3　电感式传感器

电感式传感器是一种利用磁路磁阻变化,引起传感器线圈电感(自感或互感)的变化来检测非电量的机电转换装置。

这类传感器的主要特征是具有线圈绕组。它的优点是结构简单、可靠,输出功率大,输出阻抗小,抗干扰能力强,对工作环境要求不高,分辨力较高,能测出 $0.01~\mu m$ 甚至更小的机械位移变化,能感受 $0.1''$ 的微角度变化。示值误差一般为示值范围的 $0.1\% \sim 0.5\%$ 。它的缺点是频率响应低,不宜用于快速动态测量。一般说来,电感式传感器的分辨力和示值误差与示值范围有关,示值范围大时,分辨力和示值精度将相应降低。

3.3.1　自感式传感器

自感式传感器按磁路几何参数变化形式分类有变气隙型、变面积型和螺管型等;按铁芯的结构形式分类有 π 型、E 型或罐型等;按组成方式分类有单一式、差动式等。

1. 结构及工作原理

自感式传感器由铁芯、线圈和衔铁组成。铁芯与衔铁间设有空气隙 δ,当线圈中通以电流 i 时,由电磁感应原理,则在其中产生磁通 φ_m,其大小与所加电流 i 成正比,又据磁路欧姆定律,得到自感为

$$L = \frac{W^2}{R_m} \tag{3-90}$$

式中,W 为线圈匝数;L 为比例系数,称为自感,单位为 H;R_m 为磁路总磁阻,单位为 H^{-1}。

当不考虑磁路的铁损且当气隙 δ 较小时,则该磁路的总磁阻为

$$R_m = \frac{l_1}{\mu_1 A_1} + \frac{l_2}{\mu_2 A_2} + \frac{2\delta}{\mu_0 A_0} \tag{3-91}$$

式中,l_1 为铁芯的导磁长度,单位为 m;μ_1 为铁芯磁导率,单位为 H/m;A_1 为铁芯导磁截面积,单位为 m^2;l_2 为衔铁的导磁长度,单位为 m;μ_2 为衔铁磁导率,单位为 H/m;A_2 为衔铁导磁截面积,单位为 m^2;δ 为气隙宽,单位为 m;μ_0 为空气磁导率,$\mu_0 = 4\pi \times 10^{-7}$,单位为 H/m;$A_0$ 为空气隙导磁截面积,单位为 m^2。

由于式(3-91)等号右边前两项(铁芯磁阻和衔铁磁阻)与第三项(空气隙磁阻)相比甚小,因此在忽略前两项的情况下可将总磁阻 R_m 近似为

$$R_m \approx \frac{2\delta}{\mu_0 A_0} \tag{3-92}$$

将上式代入式(3-90)则有

$$L = \frac{W^2 \mu_0 A_0}{2\delta} \tag{3-93}$$

由式(3-93)可知,自感 L 与空气磁导率 μ_0 和空气隙导磁截面积 A_0 成正比,而与气隙宽 δ 成反比。当固定其中任意两个参数而改变另一个参数时,就能得到不同的结构类型。

图 3-40(a) 为变气隙型自感式传感器的结构原理。变气隙型自感式传感器是最常用的自感式传感器,其最大的优点是灵敏度高,缺点是非线性误差大。当衔铁位移使气隙减少 $\Delta\delta$ 时,电感变化为

$$\Delta L = \frac{W^2 \mu_0 A_0}{2(\delta - \Delta\delta)} - \frac{W^2 \mu_0 A_0}{2\delta} = L \frac{\dfrac{\Delta\delta}{\delta}}{1 - \dfrac{\Delta\delta}{\delta}} \qquad (3-94)$$

当 $\Delta\delta/\delta \ll 1$ 时,利用幂级数展开有

$$\frac{\Delta L}{L} = \frac{\Delta\delta}{\delta} \left[1 + \frac{\Delta\delta}{\delta} + \left(\frac{\Delta\delta}{\delta}\right)^2 + \left(\frac{\Delta\delta}{\delta}\right)^3 + \cdots \right]$$

去掉高次项,进行线性化处理,可得

$$\frac{\Delta L}{L} \approx \frac{\Delta\delta}{\delta} \qquad (3-95)$$

此时传感器的灵敏度为

$$K = \frac{\dfrac{\Delta L}{L}}{\Delta\delta} \approx \frac{1}{\delta} \qquad (3-96)$$

当 A_0 固定,δ 变化时,L 与 δ 呈非线性变化关系[见图 3-40(b)]。

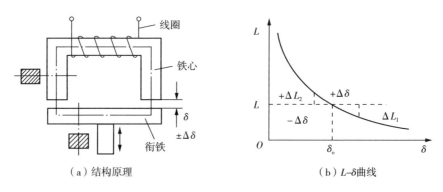

（a）结构原理　　　　　　　　（b）L-δ 曲线

图 3-40　变气隙型自感式传感器

由于线圈中通有交流励磁电流,因而衔铁始终承受电磁吸力,会引起振动和附加误差,且非线性误差较大。外界的干扰、电源电压频率的变化、温度的变化都会使输出产生误差。在实际使用中,常采用两个相同的传感线圈共用一个衔铁,构成差动式自感传感器,两个线圈的电气参数和几何尺寸要求完全相同。这种结构除

了可以改善线性、提高灵敏度外,对温度变化、电源频率变化等的影响也可以进行补偿,从而可减少外界影响造成的误差,减小测量误差。

当衔铁移动时,一个线圈的电感量增加,另一个线圈的电感量减少,形成差动形式。差动式自感传感器有三种类型:变气隙型、变面积型及螺管型(见图 3 - 41)。当铁芯的结构和材料确定后,根据 $L = \dfrac{W^2}{R_M} = \dfrac{W^2 \mu_0 A}{2\delta}$ 可知,自感 L 是气隙厚度 δ 和气隙磁通截面积 A 的函数,即 $L = f(\delta, A)$。如果保持 A 不变,则 L 为 δ 的单值函数,可构成差动式变气隙型自感传感器;如果保持 δ 不变,使 A 随位移变化,则可构成差动式变面积型自感传感器;如果在线圈中放入圆柱形衔铁,当衔铁上下移动时,自感量将相应变化,就构成了差动式螺管型自感传感器。

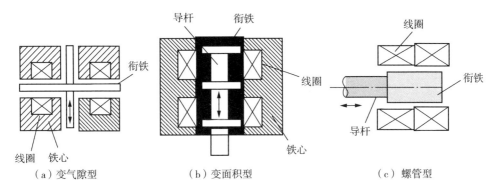

图 3 - 41　差动式自感传感器

在三种类型的差动式自感传感器中以差动式变气隙型自感传感器(见图 3 - 42)的应用最广。差动式变气隙型自感传感器由两个相同的差动线圈 1、2 和磁路组成。测量时,衔铁通过测杆与被测位移量相连,当被测体上下移动时,导杆带动衔铁也以相同的位移上下移动,使两个磁回路中磁阻发生大小相等、方向相反的变化,导致一个线圈的电感量增加,另一个线圈的电感量减小,形成差动形式。

图 3 - 43 为差动式变面积型自感传感器。其通过改变导磁面积来改变磁阻,自感 L 与 A_0 呈线性关系,但传感器灵敏度低,常用于角位移测量。当传感器面积增加 ΔA 时,有

$$L = L_0 + \Delta L = \frac{W^2 \mu_0 (A_0 + \Delta A)}{2\delta}$$

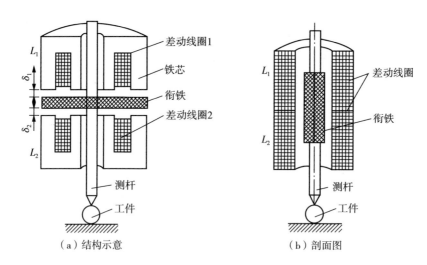

（a）结构示意　　　　　　　　　　（b）剖面图

图 3-42　差动式变气隙型自感传感器

$$\Delta L = \frac{W^2 \mu_0 \Delta A}{2\delta}$$

可以得到

$$\frac{\Delta L}{L_0} = \frac{\Delta A}{A_0} \qquad\qquad (3-97)$$

差动式螺管型可变磁阻传感器量程大、结构简单，一般用于大位移（mm 级）测量，有较好的线性和较高的灵敏度。

差动式自感传感器灵敏度高，线性工作范围大（见图 3-44），当衔铁位于中间位置时，位移为零，两线圈上的自感相等。此时电流 $i_1 = i_2$，负载 Z_L 上没有电流通过，$\Delta i = 0$，输出电压 $U_c = 0$。当衔铁向一个方向偏移时，其中一个线圈自感增加，而另一个线圈自感减小，亦即 $L_1 \neq L_2$，此时 $i_1 \neq i_2$，负载 Z_L 上流经电流

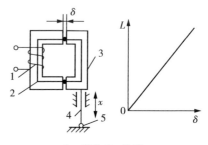

1—线圈；2—铁芯；
3—活动衔铁；4—测杆；5—被测件。

图 3-43　差动式变面积型自感传感器

$\Delta i \neq 0$，输出电压 $U_c \neq 0$。U_c 的大小表示衔铁的位移量，其极性则反映了衔铁移动的方向。若位移使 i_1 增大 Δi，则必定使 i_2 减小 Δi，由此，通过负载的电流产生 $2\Delta i$ 的变化，因此传感器的灵敏度也将增加一倍。

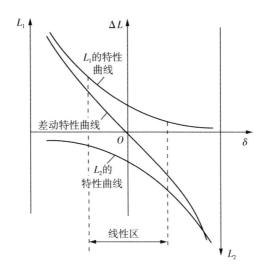

图 3-44　差动式自感传感器自感系数特性曲线

2. 等效电路

前文分析自感式传感器工作原理时，把自感线圈看成一个理想的纯电感 L。实际上线圈导线存在铜损电阻 R_c，传感器中的铁磁材料在交变磁场中一方面被磁化，另一方面形成涡流及损耗，这些损耗可分别用磁滞损耗电阻 R_h 和涡流损耗电阻 R_e 表示。此外，还存在线圈的匝间电容和电缆线分布电容 C。自感式传感器的等效电路如图 3-45 所示。

由于电缆线分布电容是并联寄生电容 C 的组成部分，因此自感式传感器在更换连接电缆后应

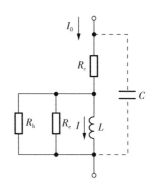

图 3-45　自感式传感器的
等效电路

重新校正或采用并联电容加以调整。由于各损耗电阻的存在使线圈电感的品质因数降低且与激励频率有关，因此最好选择最佳激励频率——使线圈电感品质因数最高的激励频率。

线圈阻抗 Z_p 为

$$Z_p = \frac{(R + j\omega L)\dfrac{1}{j\omega C}}{R + j\omega L + \dfrac{1}{j\omega C}} \tag{3-98}$$

设线圈品质因数 $Q = \dfrac{\omega L}{R}$,当激励频率较高时,可以忽略 $\dfrac{1}{Q^2}$ 项,则得到

$$Z_p = \frac{R}{(1 - \omega^2 LC)^2} + \frac{\mathrm{j}\omega L}{1 - \omega^2 LC} = R_p + \mathrm{j}\omega L_p \qquad (3-99)$$

可见,有自身并联电容存在时,有效电阻 R_p 和有效电感 L_p 均增加,其中有效电感为

$$L_p = \frac{1}{1 - \omega^2 LC} \qquad (3-100)$$

则有效电感增量为

$$\frac{\mathrm{d}L_p}{L_p} = \frac{1}{1 - \omega^2 LC} \frac{\mathrm{d}L}{L} \qquad (3-101)$$

有效品质因数为

$$Q_p = \frac{\omega L_p}{R_p} = Q(1 - \omega^2 LC) \qquad (3-102)$$

由上述分析可知,当存在并联电容时,虽然有效电阻和有效电感均增加,但有效电阻增加得多,所以有效品质因数有所下降;有效电感相对变化量增加了,传感器的有效灵敏度也提高了。

3. 自感式传感器测试接口

为了将自感式传感器电感的变化转换为电压、电流或频率,还需要选择适当的测试接口,其基本原则是尽可能使输出电压、电流或频率与被测非电量呈线性关系。 常用的测试接口有交流电桥测试接口、变压器电桥测试接口和谐振式测试接口等。

差动式自感传感器通常采用变压器电桥测试接口(见图 3 - 46)。

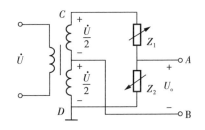

图 3 - 46　变压器电桥测试接口

变压器电桥中 Z_1 和 Z_2 为两个自感传感器线圈阻抗,即 $Z_1 = \mathrm{j}\omega L_1$、$Z_2 = \mathrm{j}\omega L_2$。当负载阻抗为无穷大时,桥路输出电压为

$$\dot{U}_o = \frac{Z_1 \dot{U}}{Z_1 + Z_2} - \frac{\dot{U}}{2} = \frac{Z_1 - Z_2}{Z_1 + Z_2} \frac{\dot{U}}{2} \qquad (3-103)$$

当传感器的衔铁处于中间位置,即 $Z_1 = Z_2 = Z$ 时,有 $\dot{U} = 0$,电桥平衡。

当传感器衔铁下移时,上面线圈的阻抗增加、下面线圈的阻抗减小,即 $Z_1 = Z + \Delta Z$,$Z_2 = Z - \Delta Z$,传感器线圈阻抗 $Z = R_s + j\omega L$,其变化是由损耗电阻变化 ΔR_s 和阻抗变化 ΔL 两部分组成,此时有

$$\dot{U}_o = \frac{\Delta Z}{Z} \frac{\dot{U}}{2} = \frac{\Delta R_s + j\omega\Delta L}{R_s + j\omega L} \frac{\dot{U}}{2} \tag{3-104}$$

同理,当衔铁上移时,下面线圈的阻抗增加、上面线圈的阻抗减小,有

$$\dot{U}_o = -\frac{\Delta Z}{Z} \frac{\dot{U}}{2} = -\frac{\Delta R_s + j\omega\Delta L}{R_s + j\omega L} \frac{\dot{U}}{2} \tag{3-105}$$

可见,两者输出电压大小相等、方向相反。因为是交流电,所以输出电压 $\dot{U}_o$ 在输入指示器前必须进行整流、滤波。当使用无相位鉴别的整流器(半波或全波)时,输出电压特性曲线如图 3-47(a) 所示,虚线为理想特性曲线,实线为实际特性曲线,在零点时有最小输出电压 e_0,称为零点残余电压(零位误差)。造成零点残余电压的原因是两线圈损耗电阻 R_s 不平衡,由于 R_s 与频率有关,因此输入电压中包含有谐波时,往往在输出端出现残余电压。

从图 3-47(a) 可以看出,正负信号所得到的电压极性是相同的,这种电路不能辨别位移的方向,因此采用相敏整流器的输出特性[见图 3-47(b)]表示输出电压的极性随位移方向而发生的变化。

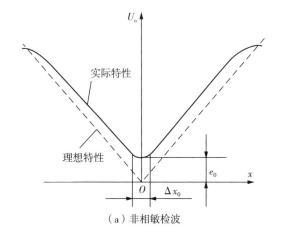

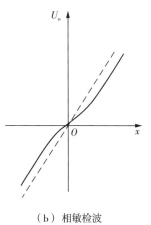

（a）非相敏检波　　　　　　　　　　（b）相敏检波

图 3-47　输出特性比较

如果不采用差动式自感传感器,而采用单一式自感传感器,则不必采用变压器电桥,而可采用类似运算放大器式电容传感器测试接口,只要把图 3-30 中电容传感器 C_x、固定电容 C_0 分别改为电感传感器 L_x、固定电感 L_0 即可。

4. 影响传感器精度的因素分析

影响传感器精度的因素很多,主要分两个方面:一方面,外界工作环境条件的影响,如温度变化、电源电压和频率的波动等;另一方面,传感器本身特性所固有的影响,如线圈电感与衔铁位移之间的非线性、交流零位信号的存在等。这些都会造成测量误差,从而影响传感器的测量精度。

1)电源电压和频率的波动影响

电源电压的波动一般允许为 5%,从式(3-104)可以看出,电源电压波动直接影响传感器的输出电压,还会引起传感器铁芯磁感应强度 B 和磁导率 μ 的改变,从而使铁芯磁阻发生变化。因此,铁芯磁感应强度的工作点一定要选在磁化曲线的线性段,以免在电源电压波动时,量值进入饱和区而使磁导率发生很大的变动。

电源频率的波动一般较小,频率变化会使线圈感抗变化,严格对称的交流电桥是能够补偿频率波动影响的。

2)温度变化的影响

温度变化会引起零部件尺寸改变。变气隙型自感式传感器对于几何尺寸微小的变化也很敏感,随着气隙的改变,传感器的灵敏度和线性度将发生改变。温度变动还会引起线圈电阻和铁芯磁导率的变化。

为了补偿温度变化的影响,在结构设计时要合理选择零件的材料(注意各种材料的膨胀系数之间的配合),在制造和装配工艺上应使差动式自感传感器的两只线圈的电气参数(如电阻、电感、匝数)和几何尺寸尽可能一致,这样可以在对称电桥电路中有效地补偿温度的影响。

3)非线性特性的影响

传感器的线圈电感 L 与气隙厚度 δ 之间为非线性特性,这是造成输出特性非线性的主要原因。为了改善非线性特性,除了采用差动式结构之外,还必须限制衔铁的最大位移量,对于厚度 δ 的变气隙型自感式传感器,$\Delta\delta$ 一般取 $0.1\delta_0 \sim 0.2\delta_0$。

4)输出电压与电源电压之间的相位差

输出电压与电源电压之间存在着一定的相移,也就是存在有与电源电压相差 $90°$ 的正交分量,使波形失真。消除或抑制正交分量的方法是采用相敏整流电路,以及保持传感器应有高的 Q 值,一般 Q 值不应低于 3。

5）电桥的残余不平衡电压 —— 零位误差

零位误差产生的原因：

（1）差动式自感传感器两个电感线圈的电气参数及导磁体的几何尺寸不可能完全对称；

（2）传感器具有铁损，即磁化曲线为非线性；

（3）电源电压中含有高次谐波；

（4）线圈具有寄生电容，线圈与外壳、铁芯间有分布电容。

零位误差的危害很大，会降低测量精度，削弱分辨力，易使放大器饱和。

减小零位误差的措施：减少电源中的谐波成分，减小自感传感器的激磁电流，使之工作在磁化曲线的线性段；为了消除电桥的零位不平衡电压，通常在差动式自感传感器电桥的电路中再接入两个可调电位器，当电桥有起始不平衡电压时，可以反复调节两个电位器，使电桥达到平衡条件，消除不平衡电压。

5. 自感式传感器的应用

自感式传感器可用于测量位移和角度以及可转换为上述两个量的其他物理量；可用于静态和动态测量；可用于测量位移，测量范围一般为 $1\ \mu m \sim 1\ mm$，最高测量分辨力为 $0.01\ \mu m$；可用于振动、压力、荷重、流量、液位等参数测量。

图 3-48 为电感测微仪原理框图，除自感传感器外，还包括测量电桥、交流放大器、相敏检波器、振荡器、稳压电源及显示器等。

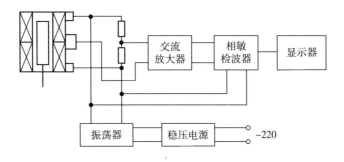

图 3-48　电感测微仪原理框图

电感测微仪主要用于测量精密微小位移，测量时测头的测端与被测件接触，其微小位移使衔铁在差动线圈中移动，线圈的电感值将产生变化，通过引线接到交流电桥，电桥输出电压就反映被测件的位移变化量。

图 3-49 为变气隙型差动电感压力传感器，其主要由 C 形弹簧管、衔铁、铁芯和

线圈等组成。当被测压力进入 C 形弹簧管时,C 形弹簧管产生变形,其自由端发生位移,带动与自由端连接成一体的衔铁运动,使线圈 1 和线圈 2 中的电感产生大小相等、符号相反的变化,即一个电感量增大,另一个电感量减小。电感的这种变化通过电桥电路转换成电压输出,再通过相敏检波等电路处理,使输出信号与被测压力之间成正比例关系,即输出信号的大小取决于衔铁位移的大小,输出信号的相位取决于衔铁移动的方向。

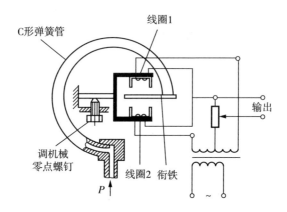

图 3-49   变气隙型差动电感压力传感器

3.3.2   互感式传感器

1. 工作原理与结构类型

互感式传感器由一次线圈、二次线圈、铁芯、衔铁四部分组成。工作时,一次线圈接入交流激励电压,二次线圈感应产生输出电压。被测量使衔铁移动,引起一次线圈、二次线圈间的互感变化,因而输出电压也相应变化。一般这种传感器的二次线圈有两个且按差动方式连接,故常称为差动变压器式压力传感器,简称为差动变压器。

差动变压器有变气隙型、变面积型和螺管型三种类型。差动变压器如图 3-50 所示。图 3-50(a) 和图 3-50(b) 为变气隙型差动变压器,其灵敏度较高,但测量范围小,一般用于测量毫米以下的位移;对于上百毫米的位移测量,常采用圆柱形衔铁的螺管型差动变压器,如图 3-50(c) 和图 3-50(d) 所示。图 3-50(e) 和图 3-50(f) 为测量转角的差动变压器,通常能测几秒的角位移,线性范围为 $\pm 10°$。

下面介绍应用最广的螺管型差动变压器(见图 3-51),其可以测量 $1 \sim$

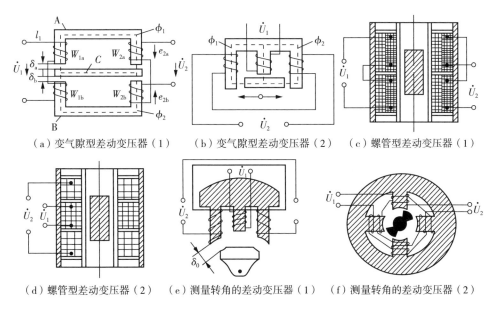

（a）变气隙型差动变压器（1）　（b）变气隙型差动变压器（2）　（c）螺管型差动变压器（1）

（d）螺管型差动变压器（2）　（e）测量转角的差动变压器（1）　（f）测量转角的差动变压器（2）

图 3-50　差动变压器

100 mm 的机械位移。线圈由初级线圈(一次线圈)P 和次级线圈(二次线圈)S_1、S_2 组成,线圈中心插入圆柱形铁芯 b。

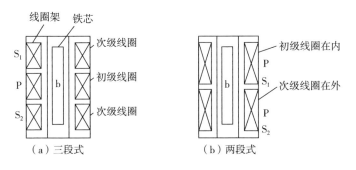

（a）三段式　　　　　　　　　（b）两段式

图 3-51　螺管型差动变压器

　　差动变压器的电气连接线路图如图 3-52(a) 所示,次级线圈反极性串联。当初级线圈 P 加上一定的交流电压 U_i 时,在次级线圈产生感应电压 U_{21} 和 U_{22},其大小与铁芯的轴向位移成比例。把感应电压 U_{21} 和 U_{22} 反极性连接便得到输出电压 U_o。当铁芯处于中心位置时,$U_{21}=U_{22}$,输出电压 $U_o=0$;当铁芯向上运动时,$U_{21}>U_{22}$;当铁芯向下运动时,$U_{21}<U_{22}$;随着铁芯偏离中心位置,U_o 逐渐加大。

　　铁芯位置从中心向上或向下移动时,输出电压 U_o 的相位随位移变化为

180°[见图 3 - 52(b)]。实际的差动变压器当铁芯位于中心位置时,输出电压不是零而是 e_0,e_0 称为零点残余电压。因此实际的差动变压器电压输出特性如图 3 - 47(a) 中的实线所示。e_0 产生的原因很多,除了差动变压器本身制作上的问题外,导磁体安装、铁芯长度、激励频率的高低等都会影响 e_0 的大小。e_0 中包含基波相同成分、基波正交成分、二次谐波、三次谐波和幅值较小的电磁干扰波等。

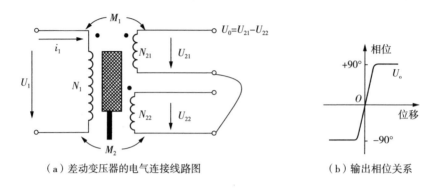

（a）差动变压器的电气连接线路图　　　　（b）输出相位关系

图 3 - 52　差动变压器的电气连接线路图及输出相位关系

2. 基本特性

在忽略差动变压器涡流损耗、铁损和耦合电容等理想情况下,输出电压可写成

$$\dot{U}_o = \frac{\omega(M_1 - M_2)\dot{U}_1}{\sqrt{r_1^2 + (j\omega L_1)^2}} \tag{3-106}$$

差动变压器的输出还可表示为

$$\dot{U}_o = \frac{2\omega M\dot{U}_1}{\sqrt{r_1^2 + (j\omega L_1)^2}}\frac{\Delta M}{M} = 2\dot{U}_{10}\frac{\Delta M}{M} \tag{3-107}$$

式(3 - 106)和式(3 - 107)中,M_1、M_2 为初级线圈与两次级线圈的互感;ω 为激励电压的角频率;r_1 为初级线圈有效电阻;L_1 为初级线圈电感。

当活动衔铁处于中间位置时,$M_1 = M_2$,$U_o = 0$;当活动衔铁向上移动时,$M_1 > M_2$,则 $U_o \neq 0$;当活动衔铁向下移动时,$M_1 < M_2$,则 $U_o \neq 0$。可见,当初级线圈参数和激磁电压确定后,变压器的输出由 ΔM 确定。在一定范围内,ΔM 与铁芯位移近似呈线性关系。差动变压器的线性范围为线圈骨架长度的 $10\% \sim 25\%$。

差动变压器的灵敏度是指差动变压器在单位电压激磁下,铁芯移动一单位距离时的输出电压,其单位为 V/(mm · V)。 一般差动变压器的灵敏度大于 50 mV/(mm · V),要提高差动变压器的灵敏度可以通过以下几个途径。

（1）提高线圈的 Q 值,为此可增大差动变压器的尺寸。 一般线圈长度为直径的 1.5 ~ 2.0 倍。

（2）选择较高的激磁频率。

（3）增大铁芯直径,使其接近于线圈架内径,但不触及线圈架。 两段式差动变压器的铁芯长度为全长的 60% ~ 80%。 铁芯采用磁导率高、铁损小、涡流损耗小的材料。

（4）在不使一次线圈过热的条件下尽量提高激磁电压。

频率太低时温度误差和频率误差增加,差动变压器的灵敏度显著降低。 当激励电压的角频率过低时,$\omega L_1 \ll r_1$,此时有

$$U_\mathrm{o} = \frac{\omega (M_1 - M_2) U_\mathrm{i}}{r_1} \tag{3-108}$$

这时传感器的输出电压 U_o 将随着激磁电压角频率 ω 的增加而增加。

当激励电压的角频率过高时,$\omega L_1 \gg r_1$,此时有

$$U_\mathrm{o} = \frac{\omega (M_1 - M_2) U_\mathrm{i}}{L_1} \tag{3-109}$$

这时传感器的输出电压 U_o 与激磁电压角频率 ω 无关。 当角频率继续增加超出某一数值时(取决于不同铁芯材料),由于趋肤效应和铁损等损耗增加,反而使灵敏度下降(见图 3 - 53)。并且频率太高,前述的理想差动变压器的假定条件就不能成立,因为随着频率的增加,铁损和耦合电容等的影响也增加。因此差动变压器的激磁频率一般为 50 Hz ~ 10 kHz。

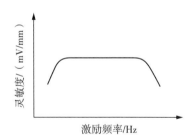

图 3 - 53　差动变压器灵敏度与
激励频率的关系曲线

3. 互感传感器测试接口

差动变压器的输出电压是一个高频激励信号(载波信号)与活动铁芯位移信号(调制信号)相乘的调幅波,进行测量时,要恢复原调制信号,需要用专门的测试接口达到辨别移动方向和消除零点残余电压的目的。 常用的测试接口有差动整流电

路和相敏检波电路。

1）差动整流电路

差动整流电路是一种最常用的电路形式。把差动变压器两个次级电压分别整流后，以它们的差作为输出，这样次级电压的相位和零点残余电压都不必考虑。图 3-54 为差动整流电路的等效电路。图 3-54（a）和图 3-54（b）用在连接低阻抗负载（如动圈式电流表）的场合，是电流输出型的差动整流电路。图 3-54（c）和图 3-54（d）用在连接高阻抗负载（如数字电压表）的场合，是电压输出形的差动整流电路。

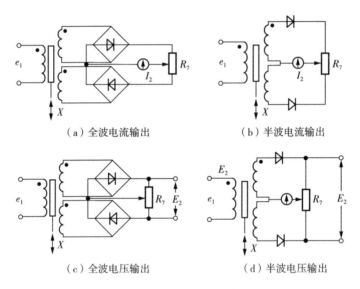

（a）全波电流输出　　　　　（b）半波电流输出

（c）全波电压输出　　　　　（d）半波电压输出

图 3-54　差动整流电路的等效电路

差动整流电路的结构简单，一般无须调整相位，无须考虑零位输出，在远距离传输时，将此电路的整流部分放在差动变压器一端，整流后的输出线延长，就可避免感应和引线分布电容的影响。

2）相敏检波电路

图 3-55 为二极管相敏检波电路的等效电路。这种电路容易做到输出平衡，而且便于阻抗匹配。图 3-55 中调制电压 e_r 和 e 同频，经过移相器使 e_r 和 e 保持同相或反相，且满足 $e_r \gg e$。调节电位器 R 可调平衡，图中电阻 $R_1 = R_2 = R_0$，电容 $C_1 = C_2 = C_0$，输出电压为 U_{CD}。

电路工作原理如下：当差动变压器铁芯在中间位置时，$e = 0$，只有 e_r 起作用，设此时 e_r 为正半周，即 A 为"+"，B 为"—"，D_1、D_2 导通，D_3、D_4 截止，流过 R_1、R_2 上的

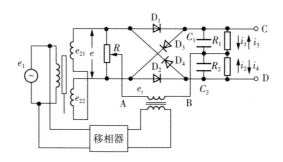

图 3-55　二极管相敏检波的等效电路

电流分别为 i_1、i_2，其电压降 U_{CB} 及 U_{DB} 大小相等、方向相反，故输出电压 $U_{CD}=0$。当 e_r 为负半周时，A 为"一"，B 为"＋"，D_1、D_2 截止，D_3、D_4 导通，流过 R_1、R_2 上的电流分别为 i_3、i_4，其电压降 U_{BC} 及 U_{BD} 大小相等、方向相反，故输出电压 $U_{CD}=0$。

若铁芯上移，$e\neq0$，设 e_r 和 e 同相位，由于 $e_r\gg e$，故 e_r 为正半周时，D_1、D_2 仍导通，D_3、D_4 截止，但 D_1 回路内总电势为 $e_r+0.5e$，而 D_2 回路内总电势为 $e_r-0.5e$，故回路电流 $i_1>i_2$，输出电压 $U_{CD}=R_0(i_1-i_2)>0$。当 e_r 为负半周时，D_3、D_4 导通，D_1、D_2 截止，此时 D_3 回路内总电势为 $e_r-0.5e$，D_4 回路内总电势为 $e_r+0.5e$，所以回路电流 $i_4>i_3$，故输出电压 $U_{CD}=R_0(i_4-i_3)>0$，因此铁芯上移时输出电压 $U_{CD}>0$。当铁芯下移时，e_r 和 e 相位相反，同理可得 $U_{CD}<0$。由此可见，该电路能判别铁芯移动的方向。

4. 互感传感器的应用

互感传感器主要应用于位移、加速度、压力、压差、应变、流量、液位、密度等参数测试。图 3-56 为加速度传感器及测试接口电路框图。

用于测定振动物体的频率和振幅时，其激磁频率必须是振动频率的 10 倍以上，可测量振幅范围为 $0.1\sim5$ mm，振动频率一般为 $0\sim150$ Hz。

差动变压器式传感器与弹性敏感元件(膜片、膜盒和弹簧管等)相结合，可以组成开环压力传感器和闭环力平衡式压力计，可用来测量压力或压差。

图 3-57 为微压力变送器结构示意。在无压力作用时，膜盒处于初始状态，固连于膜盒中心的衔铁位于差动变压器线圈的中部，输出电压为零。当被测压力经接头输入膜盒后，推动衔铁移动，从而使差动变压器输出正比于被测压力的电压。这种微压力变送器可测量 $-4\times10^4\sim6\times10^4$ Pa 的压力。

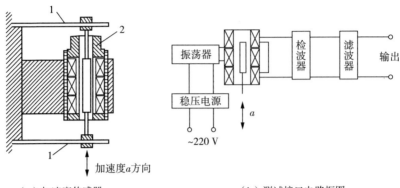

（a）加速度传感器　　　　　　　　　　（b）测试接口电路框图

1—弹性支承;2—差动变压器。

图 3-56　加速度传感器及测试接口电路框图

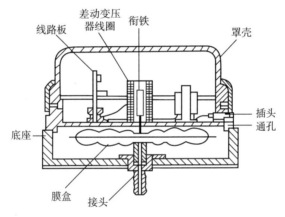

图 3-57　微压力变送器结构示意

3.3.3　涡流式电感传感器

根据电磁感应原理,当金属导体置于变化着的磁场中或在磁场中做切割磁力线运动时,导体内就会产生呈涡旋状的感应电流,这一现象称为电涡流效应。涡流式电感传感器就是利用电涡流效应工作的。按照电涡流在导体内的贯穿情况,涡流式电感传感器可分为高频反射式与低频透射式两类。

1. 工作原理

把一个半径为 r 的扁平线圈放置在金属导体附近,线圈中通入频率为 f 的交变电流 i,在线圈的周围空间便产生一个交变磁场 H_1,H_1 在金属导体表面感应产生

涡电流 i_2,此涡流又产生一个与 H_1 方向相反的交变磁场 H_2,由于 H_2 的反作用必然削弱线圈的磁场 H_1,使线圈的阻抗 Z 发生变化。阻抗的变化取决于金属导体的电涡流效应,而电涡流效应与被测导体的电阻率、磁导率、几何形状等参数有关。因此,传感器线圈受涡流影响时的等效阻抗 Z 的函数关系式为

$$Z = f(\mu, \rho, r, \omega, \delta) \tag{3-110}$$

式中,μ 为磁导率;ρ 为被测体的电阻率;r 为线圈与被测体的尺寸因子;ω 为励磁电流频率;δ 为线圈与导体间的距离。

若保持式(3-110)中其他参数不变,只改变其中一个参数,传感器线圈的阻抗 Z 就仅仅是这个参数的单值函数,通过测试接口就可实现非电量测量。

由于电涡流传感器的电磁过程十分复杂,难以用基本方法建立数学模型,因而给理论分析带来了极大的困难。一般采用图 3-58 所示的涡流式电感传感器简化模型说明传感器的工作原理与基本特性。将在被测金属导体上形成的电涡流等效成一个短路环,假设电涡流仅分布在环体之内,根据涡流式电感传感器简化模型,可以得出以下结论。

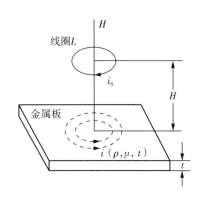

图 3-58　涡流式电感传感器简化模型

(1)金属导体上形成的电涡流有一定的范围,当线圈与导体间的距离 x 不变时,电涡流密度随着线圈外径 D 的大小而变化。在线圈中心的轴线附近,电涡流密度很小,可看作一个孔;在距离为线圈外径处,电涡流密度最大;而在距离为线圈外径的 1.8 倍处,电涡流密度则衰减为最大值的 5%。由此可知,电涡流的径向形成范围为传感器线圈外径的 $1.8 \sim 2.5$ 倍,且分布不均匀。因此,为充分利用电涡流效应,被测导体的平面尺寸不应小于传感器线圈外径 D 的 2 倍,否则灵敏度将下降。若被测导体为圆柱体时,当其直径 D' 为线圈外径 D 的 3.5 倍以上时,则传感器的灵敏度 K 近似为常数;当 $D = D'$ 时,灵敏度仅为最大值的 70% 左右。

(2)电涡流强度随着距离 x 的增大而迅速减小,电涡流强度 i_2/i_1 与距离 x 呈非线性关系,当距离 x 大于线圈外径 D 时,产生的电涡流强度很微弱。为了获得较好的线性和较高的灵敏度,应使 $x/D \ll 1$,一般取 $0.05 \sim 0.15$。

（3）电涡流不仅沿导体径向分布不均匀,导体内产生的电涡流也因趋肤效应贯穿金属导体的深度有限。磁场进入金属导体后,强度随距离表面深度 h 的增大按指数规律衰减,故电涡流密度沿深度方向亦按指数规律分布,在表面处电涡流密度最大为 j_m。电涡流贯穿深度 h 与激励频率 f 有关,可用下式表示：

$$h = k\sqrt{\frac{\rho}{\mu f}} \qquad (3-111)$$

式中,h 为电涡流贯穿深度,该处的电涡流密度等于 j_m 的 $1/e$；ρ 为金属导体的电阻率；μ 为金属导体的磁导率；f 为激励频率；k 为比例常数。

由于线圈产生的磁场在金属导体内不可能波及无限大的区域,因此电涡流形成区（电涡流区）也有一定范围（见图 3-59）,范围基本上在内径为 $2r$、外径为 $2R$、厚度为 h 的矩形截面圆环内。电涡流区的大小与激励线圈外径 D 的关系：$2R=1.39D$，$2r=0.525D$。

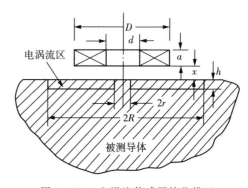

图 3-59　电涡流传感器简化模型

对于确定的被测材料,选用不同的激励频率时,电涡流贯穿深度是不同的,电涡流贯穿深度 h 随激励频率 f 的升高而逐渐减小,激励频率越低,贯穿深度越大。对于钢材,当 $f=50\ \mathrm{Hz}$ 时,h 为 $1\sim2\ \mathrm{mm}$；当 $f=5\ \mathrm{kHz}$ 时,h 为 $0.1\sim0.2\ \mathrm{mm}$。

激励线圈 L_1 产生的激励磁场 H_1 在金属导体表面形成电涡流环,此电涡流环所产生的磁场 H_2 也必将反过来抵消激励磁场 H_1,或者在另一侧线圈 L_2 中感应新的电动势 e_2（当金属板很薄时）。电涡流的两种作用方式如图 3-60 所示。利用电涡流的前一种作用方式而工作的传感器称为高频反射式电涡流传感器,其激励频率一般为兆赫兹以上,常用于测量位移、振动等物理量；利用电涡流的后一种作用方式而工作的传感器称为低频透射式电涡流传感器,常用于厚度、距离的测量。

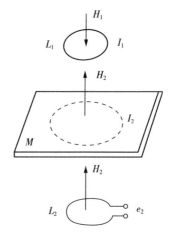

图 3-60　电涡流的两种作用方式

2. 结构形式

高频反射式电涡流传感器是固定在框架上的扁平线圈,激励频率较高(数十千赫兹至数兆赫兹)。传感器探头里有小型线圈,由控制器控制产生震荡电磁场,当接近被测体时,被测体表面会产生感应电流,从而产生反向的电磁场,这时电涡流传感器根据反向电磁场的强度来判断与被测体之间的距离。高频反射式电涡流传感器内部结构示意如图 3-61 所示。涡流传感器线圈直径越大,探测范围就越大。

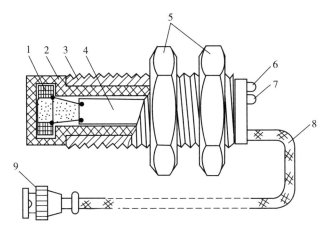

1—电涡流线圈;2—探头壳体;3—位置调节螺纹;4—印制线路板;5—夹持螺母;

6—电源指示灯;7—阈值指示灯;8—输出屏蔽电缆线;9—电缆插头。

图 3-61　高频反射式电涡流传感器内部结构示意

3. 电涡流传感器测试接口

电涡流传感器将被测金属与探头线圈之间的位移变化转换为线圈等效阻抗 Z 的变化,通过测试接口可以将阻抗 Z 的变化转换成电压或频率的变化,并通过仪表显示。常用的测试接口有电桥电路、谐振电路等。电桥电路通常用于差动式电涡流传感器。下面重点介绍调幅法和调频法。

1) 调幅法

定频调幅式测试接口原理框图如图 3-62 所示,石英晶体振荡器产生稳频、稳幅高频振荡电压(100 kHz ～ 2 MHz)用于激励电涡流线圈。金属材料在高频磁场中产生电涡流,引起电涡流线圈电压的衰减,再经高频放大器、检波器、低频放大器,最终输出的直流电压 U_o 反映了金属体对电涡流线圈的影响。

图 3-62 中,L_x 为传感器线圈电感,与一个微调电容 C_0 组成并联谐振回路,晶体振荡器提供高频激励信号。在电涡流探头远离被测导体时,调节 C_0,使 $L_x C_0$ 并

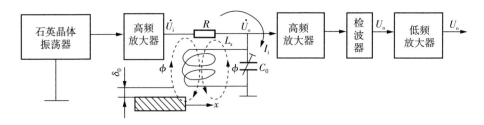

图 3 - 62　定频调幅式测试接口原理框图

联谐振回路调谐频率等于晶体振荡器频率 f_0。这时谐振回路阻抗最大, $L_x C_0$ 并联谐振回路的压降 U_0 也最大。由电工学知识可知, 并联谐振回路的谐振频率为

$$f = \frac{1}{2\pi \sqrt{L_x C_0}} \qquad (3 - 112)$$

调幅法以输出固定频率信号的幅度来反映调制信号的大小, 如中波、短波广播电台的信号。传感器接近被测导体, 线圈的等效电感发生变化, 致使回路失谐而偏离激励频率, 回路的谐振峰将向左右移动[见图 3 - 63(a)]。

若被测导体为非磁性材料, 传感器线圈的等效电感减小, 回路的谐振频率提高, 谐振峰右移, 回路所呈现的阻抗减小为 Z'_1 或 Z'_2, 输出电压将由 U 降为 U'_1 或 U'_2。当被测导体为磁性材料时, 由于磁路的等效磁导率增大使传感器线圈的等效电感增大, 回路的谐振频率降低, 谐振峰左移, 阻抗减小为 Z_1 或 Z_2, 输出电压减小为 U_1 或 U_2。因此, 可以由输出电压的变化来表示传感器与被测导体间距离的变化[见图 3 - 63(b)]。当传感器接近被测导体时, 损耗功率增大, 回路失谐, 输出电压 U_0 相应变小, 在一定范围内, 输出电压幅值与位移近似呈线性关系。由于输出电压的频率 f_0 始终恒定, 因此称为定频调幅式接口。

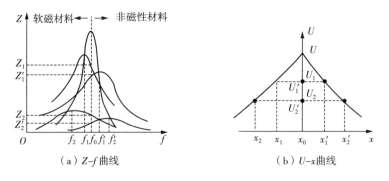

（a）Z-f 曲线　　　　　（b）U-x 曲线

图 3 - 63　定频调幅式测试接口输出特性曲线

2）调频法

调频法以输出固定幅度、频率上下波动的信号来反映调制信号的大小，如调频广播电台的信号。

在电涡流传感器中，以 LC 振荡器的频率 f 作为输出量。当电涡流线圈与被测体的距离 x 改变时，电涡流线圈的电感量 L 也随之改变，引起 LC 振荡器的输出频率变化，此频率可以通过 F/V 转换器（又称为鉴频器）将 Δf 转换为电压 ΔU。由电压表显示；也可以直接将频率信号（TTL 电平）送到计算机的计数器，测量出频率的变化。调频式测试接口电路原理框图如图 3-64 所示。

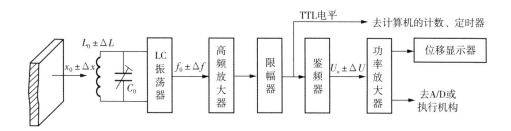

图 3-64　调频式测试接口电路原理框图

定频调幅电路虽然有很多优点，且获得了广泛应用，但线路较复杂，装调较困难，线性范围也不够宽。因此，人们又研究了一种变频调幅电路，这种电路的基本原理与上面介绍的调频电路相似。当导体接近传感器线圈时，受电涡流效应的作用，振荡器输出电压的幅度和频率都发生了变化，变频调幅电路利用振荡的变化来检测线圈与导体间的位移变化，而对频率变化不予理会。

4. 电涡流式传感器的应用

电涡流式传感器具有结构简单、灵敏度高、线性范围大、频率响应范围宽、抗干扰能力强等优点，能进行位移、厚度、表面温度、速度、应力、材料损伤等非接触式连续测量。

1）位移和振动测量

电涡流式传感器是一种输出为模拟电压的电子器件，属于非接触式测量，工作时不受灰尘等非金属因素的影响，寿命较长，可在各种恶劣条件下使用。

在位移测量方面，除可直接测量金属零件的动态位移、汽轮机主轴的轴向窜动等位移量外，它还可测量如金属材料的热膨胀系数、钢水液位、纱线张力、流体压力、加速度等可变换成位移量的参量。在振动测量方面，它是测量汽轮机、空气压缩机转轴的径向振动和汽轮机叶片振幅的理想器件,还可以将多个传感器并排安置在轴侧,并通过多通道指示仪表输出至记录仪,以测量轴的振动形状并给出振型图。

电涡流探头线圈的阻抗受诸多因素影响,如金属材料的厚度、尺寸、形状、电导率、磁导率、表面因素、距离等。由于一个或几个因素的微小变化就足以影响测量结果,因此电涡流式传感器多用于定性测量,即使要用作定量测量,也必须采用逐点标定、计算机线性纠正、温度补偿等措施。电涡流式传感器可用来测量各种金属试件的位移。电涡流式传感器位移测量示意如图 3-65 所示。

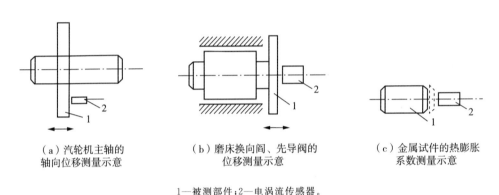

(a) 汽轮机主轴的　　　　　(b) 磨床换向阀、先导阀的　　　　(c) 金属试件的热膨胀
　轴向位移测量示意　　　　　　位移测量示意　　　　　　　　系数测量示意

1—被测部件;2—电涡流传感器。

图 3-65　电涡流式传感器位移测量示意

电涡流式传感器振动测量示意如图 3-66 所示。

(a) 汽轮机和空气压缩机常用的监控主轴径向振动测量示意　　　(b) 发动机涡轮叶片振幅测量示意

1—被测部件;2—电涡流传感器。

图 3-66　电涡流式传感器振动测量示意

2) 接近开关

接近开关又称无触点行程开关,它能在一定的距离内检测有无物体靠近。当物体接近设定距离时,就可发出动作信号。图 3-67 为电涡流式接近开关原理框图,这种接近开关只能检测金属。

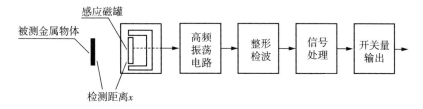

图 3 - 67　电涡流式接近开关原理框图

3）涡流测速

电涡流式转速传感器原理框图如图 3 - 68 所示。

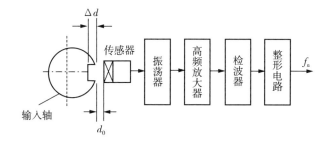

图 3 - 68　电涡流式转速传感器原理框图

在软磁材料制成的输入轴上加工一键槽，在距输入表面 d_0 处设置电涡流式传感器，输入轴与被测旋转轴相连。当被测旋转轴转动时，电涡流传感器与输出轴的距离变为 $d_0 + \Delta d$。电涡流效应使传感器线圈阻抗随 Δd 的变化而变化，这种变化将导致振荡谐振回路的品质因数发生变化，它们将直接影响振荡器的电压幅值和振荡频率。因此，随着输入轴的旋转，振荡器输出的信号中包含与转速成正比的脉冲频率信号。该脉冲频率信号由检波器检出电压幅值的变化量，然后经整形电路输出频率为 f_n 的脉冲信号。该信号经电路处理便可得到被测转速。

这种转速传感器可实现非接触式测量，抗污染能力很强，可安装在旋转轴近旁长期对被测转速进行监视。最高测量转速可达 600 000 r/min。

$$N = \frac{f}{n} \times 60 \qquad (3 - 113)$$

式中，f 为频率值，单位为 Hz；n 为旋转体的槽（齿）数；N 为被测轴的转速，单位为 r/min。

电涡流式传感器测量转速的优越性是其他任何传感器测量没法比的，它既能响应零转速,也能响应高转速。对于被测体转轴的转速发生装置要求也很低,被测体齿轮数可以很少,被测体也可以是一个很小的孔眼、凸键、凹键等。电涡流式传感器测量转速时,传感器输出的信号幅值较高(在低速和高速整个范围内),抗干扰能力强。

4)电涡流探雷器

探雷器其实是金属探测器的一种,其内部的电子线路与探头环线圈通过振荡形成固定频率的交变磁场,当有金属接近时,利用金属导磁的原理,改变线圈的感抗,从而改变振荡频率发出报警信号,但其对非金属不起作用。它通常由探头、信号处理单元和报警装置三大部分组成。探雷器按携带和运载方式不同可分为便携式、车载式和机载式三种类型。便携式探雷器供单兵搜索地雷使用,因此又称为单兵探雷器,多以耳机声响变化作为报警信号;车载式探雷器以吉普车、装甲输送车作为运载车辆,用于在道路和平坦地面上探雷,以声响、灯光和屏幕显示等方式报警,能在报警的同时自动停车,适于伴随和保障坦克、机械化部队行动;机载式探雷器使用直升机作为运载工具,用于在较大地域上对地雷场实施远距离快速探测。

思考题

1. 金属电阻应变片与半导体应变片在工作原理上有何区别?各有何优缺点?应如何针对具体情况选用?

2. 电阻应变片产生温度误差的原因有哪些?怎样消除误差?

3. 什么是电阻应变片的横向效应?它是如何产生的?如何消除电阻应变片的横向效应?

4. 如何提高应变片测量电桥的输出电压灵敏度及线性度?

5. 以阻值 $R=120\ \Omega$,灵敏度 $S=2$ 的电阻丝应变片与阻值为 $120\ \Omega$ 的固定电阻组成电桥,供桥电压为 $3\ V$,并假定负载电阻为无穷大,当应变片的应变为 $2\ \mu\varepsilon$ 和 $2\ 000\ \mu\varepsilon$ 时,分别求出单臂、双臂电桥的输出电压,并比较两种情况下的灵敏度。

6. 有人在使用电阻应变仪时,发现灵敏度不够,于是试图在工作电桥上增加电阻应变片以提高灵敏度。试问,在下列情况下,是否可提高灵敏度?并说明原因。

(1)半桥双臂各串联一片;

(2)半桥双臂各并联一片。

7. 如图 3-69 所示,有一悬臂梁,在其中部上、下两面各贴两片应变片,组成全桥。请给出

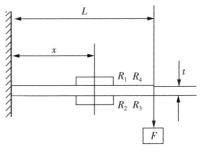

图 3-69 题 7 图

由这四个电阻构成全桥电路的示意图。

8. 为什么变极距型电容传感器的灵敏度和非线性是矛盾的？实际应用中怎样解决这一问题？

9. 有一个变极距型电容传感器，两极板的重合面积为 $8\ cm^2$，两极板间的距离为 $1\ mm$，已知空气的相对介电常数为 $1.000\ 6$，试计算该传感器的位移灵敏度。

10. 电容式传感器的测试接口有哪些？

11. 为什么电感式传感器一般都采用差动形式？

12. 电涡流的形成范围和渗透深度与哪些因素有关？被测体对电涡流式传感器的灵敏度有何影响？

13. 电涡流式传感器的主要优点是什么？

14. 图 3-70 为一圆柱形弹性元件的应变式测力传感器结构示意。已知弹性元件横截面积为 S，弹性模量为 E，应变片初始电阻值（在外力 $F = 0$ 时）均相等，电阻丝灵敏度系数为 K_0，泊松比为 μ。

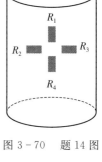

图 3-70　题 14 图

（1）设计适当的测试接口（要求采用全桥电路），画出相应电路图，并推导桥路输出电压 U_o 和外力 F 之间的函数关系式。（提示：$\Delta R \ll R$，推导过程中可做适当近似处理）

（2）分析说明该应变式测力传感器的工作原理（配合所设计的测试接口）。

15. 在图 3-71 所示的悬臂梁测力系统中，可能用到四个相同特性的电阻应变片为 R_1、R_2、R_3、R_4，各应变片灵敏度系数 $K = 2$，初值为 $100\ \Omega$。当试件受力 F 时，若应变片要承受应变，则其平均应变为 $\varepsilon = 1\ 000\ \mu m/m$。测试接口的电源电压为直流 $3\ V$。

（1）若只用一个电阻应变片构成单臂测量电桥，求电桥输出电压及电桥非线性误差。

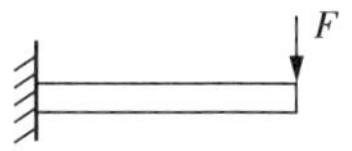

图 3-71　题 15 图

（2）若要求用两个电阻应变片测量，且既要保持与单臂测量电桥相同的电压灵敏度，又要实现温度补偿，请在图 3-71 中标出两个应变片在悬臂梁上所贴的位置；绘出转换电桥，标明这两个应变片在桥臂中的位置。

（3）要使测量电桥电压灵敏度提高到单臂工作时的 4 倍，请在图 3-71 中标出各应变片在悬臂梁上所贴的位置；绘出转换电桥，标明各应变片在各桥臂中的位置；给出此时电桥输出电压及电桥非线性误差的大小。

16. 图 3-72 为一悬臂梁式测力传感器结构示意，在其中部的上、下两面各贴两片电阻应变片。已知弹性元件各参数分别为 $l = 25\ cm$，$t = 3\ mm$，$x = 1/2l$，$W =$

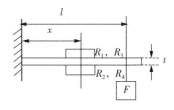

图 3-72　题 16 图

$6\text{ cm}, E = 70 \times 10^5\text{ Pa}$,电阻应变片灵敏度系数 $K = 2.1$,且初始电阻阻值(在外力 $F = 0$ 时)均为 $R_0 = 120\ \Omega$。

(1) 设计适当的测试接口,画出相应的电路图;

(2) 分析说明该悬臂式测力传感器的工作原理(配合所设计的测试接口);

(3) 当悬臂梁一端受一向下的外力 $f = 0.5\text{ N}$ 作用时,试求四个应变片的电阻值[提示: $\varepsilon_x = \dfrac{6(l - x)}{WFt^2}F$];

(4) 若桥路供电电压为直流 10 V,计算传感器的输出电压及其非线性误差。

17. 图 3 - 73 为二极管环形检波测试接口。C_1 和 C_2 为差动式电容传感器,C_3 为滤波电容,R_L 为负载电阻,R_0 为限流电阻,U_P 为正弦波信号源。设 R_L 很大,并且 $C_3 \gg C_1$,$C_3 \gg C_2$。

(1) 试分析此电路工作原理;

(2) 画出输出端电压 U_{AB} 在 $C_1 = C_2$、$C_1 > C_2$、$C_1 < C_2$ 三种情况的波形;

(3) 推导 $U_{AB} = f(C_1, C_2)$ 的数学表达式。

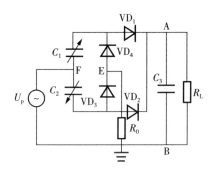

图 3 - 73   题 17 图

18. 若需要用差动变压器式加速度传感器来测量某测试平台振动的加速度:

(1) 设计出该测量系统的框图,并作必要的标注或说明;

(2) 画出你所选用的差动变压器式加速度传感器的原理图,并简述其基本工作原理;

(3) 给出差动变压器式加速度传感器的测试接口图,并从工作原理上详细阐明它是如何实现既能测量加速度大小,又能辨别加速度方向的。

第4章 有源传感器及测试接口

将非电能量转化为电能量,不需要辅助电源就能把被测对象的机械量转换成易于测量的电信号,只转化能量本身,并不转化能量信号的传感器,称为有源传感器,也称为能量转换型传感器或换能器。有源传感器常常配有电压测量电路和放大器。常见的有源传感器有压电式传感器、热电式传感器、光电式传感器等。

4.1 压电式传感器

压电式传感器是一种典型的自发电式传感器。它是以压电晶体为测量材料,以在受外力作用时晶体表面上产生电荷的压电效应为基础而构成的传感器。此时,压电晶体是力 — 电转换器件,它可以把力、加速度和扭矩等被测物理量转换成电信号输出。

压电效应是可逆的。外力沿特定晶向作用在晶体上产生形变时,在相应的晶面上会产生电荷,而且去掉该外力后又能自动重回到不带电的平衡状态。像这种靠晶体形变、不靠电场作用而产生极化的现象,称为正压电效应;同样,在特定晶向施加电场后,不仅有极化现象,还产生形变,去掉电场,形变和应力消失的现象,称为逆压电效应。因此,压电式传感器是一种典型的双向传感器。正压电效应和逆压电效应统称为压电效应。常用的压电式传感器利用的是压电材料的正压电效应。

石英是一种性能良好的天然压电单晶体,钛酸钡、锆钛酸铅等多晶体压电陶瓷也都有良好的压电性能,聚偏二氟乙烯等高分子有机材料的压电性能也非常好。

压电式传感器的主要优点是灵敏度高、固有频率高、信噪比高、结构简单、体积小、工作可靠等。其主要缺点是无静态输出,需要有后续电路,有极高的输入阻抗,需要低电容低噪声电缆,而且很多压电材料的居里点(超过该点对应温度时,材料丧失压电性)较低,这就限制了压电式传感器的工作温度(一般工作温度在250 ℃以下)。近年来,随着电子技术的飞速发展,配套仪表及低噪、小电容、高绝缘电阻电缆的出现,压电式传感器的应用逐渐广泛。

4.1.1　工作原理

1.压电效应

压电效应是指压电介质物质在沿一定方向受到压力或拉力作用时发生变形,并在其表面上产生电荷,在去掉外力后,又会重新回到不带电的状态。

图 4-1 为天然结构的石英晶体,它是个六角形晶柱,在晶体学中可以把它用三根互相垂直的轴来表示,其中,纵向轴即 z 轴称为光轴,平行于六面体的棱线并垂直于光轴的 x 轴称为电轴,与 x 轴和 z 轴都垂直的 y 轴(垂直六面体的棱线)称为机械轴。沿轴线方向加力而在晶体的边界面上产生电荷的现象就是压电效应。通常把沿电轴(x 轴)方向的力作用下产生电荷的压电效应称为纵向压电效应,把沿机械轴(y 轴)方向的力作用下产生电荷的压电效应称为横向压电效应,而在光轴(z轴)方向受力时则不产生压电效应。

从晶体上沿 x、y、z 轴线切下的薄片称为晶体切片,图 4-2 为石英晶体切片示意。在每一切片中,当沿电轴方向加作用力 F_x 时,会在与电轴垂直的平面上产生电荷 Q_x,其大小为

$$Q_x = d_{11}F_x \tag{4-1}$$

式中,d_{11} 为压电系数。

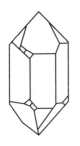
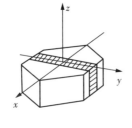

图 4-1　天然结构的石英晶体　　　　图 4-2　石英晶体切片示意

电荷 Q_x 的符号由 F_x 是受压还是受拉而决定的,从式(4-1)也可以看出,该电荷的大小与切片的几何尺寸无关。

如果加在同一切片上的作用力是沿 y 轴方向的,其产生的电荷仍会在与 x 轴垂直的平面上出现,但极性方向相反。此时电荷的大小为

$$Q_y = d_{12} \frac{a}{b} F_y = -d_{11} \frac{a}{b} F_y \qquad (4-2)$$

式中,a 和 b 为切片的长度和厚度;d_{12} 为 y 轴方向受力时的压电系数,对于石英晶体来说呈现轴对称性,即 $d_{12} = -d_{11}$。

从式(4-2)可以看出,沿 y 轴方向的力作用在晶体上产生的电荷大小与晶体切片的尺寸有关。式中的"—"号说明沿 y 轴的压力所引起的电荷极性与沿 x 轴的压力所引起的电荷极性是相反的。晶体切片受力后产生电荷符号与受力方向的关系如图 4-3 所示。

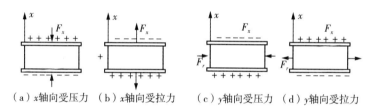

（a）x 轴向受压力　　（b）x 轴向受拉力　　（c）y 轴向受压力　　（d）y 轴向受拉力

图 4-3　晶体切片受力后产生电荷符号与受力方向的关系

如果在压电晶片的两个电极面上加交流电压,那么压电晶片会产生机械振动,即压电晶片在电极方向上有伸缩现象。压电晶片的这种现象称为电致伸缩效应,因为这种现象与压电效应结果正好相反,故也称为逆压电效应。

下面还以石英晶体为例说明压电晶片是怎样产生压电效应的。石英晶体的分子式为 SiO_2。在一个单元中,它由 3 个硅原子和 6 个氧原子组成[见图 4-4(a)]。硅原子带有 4 个正电荷,而氧原子带有 2 个负电荷,正负电荷相互平衡,所以对外没有带电现象。

如图 4-4(b)所示,若在晶体的 x 轴方向施加压力,则氧离子 1 就被挤入硅离子 2 和 6 之间,而硅离子 4 被挤入氧离子 3 和 5 之间。结果在 A 表面呈现正电荷,B 表面呈现负电荷。反之,如所受的力为拉力,则氧离子 1 和硅离子 4 向外移动,A 表面和 B 表面上正、负电荷符号与前者正好相反。

如图 4-4(c)所示,若在晶体的 y 轴方向施加压力,则氧离子 3 和硅离子 2 以及

氧离子5和硅离子6都向内移动同一距离。此时C表面和D表面并不呈现带电情况,但由于晶格的形变将氧离子1和硅离子4向外挤,因此在A表面和B表面上分别呈现负电荷和正电荷,与x轴受拉力情况相同。反之,y轴方向受拉力则与x轴受压力情况相同。

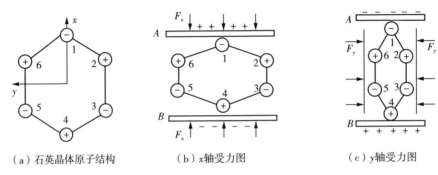

（a）石英晶体原子结构　　　　（b）x轴受力图　　　　（c）y轴受力图

图4－4　石英晶体的压电效应

若在晶体的z轴方向施加压力,由于硅离子和氧离子对称平移,在表面都不呈现电荷,因此没有压电效应出现。

由上述分析可知,对于石英晶体:

（1）无论是正压电效应还是逆压电效应,其作用力（或应变）与电荷（或电场强）之间呈线性关系;

（2）晶体在某方向有正压电效应,则在此方向一定还存在逆压电效应;

（3）石英晶体不能在任何方向上都存在压电效应。

压电陶瓷是一种人工制造的多晶体材料,在没有极化之前不具有压电效应,在被极化后才有压电效应,并具有非常高的压电系数,是石英晶体的几百倍。压电陶瓷的极化示意如图4－5所示。

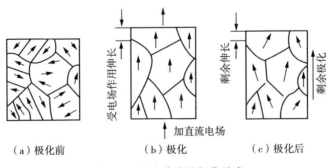

（a）极化前　　　　　（b）极化　　　　　（c）极化后

图4－5　压电陶瓷的极化示意

如图 4 - 5(a) 所示,压电陶瓷是具有电畴结构的多晶体压电材料,其内部的晶粒有许多自发极化的电畴,它们是分子自发形成的区域,有一定的极化方向,从而存在电场。压电陶瓷的极化过程与铁磁物质的磁化过程非常相似。在无外电场作用时,电畴在晶体中无规则排列,它们各自的极化效应相互抵消,压电陶瓷内极化强度为零。因此,在原始状态下,压电陶瓷呈现中性,不具有压电效应。

如图 4 - 5(b) 所示,为了使压电陶瓷具有压电效应,必须进行极化处理。极化处理就是在一定温度下对压电陶瓷施加强电场(如 20 ～ 30 kV/cm 直流电场),电畴的极化方向发生转动,趋向于按外电场的方向排列,从而使压电陶瓷得到极化,这个方向就是压电陶瓷的极化方向,经过 2 ～ 3 h 后,压电陶瓷就具备压电性能了。外电场越强,就有越多的电畴转向外电场方向。当外电场强度大到使压电陶瓷的极化达到饱和的程度,即所有电畴极化方向都与外电场方向一致时,若去掉外电场,电畴的极化方向基本保持不变,其内部仍会存在很强的剩余极化强度,压电陶瓷就具有了压电效应。

如图 4 - 5(c) 所示,若压电陶瓷受到外力作用,电畴的界限会发生移动,电畴发生偏转,引起剩余极化强度发生变化,从而在垂直于极化方向的平面上出现电荷的变化。这种因受力而产生的将机械能转变为电能的现象,就是压电陶瓷的正压电效应。

压电陶瓷的极化方向通常取 z 轴方向,这是它的对称轴。当压电陶瓷在极化面上受到沿极化方向(z 轴方向)均匀分布的力 F 的作用时,它的两个极化面上分别会出现正、负电荷[见图 4 - 6(a)]。其电荷量 q 与作用力 F 成正比,且满足:

$$q = d_{33}F \tag{4 - 3}$$

式中,d_{33} 为压电陶瓷的纵向压电系数。

压电陶瓷的压电系数的意义与石英晶体相同,但在与其 z 轴垂直的平面上,可任意选择 x 轴和 y 轴,x 轴和 y 轴的压电效应是等效的,因此下标 1 和 2 是可以互换的。

极化压电陶瓷的平面是各向同性的,其压电常数 $d_{31} = d_{32}$,这表明当沿着 z 轴方向极化后,分别从 x 轴(下标为 1)或 y 轴(下标为 2)方向施加作用力产生的压电效应是相同的。当极化压电陶瓷受到 x 轴或 y 轴方向施加的均匀分布的力 F 的作用时,在它的极化面上也会出现正电荷和负电荷[见图 4 - 6(b)]。其电荷量为

$$q = -d_{31} \frac{FA_3}{A_1} = -d_{32} \frac{FA_3}{A_2} \tag{4-4}$$

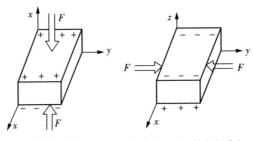

（a）沿z轴方向受力　　　　　　（b）沿x轴和y轴方向受力

图 4 - 6　压电陶瓷的压电效应

压电陶瓷除了可通过厚度变形、长度变形和剪切变形获得压电效应外,还可以利用体积变形来获得压电效应。

压电陶瓷的压电系数比石英晶体大得多,所以用压电陶瓷制作的压电式传感器的灵敏度较高。极化处理后的压电陶瓷材料的剩余极化强度和特性与温度有关,它的参数也随时间变化,从而使其压电特性减弱。

2. 压电材料

选择有明显压电效应的敏感材料作为压电元件是设计压电式传感器的基础,主要应考虑以下几个方面。

(1) 转换性能:应具有较大的压电常数。

(2) 电性能:希望具有高的电阻率和大的介电常数,以期减弱外部分布电容等的影响并获得良好的低频特性。

(3) 机械性能:压电元件是一个受力元件,所以希望它的强度高,刚度大,能够获得宽的线性范围和较高的固有振荡频率。

(4) 温度和湿度稳定性:要求温度、湿度的稳定性要好,应该有较高的居里点,以期获得较宽的工作温度范围。

(5) 时间稳定性:压电材料的压电特性应不随时间而蜕变。

满足要求的压电材料常可分为三大类,即压电晶体(属于单晶体),它包括石英晶体和其他压电单晶;压电陶瓷(属于多晶半导瓷),如钛酸钡($BaTiO_3$)、锆钛酸铅(PZT)等;新型压电材料,主要有压电半导体和高分子压电材料两种,已经有良好的应用前景。

① 压电晶体。压电晶体的种类很多,除了天然和人工石英晶体外,钾盐类压电和铁电单晶[如铌酸锂($LiNbO_3$)、钽酸锂($LiTaO_3$)、锗酸锂($LiGeO_3$)、镓酸锂($LiGaO_3$)和锗酸铋($Bi_{12}GeO_{20}$)等]都是较好的压电材料,近年来已在传感器技术中得到广泛的应用。

石英晶体是一种性能优良的压电材料,有天然和人工培养两种类型。压电效应最早就是在天然石英晶体中发现的,人工培养的石英晶体的物理性质和化学性质与天然石英晶体无多大区别,因此成本较低的人工培养石英晶体得到了广泛的应用。石英晶体的压电系数 $d_{11} = 2.3 \times 10^{-12}$ C/N,其压电系数和介电常数具有良好的温度稳定性,在几百摄氏度的温度范围内,这两个参数几乎不随温度变化。石英晶体的居里温度为 573 ℃,即当温度升高到 573 ℃ 时,它将完全丧失压电特性。温度为 20 ~ 300 ℃ 时,温度每升高 1 ℃,d_{11} 仅减少 5%;当温度超过 400 ℃ 时,d_{11} 急剧下降。石英晶体的熔点为 1 750 ℃,密度为 2.65×10^3 kg/m³,具有很大的机械强度和稳定的机械特性,还有自振频率高、动态性能好、绝缘性能好、迟滞小、重复性好、线性范围宽等优点,曾被广泛应用。但由于其灵敏度很低、压电系数很小,正逐渐被其他压电材料所取代。

铌酸锂是一种无色或浅黄色透明铁电晶体。从结构看,它是一种多畴单晶,必须通过极化处理后才能成为单畴单晶,从而呈现出类似单晶体的特点,即机械性能各向异性。铌酸锂的时间稳定性好,居里点高达 1 200 ℃,熔点为 1 250 ℃,在高温、强辐射条件下,仍具有良好的压电特性,在耐高温传感器上有广泛的应用前景。此外,它还具有良好的光电效应、声光效应,因此在光电、微声和激光等器件方面都有重要应用。其不足之处是质地脆,抗机械和热冲击性差。

水溶性压电晶体有酒石酸钾钠($NaKC_4H_4O_6 \cdot 4H_2O$)、硫酸锂($Li_2SO_4 \cdot H_2O$)、磷酸二氢钾(KH_2PO_4)等。最早发现的是酒石酸钾钠,其压电系数为 $d_{11} = 2.3 \times 10^{-9}$ C/N,具有较高的压电系数和介电常数,且灵敏度高。但由于其具有易受潮、机械强度低、电阻率低等缺点,使用条件受到限制,只适合在室温和湿度低的环境下使用。

② 压电陶瓷。压电陶瓷的种类主要有以下几种。

钛酸钡是最早使用的压电陶瓷材料,它是由碳酸钡($BaCO_3$)和二氧化钛(TiO_2)在高温下合成的,具有较高的压电系数和介电常数,其压电系数约为石英晶体的 50 倍,但其居里点较低,仅为 120 ℃,机械强度不如石英晶体,稳定性也较差。

锆钛酸铅是钛酸铅($PbTiO_3$)和锆酸铅($PbZrO_3$)组成的固熔体。具有较高的压电系数和介电常数,如 d_{33} 为 $200×10^{-12}\sim500×10^{-12}$C/N,其居里点在 300 ℃ 以上,稳定性好,是目前使用较普遍的一种压电材料。在锆钛酸铅中添加一两种微量元素[如铌(Nb)、锑(Sb)、锡(Sn)、钨(W)或锰(Mn)等],可获得不同性能的压电陶瓷。

铌酸盐压电陶瓷属三元系压电陶瓷,由铁电体铌酸钾($KNbO_3$)和铌酸铅($PbNb_2O_3$)组成。用钡或锶替代一部分铅,可使性能发生根本性变化,得到较高机械品质的压电陶瓷,它们有的耐高温、高压,耐高的击穿电压等。铌酸钾可适用于 $10\sim40$ MHz 的高频换能器。另外,铌镁酸铅(PMN)具有更高的压电系数(d_{33} 为 $800×10^{-12}\sim900×10^{-12}$C/N),在压力高至 700 MPa 时仍能继续工作,可作为高温下的压力传感器。

③ 压电半导体。1968 年以来出现了多种压电半导体,如硫化锌(ZnS)、碲化镉(CdTe)、氧化锌(ZnO)、硫化镉(CdS)、碲化锌(ZnTe)和砷化镓(GaAs)等。这些材料既具有压电特性,又具有半导体特性。因此既可利用其压电特性研制传感器,又可利用其半导体特性以微电子技术制成电子器件,还可以将两者结合起来,集压电元件与转换电子线路于一体,研制成新型集成压电式传感测试系统,具有非常远大的应用前景。

④ 高分子压电材料。高分子材料属于有机分子半结晶或结晶聚合物,其压电效应较复杂。高分子压电材料在压电式传感器中的应用主要有以下两个方面。

A. 某些合成高分子聚合物薄膜,经延展拉伸和电场极化后,具有一定的高分子压电性能,这类薄膜称为高分子压电薄膜。目前出现的高分子压电薄膜有聚氟乙烯(PVF)、聚偏二氟乙烯(PVDF)、聚氯乙烯(PVC)等。聚偏二氟乙烯压电薄膜的压电灵敏度极高,比锆钛酸铅压电陶瓷大 17 倍,且在频率为 10^{-5} Hz ~ 500 MHz,具有平坦的响应特性。此外,它还有机械强度高、柔软、不脆、耐冲击、易加工成大面积元件和阵列元件、价格便宜等优点。

B. 如果将压电陶瓷粉末掺入高分子化合物中,可以制成高分子压电陶瓷薄膜。这种复合压电材料既可以保持高分子压电薄膜的柔软性,又具有较高的压电系数,是一种很有发展前景的压电材料。

常用压电材料的特性参数见表 4-1 所列。

表 4 - 1　常用压电材料的特性参数

特性	石英	钛酸钡	锆钛酸铅 PZT - 4	锆钛酸铅 PZT - 5	锆钛酸铅 PZT - 8	锆镁酸钡铅 PMN
压电常数 ($\times 10^{-12}$ C/N)	$d_{11} = 2.31$ $d_{14} = 0.73$	$d_{15} = 260$ $d_{31} = -78$ $d_{33} = 190$	$d_{15} = 410$ $d_{31} = -100$ $d_{33} = 200$	$d_{15} = 670$ $d_{31} = -185$ $d_{33} = 415$	$d_{15} = 410$ $d_{31} = -90$ $d_{33} = 200$	$d_{31} = -230$ $d_{33} = 700$
相对介电常数 ε_r	4.5	1200	1050	2100	1000	2500
居里点温度 ℃/K	846	388	583	533	573	533
弹性模量 / ($\times 10^9$ N/m^2)	80	110	83.3	117	123	—
机械品质系数	$10^5 \sim 10^6$	—	$500 \sim 800$	80	$\geqslant 800$	$80 \sim 90$
最大安全应力 / ($\times 10^6$ N/M^2)	$95 \sim 100$	81	76	76	83	—
电阻率 /($\Omega \cdot$ m)	$> 10^{12}$	10^{10}	$> 10^{10}$	10^{11}	—	—
最高允许温度 /℃	550	80	250	250	—	—
最高允许湿度 /%	100	100	100	100	—	—

4.1.2　压电元件的常用结构

由于单片压电元件工作时产生的电荷量很少,测量时要产生足够的表面电荷就要很大的作用力,因此在压电元件的实际应用中,为了提高灵敏度,一般将两片或两片以上同型号的压电元件组合在一起使用。从受力角度分析,元件是串接的,每片压电元件受到的作用力相同,产生的变形和电荷数量大小都与单片时相同。

压电元件是有极性的,其连接方式有两种:并联和串联(见图 4 - 7)。

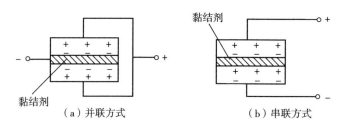

（a）并联方式　　　　　　　　（b）串联方式

图 4-7　压电元件的连接方式

并联方式如图 4-7(a) 所示,两压电元件的负极共同连接在中间电极上,正极在上下两边并连接在一起,类似于两个电容的并联。外力作用下正负电极上的电荷量增加了一倍,输出电压与单片时相同,电容量增加了一倍,即 $q'=2q,U'=U,C'=2C$。此时,传感器本身电容量大,输出电荷量大,时间常数也大,常用于测量缓慢变化的信号,并且以电荷作为输出的场合。

串联方式如图 4-7(b) 所示,将一个元件的正极与另一元件的负极相连接,正电荷集中在上极板,负电荷集中在下极板,两个极板中间黏结处所产生的正负电荷相互抵消。上极板和下极板的电荷量与单片时相同,输出电压增加了一倍,总电容量减为单片时的一半,即 $q'=q,U'=2U,C'=C/2$。此时,传感器本身电容小,输出电压大,适用于以电压作为输出信号,并要求测量电路有较高的输入阻抗的场合。

压电元件结构如图 4-8 所示。

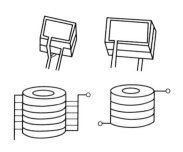

图 4-8　压电元件结构

当把若干个压电元件组合在一起使用时,若组合压电元件受力,则会产生形变,根据受力与变形方式的不同,一般可分为厚度变形、剪切变形、长度变形和体积变形等几种形式(见图 4-9)。其中,厚度变形和剪切变形是较常用的两种形式。

在压电式传感器中,其压电片上必须有一定的预应力。一方面可以保证在作用力变化时,压电片始终受到压力;另一方面可以保证压电材料的电压与作用力呈线性关系。由于压电片在加工过程中很难保证两个压电片的接触面绝对平坦,如果不施加足够的压力,就不能保证均匀接触,因此接触电阻在初始阶段将不为常数,而是随压力不断变化的。但预应力不能太大,否则会影响其灵敏度。

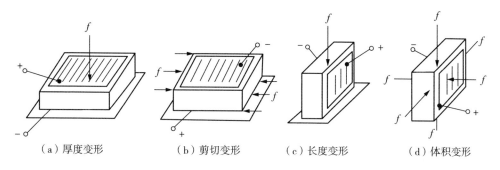

（a）厚度变形　　　（b）剪切变形　　　（c）长度变形　　　　（d）体积变形

图 4 - 9　压电元件的变形方式

4.1.3　压电式传感器的等效电路

压电式传感器可以测量的基本参数属于力传感器范畴,也可通过一些敏感元件或其他方法变换为力的其他参数,如加速度、位移等机械量。

由于外力作用在压电材料上产生的电荷只有在无泄露的情况下才能保存,它需要后续测量回路有无限大的输入阻抗,但这是不可能的。

当压电片受力时,在电极的一个极板上聚集正电荷,另一个极板上聚集负电荷,这两个极板上的电荷量大小相等、方向相反[见图 4 - 10(a)]。由于两板聚集电荷,中间压电材料是绝缘体,有较大的介电常数,因此压电片就成为一个电容器,其电容量为

$$C_a = \frac{\varepsilon S}{h} = \frac{\varepsilon_r \varepsilon_0 S}{h} \qquad (4-5)$$

式中,S 为极板面积;h 为压电片厚度;ε 为介质介电常数;ε_0 为真空中介电常数,$\varepsilon_0 = 8.86 \times 10^{-4}$ F/cm;ε_r 为压电材料的相对介电常数。

当压电片受力面聚积电荷后,可认为两板间电压为

$$U = \frac{q}{C_a} \qquad (4-6)$$

故压电式传感器还可以等效为电压源与电容串联组成的电压源等效电路。压电元件的等效电路如图 4 - 10 所示。

图 4 - 10(b) 和图 4 - 10(c) 所示的等效电路是在压电式传感器的外电路负载无穷大,且内部无漏电,即空载时得到的两种简化模型。理想情况下,压电传感器所

产生的电荷及其形成的电压能长期保持,如果负载不是无穷大,则电路将以一定的时间常数 $\tau = R_{L}C_{a}$ 按指数规律放电。

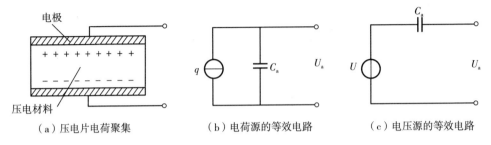

（a）压电片电荷聚集　　（b）电荷源的等效电路　　（c）电压源的等效电路

图 4 - 10　压电元件的等效电路

利用压电式传感器进行实际测量时,由于压电元件与测量电路相连接,必须考虑电缆电容 C_{C}、放大器输入电阻 R_{i}、输入电容 C_{i} 以及传感器的泄漏电阻 R_{a} 等因素,从而可以得到压电式传感器的等效电路（见图 4 - 11）。图 4 - 11 中两种电路只是表示方式不同,它们的工作原理是相同的。

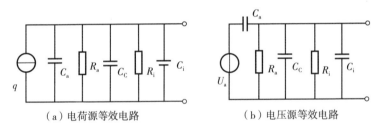

（a）电荷源等效电路　　　　　（b）电压源等效电路

图 4 - 11　压电传感器的等效电路

由于不可避免地存在电荷泄漏,因此利用压电式传感器测量静态或准静态量值时,必须采取一定措施,使电荷从压电元件经测量电路的漏失减小到足够小的程度;而在进行动态测量时,电荷可以不断补充,从而供给测量电路一定的电流,所以压电式传感器适用于动态测量。

压电式传感器的灵敏度有两种表示方式:一种是电压灵敏度 K_{U},即单位力的电压;另一种是电荷灵敏度 K_{q},即单位力的电荷。两者的关系为

$$\begin{cases} K_{U} = \dfrac{K_{q}}{C_{a}} \\ K_{q} = C_{a}K_{U} \end{cases} \tag{4-7}$$

4.1.4　压电式传感器的测试接口

压电式传感器本身所产生的电荷量很小,而传感器本身的内阻又很大,因此其输出信号十分微弱,这给后续测量电路提出了很高的要求。为了顺利地进行测量,要将压电式传感器先接到高输入阻抗的前置放大器,经阻抗变换后再采用一般的放大、检波电路处理,方可将输出信号提供给指示及记录仪表。

压电式传感器的前置放大器通常有两种:一种是采用电阻反馈的电压放大器,其输出电压正比于输入电压(压电式传感器的输出);另一种是采用电容反馈的电荷放大器,其输出电压与输入电荷成正比。电压放大器与电荷放大器相比,电路简单,价格便宜。但是,连接传感器与放大器的电缆分布电容对测量结果影响很大,因为整个测量系统对电缆分布电容的变化很敏感,连接电缆的长度和形态变化都会导致输出电压的变化,从而使仪器的灵敏度发生变化,所以电压放大器的应用受到了很多限制。电荷放大器电路较复杂,但电缆分布电容变化的影响几乎可以忽略不计,即使连接电缆的长度达百米以上,其灵敏度也无明显变化,这是电荷放大器突出的优点,因而电荷放大器的应用日益增多。目前,电荷放大器已成为与压电式传感器配合使用的标准配置。

1. 电压放大器

电压放大器的等效电路如图 4 - 12 所示,其输入电压为

$$\dot{U}_{\mathrm{i}} = \frac{\dot{I}}{\dfrac{1}{R} + \mathrm{j}\omega C}$$

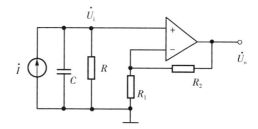

$$= \frac{\mathrm{j}\omega \dot{Q}}{\dfrac{1}{R} + \mathrm{j}\omega C}$$

图 4 - 12　电压放大器的等效电路

$$= \frac{\dot{Q}}{C} \times \frac{1}{1 + \dfrac{\omega_0}{\mathrm{j}\omega}} \tag{4-8}$$

式中,若 $\omega_0 = \dfrac{1}{RC}$,则电压放大器增益为

$$K = 1 + \frac{R_2}{R_1} \tag{4-9}$$

输出电压为

$$\dot{U}_o = K\dot{U}_i = \frac{\dot{Q}}{C}\frac{K}{1+\frac{\omega_0}{\mathrm{j}\omega}} \qquad (4-10)$$

电荷量 $\dot{Q}$ 与所受力 $\dot{F}$ 成正比,即

$$\dot{Q} = d\dot{F} \qquad (4-11)$$

式中,d 为电荷灵敏度。将上式代入式(4-10)得

$$\frac{\dot{U}_o}{\dot{F}} = \frac{Kd}{C}\frac{1}{1+\frac{\omega_0}{\mathrm{j}\omega}} \qquad (4-12)$$

由式(4-12)可知,电压放大器输出电压$\dot{U}_o$与压电传感器所受力$\dot{F}$之间的转换关系具有一阶高通滤波器特性,其转换灵敏度为

$$\frac{U_o}{F} = \left|\frac{\dot{U}_o}{\dot{F}}\right| = \frac{Kd}{C}\frac{1}{\sqrt{1+\left(\frac{\omega_0}{\omega}\right)^2}} \qquad (4-13)$$

为扩展传感器工作频带的低频端,需减小 ω_0,据式(4-13)可知应增大 C 或增大 R,但由式(4-7)可知,增大 C 会降低灵敏度,所以一般采用增大 R 的方法。

改变连接电缆电容 C_c 会引起 C 改变,从而引起灵敏度改变,所以更换连接电缆时必须重新对传感器进行标定,这是采用电压放大器的一个弊端。

2. 电荷放大器

电荷放大器的等效电路如图4-13所示。在理想运放条件下,图中 R 和 C 两端电压均为 0,即流过电流为 0,因此电荷源电流 $\dot{I}$ 全部流过 Z_2,即 $R_F//C_F$。故有

$$\dot{U}_o = -\dot{I}Z_2 = -\mathrm{j}\omega\dot{Q}Z_2 = -\frac{\mathrm{j}\omega\dot{Q}}{\frac{1}{R_F}+\mathrm{j}\omega C_F} \qquad (4-14)$$

将式(4-11)代入上式得

$$\frac{\dot{U}_o}{\dot{F}} = -\frac{d}{C_F} \frac{1}{1 + \frac{1}{j\omega R_F C_F}}$$

$$= -\frac{d}{C_F} \frac{1}{1 + \frac{\omega_0}{j\omega}} \qquad (4-15)$$

式中，$\omega_0 = \dfrac{1}{R_F C_F}$。

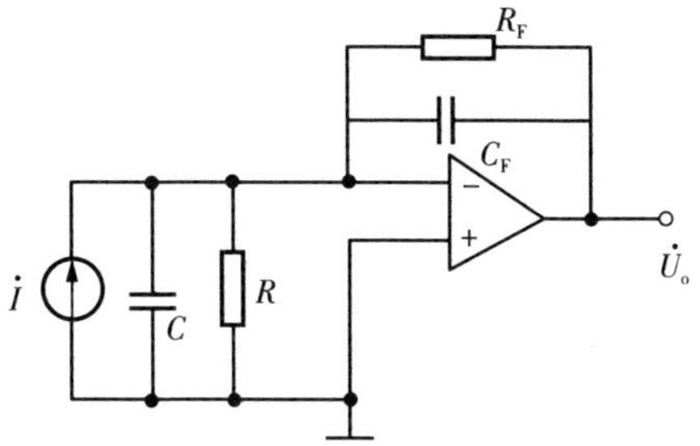

可见电荷放大器输出电压 $\dot{U}_o$ 与

图 4-13　电荷放大器的等效电路

压电式传感器所受力 $\dot{F}$ 之间的转换关系也具有一阶高通滤波器特性，其转换灵敏度为

$$\frac{U_o}{F} = \left| \frac{\dot{U}_o}{\dot{F}} \right| = \frac{d/C_F}{\sqrt{1 + \left(\dfrac{\omega_0}{\omega}\right)^2}} \qquad (4-16)$$

由式(4-16)可见，在采用电荷放大器的情况下，灵敏度只取决于反馈电容 C_F，而与电缆电容 C_C 无关，因此在更换电缆或需要使用较长电缆(数百米)时，无须重新校正传感器的灵敏度。

在电荷放大器的实际电路中，灵敏度的调节可采用切换 C_F 的办法，通常 C_F 为 $100 \sim 10000 \ \text{pF}$。为了减小零漂、提高放大器工作的稳定性，一般在反馈电容的两端并联一个大电阻(R_F 为 $10^{10} \sim 10^{14} \ \Omega$)，其功用是提供直流负反馈。

电荷放大器的时间常数 $R_F C_F$ 相当大(10^5s 以上)，下限频率 f_0($f_0 = 1/2 \pi R_F C_F$)低至 $3 \times 10^{-6} \ \text{Hz}$，上限频率高达 $100 \ \text{kHz}$，输入阻抗大于 $10^{12} \ \Omega$，输出阻抗小于 $100 \ \Omega$，因此压电式传感器配用电荷放大器时，低频响应比配用电压放大器要好得多，可对准静态的物理量进行有效的测量。

因为式(4-13)和式(4-16)中的 ω 都不能为 0，所以不论采用电压放大还是电荷放大，压电式传感器都不能测量频率太低的被测量，特别是不能测量静态参数($\omega = 0$)。因此压电式传感器多用来测量加速度和动态力或压力。

随着电子技术的发展，目前许多压电式传感器在壳体内部都装有集成放大器，由它来完成阻抗的变换。这类内装集成放大器的压电式传感器可使用长电缆而无衰减，并可直接与大多数通用的仪表和计算机等连接，使其应用更加方便。

4.1.5 压电式传感器的应用

压电式传感器主要用来测量压力、加速度、扭矩等力学量。在测量时应该适当考虑灵敏度,特别是一些低频、小强度力学量的测量更应有较高的灵敏度。为提高压电式传感器特别是其检测元件 —— 压电器件的灵敏度,除了选择具有较大压电常数的器件外,还常用增加压电片数目的方法。在实际应用中,多采用双压电片,而不用多片,因为压电片太多会减少传感器的抗干扰能力,故不宜采用。

1. 压电式测力传感器

压电器件在受力时可直接输出与作用力成正比的电荷或电压。因为石英晶体不是铁电体,没有自发极化现象,而且灵敏系数稳定、线性度好、刚度比较大、工作频带宽、时间滞后小,可以在相对较恶劣的环境下工作,所以国内外通常选择石英晶体为力 — 电转换器件。

压电式测力传感器的结构根据所测力的性质不同,有单向、双向和三向之分,分别由一组、两组和三组压电晶片构成。

图 4-14 所示的压电式单向测力传感器的压电石英晶片为双片并联,z 轴向切割,用聚四氟乙烯绝缘环定位,放在金属基座上。利用纵向压电效应,受力后通过压电系数 d_{11} 将力转换为电荷量。具体承力为荷重质量块,是一块弹性体,其弹性应变部分很薄($0.1\sim0.5$ mm)。该传感器体积小、质量轻(重约 10 g),所以固有频率很高(可达 50 kHz $\sim$ 60 kHz),通常可测较小的应力,最大测力为 5 000 N,分辨率也很高(10^{-3} N),是一种非常灵敏的测力传感器。

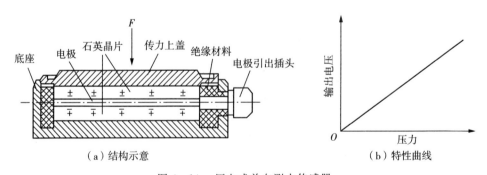

（a）结构示意　　　　　　　　　（b）特性曲线

图 4-14　压电式单向测力传感器

2. 新材料压电式传感器及其应用

高分子压电薄膜振动感应片如图 4-15 所示,其由聚偏二氟乙烯高分子材料制成,厚度约为 0.2 mm、大小为 10 mm×20 mm。其制作流程是先在正反两面各喷涂透明的二氧化锡导电电极,也可以用热印制工艺制作铝薄膜电极,再用超声波焊接两根柔软的电极引线,最后用保护膜覆盖。

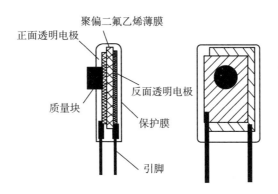

图 4 – 15　高分子压电薄膜振动感应片

　　高分子压电薄膜振动感应片可用作玻璃破碎报警装置。使用时,将感应片粘贴在玻璃上。在玻璃被打碎的瞬间,会产生几千赫兹至超声波(高于 20 kHz)的振动,高分子压电薄膜感受到该剧烈振动信号时,表面会产生电荷,经放大处理后,传送到报警装置,从而发出报警信号。

　　高分子压电电缆结构示意如图 4 – 16 所示,其主要由芯线、绝缘层、屏蔽层和保护层组成。铜芯线充当内电极,铜网屏蔽层作外电极,管状聚偏二氟乙烯高分子压电材料为绝缘层,最外层是橡胶保护层,为承压弹性元件。当管状高分子压电材料受压时,其内外表面产生电荷,可达到测量的目的。

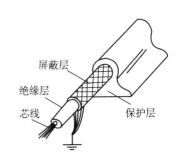

　　高分子压电电缆周界报警系统如图 4 – 17　图 4 – 16　高分子压电电缆结构示意
所示。周界报警系统又称为线控报警系统,

它主要用来对边界包围的重要区域进行警戒,当入侵者进入警戒区域时,系统便发出报警信号。在警戒区域的周围埋设有多根单芯高分子压电电缆,屏蔽层接大地。当入侵者踩到电缆上面的柔性地面时,压电电缆受到挤压,产生压电效应,从而电缆有输出信号,引起报警。并且通过编码电路,还能够判断入侵者的大致方位。压电电缆长度可达数百米,可警戒较大的区域,受环境等外界因素的干扰小。

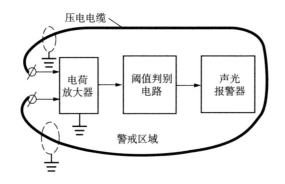

图 4-17 高分子压电电缆周界报警系统

3. 压电触发发火机构

引信触发发火机构简称为触发机构,是依靠引信直接碰击目标时的反作用力或载体与目标相碰时产生的惯性力而使起爆元件发火的各种发火机构的总称。触发机构广泛应用于触发引信,以及兼有触发功能的近炸引信、时间引信、多选择引信等,是引信中的基本机构之一。

压电触发机构是利用压电陶瓷的压电效应将引信工作的环境能转变为电起爆信号的装置。压电触发机构具有极高的引信瞬发度,其作用时间不大于 $50~\mu s$,同时触发敏感元件和执行元件可以分离,易实现弹头压电和弹底起爆,广泛应用于聚能装药破甲弹的压电引信中。

压电触发机构按压电方式可分为碰击式压电触发机构和储能式压电触发机构。碰击式压电触发机构利用目标反作用力或碰击目标的前冲力使压电陶瓷产生电起爆信号。储能式压电触发机构利用碰击目标前的压力使压电陶瓷产生电能并储存于压电陶瓷本身或电容器中,作为一个储能电源,碰击目标瞬间开关闭合,再把储存的电能释放给爆炸元件而起爆。

图 4-18 为带环形槽的碰击式压电触发机构结构示意。在引信头部有环形槽,形成厚度为 h 的薄弱环节,用以调整引信头部变形的难易程度。陶瓷盒上端面与引信头内腔之间有一个间隙 e(约 1.2 mm),使引信头不直接压在陶瓷盒上,当引信的轴向变形大于 e 时,才能向陶瓷盒施压。在陶瓷盒侧面与引信头内腔之间留有适当的径向间隙(约 2 mm),以防压电陶瓷侧壁局部受力而提前破碎。通过调整引信头部薄弱部厚度 h、间隙 e、引信头材料和顶部形状(平头或尖头)等,可以做到同时满足大着角发火和高钝感度的要求,并使发射时在后坐力作用下的引信头部薄

弱环节变形量小于间隙 e。对于压电陶瓷自身惯性力所产生的电荷,应有泄漏措施,以防引起电雷管早炸。这种结构既适用于高速破甲弹引信,也可用于低速破甲弹引信。

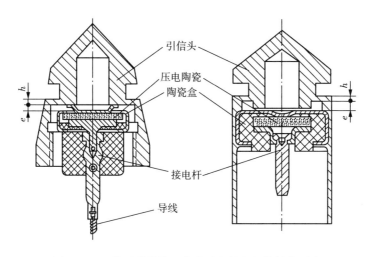

图 4 - 18　带环形槽的碰击式压电触发机构结构示意

　　压电触发机构的起爆元件是电雷管。碰击式压电触发机构通常选用火花式电雷管、屏蔽式导电药电雷管和薄膜式电雷管,但火花式电雷管和薄膜式电雷管的安全性较差,现已被安全性较好的屏蔽式导电药电雷管所取代。例如,在电雷管的起爆电路中串联一个开关(介质薄膜、空气隙、开关二极管、充气放电管等),碰击目标时,当压电陶瓷产生的电压大于桥丝式电雷管的起爆电压时,空气隙、介质薄膜、充气放电管击穿导通或开关二极管导通,这时压电陶瓷相当于一个充好电的电容器向桥丝式电雷管瞬时放电,使其起爆。又如,采用 LC 振荡电路,使压电陶瓷受压产生的正向电荷导致 LC 振荡回路产生的反向电流与压电陶瓷弹性恢复产生的反向电流相加,通过变压器使桥丝式电雷管起爆。

　　在碰击式压电触发机构电路设计中,为了使所设计的电路安全可靠,通常应考虑下列影响因素。

　　(1)压电陶瓷两极间应有电荷泄放措施。通常在压电陶瓷两极并联短路开关或泄漏电阻,以泄放压电陶瓷两极在碰击目标前所产生的电荷。对采用火花式电雷管的电路,由于其内阻很大,只能采用短路开关;对采用薄膜式电雷管和桥丝式电雷管的电路,通常采用泄漏电阻;对采用屏蔽式导电药电雷管的电路,由于其内阻较大,多采用短路开关。

（2）保证勤务处理及发射时的安全性。对火花式、桥丝式和带引出线的中间式电雷管，均应设置短路开关；屏蔽式导电药电雷管本身结构已具有抗干扰性能，不必设置短路开关。

（3）具有一定的钝感度。通常在压电陶瓷与电雷管的回路中串联开关（空气隙、介质、薄膜或电子元件等），引信在弹道飞行中碰击弱目标时，压电陶瓷所产生的电压不能使开关导通，保证压电陶瓷与电雷管的回路处于断路状态；当引信碰击目标时，压电陶瓷所产生的电压足以使开关导通，并可靠起爆电雷管。

根据碰击式压电触发机构所采用的起爆元件的不同，通常可将其分为火花式发火电路、薄膜式发火电路、屏蔽式发火电路等几种基本电路形式。

火花式发火电路如图 4-19 所示。短路开关 K_2 同压电元件 Y 并接于发火电路，用于在解除保险前使压电元件短路，解除保险后使压电元件两极断开。触发开关 K_1 在碰击目标时接通发火电路，使电雷管发火。电路中，L 是火花式电雷管，其作用是利用压电元件在碰击瞬间产生的高压，使电雷管两极间火花放电而发火。火花式电雷管的起爆电压很高，为 $3 \sim 4$ kV，其安全电压为 800 V，内阻大于 2 kΩ，起爆电容为 $150 \sim 195$ pF，起爆时间很短，小于 3 μs。由于需要高电压起爆，因此常采用圆柱形压电陶瓷与其匹配。这种发火电路对起爆电容量和能量的大小不敏感，但对静电感应却十分敏感，因此安全性差。

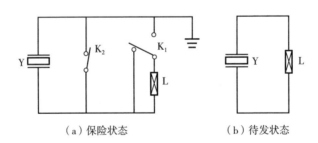

（a）保险状态　　　　　　　　（b）待发状态

Y—压电元件；K_1—触发开关；K_2—短路开关；L—电雷管。

图 4-19　火花式发火电路

薄膜式发火电路如图 4-20 所示。在压电元件上并联泄漏电阻 R，短路开关在解除保险前使电雷管短路；解除保险后打开并使电雷管和压电元件接通，电路处于待发状态。电路中，L 是薄膜式电雷管，其作用主要是依靠压电元件输出电能，再由桥膜将电能转化为热能，使电雷管发火。但压电元件输出的电压较大时，也会通过电火花放电起爆。薄膜式电雷管的起爆电压低，约 350 V，其安全电压为 50 V，

内阻为 $2 \sim 10\ \Omega$,但起爆电容很大,为 2 500 pF,因此起爆时间要长些,但仍小于 $5\ \mu s$。薄膜式电雷管主要依靠电能转换成热能,要求压电元件必须输出足够大的电能,故通常采用圆片状的压电陶瓷与其匹配。

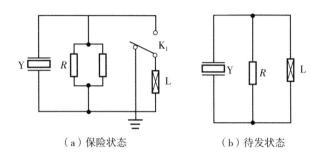

（a）保险状态　　　　　　　　（b）待发状态

Y—压电元件；K_1—短路开关；R—短路开关；L—电雷管。

图 4 - 20　薄膜式发火电路

在薄膜式发火电路中,薄膜式电雷管的最小发火能量约为 1.5×10^{-4} J,为火花式电雷管的 17%;最大安全能量约为 3.1×10^{-6} J,为火花式电雷管的 14%。薄膜式电雷管虽然对静电不甚敏感,但在装配过程中,静电干扰仍不容忽视。

压电引信是利用钛酸钡或锆钛酸铅压电陶瓷的正压电效应制成的一种弹丸引爆装置,它具有瞬发度高、灵敏度低、无须配置电源等优点,常应用在破甲弹上,对提高弹丸的破甲能力起着非常重要的作用。压电引信由压电晶体和起爆装置两部分组成,压电晶体在弹丸的头部,起爆装置在弹丸的尾部。压电引信破甲弹示意如图 4 - 21 所示。

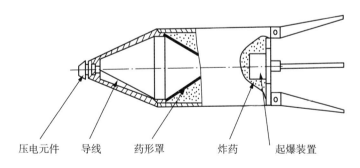

压电元件　　导线　　药形罩　　炸药　　起爆装置

图 4 - 21　压电引信破甲弹示意

压电引信发火电路如图 4 - 22 所示。平时电雷管 E 处于短路保险状态,压电晶体产生的电荷将从电阻 R 泄放掉,不会使电雷管动作。弹丸发射后,引信起爆装置解除保险状态,开关 S 从 a 处断开与 b 接通,处于待发状态。炮弹空心装药战斗部在炸药装药前方有一个口部朝前的轴对称形凹腔,内有药型罩。这个凹腔和药型罩一般为圆锥形,也有半球形等其他形状。当弹丸与装甲目标相遇时,碰撞力使压电晶体产生电荷,经导线传给电雷管使其起爆,并引起弹丸的爆炸,锥孔炸药爆炸形成的能量使药型罩熔化,在火药的高温下变成液态,因为凹腔周围的爆轰波向中心汇聚,金属药形罩敏捷向轴线闭合,构成高速金属射流向前运动。射流前端的速度可达 8 000 m/s 以上,后部则较慢,大约为 500 m/s。因为金属射流存在速度梯度,所以在运动进程中会不断拉长。

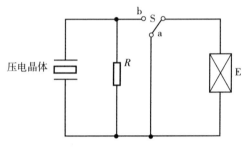

图 4 - 22　压电引信发火电路

4.2　热电式传感器

4.2.1　热电偶传感器基本原理

1. 热电效应

热电偶是利用热电效应制成的温度传感器。

如图 4 - 23 所示,把两种不同的导体或半导体材料 A、B 连接成闭合电路,将它们的两个接点分别置于温度为 T 及 T_0(设 $T > T_0$)的热源中,则该回路

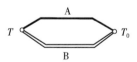

图 4 - 23　热电效应

内就会产生热电动势(简称热电势),这种现象称为热电效应,热电势用 $E_{AB}(T, T_0)$表示。把两种不同的导体或半导体的这种组合称为热电偶,A 和 B 称为热电极,温度高的接点称为热端或工作端,温度低的接点称为冷端或自由端。在图 4 - 23 所示的热电偶回路中所产生的热电势由两种导体的接触电势和单一导体的温差电势所组成。

1) 接触电势

当两种不同的金属导体接触时,在接触面上因自由电子密度不同而发生扩散,电子的扩散速率与两导体的电子密度有关,并和接触区的温度成正比。设导体 A 和 B 的自由电子密度分别为 n_A 和 n_B,且 $n_A > n_B$,则在接触面上由 A 扩散到 B 的电子必然比由 B 扩散到 A 的电子多。因此,导体 A 失去电子而带正电荷,导体 B 则因获得电子而带负电荷,在 A、B 的接触面上形成一个从 A 到 B 的静电场。这个电场阻碍了电子的继续扩散,当达到动态平衡时,在接触区形成一个稳定的电位差,即接触电势,其大小可表示为

$$e_{AB}(T) = \frac{kT}{e}\ln\frac{n_A}{n_B} \tag{4-17}$$

式中,$e_{AB}(T)$ 为导体 A 和 B 的接点在温度 T 时形成的接触电势;k 为波尔兹曼常数,$k = 1.38 \times 10^{-23}$ J/K;e 为电子电荷量。

2) 温差电势

一根均质的导体,当两端温度不同时,由于高温端的电子能量比低温端的电子能量大,因而高温端就会向低温端进行热扩散,表现为导体内高温端的自由电子跑向低温端的数目比低温端的自由电子跑向高温端的多,高温端因失去电子而带正电,低温端因获得多余电子而带负电。因此,在导体两端便形成电位差,该电位差称为温差电势。温差电势的大小可表示为

$$e_A(T, T_0) = \int_{T_0}^{T} \sigma dT \tag{4-18}$$

式中,$e_A(T, T_0)$ 为导体 A 两端温度为 T、T_0 时形成的温差电势;σ 为汤姆逊系数,表示单一导体两端温度差为 1 ℃ 时所产生的温差电势,其值与材料性质及两端温度有关。

应该指出,在实际测量中不可能也没有必要单独测量接触电势和温差电势,仅用仪表测出总热电势即可。因为温差电势与接触电势相比较,其值甚小,故在工程技术中认为热电势近似等于接触电势。

使用中,测量出总热电势后如何确定温度值呢? 通常不是采用公式计算,而是用查热电偶分度表来确定。分度表是将自由端温度保持为 0 ℃,通过试验建立起来的热电势与温度之间的数值对应关系。热电偶测温完全是建立在利用试验特性和一些热电定律的基础上的。

2. 热电偶的基本定律

1）中间温度定律

热电偶 AB 的热电势仅取决于热电偶的材料和两个结点的温度，而与温度沿热电极的分布及热电极的尺寸、形状无关。

如热电偶 AB，两结点的温度分别为 T、T_0 时，所产生的热电势等于热电偶 AB 两结点温度为 T、T_n 时与热电偶 AB 两结点温度为 T_n、T_0 时所产生的热电势的代数和。中间温度定律如图 4 - 24 所示。

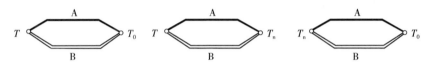

图 4 - 24　中间温度定律

用公式表示为

$$E_{AB}(T, T_0) = E_{AB}(T, T_n) + E_{AB}(T_n, T_0) \tag{4-19}$$

式中，T_n 称为中间温度。中间温度定律为制定热电偶分度表奠定了理论基础。若自由端温度不是 0 ℃，此时所产生的热电势就可按式(4 - 19)计算。

2）中间导体定律

中间导体定律表明，在热电偶 AB 回路中，只要接入的第三导体两端温度相同，则该导体对回路的热电势没有影响。下面介绍两种接法。

（1）在热电偶 AB 回路中，断开参考结点，接入第三种导体 C，只要保持两个新结点的温度仍为参考结点温度 T_0[见图 4 - 25(a)]，就不会影响回路的总热电势。

根据热电偶的热电势等于各结点热电势的代数和，则有

$$E_{ABC}(T, T_0) = E_{AB}(T) - E_{AB}(T_0) = E_{AB}(T, T_0) \tag{4-20}$$

由式(4 - 20)可以看出，接入中间导体 C 后，只要导体 C 的两端温度相同，就不会影响回路的总热电势。

（2）热电偶 AB 回路中，将其中一个导体 A 断开，接入导体 C[见图 4 - 25(b)]，在导体 C 与导体 A 的两个结点处保持相同温度 T_1，根据同样的道理可证明：

$$E_{ABC}(T, T_0, T_1) = E_{AB}(T, T_0) \tag{4-21}$$

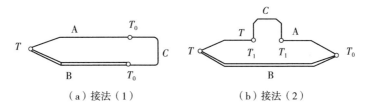

（a）接法（1）　　　　　　　　（b）接法（2）

图 4-25　热电偶回路中接入中间导体

上面两种接法分析都证明了在热电偶回路中接入中间导体,只要中间导体两端的温度相同,就不会影响回路的总热电势。若在回路中接入多种导体,只要每种导体两端温度相同,也可以得到同样的结论。

3）标准电极定律

当热电偶回路的两个结点温度为 T、T_0 时,用导体 AB 组成的热电偶的热电势等于热电偶 AC 和热电偶 CB 的热电势的代数和,即

$$E_{AB}(T, T_0) = E_{AC}(T, T_0) + E_{CB}(T, T_0) = E_{AC}(T, T_0) - E_{BC}(T, T_0)$$

$$(4-22)$$

则导体 C 称为标准电极,这一规律称为标准电极定律(见图 4-26)。标准电极 C 通常采用纯铂丝制成,主要是因为铂的物理性能、化学性能稳定,易提纯,熔点高。求出各种热电极对铂极的热电势值,就可以用标准电极定律,求出其中任意两种材料配成热电偶后的热电势值,大大简化了热电偶的选配工作。

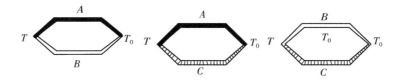

图 4-26　标准电极定律

4.2.2　热电偶材料及结构

1. 热电偶材料

理论上讲,任何两种不同材料的导体都可以组成热电偶,但为了准确、可靠地测量温度,组成热电偶的材料必须经过严格的筛选。工程上用于热电偶的材料应满足以下条件:热电势变化尽量大,热电势与温度关系尽量接近线性关系,物理性

能、化学性能稳定,易加工,复现性好,便于成批生产,有良好的互换性。

实际上并非所有材料都能满足上述要求。表4-2列出了八种国际通用热电偶的主要性能和特点,表中写在前面的热电极为正极,写在后面的热电极为负极。

表4-2 八种国际通用热电偶的主要性能和特点

名　　称	分度号	测温范围 /℃	100 ℃ 时的热电势 /mV	1 000 ℃ 时的热电势 /mV	特　　点
铂铑$_{30}$ -铂铑$_6$[①]	B	50 ～ 1 820	0.033	4.834	熔点高,测温上限高,性能稳定,准确度高,100 ℃ 以下热电势极小,所以可不必考虑冷端温度补偿;价格昂贵,热电势小,线性差;只适用于高温域的测量
铂铑$_{13}$ -铂[①]	R	−50 ～ 768	0.647	10.506	使用上限较高,准确度高,性能稳定,复现性好,但热电势较小,不能在金属蒸气和还原性气氛中使用,在高温下连续使用时特性会逐渐变坏,价格昂贵;多用于精密测量
铂铑$_{10}$ -铂[①]	S	−50 ～ 768	0.646	9.587	优点同上,但性能不如 R 型热电偶;曾作为国际温标的法定标准热电偶
镍铬-镍硅	K	−270 ～ 1 370	4.096	41.276	热电势大,线性好,稳定性好,价格低廉,但材质较硬,在1 000 ℃ 以上长期使用会引起热电势漂移;多用于工业测量
镍铬硅-镍硅	N	−270 ～ 1 300	2.744	36.256	是一种新型热电偶,各项性能均比 K 型热电偶好,多用于工业测量

（续表）

名　　称	分度号	测温范围 / ℃	100 ℃ 时的热电势 / mV	1 000 ℃ 时的热电势 / mV	特　　点
镍铬-铜镍（锰白铜）	E	−270 ~ 800	6.319	—	热电势比 K 型热电偶大 50% 左右，线性好，耐高湿度，价格低廉，但不能用于还原性气氛；多用于工业测量
铁-铜镍（锰白铜）	J	−210 ~ 760	5.269	—	价格低廉，在还原性气体中较稳定，但纯铁易被腐蚀和氧化；多用于工业测量
铜-铜镍（锰白铜）	T	−270 ~ 400	4.279	—	价格低廉，加工性能好，离散性小，性能稳定，线性好，准确度高；铜在高温时易被氧化，测温上限低；多用于低温域测量 可作 −200 ~ 0 ℃ 温域的计量标准

注：①铂铑$_{30}$ 表示该合金含 70% 的铂和 30% 的铑，铂铑$_6$ 表示该合金 94% 的铂和 6% 的铑，以下类推。

目前在国际上被公认比较好的热电偶的材料只有几种。国际电工委员会（International Electrotechnical Commission，IEC）向世界各国推荐 8 种标准化热电偶。所谓标准化热电偶，就是它已列入工业标准化文件中，具有统一的分度表的热电偶。现在工业上常用的四种标准化热电偶材料为铂铑$_{30}$ -铂铑$_6$（B 型）、铂铑$_{10}$ -铂（S 型）、镍铬-镍硅（K 型）和镍铬-铜镍（我国通常称为镍铬-康铜）（E 型）。我国已采用 IEC 标准生产热电偶，并按标准分度表生产与之相配的显示仪表。

另外还有一些特殊用途的热电偶用以满足特殊测温的需要，如用于测量 3 800 ℃ 超高温的钨镍系列热电偶，用于测量 2 ~ 273 K 的超低温的镍铬-金铁热电偶等。

图 4 - 27 为几种常用热电偶的热电势与温度的关系曲线。

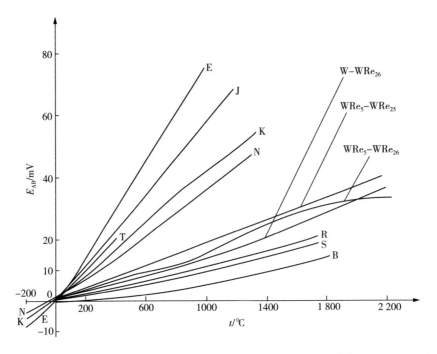

图 4 - 27　几种常用热电偶的热电势与温度的关系曲线

从图 4 - 27 可以看出,在 0 ℃ 时它们的热电势均为零,这是绘制热电势-温度曲线或制定分度表时,总是将冷端置于 0 ℃ 这一规定环境中的缘故。B、R、S 及 $WRe_5 - WRe_{26}$(钨铼$_5$-钨铼$_{26}$)等热电偶在 100 ℃ 时的热电势几乎为零,只适合于高温测量。

从图 4 - 27 中还可以看出,多数热电偶的输出都是非线性(斜率不为常数)的。国际计量委员会(International Committee of Weights and Measures,CIPM)已对这些热电偶的化学成分和每 1 ℃ 的热电势做了非常精密的测试,并向全世界公布了它们的分度表($t_0 = 0$ ℃)。使用前,只要将这些分度表输入计算机中,由计算机根据测得的热电势自动查表就可获得被测温度值。

我国从 1991 年开始采用国际计量委员会规定的"1990 年国际温标"(简称 ITS—90)的标准,按此标准制定了相应的分度表,并且有相应的线性化集成电路与之对应。所谓分度表是指热电偶自由端(冷端)温度为 0 ℃ 时,热电偶工作端(热端)温度与输出热电势之间的对应关系的表格。直接从热电偶的分度表查温度与热电势的关系时的约束条件是自由端(冷端)温度必须为 0 ℃。工业中常用的镍铬-镍硅(K 型)热电偶分度见表 4 - 3 所列。

表 4-3　镍铬-镍硅(K 型) 热电偶分度

工作端温度 /℃	热电势 / mV	工作端温度 /℃	热电势 / mV	工作端温度 /℃	热电势 / mV	工作端温度 /℃	热电势 / mV
− 270	− 6.458	0	0.000	270	10.971	540	22.350
− 260	− 6.441	10	0.397	280	11.382	550	22.776
− 250	− 6.404	20	0.798	290	11.795	560	23.203
− 240	− 6.344	30	1.203	300	12.209	570	23.629
− 230	− 6.262	40	1.612	310	12.624	580	24.055
− 220	− 6.158	50	2.023	320	13.040	590	24.480
− 210	− 6.035	60	2.436	330	13.457	600	24.905
− 200	− 5.891	70	2.851	340	13.874	610	25.330
− 190	− 5.730	80	3.267	350	14.293	620	25.755
− 180	− 5.550	90	3.682	360	14.713	630	26.179
− 170	− 5.354	100	4.096	370	15.133	640	26.602
− 160	− 5.141	110	4.509	380	15.554	650	27.025
− 150	− 4.913	120	4.920	390	15.975	660	27.447
− 140	− 4.669	130	5.328	400	16.379	670	27.869
− 130	− 4.411	140	5.735	410	16.820	680	28.289
− 120	− 4.138	150	6.138	420	17.243	690	28.710
− 110	− 3.852	160	6.540	430	17.667	700	29.129
− 100	− 3.554	170	6.941	440	18.091	710	29.548
− 90	− 3.243	180	7.340	450	18.516	720	29.965
− 80	− 2.920	190	7.739	460	18.941	730	30.382
− 70	− 2.587	200	8.138	470	19.366	740	30.798
− 60	− 2.243	210	8.539	480	19.792	750	31.213
− 50	− 1.889	220	8.940	490	20.218	760	31.628
− 40	− 1.527	230	9.343	500	20.644	770	32.041
− 30	− 1.156	240	9.747	510	21.071	780	32.453
− 20	− 0.778	250	10.153	520	21.497	790	32.865
− 10	− 3.392	260	10.561	530	21.924	800	33.275

2. 热电偶的结构

由于热电偶能直接进行温度 — 电势转换,而且体积小、测温范围广,因此获得了广泛的应用。其结构形式也很多,除普通热电偶外,还有铠装(也叫作缆式)热电偶、薄膜热电偶等。在辐射检测中,采用多个热电偶组成热电堆,构成热量型检测器,实现将辐射热转换为相应的电信号。

1)普通热电偶

普通热电偶工业上使用较多,它一般由热电极、绝缘套管、保护套管和接线盒等组成(见图 4-28)。普通热电偶按其安装时的连接形式可分为固定螺纹连接、固定法兰连接、活动法兰连接、无固定装置等多种形式,常用于测量气体、蒸气和各种液体等介质的温度。

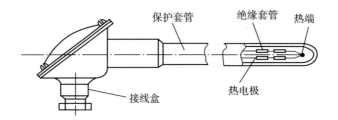

图 4-28 普通热电偶结构示意

2)铠装热电偶

铠装热电偶又称为套管热电偶(见图 4-29)。

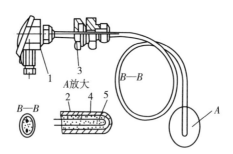

1—接线盒;2—高温绝缘材料;

3—安装用的固定螺母;4—金属套管;5—热电极。

图 4-29 铠装热电偶结构示意

把热电极与高温绝缘材料预置在金属套管中,运用同比例压缩延伸工艺,将这三者合为一体,制成各种直径、规格的铠装偶体,再截取适当长度,将工作端焊接密封,配置接线盒即成为柔软、细长的铠装热电偶。铠装热电偶种类繁多,可做成单芯、双芯和四芯,可以做得很细很长,其外径可小到 $1 \sim 3\,mm$,热电极直径为 $0.2 \sim 0.8\,mm$,使用中可根据需要任意弯曲。铠装热电偶的主要优点是测温端热容量小,动态响应快,机械强度高,挠性好,可安装在结构复杂的装置上,能解决微小、狭窄场合的测温问题,因此被广泛应用于工业部门。

3) 薄膜热电偶

薄膜热电偶是由两种薄膜热电极用真空蒸镀、化学涂层等方法蒸镀到绝缘基板上而制成的一种特殊热电偶。薄膜热电偶的热接点可以做得很小(可薄到 $0.01 \sim 0.1\,\mu m$)。其具有热容量小、反应速度快等优点,热响应时间可以达到微秒级,适用于测量微小面积上的表面温度和快速变化的动态温度。

薄膜热电偶有片状、针状等形式。常用的铁-镍片状薄膜低温热电偶,其外形与应变片相似,测温范围为 $-200 \sim 300\,℃$,时间常数小于 $0.01\,s$。铁-镍片状薄膜低温热电偶结构示意如图 $4-30$ 所示。将热电极直接蒸镀在被测表面而形成的热电偶更是一种响应快、时间常数可达微秒级的更为理想的表面测温热电偶。

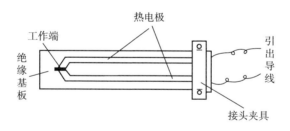

图 $4-30$　铁-镍片状薄膜低温热电偶结构示意

4.2.3　热电偶传感器的测试接口

热电偶实际上是一种能量转换器,它将热能转换为电能,用所产生的热电势测量温度。两种不同成分的均质导体为热电极,温度较高的一端为工作端,温度较低的一端为自由端,自由端通常处于某个恒定的温度下。

1. 动圈式仪表与热电偶连接测温电路

在测温准确度要求不高的场合,可用动圈式仪表(如毫伏表)直接与热电偶连接(见图 $4-31$)。这种连接方式简单,价格便宜,但需注意的是仪表中流过的电流

不仅与热电偶的热电势大小有关,还与测温回路的总电阻有关,因此要求测温回路总电阻为恒定值:

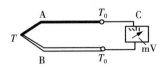

图 4 - 31　动圈式仪表与
热电偶连接测温电路

$$R_T + R_L + R_G = 常数 \qquad (4-23)$$

式中,R_T 为热电偶电阻;R_L 为连接导线电阻;R_G 为指示仪表电阻。

多数检测仪表采用数字仪表测量温度,但必须加入放大电路和模数(A/D)转换电路,通过放大电路将热电偶输出微弱信号放大,通过 A/D 转换电路将对应热电势的模拟量转换为数字量。根据热电势与温度的关系,微机编程确定被测温度,将热电偶接到温度变送器输入端,通过变送器将温度转换为 $4 \sim 20 \, mA$ 或 $1 \sim 5 \, V$ 的标准信号。

2. 两个相同型号热电偶反向串联测温电路

如图 4-32 所示,两个相同型号的热电偶配用相同的补偿导线,反向串联,产生热电势为

$$E_T = E_{AB}(T_1, T_0) - E_{AB}(T_2, T_0) \qquad (4-24)$$

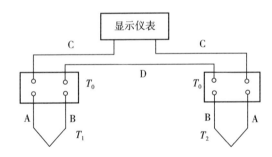

图 4 - 32　两个相同型号热电偶反向串联测温电路

3. 同类型热电偶并联测温电路

图 4-33 为同类型热电偶并联测温电路,这种电路的优点是仪表的分度表和单独配用一个热电偶时一样,缺点是当有一个热电偶烧毁时不能很快被发现。回路的热电势为

$$E_T = \frac{E_1 + E_2 + E_3}{3} \qquad (4-25)$$

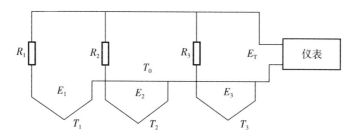

图 4 - 33　同类型热电偶并联测温电路

4. 同类型热电偶串联测温电路

图 4 - 34 为同类型热电偶串联测温电路,其特点是当有一个热电偶烧断时,总的热电势消失,可以立即知道有热电偶烧断。总的热电势为

$$E_T = E_1 + E_2 + E_3 \tag{4-26}$$

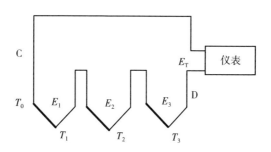

图 4 - 34　同类型热电偶串联测温电路

5. 实用热电偶测温电路

实用热电偶测温电路如图 4-35 所示,将某一范围的温度信号转换为电压信号输出,电路具有热电偶传感器断线报警、冷端温度补偿、滤波和信号放大等功能。

100 MΩ 电阻为断线检测电阻,正常工作时,热电偶输出信号送入放大器放大,如果热电偶断线,电源电压经过 100 MΩ 在放大器的同相端产生电压,此电压使运算放大器饱和输出,由此可判断热电偶断线。10 kΩ 和 10 μF 电容构成低通滤波器,滤除高频干扰信号。

冷端补偿电路由分压电阻 R_1、R_2、R_3 和温度传感器组成。根据热电偶的热电势系数选择温度传感器和分压电阻阻值,使分压电阻 R_2 的分压值 U_{ot} 等于热电偶的冷端修正值,即 $U_{ot} = E_{AB}(T_n, 0)$,其中 T_n 为冷端温度。由热电偶中间温度定律,

加冷端温度补偿热电偶输出为

$$E_{AB}(T,T_n)+U_{ot}=E_{AB}(T,T_n)-E_{AB}(T_n,0)=E_{AB}(T,0) \qquad (4-27)$$

由式(4-27)可见,冷端温度在某一温度段变化,只要$U_{ot}=E_{AB}(T_n,0)$,对热电偶输出基本无影响。

$E_{AB}(T,0)$送入放大器进行同相放大。根据输出信号的要求,确定放大器增益大小为

$$G=1+\frac{R_F}{R_4} \qquad (4-28)$$

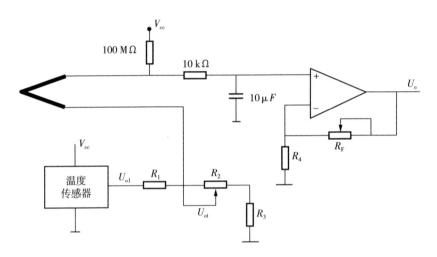

图 4-35 实用热电偶测温电路

4.2.4 热电偶的误差及补偿措施

1. 热电偶冷端误差及其补偿

热电偶 AB 闭合回路的总热电势 $E_{AB}(T,T_0)$ 是两个接点温度的函数。但是,通常要求测量的是一个热源的温度或两个热源的温度差。为此,必须固定其中一端(冷端)的温度,其输出的热电势才是测量端(热端)温度的单值函数。工程上广泛使用的热电偶分度表就是根据冷端温度为 0 ℃ 而制作的。但在实际测量中,热电偶的两端距离很近,冷端温度将受热源温度或周围环境温度的影响,并不为 0 ℃,也不是个恒值,因此将引入误差。为了消除或补偿这个误差,常采用以下几种补偿方法。

1)0 ℃ 恒温法

图 4-36 为 0 ℃ 恒温法接线图,将热电偶的冷端保持在 0 ℃ 的器皿内,为了获得 0 ℃ 的温度条件,一般用纯净的水和冰混合,在一个大气压下,冰水共存时的温度即为 0 ℃。

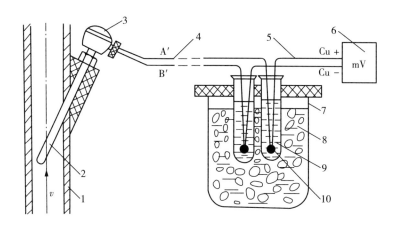

1—被测流体管道;2—热电偶;3—接线盒;4—补偿导线;5—铜质导线;

6—毫伏表;7—冰瓶;8—冰水混合物(0 ℃);9—试管;10—新的冷端。

图 4-36 0 ℃ 恒温法接线图

0 ℃ 恒温法是一种准确度很高的冷端处理方法,但使用起来比较麻烦,需保持冰水两相共存,故只适合在试验室使用,在工业生产现场中使用极不方便。

2)修正法

在实际使用中,热电偶冷端保持 0 ℃ 比较麻烦,但将热电偶冷端放在恒温箱内还是可以做到的。此时,可以采用冷端温度修正方法。

根据中间温度定律:$E_{AB}(T, T_0) = E_{AB}(T, T_n) + E_{AB}(T_n, T_0)$,当冷端温度 $T_n \neq 0$ ℃ 而为某一恒定值时,由冷端温度引入的误差值 $E_{AB}(T_n, T_0)$ 是一个常数,而且可以由分度表查得其电势值。将测得的热电势值 $E_{AB}(T, T_n)$ 加上 $E_{AB}(T_n, T_0)$,就可获得冷端为 $T_n = 0$ ℃ 时的热电势值 $E_{AB}(T, T_0)$,查热电偶分度表即可得到被测热源的真实温度 T。

3)电桥补偿法

测温时保持冷端温度为某一恒温较困难,可采用电桥补偿法,利用不平衡电桥产生的电势来补偿热电偶因冷端温度变化而引起的热电势变化值,如图 4-37 所示,其中 E 为电桥的电源,R 为限流电阻。

补偿电桥与热电偶冷端处于相同的环境温度下,其中三个桥臂电阻用温度系数近于零的锰铜绕制,使 $R_1 = R_2 = R_3$,另一桥为补偿桥臂,用铜导线绕制。使用时选取阻值 R_{Cu},使电桥处于平衡状态,电桥输出 $U_{AB} = 0$。当冷端温度升高时,补偿桥臂阻值 R_{Cu} 增大,电桥失去平衡,输出 U_{AB} 随着增大,而热电偶的热电势则由于冷端温度升高而减小,若电桥

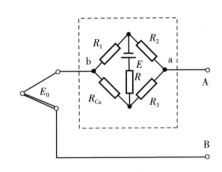

图 4-37 冷端温度电桥补偿法

输出值的增大量 U_{AB} 等于热电偶电势的减小量 E_x,则总输出值 U_{AB} 就不随冷端温度的变化而变化。

在有补偿电桥的热电偶电路中,冷端温度若在 20 ℃ 时补偿电桥处于平衡,只要在回路中加入相应的修正电压或调整指示装置的起始位置,就可达到完全补偿的目的,可准确测出冷端为 0 ℃ 时的输出。

电桥补偿法是利用不平衡电桥产生的不平衡电压来自动补偿热电偶因冷端温度变化而引起的热电势变化值,有与被补偿热电偶对应型号的成品补偿电桥供选用。

4) 延引热电极法

当热电偶冷端离热源较近,受其影响使冷端温度在很大范围内变化时,可采用延引热电极法。将热电偶输出的电势传到 10 m 以外的显示仪表处,也就是将冷端移至温度变化比较平缓的环境中,再采用电桥补偿方法进行补偿。延引热电极法如图 4-38 所示。

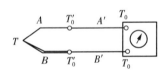

图 4-38 延引热电极法

补偿导线可选用直径粗、导电系数大的材料制作,以减小补偿导线的电阻影响。常用补偿导线见表 4-4 所列。

表 4-4 常用补偿导线

补偿导线型号	配用的热电偶分度号	补偿导线		补偿导线颜色	
		正极	负极	正极	负极
SC	S(铂铑$_{10}$-铂[①])	SPC(铜)	SNC(铜镍)	红	绿
KC	K(镍铬-镍硅)	KPC(铜)	KNC(铜镍)	红	蓝

补偿导线型号	配用的热电偶分度号	补偿导线		补偿导线颜色	
		正极	负极	正极	负极
KX	K（镍铬-镍硅）	KPX（镍铬）	KNX（镍硅）	红	黑
EX	E（镍铬-铜镍）	EPX（镍铬）	ENX（铜镍）	红	棕
JX	J（铁-铜镍）	JPX（铁）	JNX（铜镍）	红	紫
TX	T（铜-铜镍）	TPX（铜）	TNX（铜镍）	红	白

注：① 铂铑$_{10}$ 表示该合金含 90% 的铂和 10% 的铑。

补偿导线在 $0 \sim 100\ ℃$ 的热电势与配套的热电偶的热电势相等,所以不影响测量精度。

5）专用热电偶冷端温度补偿芯片

MAX6675 是基于串行外设接口（Serial Peripheral Interface,SPI）总线,专门用于对工业中较常用的镍络-镍硅（K 型）热电偶进行温度补偿的芯片。它能将补偿后的热电势转换为代表温度的数字脉冲,从 SPI 输出。

2. 热电偶的动态误差及时间常数

任何测温仪表由于质量与热惯性,其指示温度都不是被测介质温度变化的实时值,而是有一个时间滞后,热电偶测温也不例外。当用热电偶测某介质温度时,被测介质某瞬时的温度为 T_g,而热接点的温度为 T,两者之差称为热电偶的动态误差,即 $\Delta T = T_g - T$。动态误差值取决于热电偶的时间常数 τ 和热接点温度随时间变化率 $\dfrac{\mathrm{d}T}{\mathrm{d}t}$,可用下列公式表示：

$$T_g - T = \tau \frac{\mathrm{d}T}{\mathrm{d}t} \qquad (4-29)$$

已知某热电偶测温过程曲线如图 2-8 所示,若想求得任一瞬时被测介质温度,只要求出曲线在该时刻的斜率,再乘以该热电偶的时间常数,即可得到动态误差值 $\Delta T = \tau \dfrac{\mathrm{d}T}{\mathrm{d}t}$。用该瞬时的动态误差来修正热电偶指示值,即可得到该瞬时的被测介质温度,即

$$T_g = T + \Delta T = T + \tau \frac{\mathrm{d}T}{\mathrm{d}t} \qquad (4-30)$$

实际应用中,热电偶的时间常数可由测温曲线求得,将式（4-29）变换为

$$\frac{1}{T_g - T} \mathrm{d}T = \frac{1}{\tau} \mathrm{d}t \qquad (4-31)$$

在初始条件为 $t=0$ 时,热接点的温度等于热电偶的初始温度,即 $T=T_0$,对上式进行积分,当 $t=\tau$ 时,

$$T - T_0 = (T_g - T_0) \cdot 0.632 \qquad (4-32)$$

式(4-32)表明,不论热电偶的初始温度 T_0 和被测温度 T_g 为何值,也不论温度的阶跃 $T_g - T_0$ 有多大,只要经过 $t=\tau$ s,其温度示值 $(T_g - T_0)$ 总是升高至整个阶跃的 63.2%。所以说 τ 具有时间概念,通常称为时间常数。实际应用中,只要测得测温曲线 63.2% 处的时间,即可知道该热电偶的时间常数值为

$$\tau = \frac{c \rho V}{\alpha A_0} \qquad (4-33)$$

式中,c、ρ、V 分别为热接点的比热、密度、容积;α、A_0 分别为热接点与被测介质间的对流传热系数和接触的表面积。

由式(4-33)可知,时间常数 τ 不仅取决于热接点的材料性质和结构参数,还随被测介质的工作情况而变,所以,不同的热电偶其时间常数是不同的。

欲减小动态误差,必须减小时间常数。可采取以下方法减小热接点直径,使其容积减小,传热系数增大;增大热接点与被测介质接触的表面积,将球形热接点压成扁平状,体积不变而使表面积增大。用这些方法可减小时间常数,改善动态响应,减小动态误差。当然这种减小时间常数的方法有一定限制,否则会产生机械强度低、使用寿命短、制造困难等问题。

4.2.5　热电阻传感器

热电阻传感器是利用导体或半导体的电阻随温度变化的特性测量温度的。用金属、半导体材料作为感温元件的传感器,分别称为金属热电阻传感器和热敏电阻传感器。测温范围主要在中低温区域($-200 \sim 650\ ℃$)。随着科学技术的发展,热电阻传感器的使用范围不断扩展,低温方面已成功应用于 $1 \sim 3$ K 的温度测量,而在高温方面,也出现了多种用于 $1\,000 \sim 1\,300\ ℃$ 的电阻温度传感器。

1. 金属热电阻

大多数金属的电阻都随温度而变化,但作为测温用的材料应满足以下要求:

(1) 电阻温度系数要大,以便提高热电阻的灵敏度;

(2) 电阻率尽可能大,以便在相同灵敏度下减小电阻体尺寸;

（3）热容量要小，以便提高热电阻的响应速度；

（4）在整个测量温度范围内，应具有稳定的物理性能和化学性能；

（5）电阻与温度的关系最好接近线性关系，具有良好的可加工性，且价格便宜。

根据上述要求及金属材料的特性，目前使用最广泛的热电阻材料是铂和铜。另外，随着低温和超低温测量技术的发展，已开始采用铟、锰、碳、镍、铁等材料。

热电阻的结构形式可根据实际使用制作成各种形状，通常是根据它的部件组成，将双线电阻丝绕在用石英、云母陶瓷和塑料等材料制成的骨架上，可以测量 $-200 \sim 500\ ℃$ 的温度。保护套主要有玻璃、陶瓷或金属等材质，主要用于防止有害气体腐蚀，防止氧化（尤其是铜热电阻），防止水分侵入造成漏电影响阻值。金属热电阻结构示意如图 4 - 39 所示。

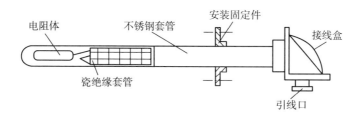

图 4 - 39　金属热电阻结构示意

热电阻也可以是一层薄膜，采用电镀或溅射的方法涂敷在陶瓷类材料基底上，占用体积很小（见图 4 - 40）。

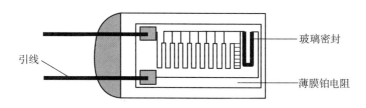

图 4 - 40　薄膜金属热电阻结构示意

大多数金属导体的电阻都随温度而变化，当温度升高时，金属内部原子晶格的振动加剧，从而使金属内部的自由电子通过金属导体时的阻碍增大，宏观上表现出电阻率变大，电阻值增加。铂的物理性能、化学性能非常稳定，是目前制造热电阻最好的材料。

按 IEC 标准，铂热电阻的测温范围为 $-200 \sim 650\ ℃$。电阻值与温度之间的关系：

在 $-200\ ℃ \leqslant t \leqslant 0\ ℃$ 时，

$$R_t = R_0 [1 + At + Bt^2 + C(t-100)t^3] \tag{4-34}$$

在 $0\ ℃ \leqslant t \leqslant 650\ ℃$ 时，

$$R_t = R_0 (1 + At + Bt^2) \tag{4-35}$$

式中，R_t 为温度为 $t\ ℃$ 时的电阻值；R_0 为温度为 $0\ ℃$ 的电阻值；A,B,C 为分度系数（查表可得），对于常用的工业铂电阻，$A = 3.908 \times 10^{-3}/℃$、$B = -5.801 \times 10^{-7}/℃^2$、$C = -4.27350 \times 10^{-12}/℃^3$。

在 $0 \sim 100\ ℃$ 范围内，R_t 的表达式可近似线性为

$$R_t = R_0 (1 + At) \tag{4-36}$$

式中，A 为温度系数，近似为 $3.85 \times 10^{-3}/℃$。Pt 100 铂电阻的阻值在 $0\ ℃$ 时，$R_t = 100\ \Omega$；在 $100\ ℃$ 时，$R_t = 138.5\ \Omega$。

要确定电阻 R_t 与温度 t 的关系，首先要确定 R_0 的数值。R_0 不同时，R_t 与 t 的关系不同。在工业上将相应于 $R_0 = 50\ \Omega$（分度号 Pt 50）和 $R_0 = 100\ \Omega$（分度号 Pt 100）的 R_t-t 关系制成分度表，称为热电阻分度表，供使用者查阅。铂热电阻 Pt 100 分度表见表 4-5 所列。

表 4-5　铂热电阻 Pt 100 分度表

温度 /℃	电阻 /Ω									
	0	10	20	30	40	50	60	70	80	90
0	100.00	103.90	107.79	111.67	115.54	119.40	123.24	127.07	130.89	134.70
100	138.50	142.29	146.06	149.82	153.58	157.31	161.04	164.46	168.46	172.16
200	175.84	179.51	183.17	186.82	190.45	194.07	197.69	201.29	204.88	208.45
300	212.02	215.57	219.12	222.65	226.17	229.67	233.17	236.65	240.13	243.59
400	247.04	250.48	253.90	257.32	260.72	264.11	267.49	270.86	274.22	277.56
500	280.90	284.22	287.53	290.83	294.11	297.39	300.65	303.91	307.15	310.38
600	313.59	316.80	319.99	323.18	326.35	329.51	332.66	335.79	338.92	342.03
700	345.13	348.22	351.30	354.37	357.37	360.47	363.50	366.52	369.53	372.52
800	375.51	378.48	381.45	384.40	387.34	390.26	—	—	—	—

铂热电阻结构示意如图 4-41 所示。

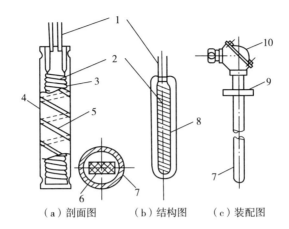

（a）剖面图　　（b）结构图　　（c）装配图

1—银引线；2—铂丝；3—锯齿云母骨架；4—保护用云母片；5—银帮带；

6—铂电阻横断面；7—保护套管；8—石英骨架；9—连接法兰；10—接线盒。

图 4 - 41　铂热电阻结构示意

铜热电阻的电阻温度系数比铂高，电阻温度特性曲线几乎是线性的，而且容易提纯，工艺性好，价格便宜，所以在一些测量精度要求不高且测温范围不大的场合，可以使用铜热电阻。在 $-50 \sim 150 \ ℃$ 时，电阻与温度的关系可用下式表示：

$$R_t = R_0(1 + \alpha t) \tag{4-37}$$

式中，R_t 为温度为 $t \ ℃$ 时的电阻值；R_0 为温度为 $0 \ ℃$ 的电阻值；α 为铜的电阻温度系数，α 为 $4.25 \times 10^{-3} \sim 4.28 \times 10^{-3}/℃$。铜热电阻结构示意如图 4 - 42 所示。

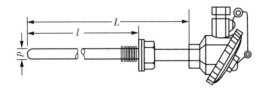

图 4 - 42　铜热电阻结构示意

铜热电阻的缺点是电阻率较低，电阻体的体积较大，热惯性也较大，在 100 ℃以上易氧化，因此只能用于 150 ℃ 以下低温、无水分、无腐蚀性的介质中。

铂热电阻和铜热电阻测量低温和超低温效果不理想，而铟热电阻、锰热电阻、碳热电阻等却是测量低温和超低温的理想材料。

用 99.99% 高纯度的铟丝绕成铟电阻,可在温度为 4.2 ～ 298.15 K 使用。试验证明,温度为 4.2 ～ 15 K 时,铟热电阻的灵敏度比铂热电阻高 10 倍。铟热电阻的缺点是材料软、复制性差。

温度为 2 ～ 63 K 时,锰热电阻随温度变化大,灵敏度高。锰热电阻的缺点是材料脆、难拉成丝。

碳热电阻适合用于液氦温域(4.2 K)的温度测量,其价格低廉,对磁场不敏感,但热稳定较差。

2. 热敏电阻

热敏电阻是由某些金属氧化物(如锰、钴、镍、铁、钢等的氧化物),按照不同比例的配方,经高温烧结而成的半导体,它是利用半导体的电阻值随温度变化这一特性工作的。热敏电阻的电阻率大、温度系数大,但非线性大、置换性差和稳定性差,通常只适用于要求不高的温度测量场合。

热敏电阻主要要由热敏探头、引线、壳体等构成(见图 4 - 43)。热敏电阻一般做成二端器件,但也有做成三端或四端器件的。二端和三端器件为直热式,即热敏电阻直接从连接的电路中获得功率;四端器件则为旁热式。根据不同的使用要求,可以把热敏电阻做成不同的形状和结构。

热敏电阻按半导体电阻随温度变化的特性可分为三种类型:正温度系数(PTC)、负温度系数(NTC)和临界温度系数(CTR)。在温度测量中,主要采用负温度系数和正温度系数热敏电阻,其中负温度系数热敏电阻应用最普遍。图 4 - 44 为热敏电阻阻值温度特性曲线。

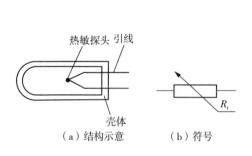

（a）结构示意　　（b）符号

图 4 - 43　热敏电阻结构示意及符号

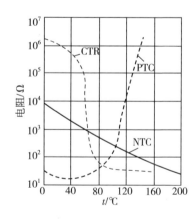

图 4 - 44　热敏电阻阻值温度特性曲线

　　负温度系数热敏电阻是以氧化锰、氧化钴和氧化铝等金属氧化物为主要原料，采用陶瓷工艺制造而成的。这些金属氧化物材料都具有半导体性质，且有灵敏度高、稳定性好、响应快、寿命长、价格低等优点，广泛应用于需要定点测温的自动控制电路中，如冰箱、空调等。

　　负温度系数热敏电阻的电阻-温度关系通常由下式确定：

$$R_T = R_0 e^{B\left(\frac{1}{T} - \frac{1}{T_0}\right)} \tag{4-38}$$

式中，T 为被测温度，单位为 K；T_0 为参考温度，单位为 K；B 为热敏电阻的材料常数，单位为 K，可由试验获得，通常 B 为 2 000 ～ 6 000 K；R_T 为温度 T 时热敏电阻的电阻值，单位为 Ω；R_0 为温度 T_0 时热敏电阻的电阻值，单位为 Ω。

　　若定义 $\dfrac{1}{R_T}\dfrac{\mathrm{d}R_T}{\mathrm{d}T}$ 为热敏电阻的温度系数 α（温度变化 1 ℃ 时电阻值的相对变化量），则由式（4-38）得

$$\alpha = \frac{1}{R_T}\frac{\mathrm{d}R_T}{\mathrm{d}T} = -\frac{B}{T^2} \tag{4-39}$$

　　由上式可见，α 随温度降低而迅速增大。

　　热敏电阻的电流值通常限制在毫安级，主要是为了防止产生自发热现象，从而保证在所测量的温度范围内具有线性的电压-电流关系。此外，常采用线性化电路与热敏电阻相连，从而扩大它们的测量范围。热敏电阻的灵敏度较高，一般为 ±6 mV/℃ 以及 −150 ～ −20 Ω/℃，比热电偶和电阻温度检测器的灵敏度高许多。尽管热敏电阻不如铂热电阻温度计那样具有较好的长时间稳定性，但它们足以满足大多数应用的要求。

　　由于热敏电阻非线性严重，因此在实际使用时要对其进行线性化处理。对热敏电阻进行线性化处理的简单方法是给热敏电阻并联一个温度系数很小的固定电阻，使等效电阻与温度的关系在一定的温度范围内是线性的。所需的固定电阻的阻值 R 可按下式计算：

$$R = \frac{R_{T2}(R_{T1} + R_{T3}) - 2R_{T1}R_{T3}}{R_{T1} + R_{T3} - 2R_{T2}} \tag{4-40}$$

式中，R_{T1} 为测量范围的最低温度处 T_1 的热敏电阻阻值；R_{T3} 为测量范围的最高温度处 T_3 的热敏电阻阻值；R_{T2} 为测量范围中点处 $T_2 = (T_1 + T_3)/2$ 的热敏电阻阻值。

　　热敏电阻的伏安特性十分重要。热敏电阻的伏安特性曲线如图 4-45 所示。

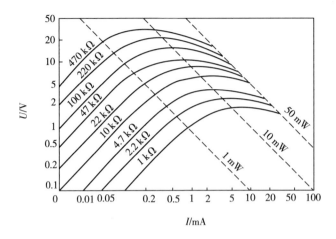

图 4-45　热敏电阻的伏安特性曲线

由图 4-45 可见,开始时电流与电压呈较好的比例关系,这时在电阻上消耗的功率小,以致不会发生自身发热现象,热敏电阻这个冷态电阻完全由外界温度决定。随着电流的增加,电阻释放热量并自身发热,阻值下降,两端的电压也就不再按比例随电流的增大而增大。在一个区间内,电流的增大和电阻的减小相互补偿,这时电压基本保持不变,直至电阻的下降幅值超过相应电流的增大幅值时,电压才开始减小。因此要根据热敏电阻的允许功耗来确定电流。

正温度系数热敏电阻是以钛酸钡为基本材料,再掺入适量的稀土元素,利用陶瓷工艺高温烧结而成的。纯钛酸钡是一种绝缘材料,但掺入适量的稀土元素以后,就变成了半导体材料。正温度系数热敏电阻的温度达到居里点时,阻值会发生急剧变化。一般钛酸钡的居里点为 120 ℃。

临界温度系数热敏电阻的特性是在某一特性温度下电阻值会发生变化,主要用于温度开关类的控制。

正温度系数热敏电阻的电阻温度系数等于它的材料常数,材料常数随温度不同略有变化,因此它的电阻温度系数不是一个严格的常数。负温度系数热敏电阻的电阻温度系数随温度降低迅速增大,其灵敏度高,温度越高,阻值越小,且有明显的非线性。

热敏电阻的主要参数如下。

(1) 标称阻值 R_H:在环境温度为(25±0.2)℃ 时的电阻值,又称为冷电阻。阻值以阿拉伯数字表示,如 5 K、10 K 等直接标在热敏电阻上。还有一种是用数字表示,共 3 位,最后一位为零的个数,如 103 表示 $10 \times 10^3 \Omega$。

(2)温度系数 α_t:指 20 ℃ 时的电阻温度系数。

(3)散热系数 H:也称耗散系数,即自身发热使温度比环境温度高出 1 ℃ 所需的功率。

(4)时间常数 τ:热敏电阻在温度为 t_0 的介质中突然移入温度为 t 的介质中时,热敏电阻的温度升高 $\Delta t = 0.63(t - t_0)$ 所需要的时间。

热敏电阻主要有如下优点:因为有较大的电阻温度系数,所以热敏电阻的灵敏度很高,目前可测得 $0.001 \sim 0.000\,5$ ℃ 微小温度的变化;热敏电阻元件根据需要可制作成多种形状,直径可达 0.5 mm,其体积小,热惯性小,响应速度快,时间常数可小到毫秒级;热敏电阻的电阻值可达 $1 \sim 700$ kΩ,远距离测量时导线电阻的影响可不考虑;在温度为 $-50 \sim 350$ ℃ 时,具有较好的稳定性。

热敏电阻的主要缺点是阻值分散性大、复现性差,其次是非线性大、老化较快。

3. 金属热电阻测试接口

金属热电阻广泛地应用于缸体、油管、水管、纺机、空调、热水器等狭小空间工业设备的测温和控制。汽车空调、冰箱、冷柜、饮水机、咖啡机及恒温等场合也经常使用。

因为金属热电阻的阻值较小,所以导线电阻值不可忽视(尤其是导线较长时),故在实际使用时,金属热电阻的连接方法不同,其测量精度也不同。最常用的测量电路是电桥电路,可采用三线或四线电桥连接法。金属热电阻三线制接法的等效电路如图 4 - 46 所示。

为提高测量温度的精度,可按图 4 - 47 设计电阻测量仪。

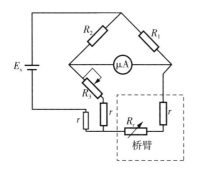

图 4 - 46　金属热电阻三线制
接法的等效电路

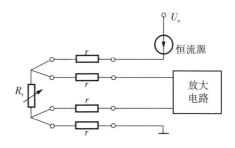

图 4 - 47　金属热电阻四线制
接法的等效电路

图 4-48 为铂热电阻的三线制测温原理。三线制测温电路可以巧妙地克服电阻随温度的变化而对整个电路产生的影响,它适合于远距离测量。

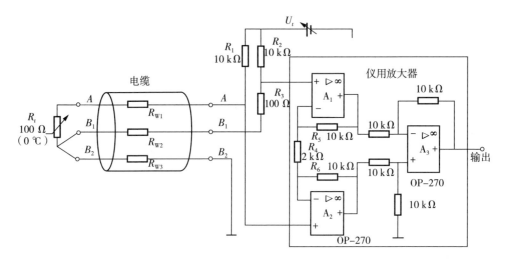

图 4-48　铂热电阻的三线制测温原理

图 4-49 为铂热电阻的四线制测温原理。四线制测温电路采用恒流源供电,从热电阻两端引出四根线,接线时电路回路和电压测量回路独立分开连接,测量精度高,但是需要的导线多,适合于远距离测量。

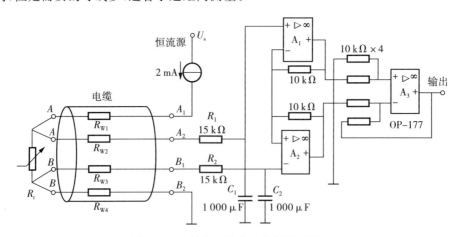

图 4-49　铂热电阻的四线制测温原理

集成化温度信号调理电路应用方便、精度高、种类齐全、功能强大,得到了广泛的应用。集成化温度信号调理电路采用了 AD22055 型桥式传感器信号放大器,该放大器的放大增益通过外部电路进行调整,具有增益误差和温度漂移补偿功能,内

部有瞬变过电压保护电路和射频干扰滤波器,适合于工业现场使用(见图4－50),其增益的设定公式为

$$G = 40\left(1 + \frac{9}{R}\right) \tag{4-41}$$

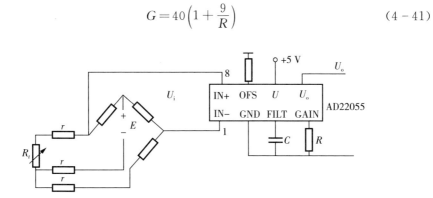

图4－50　AD22055型桥式传感器信号放大器接口连接

负温度系数热敏电阻实现单点测温原理如图4－51所示。调整b端电位V_b,即预设温度t_b,初始时继电器不通电,常闭触点K闭合,加热器通电加热。温度T上升,热敏电阻阻值R_t下降,a端电位V_a升高至$V_a > V_b$时,比较器输出变为低电位,VT_1导通,使VT_2也导通,继电器通电,常闭触点K断开,加热器断电停止加热。反之温度下降,热敏电阻阻值R_t上升,a端电位V_a下降至$V_a < V_b$时,比较器输出变为高电位,VT_1截止,使VT_2也截止,继电器断开,常闭触点K闭合,加热器通电加热。

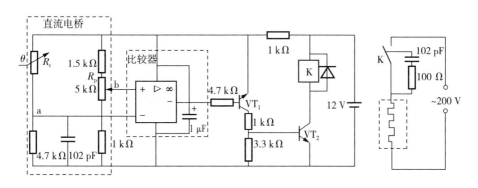

图4－51　负温度系数热敏电阻实现单点测温原理

正温度系数热敏电阻实现单点测温原理如图4－52所示。稳压管DZ_1提供稳定电压,由R_6、R_4、R_5分压,调节R_5使电压跟随器A_1输出2.5 V的稳定电桥工作电压,并使热敏电阻工作电流小于1 mA,避免发热影响测量精度。正温度系数热敏

电阻在 25 ℃ 时阻值为 1 kΩ，R_8 也选择为 1 kΩ，室温时（25 ℃）电桥调平，温度略高于室温时电桥失衡，输出电压接差分放大器 A_2 放大后输出。

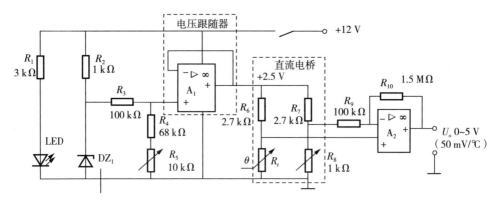

图 4-52　正温度系数热敏电阻实现单点测温原理

4.2.6　热电式传感器的应用

1. LEH1 型火焰传感器

LEH1 型火焰传感器的基本元件是热电偶，热电偶是一个在温度急剧变化时能够产生温差电动势的元件。多个热电偶串联起来，便形成热电偶堆。LEH1 型火焰传感器是由 16 个康铜-镍铬合金丝热电偶串联构成的热电偶堆，它的一端固封在具有一定热惯性的环氧树脂中作为自然冷端，另一端裸露在空气中作为热敏感端。LEH1 型火焰传感器如图 4-53 所示。

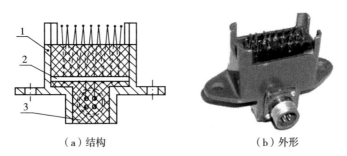

（a）结构　　　　　　　　（b）外形

1—外壳；2—热电偶堆；3—环氧树脂。

图 4-53　LEH1 型火焰传感器

LEH1 型火焰传感器同单支热电偶的工作原理相同，当伸在空气中的热敏感端受到火焰灼烧时，温度迅速升高，而固封在环氧树脂中的另一端维持原来的温度状态,这样就形成温度差。这个温度差即产生了温差电势。LEH1 型火焰传感器在受到火焰灼烧时,在 5 s 内可以产生大于 0.3 V 的火警信号电压,此电压通过导线输送到灭火控制盒,作为火警信号。LEH1 型火焰传感器主要用于坦克等军用装甲车辆的灭火抑爆系统,感知穿甲弹的二次燃烧火焰温度。

2. 电阻式温度表

温度表用来测量发动机的机油和冷却液的温度。电阻式温度表利用一定材料在不同温度下的电阻不同而完成对温度的测量。

图 4-54 为电阻式温度表线路图,指示器由流比计和电桥线路组成,传感器的热敏元件是电阻温度系数较大的镍丝。在这个线路中,热敏元件的阻值 R_x 随温度变化,从而使 A、B、C 三端的电位也随之变化。下面就三端的电位变化及其相互关系来讨论温度表的工作原理。

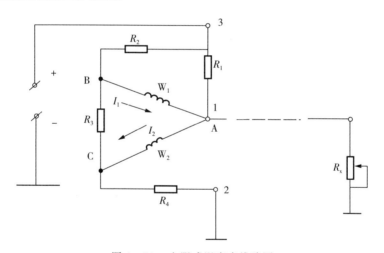

图 4-54　电阻式温度表线路图

在图 4-54 中,C 端电位低于 B 端。若热敏电阻 R_x 为零(短路)时,A 端电位最低,R_x 越大,则 A 端电位越高。

当介质温度为 0 ℃ 时,R_x 较小(约为 90 Ω),A 端电位低,致使 B、A 两端间电位差大,而 C、A 两端的电位近似相等,因此线圈 W_1 中的电流 I_1 较大,而线圈 W_2 中电流 $I_2 \approx 0$,活动永久磁铁在 W_1 所产生的磁场作用下使指针指示在刻度盘的零位。

当介质温度为 120 ℃ 时,R_x 较大(约为 139 Ω),A 端电位升高,致使 B、A 两端的电位近似相等,而 A、C 两端的电位差增大,因此 W_1 中的电流 $I_1 \approx 0$,而 W_2 中的电流 I_2 较大,活动永久磁铁在 W_2 所产生的磁场作用下使指针指示在刻度盘的满刻度 120 ℃ 处。当介质温度为 0～120 ℃ 时,A 端电位也相应地具有一定数值,使

W_1 和 W_2 都有相应的电流通过,活动永久磁铁在 W_1 和 W_2 两线圈产生的合成磁场作用下使指针指示在刻度盘的某一位置。

综上所述,当介质温度由 0 ℃ 升高到 120 ℃ 时,热敏电阻 R_x 由 90 Ω 增大到 139 Ω,A 端电位由低变高,W_1 中的电流 I_1 由最大变到零,W_2 中的电流 I_2 由零变到最大。电流比值 t 由大变小,指针由 0 ℃ 指到 120 ℃。

温度表线路的计算和分析与油压表相同,分析得出的结论是,改变电阻 R_3 的阻值就可使温度表的灵敏度改变。R_3 减小,灵敏度增加;反之,灵敏度减小。同样,R_3 由铜和康铜两部分组成,适当选择小的温度系数就可以补偿温度误差。温度表的工作过程框图如图 4 - 55 所示。

图 4 - 55　温度表的工作过程框图

一般温度敏感元件是用铜、镍或铅等细的金属丝做成的。铜丝和镍丝广泛应用于发动机的温度表中。铜丝一般只能测量 160 ℃ 以下的温度,因为在较高的温度下铜易氧化。镍丝电阻式温度表可以精确测量 800 ℃ 以下的温度。镍的电阻温度系数为 0.006 2/℃,而铜的电阻温度系数为 0.004/℃。因此,用镍丝做成的热敏元件更灵敏,且镍丝不易氧化和腐蚀,应用广泛。图 4 - 56 所示的 GWR - 1 温度表传感器即为用镍丝做热敏元件的温度表传感器,其镍丝绕在云母片上。为了使传感器外壳与热敏元件之间导热良好,在热敏元件两侧各有一个银质弹片,且与镍丝

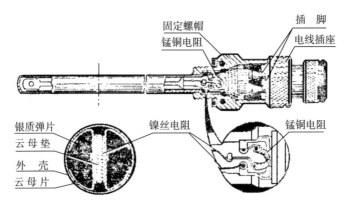

图 4 - 56　GWR - 1 温度表传感器

之间用云母垫绝缘。由于每批出厂的镍丝的电阻温度系数可能不同,因此在镍丝电阻上串联一个锰铜电阻,用它来修正镍丝的电阻温度系数,使镍丝的电阻温度系数基本一致,以保证各仪表传感器可以互换。镍丝的两端分别与插脚相连,插脚附近标有"1""2"字样,它们通过插头分别与指示器"1"和车体相连。

金属丝电阻与温度的关系可用下式表示:

$$R = \rho \frac{L}{S}(1 + \alpha t) \qquad (4-42)$$

式中,L 为金属丝长度,单位为 m;S 为金属丝截面积,单位为 mm^2;ρ 为金属丝电阻率,单位为 $\Omega \cdot mm^2/m$;α 为金属丝电阻温度系数,单位为 $\mathrm{^\circ C^{-1}}$;t 为温度,单位为 ℃。

传感器中,镍丝的长度、截面积、电阻率和电阻温度系数为已定数值,根据式(4-42)就可知道镍丝的电阻温度特性。

把传感器热敏元件的所有电阻(如镍丝电阻、锰铜电阻和连线电阻)全部加在一起得到它的电阻温度特性,列于表 4-6 中。

表 4-6　传感器热敏元件电阻温度特性

温度 /℃	在该温度下的电阻 /Ω	温度 /℃	在该温度下的电阻 /Ω
0	90.26	70	116.96
10	97.76	80	121.22
20	97.36	90	125.56
30	101.06	100	129.56
40	104.86	110	134.41
50	108.81	120	138.96
60	112.78		

4.3　光电式传感器

将光量转换为电量的器件称为光电式传感器或光电元件。做非电量测量时,光电式传感器先将被测物理量转换为光量,然后再将该光量转换为电量。光电式传感器有响应速度快、可靠性较高、精度高、非接触式、结构简单等特点,因此在现代测量与控制系统中应用非常广泛。

4.3.1　基本原理

光电式传感器的工作基础是光电效应,光电效应是指物质在光的作用下,不经升温而直接引起物质中电子运动状态发生变化。光电效应分为外光电效应和内光电效应。

1. 外光电效应

在光线作用下,物体内的电子逸出物体表面向外发射的现象称为外光电效应,亦称为光电子发射效应。向外发射的电子叫作光电子。这一效应的实质是能量形式的转变,即光辐射能转换为电磁能。基于外光电效应的光电器件有光电管、光电倍增管等。

一般金属中都存在着大量的自由电子,在普通条件下,它们在金属内部做无规则的自由运动,不能离开金属表面。但当它们获取外界的能量且该能量等于或大于电子逸出功时,便能离开金属表面。为使电子在逸出时具有一定的速度,就必须有大于逸出功的能量。当光辐射通量照到金属表面时,其中一部分被吸收,该被吸收的能量的一部分用于使金属温度增加,另一部分则被电子所吸收使其被激发而逸出物体表面。

光子具有的能量由下式确定:

$$E = h\upsilon \tag{4-43}$$

式中,h 称为普朗克常数,$h = 6.626 \times 10^{-34}$(J·s);$\upsilon$ 为光的频率,单位为 s^{-1}。

当物体受到光辐射时,其中的电子吸收了一个光子的能量 $h\upsilon$,该能量的一部分用于使电子由物体内部逸出时所做的逸出功,另一部分则表现为逸出电子的动能,即

$$h\upsilon = \frac{1}{2}mv^2 + A \tag{4-44}$$

式中,m 为电子质量;v 为电子逸出速度;A 为物体的逸出功。

式(4-44)称为爱因斯坦光电效应方程式,它阐明了光电效应的基本规律,基本规律具体如下。

(1) 光电子逸出物体表面的必要条件是 $h\upsilon > A$。因此,每一种光电阴极材料均有一个确定的光频率阈值。当入射光频率低于阈值时,无论入射光的光强多大,均不能引起光电子发射。反之,入射光频率高于阈值时,即使光强较小,也会引发

光电子发射。对应于此频率的波长 λ_0 称为某种光电器件或光电阴极的红限，其值为

$$\lambda_0 = \frac{hc}{A} \qquad\qquad (4-45)$$

式中，c 为光速，$c = 3 \times 10^8 \, \text{m/s}$。

（2）当入射光频率成分不变时，单位时间内发射的光电子数与入射光光强成正比。光越强，意味着入射光子数目越大，逸出的光电子数也越多。

（3）对于外光电效应器件来说，只要有光照射在器件阴极上，即使阴极电压为零，也会产生光电流，这是因为光电子逸出时具有初始动能。要使光电流为零，必须使光电子逸出物体表面时的初速度为零。为此要在阳极加一个反向截止电压，使外加电场对光电子所做的功等于光电子逸出时的动能，即

$$\frac{1}{2} mv^2 = e |U_a| \qquad\qquad (4-46)$$

式中，e 为电子的电荷，$e = 1.602 \times 10^{-19} \, \text{C}$；$U_a$ 为反向截止电压，仅与入射光频率成正比，而与入射光光强无关。

（4）根据一个光子的能量只能给一个电子的假说，电子吸收光子能量不需要积累能量的时间，在光照射物质后，立刻有光电子发射，据测该时间不超过 $10^{-9} \, \text{s}$。

2. 内光电效应

在光照作用下，物体的导电性能（如电阻率）发生改变的现象称为内光电效应。内光电效应与外光电效应不同，外光电效应产生于物体表面层，在光照作用下，物体内部的自由电子逸出到物体外部。而内光电效应则不发生电子逸出，在光照下，若光子能量大于或等于材料的禁带宽度，就激发出电子-空穴对，使载流子浓度增加，物体的导电性增加，阻值降低，这些电子-空穴对仍停留在物体内部。

半导体材料导电能力的大小取决于半导体内载流子的数目，载流子数目增加，则半导体导电率增大。当光照射本征半导体时，本征半导体原子中的价电子吸收光子能量后，被激发出来成为自由电子，同时产生空穴，导电率增大，称为本征光电导效应。同样，杂质半导体受光照后，其导电率也会增大，称为非本征光电导效应。当然，不是所有的光照射都能使半导体中的原子受激发成为自由电子或空穴，只有能量足以使电子越过禁带能级宽度的光，才能使该种半导体材料呈现出光电导效应。它同外光电效应一样，受红限频率限制。每种半导体材料产生光电导效应的临界光波长是不同的，也就是红限频率不同。大多数半导体和绝缘材料都具

有光电导效应,其中以半导体尤为显著。

4.3.2　常用的光电器件

1. 光电管

光电管的典型结构如图 4-57 所示,将球形玻璃壳抽成真空,在内半球面上涂上一层光电材料作为阴极,球心放置小球形或小环形金属作为阳极。阴极受到光线照射时便发射电子,电子被带正电位的阳极吸引,朝阳极方向移动,这样就在光电管内产生了电子流,从而在外电路中便产生了电流。

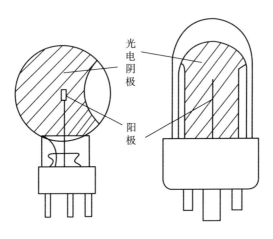

图 4-57　光电管的典型结构

光电管分为真空光电管和充气光电管两类。真空光电管按受照方式可分为侧窗式和端窗式。端窗式真空光电管又分为弱流和强流两种。强流光电管具有平行平板结构。

当光通量一定时,光电器件的阴极所加电压与阳极所产生的电流之间的关系称为光电管的伏安特性曲线(见图 4-58)。当入射光比较弱时,由于光电子较少,只用较低的阳极电压就能收集到所有的光电子,而且输出电流很快就可以达到饱和;当入射光比较强时,要使输出电流达到饱和,则需要较高的阳极电压。光电管的工作点应选在光电流与阳极电压无关的饱和区域内。由于这部分动态阻抗(dU/dt)非常大,以至于可以看作一

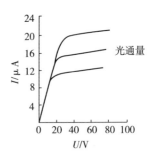

图 4-58　光电管的
伏安特性曲线

个恒定电流源,能通过大的负载阻抗取出输出电压。

充气光电管在管内充以少量的惰性气体(如氩、氖、氦,也有充混合气体的),其伏安特性曲线如图4-59所示。当光电阴极被光照射发射电子时,光电子在趋向阳极的途中撞击惰性气体的原子,使其电离(汤姆生放电),从而使阳极电流急速增加(电子倍增作用),提高光电管的灵敏度。充气光电管的电压-电流特性不具有真空光电管的那种饱和特性,而是达到充气离子化电压附近时,阳极电流急速上升。急速上升部分的特性就是气体放大特性,放大系数为 $5 \sim 10$。

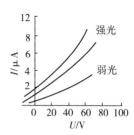

图 4-59　充气光电管的
伏安特性曲线

充气光电管的优点是灵敏度高,但其灵敏度随电压显著变化的稳定性、频率特性等都比真空光电管差,所以在测试中一般选用真空光电管。总的而言,真空光电管的缺点是灵敏度低、体积大、易破损,适用于对比较强的光信号检测,使用时要注意防震动等。

光电管的光照特性通常指当光电管的阳极和阴极之间所加电压一定时,光通量与光电流之间的关系。光电管的光照特性如图 4-60 所示。曲线 1 表示氧铯阴极光电管的光照特性,光电流 I 与光通量 Φ 呈线性关系。曲线 2 为锑铯阴极光电管的光照特性,I 和 Φ 呈非线性关系。光照特性曲线的斜率(光电流与入射光光通量之比)称为光电管的灵敏度。

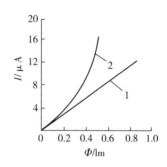

图 4-60　光电管的光照特性

2. 光电倍增管

用光电管对微弱光进行检测时,光电管产生的光电流很小,由于放大部分所产生的噪声比决定光电管本身检测能力的光电流散粒效应噪声大很多,因此检测极其困难。若要准确检测微弱光,就要用光电倍增管。

光电倍增管就是利用二次电子释放效应,将光电流在管内部进行放大。所谓二次电子释放效应是指高速电子撞击固体表面,再发射出二次电子的现象。图4-61为光电倍增管内部结构示意,它由光电阴极、次阴极(倍增电极)和阳极三部分组成。

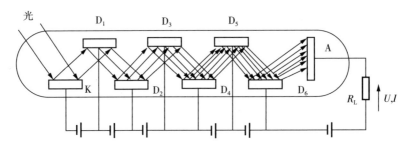

图 4-61   光电倍增管内部结构示意

光电阴极是由半导体光电材料锑铯做成,次阴极是在镍或铜-铍的衬底上涂上锑铯材料而形成的,阳极是最后用来收集电子的,收集到的电子数是阴极发射电子数的 $10^5 \sim 10^6$ 倍,因此在很微弱的光照时,光电倍增管也能产生很大的光电流。

光电倍增管按其接收入射光的方式一般可分为侧窗式和端窗式两大类。侧窗式光电倍增管是从玻璃壳的侧面接收入射光,端窗式光电倍增管则是从玻璃壳的顶部接收入射光。

在通常情况下,侧窗式光电倍增管的单价比较便宜,在分光光度计、旋光仪和常规光度测定方面具有广泛的应用。大部分的侧窗式光电倍增管使用不透明光阴极(反射式光阴极)和环形聚焦型电子倍增极结构,这种结构能够使其在较低的工作电压下具有较高的灵敏度。

端窗式光电倍增管也称为顶窗型光电倍增管。它是在其入射光的内表面上沉积了半透明的光阴极(透过式光阴极),这使其具有优于侧窗式光电倍增管的均匀性。另外,现在出现了针对高能物理试验用的可以广角度捕获入射光的大尺寸半球形光窗的光电倍增管。

光电倍增管按照电子倍增系统的不同,有侧窗聚焦型、直线聚焦型、百叶窗型、格栅型、细网型、微通道板型(MCP)、金属通道型和混合型等不同结构。

图 4-62 为几种常见光电倍增管结构示意。

图 4-62(a)是很早就得到应用的侧窗聚焦型光电倍增管,光电面是不透明的,从光的入射侧取出电子;图 4-62(b)是直接定向直线聚焦型光电倍增管;图 4-62(c)是直接定向百叶窗型光电倍增管;图 4-62(d)是直接定向栅格型光电倍增管。这几种类型的光电倍增管的电极构造各有特点,光电面是透明的。在图 4-

62(a) 和图 4 - 62(b) 中,电极的配置起到光学透镜的作用,叫作聚焦型,因为电子飞行的时间短,时间滞后也小,所以响应速度快。图 4 - 62(c) 和图 4 - 62(d) 中电子飞行时间都比较长,但不用细致地调整倍增器电极间的电压分配就能获得较大的增益。

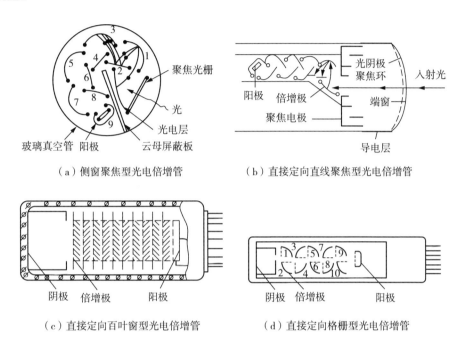

（a）侧窗聚焦型光电倍增管　　　　（b）直接定向直线聚焦型光电倍增管

（c）直接定向百叶窗型光电倍增管　　　（d）直接定向格栅型光电倍增管

图 4 - 62　几种常见光电倍增管结构示意

光电倍增管在阴极吸收入射光子的能量并将其转换为电子,其转换效率(阴极灵敏度)随入射光的波长而变,这种阴极灵敏度与入射光波长之间的关系叫作光电倍增管的光谱响应特性。

图 4 - 63 为双碱光电倍增管的典型光谱响应特性曲线。一般情况下,光谱响应特性的长波段取决于光电倍增管的阴极材料,短波段则取决于入射窗材料。

光电倍增管阴极光照灵敏度是指使用钨灯产生的 2 856 K 色温光测试的每单位通量入射光产生的阴极光电子电流。

光电倍增管电流放大(增益)是指光电倍增管的阴极发射出来的光电子被电场加速后,撞击到第一倍增极上将产生二次电子发射,以便产生多于光电子数目的电子流,这些二次发射的电子流又被加速撞击到下一个倍增极,以产生又一次的二次电子发射,不断重复这一过程,直到最后倍增极的二次电子发射被阳极收集,这样就达到了电流放大的目的。这时光电倍增管阴极产生的很小的光电子电流即被放大成较大的阳极输出电流。光电倍增管的倍增性能可用阳极灵敏度来描述。阳极灵敏度表示入射于光电阴极的单位光通量所产生的阳极电流,单位为 A/lm。阳极灵敏度与阴极灵敏度的比值,即为光电倍增管的增益。

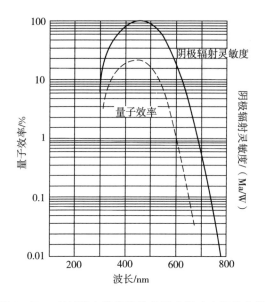

图 4-63 双碱光电倍增管的典型光谱响应特性曲线

光电倍增管在完全黑暗的环境下仍有微小的电流输出,这个微小的电流叫作阳极暗电流。它是决定光电倍增管对微弱光信号的检出能力的重要因素之一。阳极灵敏度越高,阳极暗电流越小,则光电倍增管能测量的光信号更微弱。阳极灵敏度和阳极暗电流均随工作电压的升高而升高,但是升高斜率不同,因此存在最佳工作电压使信噪比最大。一般用途的光电倍增管,只要阳极灵敏度能满足需求,应选择在较低的电压下工作。

大多数光电倍增管会受到磁场的影响,磁场会使光电倍增管中的发射电子脱离预定轨道而造成增益损失。这种损失与光电倍增管的型号及其在磁场中的方向有关。一般而言,从阴极到第一倍增极的距离越长,光电倍增管就越容易受到磁场的影响。

降低光电倍增管的使用环境温度可以减少热电子的发射,从而降低阳极暗电流。另外,光电倍增管的阳极灵敏度也会受到温度的影响。在紫外光区和可见光区,光电倍增管的温度系数为负值,到了长波截止波长附近则呈正值。因为在长波截止波长附近的温度系数很大,所以在一些应用中应当严格控制光电倍增管的环境温度。

光电倍增管高灵敏度和低噪声的特点使其在红外、可见和紫外波段能灵敏地检测微弱光信号,因此被广泛应用于微弱光信号的测量、核物理及频谱分析等方面。但光电倍增管不能接受强光刺激,否则易损坏。

3. 光敏电阻

光敏电阻是一种用光电导材料制成的没有极性的光电元件,也称为光导管。其使用时既可以加直流电压,也可以加交流电压。无光照时,光敏电阻值(暗电阻)很大,电路中电流(暗电流)很小。当光敏电阻受到一定波长范围的光照时,它的阻值(亮电阻)急剧减小,电路中电流迅速增大,用电流表可以测量出电流。根据电流值的变化,即可推算出照射光强的大小,光敏电阻的工作原理如图 4-64 所示。

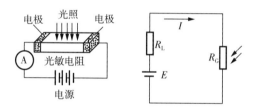

图 4-64 光敏电阻的工作原理

光敏电阻结构很简单,图 4-65 为金属封装的硫化镉光敏电阻的结构示意。管芯是一块安装在绝缘衬底上的带有两个欧姆接触电极的光电导体。由于光导效应只限于光照的表面薄层,因此光电导体一般都做成薄层。为了获得高的灵敏度,光敏电阻的电极一般采用梳状图案,它是在一定的掩膜下向光电导的薄膜

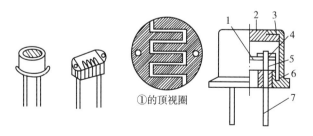

1—光电导层;2—玻璃;3—金属壳;4—电极;5—绝缘衬底;6—黑色绝缘玻璃;7—引线。

图 4-65 金属封装的硫化镉光敏电阻的结构示意

上蒸镀金或铟等金属形成的。这种梳状电极可以在间距很近的电极之间使有效感光面积大大增加,所以提高了光敏电阻的灵敏度。一般的光导材料怕潮湿,因而光敏电阻芯常用带有透光窗的金属壳密封起来,为了改善散热条件,有的还充有氢气。

本征型光敏电阻可用来检测可见光和近红外辐射。为了防止周围介质的影响,在半导体光敏层上覆盖了一层漆膜,漆膜的成分应使它在光敏层最敏感的波长范围内透射率最大。非本征型(杂质型)光敏电阻可以检测红外波段甚至于远红外波段辐射。制造光敏电阻的材料一般由金属的硫化物、硒化物、碲化物等组成,如硫化镉(CdS)、硒化镉(GdSe)适用于可见光($0.4 \sim 0.75 \ \mu m$)范围,氧化锌(ZnO)、硫化锌(ZnS)适用于紫外光线范围,而硫化铅(PbS)、硒化铅(PbSe)、磷化铅(PbTe)则适用于红外线范围。

光敏电阻在未受到光照条件下呈现的阻值称为暗电阻,此时流过的电流称为暗电流。光敏电阻在受到某一光照条件下呈现的阻值称为亮电阻,此时流过的电流称为亮电流。

亮电流与暗电流之差称为光电流。光电流的大小表征了光敏电阻的灵敏度大小。一般希望暗电阻大、亮电阻小,这样暗电流小,亮电流大,相应的光电流也大。光敏电阻的暗电阻大多数很高,为兆欧量级,而亮电阻则在千欧以下。

光敏电阻的光电流 I 与光通量 Φ 的关系曲线称为光敏电阻的光照特性。图4-66为硫化镉光敏电阻的光照特性曲线。一般来说,光敏电阻的光照特性曲线呈非线性,不同材料的光照特性不一样。

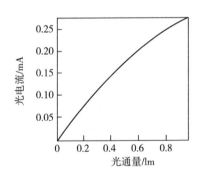

图 4-66　硫化镉光敏电阻的光照特性曲线

在一定的光照下,光敏电阻两端所施加的电压与光电流间的关系称为光敏电阻的伏安特性。硫化镉光敏电阻的伏安特性曲线如图4-67所示。

由图 4-67 可以看出,在外加电压一定时,光电流的大小随光照的增强而增加,其伏安特性曲线为直线,说明其阻值与入射光量有关,而与电压、电流无关。在使用时,光敏电阻受耗散功率的限制,其两端的电压不能超过最高工作电压,图 4-67 中虚线为允许功耗曲线,由它可以确定光敏电阻的正常工作电压。

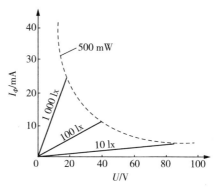

图 4-67　硫化镉光敏电阻的伏安特性曲线

对于不同波长的入射光,光敏电阻的相对灵敏度是不一样的,而且不同材料的光敏电阻光谱响应曲线也不同。图 4-68 为几种不同材料的光敏电阻的光谱特性曲线,从图 4-68 中可以看到,硫化铅在较宽的光谱范围内有较高的灵敏度,且其峰值位于红外光区域,因此常被用作火焰探测器的探头,而硫化镉的峰值则位于可见光区域,因此常被用作光通量测量(照度计)的探头。

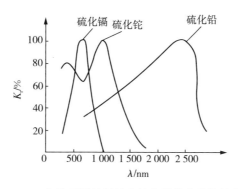

图 4-68　几种不同材料的光敏电阻的光谱特性曲线

光敏电阻受到(调制)交变光作用,光电流不能立刻随着光照的变化而变化,产生光电流有一定的惰性,该惰性可用时间常数表示。光敏电阻自光照起到光电流上升到稳定值的 63% 所需的时间为上升时间 t_1,自停止光照起到光电流下降到原来的 37% 所需的时间为下降时间 t_2,上升时间和下降时间是表征光敏电阻性能的重要参数。上升时间和下降时间越小,其惰性越小,响应速度越快。绝大多数光敏电阻的时间常数都较大。

图 4-69 为硫化铅与硫化铊光敏电阻的频率特性曲线。从图 4-69 可以看出,硫化铅光敏电阻的频率特性优于硫化铊光敏电阻,其使用范围较大。

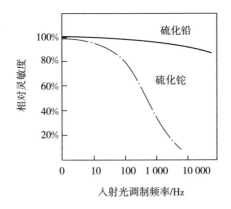

图 4-69 硫化铅与硫化铊光敏电阻的频率特性曲线

和其他半导体材料一样,光敏电阻的光学与电学性质也受温度的影响。温度升高时,暗电阻和灵敏度下降。温度的变化也会影响光敏电阻的光谱特性,波长随着温度的上升向波长短的方向移动(见图 4-70)。因此,有时为提高光敏电阻对较长波长光照(如远红外光)的灵敏度,要采取降温措施。峰值波长 λ_m 与温度 T 的关系满足维恩位移定律,即

$$\lambda_m = \frac{B}{T} \tag{4-47}$$

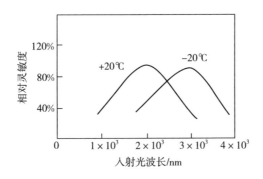

图 4-70 硫化铅光敏电阻的光谱温度特性曲线

光敏电阻具有光谱特性好、允许的光电流大、灵敏度高、使用寿命长、体积小等优点。此外,许多光敏电阻对红外线敏感,适合在红外线光谱区工作。光敏电阻的缺点是型号相同的光敏电阻参数参差不齐,并且由于光照特性的非线性,不适用于要求线性的测量场合,常用作开关式光电信号的传感元件。

几种光敏电阻的特性参数见表 4-7 所列。

表 4 – 7　几种光敏电阻的特性参数

型号	材料	面积/mm²	工作温度/K	长波限/μm	峰值探测率/(cm·Hz^{1/2}/W)	响应时间/s	暗电阻值/MΩ	亮电阻值(100 lu)/kΩ
MG41 – 21	CdS	φ9.2	233~343	0.8	—	$\leq 2\times 10^{-2}$	≥ 0.1	≤ 1
MG42 – 04	CdS	φ7	248~328	0.4	—	$\leq 5\times 10^{-2}$	≥ 1	≤ 10
P397	PbS	5×5	298	298	$2\times 10^{10}[1\,300,100,1]$	$1\sim 4\times 10^{-4}$	2	—
P791	PbSe	1×5	298	—	$1\times 10^{9}[\lambda m,100,1]$	2×10^{-5}	2	—
9903	PbSe	1×3	263	—	$3\times 10^{9}[\lambda m,100,1]$	10^{-5}	3	—
OE – 10	PbSe	10×10	298	—	2.5×10^{9}	1.5×10^{-5}	4	—
OTC – 3MT	InSb	2×2	253	—	$6\times 10^{8}[\lambda m,100,1]$	4×10^{-6}	4	—
Ge(Au)	Ge	—	77	8.0	1×10^{10}	5×10^{-8}	—	—
Ge(Hg)	Ge	—	38	14	4×10^{10}	1×10^{-9}	—	—
Ge(Cd)	Ge	—	20	23	4×10^{10}	5×10^{-8}	—	—
Ge(Zn)	Ge	—	4.2	40	5×10^{10}	$<10^{-6}$	—	—
Ge – Si(Au)	—	—	50	10.3	8×10^{10}	$<10^{-6}$	—	—
Ge – Si(Zn)	—	—	50	13.8	10^{10}	$<10^{-6}$	—	—

4. 光敏晶体管

光敏晶体管分为光敏二极管和光敏三极管两种。

光敏二极管的结构与一般二极管相似,大多数半导体二极管和半导体三极管都对光敏感,所以常规的半导体二极管和半导体三极管均用金属壳或其他壳体密封起来,以防光照射,影响其性能。而光敏二极管是用透明玻璃外壳、PN 结装在管顶部,上面有一个透镜制成的窗口,以便使入射光集中在 PN 结上。PN 结具有光电转换功能,故称为 PN 结光电二极管或光敏二极管。

普通的半导体二极管加反向电压时,管中流过的电流称为反向饱和漏电流,它由少数载流子漂移运动而成。光敏二极管也加反向电压如图 4 - 71 所示,当无光照时,电路中仅有很小的反向饱和漏电流(此时称为暗电流),一般为 $10^{-9} \sim 10^{-8}$ A,光敏二极管截止。

当有光照时,PN 结附近受光子轰击,被束缚在价带中的电子获得能量,跃迁到导带成为自由电子,同时价带中产生自由空穴,这

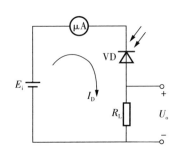

图 4 - 71　光敏二极管加反向电压

些电子-空穴对对多数载流子影响不大,而对少数载流子来说,其数目大大增加,在反向电压作用下,反向饱和漏电流增大(此时称为光电流)。这时相当于光敏二极管导通,并且光照度越大,光电流也越大。照相机中光敏二极管用作自动测光器件。

光敏三极管与反向偏压的光敏二极管很类似,不过它具有两个 PN 结,它在把光信号转换为电信号的同时,又将信号电流加以放大。图 4 - 72 为 NPN 型光敏三极管结构的内部组成和管芯结构,图 4 - 72(a) 为内部组成,图 4 - 72(b) 为管芯结构。图 4 - 73 为 NPN 型光敏三极管结构简图和测量电路。

当集电极加上相对于发射极为正的电压而不接基极时,基极-集电极就是反向偏压。当光照射在基极-集电极结上时,就会在基极-集电极结附近产生电子-空穴对,从而形成光电流,输入到共发射极三极管的基极,并得到放大。这样光敏三极管的光电流比相应的二极管的光电流大 $(1+\beta)$ 倍。光敏三极管的结构与普通晶体管十分相似,不同的是光敏三极管的基极往往不接引线。实际上,许多光敏三极管仅有集电极和发射极两端有引线,尤其是硅平面型光敏三极管,由于其泄漏电流很小(小于 10^{-9} A),因此一般不备基极外接点。

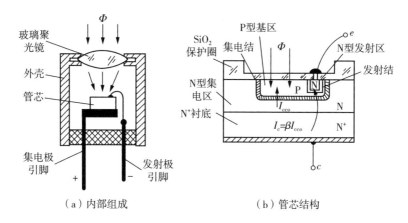

（a）内部组成　　　　　　（b）管芯结构

图 4 - 72　NPN 型光敏三极管的内部组成和管芯结构

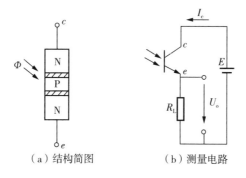

（a）结构简图　　　　　（b）测量电路

图 4 - 73　NPN 型光敏三极管的结构简图和测量电路

　　光敏二极管的主要参数见表 4 - 8 所列，光敏三极管的主要参数见表 4 - 9 所列。

表 4 - 8　光敏二极管的主要参数

型号	暗电流 / μA	光电流 / μA	灵敏度 $\mu A/\mu W$	光谱范围 / μm	峰值波长 / μm
2AU	< 10	$30 \sim 60$	> 1.5	$0.4 \sim 1.9$	1.465
2CUI	$\leqslant 0.1$	$80 \sim 130$	> 0.5	$0.4 \sim 1.1$	0.98
2DUI	$\leqslant 0.1$	> 6	$\geqslant 0.5$	$0.4 \sim 1.9$	0.98

187

表 4-9 光敏三极管的主要参数

型号	最高工作电压 /V	暗电流 / μA	光电流 / μA	上升时间 / μs	下降时间 / μs	峰值波长 / μm
3DU2B	30	≤ 0.1	≥ 0.3	≤ 5	≤ 5	900
3DU2C	30	≤ 0.1	≥ 1	≤ 5	≤ 5	900
3DU5A	15	≤ 1	≥ 2	≤ 5	≤ 5	900
3DU5B	30	≤ 0.5	≥ 2	≤ 5	≤ 5	900
3DU5C	30	≤ 0.2	≥ 3	≤ 5	≤ 5	900
3DU5S - A	15	≤ 1	≥ 1	≤ 5	≤ 5	900
3DU5S - B	30	≤ 0.5	≥ 2	≤ 5	≤ 5	900
3DU5S - C	30	≤ 0.2	≥ 3	≤ 5	≤ 5	900

光敏二极管的暗电流是指光敏二极管无光照射时还有很小的反向电流。暗电流决定了低照度时的测量界限。光敏三极管的暗电流就是它在无光照射时的漏电流。

光敏二极管的短路电流是指 PN 结两端短路时的电流,其大小与光照度成比例。当无光照射时,光敏二极管正向电阻和反向电阻均很大。当有光照射时,光敏二极管有较小的正向电阻和较大的反向电阻。

光敏二极管的光照特性曲线的线性比光敏三极管好,但是,光敏三极管的光电流比光敏二极管大,因为光敏三极管具有电流放大倍数。光敏三极管在小照度时光电流随照度的增加较小,在光照度较大(几千勒克斯)时有饱和现象,这是因为三极管的电流放大倍数在小电流和大电流时都下降。

光敏晶体管的光谱特性曲线如图 4-74 所示。从图 4-74 中可以看出,光子能量的大小与光的波长有关系。当入射波长增加时,相对灵敏度均下降,波长越长,光子的能量越小,这是由于光子能量太小,不足以激发电子-空穴对。当入射波长过短时,灵敏度会下降,且波长越短,光子的能量也越小,这是因为光子在半导体表面附近

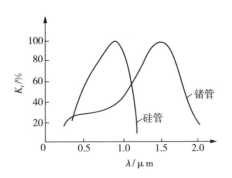

图 4-74 光敏晶体管的光谱特性曲线

激发的电子-空穴对不能达到 PN 结。因此,光敏二极管和光敏三极管对入射光的波长有一个响应范围。例如,锗管的响应波长为 $0.6 \sim 1.8\ \mu m$,而硅管的响应波长为 $0.4 \sim 1.2\ \mu m$。

一般来讲,锗管的暗电流较大,因此性能较差,故在探测可见光或探测炽热状态的物体时,一般都用硅管。但对红外光进行探测时,锗管较为适宜。

硅光敏二极管和硅光敏三极管的伏安特性曲线如图 4-75 所示。从图 4-75 可以看出,在零偏压时,硅光敏二极管有光电流输出,而硅光敏三极管没有光电流,这是由硅光敏二极管的光生伏特效应所致。硅光敏二极管的光电流主要取决于光照强度,所加的偏压影响比较小,而硅光敏三极管的偏压对光电流的影响比较大。另外,硅光敏三极管的光电流比相同管型的二极管的光电流要大上数百倍。

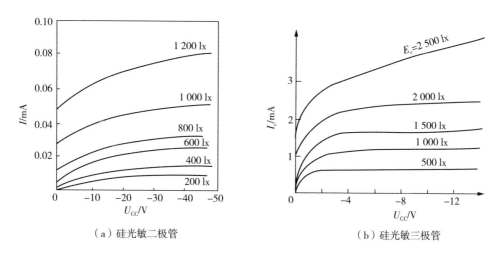

（a）硅光敏二极管　　　　　　　　　（b）硅光敏三极管

图 4-75　硅光敏二极管和硅光敏三极管的伏安特性曲线

图 4-76 为锗光敏三极管的温度特性曲线,其中两条直线分别表示输出电流与暗电流随温度变化的情况。由图 4-76 可见,暗电流受温度变化的影响较大,而输出电流受温度变化的影响较小。因此,锗光敏三极管在高照度下工作时,因为亮电流比暗电流大得多,所以温度的影响相对来说比较小;在低照度下工作时,因为亮电流较小,所以暗电流随温度变化就会严重影响输出信号的温度稳定性。在这种情况下,应当选用硅光敏三极管,这是因为硅光敏三极管的暗电流要比锗光敏三极管小几个数量级。同时可以在电路中采取适当的温度补偿措施,将光信号进行调制,对输出的电信号采用交流放大,利用电路中隔直电容的作用就可以隔断暗电流,消除温度的影响。

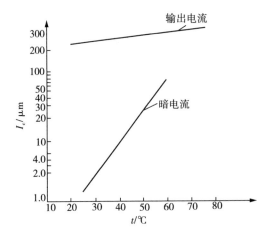

图 4 - 76　锗光敏三极管的温度特性曲线

光敏管的输出与光照间有一定的响应时间,一般锗管的响应时间常数为 2×10^{-4} s 左右,硅管为 10^{-5} s 左右。

5. 光电池

用光生伏特效应制造出来的光敏器件称为光伏器件。可用来制造光伏器件的材料有很多,如硅、硒、锗等。其中,硅光伏器件具有暗电流小、噪声低、受温度的影响较小、制造工艺简单等特点,所以它已经成为目前应用最广泛的光伏器件。硅光伏器件主要有硅光电池、硅光电二极管、硅雪崩光电二极管、硅光电三极管和硅光电场效应管等。

光电池是一种直接将光能转换为电能的光电器件(见图 4 - 77)。它实质上是一个大面积的 PN 结,当光照射到 PN 结的一个面(如 P 型面)时,若光子能量大于半导体材料的禁带宽度,那么 P 型区每吸收一个光子就产生一对电子-空穴对,电子-空穴对从表面向内迅速扩散,在 PN 结电场的作用下,最后建立一个与光照强度有关的电动势。

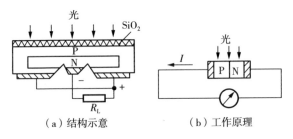

（a）结构示意　　　　　（b）工作原理

图 4 - 77　光电池结构和工作原理

　　不同材料的光电池，光谱响应峰值所对应的入射光波长是不同的，如图 4 - 78 所示，硅光电池在 $0.8\ \mu m$ 附近，硒光电池在 $0.5\ \mu m$ 附近。硅光电池的光谱响应波长为 $0.4 \sim 1.2\ \mu m$，硒光电池的光谱响应波长为 $0.38 \sim 0.75\ \mu m$。可见硅光电池可以在很宽的波长范围内得到应用，而硒光电池适用于可见光探测。

　　硅光电池的开路电压和短路电流与光照的关系中，短路电流在很大范围内与光照强度呈线性关系，开路电压（负载电阻 R_L 无限大时）与光照强度的关系是非线性的，并且当照度在 2 000 lx 时就趋于饱和了。因此当把电池作为测量元件时，应把它当作电流源来使用，不能用作电压源。硅光电池的光照特性曲线如图 4 - 79 所示。

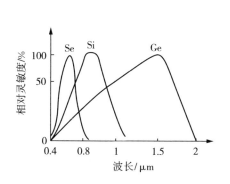

图 4 - 78　光电池的光谱特性曲线

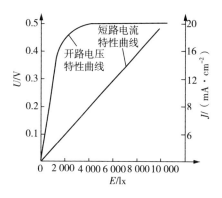

图 4 - 79　硅光电池的光照特性曲线

　　光电池的温度特性是指开路电压 U_{oc} 和短路电流 I_{sc} 随温度变化的关系。图 4 - 80 为硅光电池在照度为 1 000 lx 下的温度特性曲线。由图 4 - 80 可知，开路电压随温度的上升下降很快，但短路电流随温度的变化较慢。由于这一特性关系到应用光电池的仪器或设备的温度漂移，影响到测量精度或控制精度等重要指标，因此温度特性是光电池的重要特性之一。由于温度对光电池的工作有很大影响，因此当其作为测量器件应用时，最好能保证温度恒定或采取温度补偿措施。

　　光电池的伏安特性是指在光照一定的情况下，光电池的电流和电压之间的关系曲线。图 4 - 81 为硅光电池在受光面积为 $1\ cm^2$ 时的伏安特性曲线，图中还画出了 $0.5\ k\Omega$、$1\ k\Omega$、$3\ k\Omega$ 的负载线。负载线（如 $0.5\ k\Omega$）与某一照度（如 900 lx）下的伏安特性曲线相交于一点（点 A），该点在 I 和 U 轴上的投影即为在该照度（900 lx）和该负载（$0.5\ k\Omega$）时的输出电流和电压。

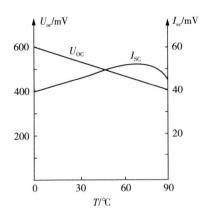

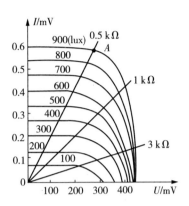

图 4 - 80 硅光电池在照度为 1 000 lx
下的温度特性曲线

图 4 - 81 硅光电池在受光面积
为 1 cm² 时的伏安特性曲线

6.光电耦合器件

光电耦合器件是由发光元件(如发光二极管)和光电接收元件合并使用,以光作为媒介传递信号的光电器件。光电耦合器中的发光元件通常是半导体的发光二极管,光电接收元件有光敏电阻、光敏二极管、光敏三极管和光可控硅等。光电耦合器件根据结构和用途的不同,可分为用于实现电隔离的光电耦合器和用于检测有无物体的光电开关。

光电耦合器的发光元件和接收元件都封装在一个外壳内,一般有金属封装和塑料封装两种。图 4 - 82(a) 为金属封装,图 4 - 82(b) 为塑料封装。

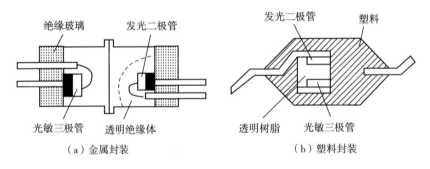

图 4 - 82 光电耦合器结构示意

光电耦合器常见的组合形式图 4 - 83 所示。图 4 - 83(a) 所示的组合形式结构简单、成本较低,且输出电流大,可达 100 mA,响应时间为 3～4 μs。图 4 - 83(b) 所示的组合形式结构简单,成本较低、响应时间快,约为 $1\,\mu s$,但输出电流小,为 50～300 μA。图 4 – 83(c) 所示的组合形式传输效率高,但只适用于较低频率的装置中。图 4 – 83(d) 所示的组合形式是一种高速、高传输效率的新型器件。图 8 – 43 所示的几种光电耦合器的组合形式,为保证其有较佳的灵敏度,都考虑了发光与接收波长的匹配。

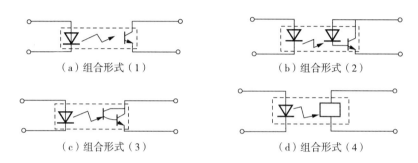

（a）组合形式（1）　　　　　　　　（b）组合形式（2）

（c）组合形式（3）　　　　　　　　（d）组合形式（4）

图 4 – 83　光电耦合器常见的组合形式

　　光电耦合器实际上是一个电量隔离转换器,它具有抗干扰性能和单向信号传输功能,广泛应用在电路隔离、电平转换、噪声抑制、无触点开关及固态继电器等场合。

　　7. 光电开关

　　光电开关是一种利用感光元件对变化的入射光加以接收,并进行光电转换,同时加以某种形式的放大和控制,从而获得最终的控制输出"开"和"关"信号的器件。图 4 – 84 为典型的光电开关结构示意。

　　图 4 – 84(a) 为透射式的光电开关,其发光元件和接收元件的光轴是重合的。当不透明的物体位于或经过它们之间时,会阻断光路,使接收元件接收不到来自发光元件的光,从而起到检测作用。这种遮断型光电开关的检测距离一般可达十几米,对所有能遮断光线的物体均可检测。图 4 – 84(b) 为反射式的光电开关,其发光元件和接收元件的光轴在同一平面且以某一角度相交,交点一般即为待测物所在处。当有物体经过时,接收元件将接收到从物体表面反射的光,没有物体时则接收不到。这种反射型光电开关的检测距离一般不超过 1 m,对暗色物体无法检测。

　　光电开关的特点是小型、高速、非接触,而且与 TTL、MOS 等电路容易结合。

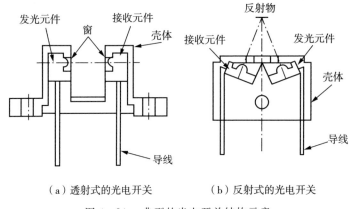

（a）透射式的光电开关　　　　　　（b）反射式的光电开关

图 4-84　典型的光电开关结构示意

8. 高速光电器件

光电传感器的响应速度是重要指标,随着光通信及光信息处理技术的提高,一批高速光电器件应运而生。

PIN 结光电二极管是以 PIN 结代替 PN 结的光敏二极管,在 PN 结中间设置一层较厚的 I 层(高电阻率的本征半导体)而制成,故简称为 PIN-PD。PIN-PD 与普通 PD 的不同之处是入射信号光由很薄的 P 层照射到较厚的 I 层时,大部分光能被 I 层吸收,激发产生载流子形成光电流,因此 PIN-PD 比 PD 具有更高的光电转换效率。此外,使用 PIN-PD 时往往可加较高的反向偏置电压,这样一方面使 PIN 结的耗尽层加宽,另一方面可大大加强 PN 结电场,使光生载流子在 PN 结电场中的定向运动加速,减小了漂移时间,大大提高了响应速度。PIN-PD 具有响应速度快、灵敏度高、线性较好等特点,适用于光通信和光测量技术。

雪崩式光电二极管(APD)是一种利用 PN 结在高反向电压下产生的雪崩效应来工作的二极管。雪崩式光电二极管结构示意及原理如图 4-85 所示。其工作电压很高,为 $100 \sim 200$ V,接近于反向击穿电压。雪崩式光电二极管在 PN 结的 P 型区一侧再设置一层掺杂浓度极高的 P^+ 层,使用时在元件两端加上近于击穿的反向偏压,强大的反向偏压能在以 P 层为中心的结构两侧及其附近形成极强的内部加速电场。当光线照射时,P^+ 层受光子能量激发跃迁至导带的电子,在内部加速电场作用下,高速通过 P 层,使 P 层产生碰撞电离,从而产生大量的新生电子-空穴对,而它们也从强大的电场获得高能量,并与从 P^+ 层来的电子一样再次碰撞 P 层中的其他原子,又产生新电子-空穴对。这样,当所加反向偏压足够大时,不断产生二次电子发射,并使载流子产生“雪崩”倍增,形成强大的光电流。

雪崩式光电二极管具有很高的内增益,当电压等于反向击穿电压时,电流增益可达 10^6,即产生所谓的雪崩。雪崩式光电二极管响应速度特别快,带宽可达 100 GHz,是目前响应速度最快的一种光电二极管。噪声大是雪崩式光电二极管目前的一个主要缺点。由于雪崩反应是随机的,所以它的噪声较大,特别是工作电压接近或等于反向击穿电压时,噪声可增大到放大器的噪声水平,以至无法使用。雪崩式光电二极管的响应时间极短,灵敏度很高,但输出线性较差,它在光通信中应用前景广阔,特别适用于光通信中脉冲编码的工作方式。

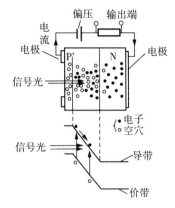

图 4 - 85　雪崩式光电二极管结构示意及原理

4.3.3　光电传感器测试接口

1. 光电传感器测试原理

光电传感器通常由光源、光学通路、光电元件和测量放大电路四部分组成(见图 4 - 86)。图 4 - 86 中,Φ_1 是光源发出的光信号,Φ_2 是光电器件接收的光信号;被测量可以是 X_1 或者 X_2,X_1 表示被测量能直接引起光源本身光量变化的检测方式,X_2 表示被测量在光传播过程中调制光量的检测方式。

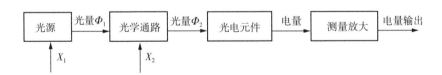

图 4 - 86　光电传感器组成框图

由光通量对光电元件的作用原理不同所制成的光学测试系统多种多样,其根据输出量性质可分为两类:模拟式光电传感器和脉冲式光电传感器。

模拟式光电传感器的作用原理是基于光电器件的光电流随光通量而发生变化,是光通量的函数。模拟式光电传感器将被测量转换成连续变化的光电流,它与被测量间呈单值关系,这类传感器大都用于测量位移、表面粗糙度、振动等参数。模拟式光电传感器按测量方法可以分为辐射式、吸收(透射)式、反射式和遮光式四大类(见图 4 - 87)。

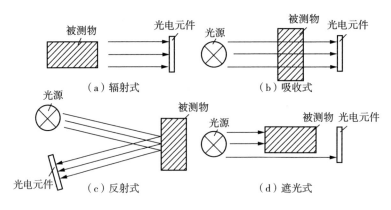

图 4 - 87 模拟式光电传感器

1) 辐射式

辐射式光电传感器的被测物本身是光辐射源,由它释放出的光射向光电元件,光电器件的输出反映了光源的某些参数,如光电高温计、光电比色高温计、红外侦察、红外遥感和天文探测等。辐射式光电传感器还可用于防火报警、火种报警、光照度计等。

2) 吸收式

吸收式光电传感器是指被测物位于恒定光源与光电元件之间。光源发出的光能量穿过被测物部分被吸收后,透射光投射到光电元件上的传感器[见图 4 - 87(b)]。被测物吸收光通量,根据被测物对光的吸收程度或对其谱线的选择来测定被测参数。吸收式光电传感器常用来测量液体、气体的透明度、浑浊度,对气体进行成分分析,测定液体中某种物质的含量等。

3) 反射式

反射式光电传感器是指光源发出的光投射到被测物上,经被测物表面反射后,再投射到光电元件上的传感器[见图 4 - 87(c)]。根据反射的光通量多少可测定被测物表面性质和状态。反射式光电传感器可用来测量零件表面粗糙度、表面缺陷、表面位移以及表面白度、露点、湿度等。

4) 遮光式

遮光式光电传感器是指被测物位于恒定光源与光电元件之间,当光源发出的光通量经被测物遮住其中一部分光之后,使投射到光电元件上的光通量改变,根据被测物阻挡光通量的多少来测定被测物体在光路中的位置的传感器[见图 4 - 87(d)]。遮光式光电传感器可用来测量长度、厚度、线位移、角位移和角速度等参数。

脉冲式光电传感器的作用原理是光电器件的输出仅有两个稳定状态,即"通"与"断"的开关状态,即光电器件受光照时,有电信号输出,光电器件不受光照时,无电信号输出。属于这一类的大多是作为继电器和脉冲发生器应用的光电传感器,如光电计数以及测量线位移、线速度、角位移、角速度的光电脉冲传感器等。

2. 常用的测试接口

由光源、光学通路和光电器件组成的光电传感器在用于光电检测时,还必须配备适当的测试接口。测试接口能够把光电效应造成的光电元件电性能的变化转换成所需要的电压或电流。不同的光电元件,所要求的测试接口也不相同。下面介绍几种半导体光电元件常用的测试接口。

半导体光敏电阻可以通过较大的电流,所以在一般情况下,无须配备放大器。在要求较大的输出功率时,可用图4-88所示的测试接口。

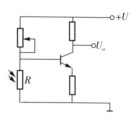

图4-89(a)给出了带有温度补偿的光敏二极管的测试接口。当入射光强度缓慢变化时,光敏二极管的反向电阻也是缓慢变化的,温度的变化将造成电桥输出电压的漂移,因此必须进行补偿。图4-89(a)中一个光敏二极管作为检测元件,另一个

图4-88　半导体光敏
电阻的测试接口

装在暗盒里,置于相邻桥臂中。温度的变化对两个光敏二极管的影响相同,因此,可消除桥路输出随温度的漂移。

光敏三极管在低照度入射光下工作或者希望得到较大的输出功率时,可以配以放大电路,如图4-89(b)所示。

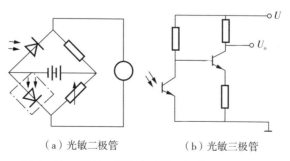

（a）光敏二极管　　　　　　（b）光敏三极管

图4-89　光敏二极管和光敏三极管的测试接口

图4-90为光电池的测试接口,当一定波长的入射光线照射到光电池的PN结时,在P区和N区之间会产生电压,并且随着光线的增强,电压会逐渐变大。

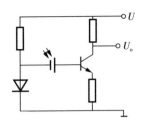

半导体光电元件的测试接口也可以使用集成运算放大器。硅光敏二极管通过集成运算放大器可得到较大输出幅度[见图4-91(a)]。硅光敏二极管采用负电压输入,当受到光线照射时,PN结导通,光线的强弱会影响运算放大器的放大倍数。

图4-90　光电池的测试接口

图4-91(b)为硅光电池的光电转换电路,由于光电池的短路电流和光照呈线性关系。因此将它接在运算放大器的正、反相输入端之间,利用这两端电位差接近于零的特性可以得到较好的效果。在图4-91(b)中所示条件下,输出电压$U_o = 2I_\Phi R_F$。

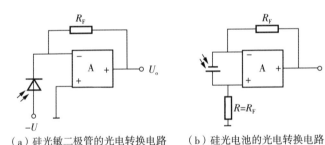

（a）硅光敏二极管的光电转换电路　　　（b）硅光电池的光电转换电路

图4-91　使用集成运算放大器的光敏元件的测试接口

4.3.4　光电传感器应用

光电传感器可用来检测直接引起光量变化的非电量,如光强、光照度、辐射测温、气体成分分析等,也可用于检测能转换成光量变化的其他非电量,如零件直径、表面粗糙度、应变、位移、振动、速度、加速度,以及物体的形状、工作状态的识别等。用光电传感器检测具有精度高、反应快、非接触等优点,且光电传感器的结构简单、形式灵活多样、体积小。近年来,随着光电技术的发展,光电传感器已成为系列产品,其品种及产量日益增加,在各种轻工业自动机器上获得了广泛的应用。

1. 吸收式烟尘浊度监测仪

烟尘浊度的检测可用光电传感器:将一束光通入烟道,如果烟道里烟尘浊度增加,通过的光被烟尘颗粒吸收和折射就增多,到达光检测器上的光就减少,根据光检测器的输出信号变化,便可测出烟道里烟尘浊度的变化。图 4-92 为装在烟道出口处的吸收式烟尘浊度监测仪组成框图。

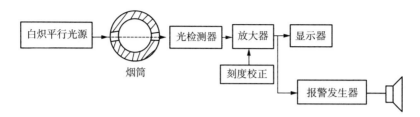

图 4-92　装在烟道出口处的吸收式烟尘浊度监测仪组成框图

为检测出烟尘中对人体危害性较大的亚微米颗粒的浊度,光源采用纯白炽平行光源,光谱范围为 $400 \sim 700$ nm,这种光源还可避免水蒸气和二氧化碳对光源衰减的影响。光检测器选取光谱响应波长为 $400 \sim 600$ nm 的光电管,变换为随浊度变化的相应电信号。为提高检测灵敏度,采用具有高增益、高输入阻抗、低零漂、高共模抑制比的运算放大器,对获取的电信号进行放大。显示器可以显示浊度的瞬时值。为了保证测试的准确性,用刻度校正装置进行调零与调满。报警发生器由多谐振荡器、喇叭等组成,当运算放大器输出的浊度信号超出规定值时,多谐振荡器工作,其信号经放大推动喇叭发出报警信号。

2. 光电式数字转速表

图 4-93 为光电式转速表原理框图。在被测对象的旋转轴上涂上黑白两种颜色,转动时,反光与不反光交替出现。光源经光学系统照射到旋转轴上,轴每转一周反射光投射到光电接收元件上的强弱发生一次变化,从而在光电元件中引起一个脉冲信号。该脉冲信号经整形放大后送往计数器,从而可测到物体的转速。所用的光电元件可以是光电池,也可以是光敏二极管。光源一般为白炽灯。

光电式数字转速表原理框图如图 4-94 所示。在被测转速的电机上固定一个调制盘,将光源发出的恒定光调制成随时间变化的调制光。光线每照射到光电器件上一次,光电器件就产生一个电信号脉冲,经放大器整形后记录。如果调制盘上开 Z 个缺口,测量电路计数时间为 T(s),被测转速为 N(r/min),则此时得到的计数值 C 为

$$C = \frac{ZTN}{60}$$
(4-48)

为了使读数 C 能直接读转速 N,一般 $ZT = 60 \times 10n (n = 0, 1, 2, \cdots)$。

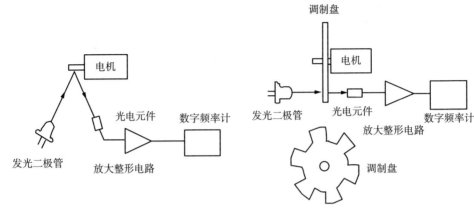

图 4-93　光电式转速表原理框图　　　图 4-94　光电式数字转速表原理框图

3. 光电扫描笔

光电扫描笔的前方为光电读入头,它由一个发光二极管和一个光敏三极管组成[见图 4-95(a)]。光电扫描笔工作原理如下:当光电扫描笔在条形码上移动时,由于白色物体能反射各种波长的可见光,黑色物体则吸收各种波长的可见光,因此当条形码扫描笔光源发出的光照射到黑白相间的条形码上时,反射光照射到光电转换器上,于是光电转换器接收到与白条和黑条相应的强弱不同的反射光信号,并转换成相应的电信号输出到放大整形电路。

白条、黑条的宽度不同,相应的电信号持续时间长短也不同。放大整形电路的脉冲数字信号经译码器译成数字、字符信息。通过识别起始、终止字符来判别出条形码符号的码制及扫描方向,通过测量脉冲数字电信号 0、1 的数目来判别出条和空的数目[见图 4-95(b)],通过测量 0、1 信号的持续时间来判别条和空的宽度。

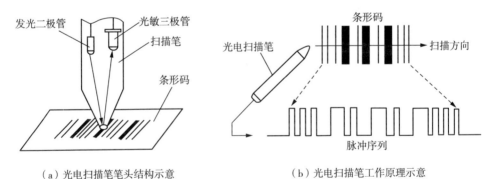

（a）光电扫描笔笔头结构示意　　　（b）光电扫描笔工作原理示意

图 4-95　光电扫描笔笔头结构示意和光电扫描笔工作原理示意

得到了被辨读的条形码符号的条和空的数目及相应的宽度和所用码制后,根据码制所对应的编码规则便可将条形符号换成相应的数字、字符信息,通过接口电路送给计算机系统进行数据处理与管理,便完成了条形码辨读的全过程。

4. 光电式灭火抑爆装置

1）三防灭火抑爆装置的功能及工作原理

三防灭火抑爆装置具有灭火抑爆、核辐射报警、含磷毒剂报警等功能,能够紧急控制滤毒通风设备和关闭排气风扇,具有双 CAN 总线通信接口。

三防灭火抑爆装置原理框图如图 4 - 96 所示。

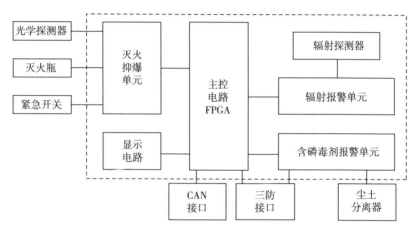

图 4 - 96　三防灭火抑爆装置原理框图

灭火抑爆单元接收光学探测器探测信号,根据探测信号的数量、时间间隔、所选择的"平时"或"战时"工况进行逻辑控制,发出一个或两个灭火瓶启动信号,启动一个灭火瓶进行灭火或启动两个灭火瓶进行抑爆。灭火抑爆单元具有自动转换、自动增援、紧急控制、风扇控制、自动检测及故障诊断等功能。

紧急开关是一个手控开关盒。系统正常供电时,在"工作"状态下,不论"平时"还是"战时"工况,每按下按钮开关一次,按顺序启动一个灭火瓶灭火。只要系统供电大于 1 min,在系统断电后的 2 h 内,按下按钮开关,直接启动第 4 号灭火瓶灭火。

辐射报警单元当有 γ 辐射(或源检时的 β 粒子)辐照到辐射探测器上,辐射电路将产生其频率正比于照射剂量率高、低的电脉冲,经成形甄别送入单片机系统的计数接口,运算后,一方面发出控制信号,另一方面由显示器显示测量数据、状态结果,完成对 γ 辐射的测量与报警要求。

含磷毒剂报警单元是利用电子捕获原理对含磷毒剂（Ⅴ类毒剂用化学方法转化为G类毒剂同系物）进行检测。放射源不断放出甲种射线，使空气中的氮气电离生成带正电的氮离子(N^+)和电子，当电源通过高阻在源极和收集极之间加上极化电压后，电子和 N^+ 分别向源极和收集极迁移，形成基流。由于电子移动速度较 N^+ 快，所以基流主要是由电子形成的。当含有G类毒剂的空气进入检定器后，毒剂分子就能把电离生成的电子捕获，形成带负电荷的分子，并继续向带正电的源极移动。在移动过程中很容易与 N^+ 碰撞复合成中性物，使基流大大下降，而这一变化的大小与所测空气中含磷毒剂的浓度大小是一致的，可用高阻上的电压变化信号表示。这一信号电压经微电流放大器放大，当毒剂浓度达到一定值时，经微电流放大器放大后去控制比较器的工作状态，再控制多谐振荡器开关，一方面发出控制信号，另一方面由显示器显示状态，完成对毒剂的报警要求。

2）灭火抑爆原理

光学探测器用于探测战斗室的金属射流或红外辐射光并输出电信号，主要由壳体部分、电路板组件以及盖板等组成。光学探测器及组成如图4-97所示。壳体上有电缆插座和石英玻璃，电路板组件上除装有电阻、电容和集成电路等电子元器件外，还装有两个光敏元件和一个红色发光二极管，透过壳体上的石英玻璃清晰可见。红外传感器对火灾或爆炸产生的热非常敏感，而且反应极快，但是正常的热源，如太阳、灯光等也可能引起红外传感器的响应，所以单一红外传感器不能正常工作。紫外传感器能对火焰、火花等发射出的紫外辐射进行响应，紫外辐射是以光速传递的，因此其响应也很快。紫外传感器不易响应灯光产生的辐射。红外管和紫外管联合工作就具备了高灵敏度探测火情，准确地识别火源，而又不发生误动作的充分条件。当探测器探测到火焰时，红色发光二极管变亮，探测器才能向控制盒输出信号；当探测器没有探测到火焰时，紫色发光二极管就变亮，说明探测器失效。

图4-97 光学探测器及组成

灭火抑爆装置光学探测器工作原理框图如图 4-98 所示。一旦发生火灾,紫外光敏传感器和红外光敏传感器接收到两种光信号后,便把两种光信号转换为电信号,经过放大、校准和调节,通过"与门"线路,将报警信号送到控制盒。

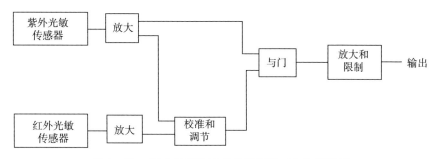

图 4-98　灭火抑爆装置光学探测器工作原理框图

思考题

1. 什么叫压电晶体的居里点?

2. 试说明为什么不能用压电式传感器测量变化比较缓慢的信号。

3. 压电式传感器的测量电路中为什么要接入前置放大器? 电荷放大器有何特点?

4. 压电元件在传感器中为什么要有一定的预压力?

5. 采取何种措施可以提高压电式加速度传感器的灵敏度?

6. 压电式加速度传感器横向灵敏度产生的原因主要有哪些?

7. 如何减小电缆噪声对测量信号的影响?

8. 用加速度计和电荷放大器测量振动,若传感器的灵敏为 7 pC/g,电荷放大器的灵敏度为 100 mV/pC,试确定输入 3g 加速度时系统的输出电压。

9. 简述热电偶产生热电势的条件。

10. 用镍铬-镍硅热电偶测量炉温,室温为 20 ℃ 时,从毫伏表读出的热电势为 29.17 mV,试求加热炉的温度。

11. 简述热电偶冷端温度补偿不同方法的特点。

12. 什么是标准热电偶? 常用的标准热电偶有哪几种? 各有何特点?

13. 试述热敏电阻的三种类型以及它们的特点和应用范围。

14. 试比较热电阻温度传感器和热电偶各有何特点。

15. 温度计的热惯性含义是什么? 为什么热电偶和热敏电阻的热惯性较小?

16. 简要说明可选择哪一种方法测量下列装置的温度。① 罐水;② 熔化的铁水;③ 内燃机上的部件。

17. 半导体内光电效应与光强和光频率的关系是什么?

18. 光敏电阻、光电管和光电三极管是根据什么原理工作的？它们的光电特性有何不同？

19. 什么是光电元件的光谱特性？在什么应用情况下应主要考虑其光谱特性？

20. 为什么光电池作为检测元件时不能当作电源使用？

21. 用光电式转速传感器测量转速，已知测量孔数为60，频率计的读数为40 000 Hz，试求转轴的转速是多少？

22. 为什么光电耦合器有抗干扰特性？

23. 试设计一个利用光电开关来测量转速的测量系统。

24. 将一灵敏度为0.08 mV/C的热电偶与电位计相连接测量其热电势，电位计接线端是30 ℃，若电位计上读数是60 mV，热电偶的热端温度是多少？

25. 用镍铬-镍硅热电偶测量炉温时，其冷端温度为30 ℃，用高精度毫伏表测得这时的热电动势为38.505 mV，试求炉温。

26. 热电偶温度传感器的输入电路如图4-99所示，已知铂-铂热电偶在温度为0～100 ℃变化时，其平均热电势波动为6 μV/C，桥路中供桥电压为4 V，三个锰铜电阻（R_1、R_2、R_3）的阻值均为1 Ω，铜电阻的电阻温度系数为$a = 0.004$/℃，已知当温度为0 ℃时电桥平衡，为了使热电偶的冷端温度为0～50 ℃时其热电势得到完全补偿，试求可调电阻的阻值R_5。

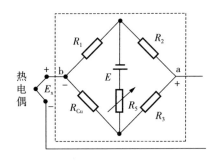

图4-99　题26图

27. 使用镍铬-镍硅热电偶，其基准接点为30 ℃，试求温度接点为400 ℃时的温差电动势。若仍使用该热电偶，测得某接点的温差电动势为10.275 mV，则接点的温度为多少？（表4-10为镍铬-镍硅热电偶分度表）

表4-10　镍铬-镍硅热电偶分度表（参考端温度0 ℃）

工作端温度/℃	热电动势/mV									
	0	10	20	30	40	50	60	70	80	90
0	0.000	0.397	0.798	1.203	1.611	2.022	2.436	2.850	3.266	3.681
100	4.095	4.508	4.919	5.327	5.733	6.137	6.539	6.939	7.338	7.737
200	8.137	8.537	8.938	9.341	9.745	10.151	10.560	10969	11.381	11.793
300	12.207	12.623	13.039	13.456	13.874	14.292	14.712	15.132	15.552	15.974
400	16.396	16.818	17.241	17.664	18.088	18.513	18.938	19.636	19.788	20.214
500	20.640	21.066	21.493	21.919	22.346	22.772	23.198	23.624	24.050	24.467

28. 图 4-100 所示的电路为光控继电器开关电路。光敏电阻为硫化镉器件，其暗电阻 R_0 为 10 MΩ，在照度 E 为 100 lx 时，亮电阻 $R_t = 5$ kΩ，三极管的 β 值为 50，继电器 J 的吸合电流为 10 mA，计算继电器吸合时需要多大照度。

29. 光敏二极管的光照特性曲线和应用电路如图 4-101 所示，图中 I 为反相器，R_L 为 20 kΩ，求光照度为多少时 U_o 为高电平。

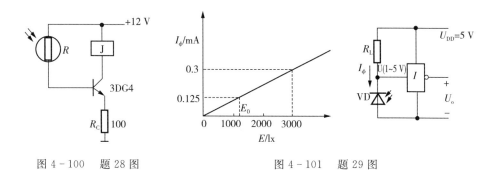

图 4-100　题 28 图　　　　　　图 4-101　题 29 图

30. 石英晶体压电式传感器的面积为 100 mm²，厚度为 1 mm，固定在两金属板之间，用来测量通过晶体两面力的变化。材料的弹性模量为 9×10^{10} Pa，电荷灵敏度为 2 pC/N，相对介电常数为 5.1，材料相对两面间电阻为 10^{14} Ω。一个 20 pF 的电容和一个 100 MΩ 的电阻与极板并联。若所加力 $F = 0.01\sin(1\,000t)$，求：

（1）两极板间电压峰-峰值；

（2）晶体厚度的最大变化。

第5章 新型传感器及应用

5.1 红外传感器

5.1.1 红外辐射的基本知识

波长为 $0.38 \sim 0.78~\mu m$ 能够被人眼感觉到的光称为可见光。位于可见光中红光以外的光线称为红外线,其波长为 $0.75 \sim 1\,000~\mu m$,是一种人眼看不见的光线。任何物体,只要其温度高于绝对零度($-273~℃$)就有红外线向周围空间辐射。物体的温度越高,辐射出的红外线越多,红外辐射的能量就越强。红外线与可见光、紫外线、X 射线、γ 射线、微波、无线电波一起构成了无限连续的电磁波谱。

在红外技术领域,通常把整个红外辐射波段按波长分为四个波段,即 $0.77 \sim 3~\mu m$ 为近红外(NIR),$3 \sim 6~\mu m$ 为中红外(MIR),$6 \sim 15~\mu m$ 为远红外(FIR),$15 \sim 1\,000~\mu m$ 为极远红外(XIR)。红外线的频谱位置如图 $5-1$ 所示。

地球大气对可见光、紫外线是比较透明的,而红外辐射在大气中传播时,由于大气中的气体分子、水蒸气、固体微颗粒、尘埃等物质的吸收和散射作用,某些波长的辐射逐渐衰减。也就是说,大气对红外辐射的吸收实际上是大气中的水蒸气、二氧化碳、臭氧、氧化氮、甲烷和一氧化碳气体的分子有选择地吸收一定波长的红外辐射。但空气中对称的双分子,如氮、氢、氧等不吸收红外辐射,因而不会造成红外辐射在传输过程中的衰减。图 $5-2$ 为红外辐射通过 $1~nmile(1~nmile = 1\,852~m)$ 的大气透过率曲线,横轴表示红外线波长,纵轴表示红外线在大气中的透射比。透射比越高,表示红外线越能透过大气继续向前传播;透射比越低,表示红外线大部分被大气吸收,不能有效传递信息。一般把红外辐射透过率较高的波段称为"大气窗口"。例如,波长为 $2 \sim 2.6\ \mu m$、$3 \sim 5\ \mu m$、$4.5 \sim 5\ \mu m$、$8 \sim 14\ \mu m$ 的区域对红外辐射是较为透明的,也就是说这些波段红外辐射在大气中的传播损失较少。

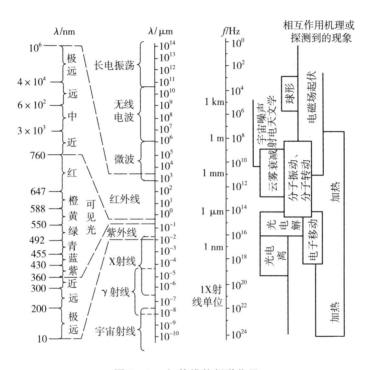

图 5-1　红外线的频谱位置

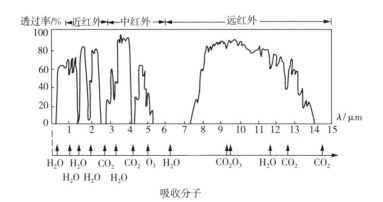

图 5-2　红外辐射通过 1 nmile 的大气透过率曲线

在实际应用中,大多数红外系统必须通过地球大气才能观察到目标,考虑到红外辐射在大气传输中的损耗问题,实际应用的红外热像仪都尽量在大气窗口的范围内工作。一般认为,对于探测高温目标和在高温高湿环境下工作,并且探测距离又比较远的情况下,以采用 $3 \sim 4 \ \mu m$ 波段较好,反之,则采用 $8 \sim 14 \ \mu m$ 波段较好。

战争中主要军事目标辐射的红外线大都在窗口内:导弹辐射的红外线波段为 $1 \sim 3 \ \mu m$,处于第一窗口;喷气飞机辐射的红外线波段为 $3 \sim 4 \ \mu m$,坦克发动机辐射的红外线约 $5 \ \mu m$,均位于第二窗口;装备、工厂、人员等地面和水上目标辐射的红外线波段为 $8 \sim 14 \ \mu m$,位于第三窗口。第一窗口的红外装置可用于侦察导弹,第二窗口的红外装置可用于制导、侦察和跟踪,第三窗口的红外装置可用于观察地面和水上的一般军事目标。除吸收效应外,红外线在大气中传播时,还会被尘埃、雾滴等散射,在传播方向上不断衰减。散射效应对近红外线影响较大,对中、远红外影响较小,故中、远红外线适于全天候和远距离的传输。

通常把充满红外光学系统瞬时视场的大面辐射源叫作面源,而将没有充满红外光学系统瞬时视场的辐射源叫作点源。理想的点源被认为是没有面积的几何点,点源如图 5-3 所示。

辐射强度 I 是指点源在某一指定方向、单位立体角内发射的辐射功率,即

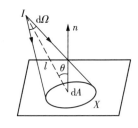

图 5-3　点源

$$I = \frac{\partial P}{\partial \Omega} \qquad (5-1)$$

式中,P 为立体角 Ω 发射的辐射功率,单位为 W。所以点源的辐射强度 I 仅与方向有关,而与源面积无关。

图 5-3 中,设点源的辐射强度 I 与被照面上 X 处的圆面积 dA 的距离为 l,圆面积 dA 的法线 n 与 l 的夹角为 θ,则 dA 接收到的辐射功率为

$$dP = J d\Omega = I \frac{dA \cdot \cos\theta}{l^2} \qquad (5-2)$$

面源的辐射强度 N 为

$$N = \lim_{\substack{\Delta A \to 0 \\ \Delta \Omega \to 0}} \left(\frac{\Delta^2 P}{\cos\theta \cdot \Delta A \cdot \Delta \Omega} \right) = \frac{\partial^2 P}{\cos\theta \cdot \partial A \cdot \partial \Omega} \qquad (5-3)$$

故面源的辐射强度 N 与被照面在面源表面上的位置、方向及面源的面积 ΔA 有关。

红外传感器的物理基础是黑体辐射定律,即一个物体向周围放出辐射能的同时,

也吸收周围物体所放出的辐射能。如果某物体吸收辐射能,则总能量增加,温度升高;反之能量减少,温度下降。1860 年,基尔霍夫指出好的吸收体也是好的辐射体,他用"黑体"这个词来说明能吸收全部入射辐射能量的物体。1900 年,普朗克提出了量子理论并建立起了黑体辐射出射度 W_λ 的正确公式,并得到与试验完全符合的结果。

$$W_\lambda = \frac{C_1}{\lambda^5 (e^{\frac{C_2}{\lambda T}} - 1)} \tag{5-4}$$

式中,W_λ 为波长为 λ 的黑体光谱辐射通量密度,单位为 $W \cdot cm^{-2} \cdot \mu m^{-1}$;$C_1$ 为第一辐射系数,$C_1 = 374.15\ MW \cdot \mu m^4 / m^2$;$C_2$ 为第二辐射系数,$C_2 = 14\,388\ \mu m \cdot K$;$\lambda$ 为波长,单位为 μm。

根据普朗克定律可得到图 5-4 所示的一组曲线,它是关于黑体辐射的波长 λ 和黑体的绝对温度 T 的函数,表示不同温度下光谱辐射通量密度($R_{B\lambda}$)对波长的如下分布规律:

(1)辐射光的波长为 $1 \sim 15\ \mu m$ 的红外线;

(2)每条曲线只有一个最大值,且峰值随着温度的升高,其所对应的波长移向短波方向;

(3)曲线下的面积相对应的总辐射通量是随温度增加而迅速增加的。

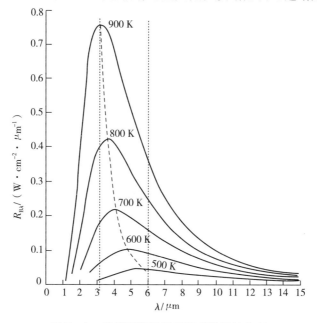

图 5-4 光谱辐射通量密度对波长的分布

从零到无穷大的波长范围内对普朗克公式积分,可得单位面积黑体辐射到半球空间的辐射通量:

$$W = \int_0^\infty W_\lambda \mathrm{d}\lambda = \frac{2\pi^5 k^4}{15 c^2 h^3} T^4 = \varepsilon \sigma T^4 \qquad (5-5)$$

式中,W 为单位面积辐射功率,单位为 $\mathrm{W \cdot m^{-2}}$;σ 为斯特藩-玻尔茨曼常数,$\sigma = 5.6697 \times 10^{-8} \mathrm{W \cdot m^{-2} \cdot K^{-4}}$;$T$ 为热力学温度;ε 为比辐射率(非黑体辐射度 / 黑体辐射度)。此即为斯特藩-玻尔茨曼定律:物体辐射强度与其热力学温度的四次方成正比,故相当小的温度变化就会引起辐射通量很大的变化。

斯特藩-玻尔茨曼定律是红外传感器的理论基础。在任何温度下能全部吸收任何波长的辐射的物体称为黑体,即 $\varepsilon = 1$。黑体的热辐射能力比其他物体都强。对于一般物体,$\varepsilon < 1$,即它不能全部吸收投射到它表面的辐射功率,发射热辐射的能力也小于黑体,称为灰体。黑体是理想中的物体,一般物体虽不等于黑体,但其辐射强度与热力学温度的四次方成正比。由此可知,物体辐射强度随温度升高而明显地增强。

曲线最高点(辐射通量密度最大值)所对应的波长 λ_m 与物体自身的绝对温度 T 成反比,即维恩(Wien)位移定律:

$$\lambda_m = \frac{\alpha}{T} \qquad (5-6)$$

式中,λ_m 为最大光辐射功率所对应的波长,单位为 μm;α 为常数,$\alpha = 2897.8\ \mu m \cdot K$;$T$ 为绝对温度,单位为 K。由此公式可知,当已知一个物体的温度后,就可以知道它所辐射的红外线的峰值波长。人体的温度约为 37 ℃(310 K),它所对应峰值波长为 9.35 μm。喷气式飞机发动机尾喷管的温度约为 427 ℃(700 K),它所对应峰值波长为 4.14 μm。而对太阳(6 000 K),则峰值波长近似为 0.482 μm。

由图 5-4 可见,当温度升高时,峰值辐射的波长向短波方向移动,而在温度不是很高时,峰值辐射的波长位于红外区域;当温度升高时,辐射幅度按指数规律增长。曲线最高点对应的波长 λ_m 左侧区域,即短波段辐射能量约占 25%,其余 75% 的辐射能量位于 λ_m 右侧区域。

红外线是一种电磁辐射,它也具有与可见光相似的特性:红外光是按直线前进;在真空中的传播速度等于波的频率与波长的乘积,即等于光在真空中的传播速度;服从反射和折射定律,有干涉、衍射和偏振等现象;具有粒子性,即它可以光量子的形式发射和吸收。此外,红外线还有以下一些与可见光不一样的独有特性:

（1）人的眼睛对红外线不敏感，所以必须用对红外线敏感的红外探测器才能接收到；

（2）红外线的光量子能量比可见光的小，如 10 μm 波长的红外线光子能量大约是可见光光子能量的 1/20；

（3）红外线的热效应比可见光要强得多；

（4）红外线更易被物质所吸收，但对于薄雾来说，长波红外线更容易通过；

（5）红外线更容易穿透烟尘，且可昼夜工作。

红外线的最大特点就是普遍存在于自然界中，因此对红外线辐射强度的测量和分析就成为一种普遍适用的探测物体温度分布的方法。物体的温度越高，辐射出来的红外线越多，红外辐射的能量就越强，其波长就越短；物体的温度越低，辐射出来的红外线越少，红外辐射能量就越弱，其波长就越长。借此特性可以鉴别不同的物体和状态。

5.1.2 红外传感器

1. 红外传感器的分类与特点

红外传感器也称为红外探测器，是一种辐射能转换器，主要用于将接收到的红外辐射能转换为便于测量或观察的电能、热能等其他形式的能量。红外传感器是红外系统的关键部件。红外传感器可分为热传感器和光子传感器两大类，具体分类如图 5-5 所示。

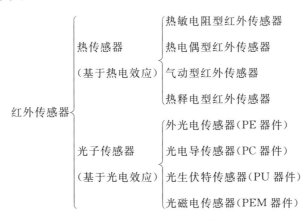

图 5-5 红外传感器的具体分类

热传感器主要用于制作红外温度传感器，它是利用红外辐射的热效应制成的，其核心是热敏元件。热敏元件吸收红外线的辐射能后引起温度升高，进而使得有关物理参数发生变化,通过测量这些变化的参数即可确定吸收的红外辐射,从而也测出物体当时的温度。另外,在热敏元件温度升高的过程中,不管什么波长的红外线,只要功率相同,其加热效果也是相同的。假如热敏元件对各种波长的红外线都能全部吸收,那么热传感器对各种波长基本上都具有相同的响应。热传感器主要分为四类:热敏电阻型红外传感器、热电偶型红外传感器、气动型红外传感器和热释电型红外传感器。

光子传感器比热传感器反应灵敏,响应时间也短得多,能达到 10^{-9} s 或更短,而热传感器一般只能达到 10^{-3} s。光子传感器需要在很低的温度下才能工作,因此需要配备制冷设备,而热传感器可以在室温下工作。热传感器可以在整个红外波段有平坦的光谱响应,也称作无选择性传感器,而光子传感器是一种选择性传感器。光子传感器主要分为四类:外光电传感器(PE 器件)、光电导传感器(PC 器件)、光电伏特传感器(PU 器件)和光磁电传感器(PEM 器件)。

1) 热传感器

热传感器是利用红外辐射的热电效应原理工作的。当一些晶体受热时,在晶体两端会产生数量相等而符号相反的电荷,这种由于热变化产生的电极化现象就是热电效应。能产生热电效应的晶体称为热电体,又称为热电元件。热传感器主要是采用一种高热电系数的热敏材料如锆钛酸铅系陶瓷、钽酸锂、硫酸三甘肽等制成探测元件。探测元件探测并吸收红外辐射使自身温度升高,进而使有关物理参数(如阻值)发生相应变化,然后通过电路测量物理参数的变化来确定探测元件所吸收的红外辐射。常用的物理现象有温差热电现象、金属或半导体阻值变化现象、热释电现象、气体压强变化现象、金属热膨胀现象、液体薄膜蒸发现象等。

(1) 热敏电阻型红外传感器。热敏电阻是利用固体材料的电阻率随温度的变化而变化的特性设计,由锰、镍、钴的氧化物混合后烧结而成的。热敏电阻一般制成薄片状。当红外辐射照射在热敏电阻上时,其温度升高,电阻值减小。测量热敏电阻值变化的大小即可得知入射的红外辐射的强弱,从而可以判断产生红外辐射物体的温度。热敏电阻型红外传感器结构示意如图 5-6 所示。这种传感器的

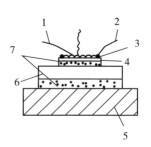

1—发黑材料;2—电极引线;
3—金电极;4—热敏薄片;
5—导热基体;6—衬底;7—黏合胶。

图 5-6 热敏电阻型红外
传感器结构示意

时间常数较大,一般在毫秒级,只适用于响应速度不高的场合。

(2) 热电偶型红外传感器。热电偶是由热电功率差别较大的两种金属材料(如铋-银、铜-康铜、铋-铋锡合金)构成的。当红外辐射入射到这两种金属材料构成的闭合回路的接点上时,该接点温度升高,为提高吸收系数,在热端都装有涂黑的金箔;而另一个没有被红外辐射辐照的接点处于较低的温度。此时,在闭合回路中将产生温差电流,同时回路中产生温差电势。温差电势的大小反映了接点吸收红外辐射的强弱。热电偶型红外传感器的时间常数较大,响应时间较长,动态特性较差,故调制频率应在 10 Hz 以下。实际应用中常常将几个热电偶串联起来组成热电堆来检测红外辐射的强弱,温差电堆工作原理示意如图 5 - 7 所示。

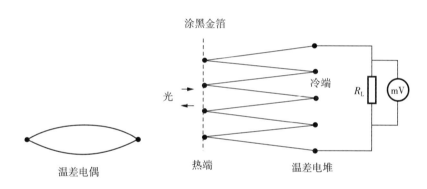

图 5 - 7　温差电堆工作原理示意

(3) 气动型红外传感器。气动型红外传感器利用气体吸收红外辐射后温度升高、体积增大的特性来反映红外辐射的强弱,其结构示意如图 5-8 所示。气动型红外传感器有一个气室,以一个小管道与一块柔性薄片相连。薄片的背向管道一面是反射镜。气室的前面附有吸收膜薄,其是低热容量的薄膜。红外辐射通过透红外窗口入射到吸收薄膜上,吸收薄膜将吸收的热能传给气体,使气体温度升高,气压增大,从而使柔镜移动。在气室的另一边,一束可见光通过光栅聚焦在柔镜上,经柔镜反射回来的光栅图像又经过光栅投射到光电子管上。当柔镜因压力变化而移动时,光栅图像与光栅发生相对位移,使落到光电管子上的光量发生改变,光电子管的输出信号也发生改变。这个变化量就反映出入射红外辐射的强弱。气动型红外传感器的特点是灵敏度高、性能稳定,但响应时间长、结构复杂、强度较差,只适合在试验室内使用。

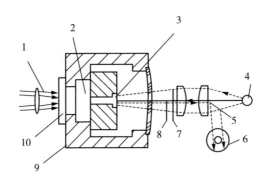

1—红外辐射；2—气室；3—柔镜；4—可见光源；5—反射镜；6—光电子管；

7—光栅；8—光栅图像；9—吸收薄膜；10—透红外窗口。

图 5-8 气动型红外传感器结构示意

（4）热释电型红外传感器。热释电型红外传感器是一种具有极化现象的热晶体，或称为铁电体。铁电体的极化强度（单位面积上的电荷）与温度有关。当红外辐射照射到已经极化的铁电体薄片表面上时，引起薄片温度升高，使其极化强度降低，表面电荷减少。这相当于释放一部分电荷，所以叫热释电型红外传感器。如果将负载电阻与铁电体薄片相连，则负载电阻上便产生一个电信号输出。输出信号的大小取决于薄片温度变化的快慢，从而反映出入射的红外辐射的强弱。由此可见，热释电型红外传感器的电压响应率正比于入射辐射变化的速率。当恒定的红外辐射照射在热释电型红外传感器上时，传感器没有电信号输出。只有铁电体温度处于变化过程中，才有电信号输出。所以，必须对红外辐射进行调制，使恒定的辐射变成交变辐射，不断地引起传感器的温度变化，才能导致热释电产生，并输出交变的信号。

热释电型红外传感器的结构示意和内部电路如图 5-9 所示。其主要由外壳、滤光片、光敏元件（PZT）、结型场效应（FET）管等组成。热释电型红外传感器的工作原理是入射的红外线首先照射在滤光片上，滤光片为 $6~\mu m$ 多层膜干涉滤光片，它对 $5~\mu m$ 以下短波长光有高反射率，而对 $6~\mu m$ 以上人体发射出来的红外线热源（$10~\mu m$）有高穿透性。透射过来的红外线照射在光敏元件上，那么光敏元件输出的信号由高输入阻抗的 FET 放大器放大，并转换为低输出阻抗的输出电压信号。

因为热释电信号正比于器件温升随时间的变化率，所以这种传感器的响应速度比其他热传感器快得多,它既可以在低频条件下工作,也可以在高频条件下工作。其探测率超过所有的室温探测器。热释电型红外传感器应用日益广泛,不仅用于光谱仪、红外测温仪、热像仪、红外摄像管等,而且在快速激光脉冲监测和红外遥感技术中也得到实际应用。

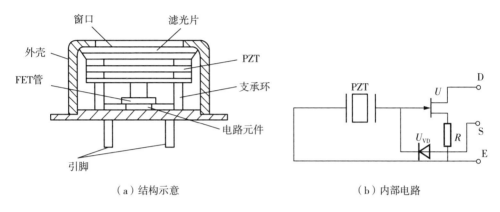

（a）结构示意　　　　　　　　　　　（b）内部电路

图 5-9　热释电型红外传感器的结构示意和内部电路

2）光子传感器

光子传感器利用某些半导体材料在入射光的照射下产生光电效应,使材料的电学性质发生变化。通过测量电学性质的变化,可以知道红外辐射的强弱。利用光电效应所制成的红外传感器统称为光子红外传感器。光子传感器的主要特点是灵敏度高,响应速度快,具有较高的响应频率,但其一般需要在低温下工作,探测波段较窄。

按照光子传感器的工作原理,一般可分为外光电传感器和内光电传感器两种,后者又分为光电导传感器、光生伏特传感器和光磁电传感器等三种。

（1）外光电传感器(PE 器件)。当红外辐射照射在某些材料表面上时,若入射光的光子能量足够大,就能使材料的电子逸出表面,光电二极管、光电倍增管等便属于这种类型的传感器。它的响应速度比较快,一般只需几纳秒。但电子逸出需要较大的光子能量,只适宜于近红外辐射或可见光范围内使用。

（2）光电导传感器(PC 器件)。当红外辐射照射在某些半导体材料表面上时,半导体材料中有些电子和空穴可以从原来不导电的束缚状态变为能导电的自由状态,使半导体的电导率增加,这种现象叫作光电导现象。利用光电导现象制成的传感器称为光电导传感器,如硫化铅、硒化铅、锑化铟和碲镉汞等材料都可制造光电导传感器。使用光电导传感器时,需要制冷和加上一定的偏压,否则会使响应率降低、噪声大及响应波段窄,以致红外传感器损坏。

(3)光生伏特传感器(PU 器件)。当红外辐射照射在某些半导体材料的 PN 结上时,在结内电场的作用下,自由电子移向 N 区,空穴移向 P 区。如果 PN 结开路,则在 PN 结两端产生一个附加电势,称为光生电动势。利用光生电动势效应制成的探测器称为光生伏特传感器或 PN 结传感器。常用的材料为砷化铟、锑化铟、锑镉汞和锑锡铅等。

(4)光磁电传感器(PEM 器件)。当红外辐射照射在某些半导体材料的表面上时,材料表面的电子和空穴将向内部扩散,在扩散中若受强磁场的作用,电子与空穴则各偏向一边,因而产生开路电压。这种现象称为光磁电效应。利用这种效应制成的红外探测器,叫作光磁电传感器。

光磁电传感器不需要制冷,响应波段可达 $7~\mu m$ 左右,时间常数小,响应速度快,不用加偏压,内阻极低,噪声小,有良好的稳定性和可靠性,但其灵敏度低,低噪声前置放大器制作困难,因而影响了使用。

2. 红外传感器的性能参数

1)灵敏度

当经过调制的红外光照射到传感器的敏感面上时,传感器的输出电压与输入红外辐射功率之比称为红外传感器灵敏度(电压响应率),即

$$R_V = \frac{U_o}{P} A_0 \qquad (5-7)$$

式中,U_o 为红外传感器的输出电压,单位为 V;P 为照射到红外敏感元件单位面积上的红外辐射功率,单位为 W/cm^2;A_0 为红外传感器敏感元件的面积,单位为 cm^2。

2)响应波长范围

响应波长范围(或称光谱响应)表示传感器的电压响应与入射红外辐射波长之间的关系,一般用曲线表示。由于热传感器的电压响应率与波长无关,它的曲线为一条平行于横坐标(波长)的直线,而光子传感器的电压响应率曲线是一条随波长变化的曲线。一般将响应率最大值所对应的波长称为峰值波长 λ_m,而把响应率下降到响应值的一半所对应的波长称为截止波长 λ_c,它表示红外传感器使用的波长范围。

3）噪声等效功率

红外传感器光敏器件的输出电压较低,外界噪声对它的影响很大,因此要用噪声等效功率（NEP）参数来衡量红外传感器的性能。噪声等效功率是输出信噪比为 1 时所对应的红外入射功率值,也是红外传感器光敏器件探测到的最小辐射功率,即

$$NEP = \frac{P_0}{U_S/U_N} A_0 = \frac{U_N}{R_V} \qquad (5-8)$$

式中,U_N 为红外传感器综合噪声电压,单位为 V;R_V 为红外传感器灵敏度（电压响应率）;P_0 为投射到传感器敏感元件单位面积上的辐射功率,单位为 W/cm²。NEP 值越小,红外传感器光敏器件越灵敏。

4）探测率

探测率（D）是噪声等效功率的倒数,即

$$D = \frac{1}{NEP} = \frac{R_V}{U_N} \qquad (5-9)$$

探测率越高,表明红外传感器所能探测的最小辐射功率越小,红外传感器越灵敏。

5）时间常数

时间常数表示红外传感器的输出信号随红外辐射变化的速率。输出信号滞后于红外辐射的时间称为传感器的时间常数,即

$$\tau = \frac{1}{2\pi f_c} \qquad (5-10)$$

式中,f_c 为响应率下降到最大值 0.707（3 dB）时的调制频率。红外传感器的时间常数越小,对红外辐射的响应速度越快。

5.1.3　红外传感器的应用

红外传感器用红外线作为检测媒介,实现某些非电量的测量,比可见光作为检测媒介的检测方法要好,主要体现在:红外线（通常指中、远红外线）不受周围可见光的影响,可昼夜测量;由于被测对象本身会辐射红外线,故不必设光源,比较方便;大气对某些特定波长范围内的红外线吸收甚少,适用于遥感、遥测技术。红外

传感器及检测技术广泛应用于水产、医学、土木建筑、海洋、气象、航空等领域。

1. 红外测温仪

红外测温仪既可用于高温测温,又可用于冰点以下的温度测量,所以这是辐射温度计的发展趋势。市售的红外测温仪的温度范围为 $-30 \sim 3\,000\ ℃$。

红外测温仪一般用于探测目标的红外辐射和测定其辐射强度,确定目标的温度。它采用的滤光片可分离出所需的波段,因而该仪器能在任意波段工作。

红外测温仪的光学系统是一个固定焦距的透射系统,物镜一般为锗透镜,有效通光口径即作为系统的孔径光阑。滤光片一般采用只允许 $8 \sim 14\ \mu m$ 的红外辐射通过的材料。红外测温仪的光学系统可以是透射式,也可以是反射式。反射式光学系统多采用凹面玻璃反射镜。

步进电机带动调制盘转动,对入射的红外辐射进行斩光,将恒定或缓变的红外辐射通过透镜聚焦到红外传感器上,红外传感器将红外辐射变换为电信号输出。

红外测温仪的电路比较复杂,包括前置放大、选频放大、温度补偿、线性化、发射率调节等。前置放大器的作用:一是阻抗变换,二是将红外传感器输出的微弱信号进行放大。选频放大器只放大与被调制辐射同频的交流信号,抑制了其他频率的噪声。同步检波包括倒相器、全波同步检波器、采样保持电路、滤波器等。同步检波的作用是将交流输入信号变换成峰值的直流信号输出。加法器的作用是将环境温度(变化)信号与测量信号相加,达到环境温度补偿的目的,因为经过调制的交变辐射是目标与调制盘温度的差值。比辐射率调节电路实质上是一个放大电路,设备出厂前都是用黑体($\varepsilon = 1$)标定的,当被测目标不是黑体($\varepsilon < 1$)时,测量信号相对减小。比辐射率调节电路的作用是把相对减小的部分恢复出来。线性化电路为一开方电路,通过对数变换、作乘法、取反对数达到开方的目的,相乘的系数就是开方的方次,线性化后的测量信号与温度呈线性关系。A/D 变换器将信号从模拟量变换成数字量,便于后续处理。多谐振荡器中包括一系列分频器,它输出一定时序的方波信号,驱动步进电机和同步检波器的开关电路。图 5 - 10 为国产 H - T 系列红外测温仪原理框图。

测量高温($700\ ℃$ 以上)时工作在 $0.76 \sim 3\ \mu m$ 的近红外区,可选用一般的光学玻璃或石英材料;测量中温($100 \sim 700\ ℃$)时工作在 $3 \sim 5\ \mu m$ 的中红外区,多采用氟化镁、氧化镁等热压光学材料;测量低温($100\ ℃$ 以下)时工作在 $5 \sim 14\ \mu m$ 的中远红外区,多采用锗、硅、热压硫化锌等材料。

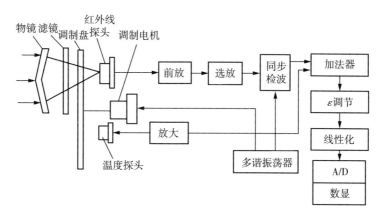

图 5 - 10　国产 H - T 系列红外测温仪原理框图

2. 红外线辐射温度计测人体温度

人体主要辐射波长为 $9 \sim 10 \ \mu\mathrm{m}$ 的红外线,由于该波长范围内的光线不被空气所吸收,因而可利用人体辐射的红外能量精确地测量人体表面温度。红外温度测量技术的最大优点是测试速度快,$1 \ \mathrm{s}$ 内可测试完毕。由于它只接收人体对外发射的红外辐射,没有任何其他物理和化学因素作用于人体,所以对人体无任何害处。如果观察红外传感器远距离测量人体表面温度的热像图,可以发现温度异常的部位,有利于及时对疾病进行诊断治疗。

国产 TH - IR101F 红外测温仪由红外传感器和显示报警系统两部分组成,它们之间通过专用的五芯电缆连接。安装时将红外传感器用支架固定在通道旁边或大门旁边等地方,使得被测人与红外传感器之间的距离相距 $35 \ \mathrm{cm}$。只要被测人在指定位置站立 $1 \ \mathrm{s}$ 以上,红外测温仪就可准确测量出被测人体温,一旦被测人体温超过 $38 \ ℃$,测温仪的红灯就会闪亮,同时发出蜂鸣声提醒检查人员。

红外测温仪为在人员流量较大的公共场所降低病毒的扩散和传播提供快速、非接触测量手段,可广泛用于机场、海关、车站、宾馆、商场、影院、写字楼、学校等公共场所,能对体温超过 $38 \ ℃$ 的人员进行有效筛选。

3. 主动式红外入侵探测报警技术

主动式红外入侵探测报警是指由探测装置发射红外光束,并接收被测物遮挡光束的信号,然后进行报警的方法。主动式红外入侵探测报警器属于直线红外光束遮挡型,一般采用较细的平行光束构成一道人眼看不见的封锁线,当有人穿越或遮断这条红外光束时,启动报警控制器,发出声光报警信号。

主动式红外入侵探测报警器原理框图如图 5 - 11 所示。其主要由发射机、接收机等组成。置于发射端和接收端的光学系统一般采用光学透镜,将红外光聚焦成较细的平行光束,形成警戒线。按红外光束的形式,红外入侵探测报警系统分为单音脉冲式、载波调制式。在红外入侵探测报警系统中,一般采用脉冲编码方式。

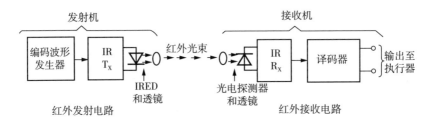

图 5-11   主动式红外入侵探测报警器原理框图

选取合适的遮光时间进行报警对于主动式红外入侵探测报警器至关重要。若遮光时间选得过短,则某些外界干扰(如电磁干扰、背景光变化、小鸟飞越、小动物穿过等)会引起误报警;若遮光时间选得过长,则可能导致漏报。若来犯者以 10 m/s 的速度通过镜头的遮光区域,人体最小粗度为 20 cm,则穿越者最短遮光时间为 20 ms。光束被人体遮挡超过 20 ms 时,系统就会报警,而小于 20 ms 时不会报警。这样,较小的活动体,如小动物、昆虫等不会导致误报。

主动式红外入侵探测报警器可根据防范要求以及实际防范区大小、形状的不同,视具体情况布置单光束、双光束或多光束,分别形成警戒线、警戒墙、警戒网等不同的封锁布局。

4. 被动式红外探测报警技术

被动式红外探测器即热释电型红外探测器,它不需要附加红外光源就可以接收被测物的辐射。这种探测器具有二维探测、识别特性,且必须满足两个条件才能报警,即具有一定体温的生物体和具有一定的移动速度。热释电型红外探测器对人体有很高的灵敏度,常用于室内和空间的立体防范。

根据被动式红外探测器的结构、警戒范围及探测距离的不同,大致可分为单波束型红外探测器和多波束型红外探测器两种。

单波束型红外探测器由红外传感器和曲面反射镜组成,反射镜将来自目标的红外光能汇聚在红外传感器上。单波束型红外探测器的警戒视场角较窄,一般在 5° 以下。但由于能量集中,故探测距离较远,可长达 100 m 左右,适合探测狭窄的走廊、过道、封锁门窗、道口等。

多波束型红外探测器采用菲涅尔光学透镜聚焦。菲涅尔光学透镜通常由在聚乙烯材料薄片上压制的宽度不同的分格竖条制成。如图 5-12 所示,单个竖条平面实际上是一些同心的螺旋线形成多层光束结构的光学透镜,在不同探测方向呈多个单波束状态,组成立体扇形监测区域。当有人在菲涅尔透镜前面穿过时,人体发出的红外线就不断通过红外的"高灵敏区"和"间隔区"(空区或盲区),形成时有时无的红外光脉冲。因此,菲涅尔透镜与红外传感器组成的红外探测器提高了检测活动体的灵敏度,极大地提高了红外探测距离。

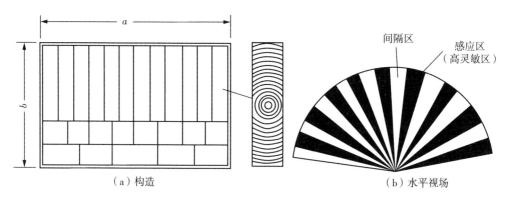

（a）构造　　　　　　　　　　（b）水平视场

图 5-12　菲涅尔光学透镜的构造及其水平视场

根据技术要求,菲涅尔光学透镜有不同的规格、结构和几何尺寸。如图 5-13 所示,菲涅尔光学透镜的透镜面与传感器之间应保持规定的距离,不同的透镜有不同的距离。

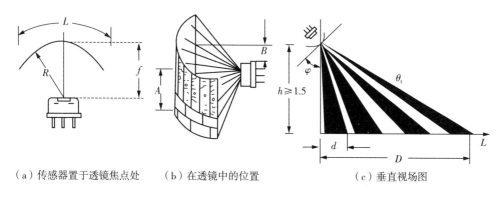

（a）传感器置于透镜焦点处　　（b）在透镜中的位置　　　（c）垂直视场图

图 5-13　菲涅尔光学透镜与红外传感器的安装位置及其视场

5. 红外夜视仪

红外夜视仪是利用光电转换技术的夜视仪器,它分为主动式和被动式两种。

1）主动式红外夜视仪

主动式红外夜视仪用红外探照灯照射目标，接收反射的红外辐射形成图像。主动式红外夜视仪不是利用目标自身发射的红外辐射来获得目标的信息，而是靠红外探照灯发射的红外辐射（红外光源）去"照明"目标，以红外变像管作为光电成像器件，接收目标反射的红外辐射来侦察和显示目标，故又被称为主动式红外成像系统。

图 5-14 为主动式红外夜视仪成像原理框图。主动式红外夜视仪通常由光学系统、红外变像管、探照灯、高压电源等部分组成。

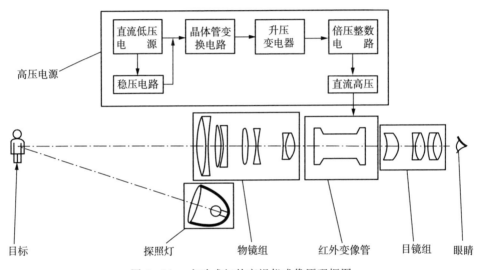

图 5-14　主动式红外夜视仪成像原理框图

光学系统包括物镜组和目镜组。物镜组把目标成像于红外变像管的光阴极面上；目镜组把红外变像管荧光屏上的像放大，便于人眼观察。红外变像管是主动式红外夜视仪的核心部件，其主要完成从近红外图像到可见光图像的转换并增强图像。直流高压电源提供给红外变像管进行图像增强的能量。直流高压电源的要求：输出稳定，高、低温环境下能保证系统正常工作；辐射光谱与红外变像管的光谱响应有效匹配，在匹配的光谱范围内有较高的辐射效率；照射范围与主动式红外夜视仪成像系统的视场角基本吻合；红外光暴露距离要短，结构上容易调焦，滤光片和光源更换方便。探照灯向目标发出的红外光束通过大气时，其中一部分散射后向辐射进入观察系统，这会引入图像的背景噪声，降低图像对比度和清晰度。利用选通技术可以减小大气后向辐射的影响，即通过发射脉冲时序配合，红外变像管在接收观察目标反射回来的红外辐射时工作。

当探照灯照射到目标之后，目标反射回部分红外光线，这部分红外光线经过物镜在红外光阴极上形成红外图像,阴极面上各点产生正比于入射红外辐射强度的光电子发射,形成相应的电子图像。电子光学系统将电子图像传递到荧光屏上,由于在传递过程中,电子经过高压电场的加速和聚焦,因此荧光屏上的发光亮度加强,从而在荧光屏上显示出具有明暗差异的光学图像。

夜间可见光很微弱,但人眼看不见的红外线却很丰富。红外夜视仪可以帮助人们在夜间进行观察、搜索、瞄准和驾驶车辆。主动式红外夜视仪具有成像清晰,对比度高,不受环境光源影响(自带光源,主动照射),能区分军事目标和自然景物等特点,但它的致命弱点是探照灯的红外光会被敌人的红外探测装置发现。

2)被动式红外夜视仪

被动式红外夜视仪也叫作红外热像仪,其本身不带红外光源,依靠接收目标发射的红外线而成像,是目前最先进的夜视器材。

红外热像仪原理框图如图 5-15 所示。红外热像仪主要由红外扫描系统、红外

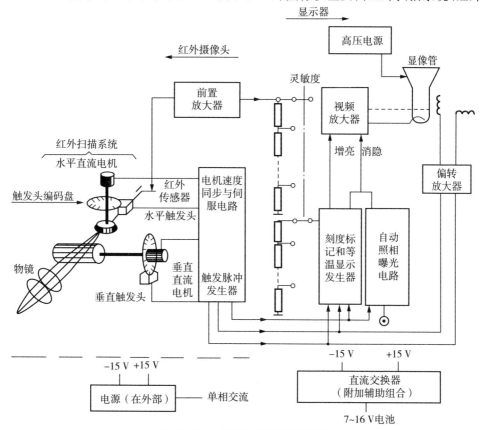

图 5-15 红外热像仪原理框图

摄像头、控制电路、显示器、直流稳压电源等组成。红外热像仪的光学系统为全折射式,物镜材料为单晶硅。光学系统中的垂直扫描和水平扫描采用具有高折射率的多面平行棱镜,扫描棱镜由电动机带动旋转,扫描速度、相位由扫描触发器、脉冲发生器和有关控制电路来控制。红外传感器首先将物体的红外辐射转换成电信号,然后把输出的微弱信号送入前置放大器放大输出,经视频放大器放大,再去控制显像管屏幕上射线的强弱与红外传感器所接收的辐射度成比例变化。那么,在显像系统的屏幕上便可见到与物体红外辐射相对应的红外热像图。

红外热像仪采用组件化结构,全机主要由热像仪壳体、望远镜组件、扫描器组件、电子组件、制冷组件、目镜组件等组成。每个组件又由多个小组件(部件)或零件组成。图 5-16 为红外热像仪主要构件分解图。

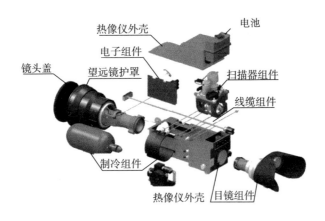

图 5-16　红外热像仪主要构件分解图

进入新世纪,凝视型红外焦平面热成像技术逐步实用化,与制冷型红外热成像技术相比,其具有室温下工作,对 8～14 μm 波段敏感,无光机扫描机构,取消制冷器,以及价格低、体积小、质量轻、可靠性高、使用和维护方便等特点,正在迅速开拓民用和军用市场,为红外热像仪领域注入了新的活力。

凝视型热像仪的工作原理:当景物的红外辐射通过红外物镜汇聚在非制冷型红外焦平面阵列(UFPA)探测器焦面上,探测器在相应的读出电路驱动时序作用下,每个像素的信号经 MOS 或 CMOS 多路传输和双极晶体管 XY 寻址扫描输出后,经采样保持形成连续模拟信号,该信号经低噪声前置放大器放大到一定电平,再经模数转换器转换成数字信号。一方面,在 DSP 处理器的作用下,对转换好的数字信号进行非均匀补偿,包括在一定时间间隔内,像素增益、亮度的动态补偿,以消除焦平面探测器单元响应的不均匀性所造成的固定图像噪声,并对失效像素(盲元)进行修正,然后存入帧存储器。另一方面,按照一定的视频数据格式,将已校正过的图像信号经视频数模转换器转换成标准视频信号,在显示器上进行图像显示。凝视型热像仪原理框图如图 5 - 17 所示。

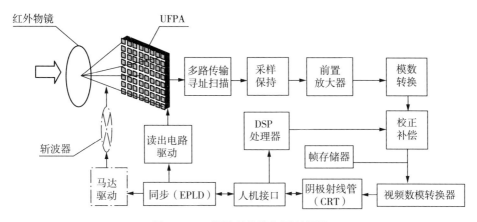

图 5 - 17　凝视型热像仪原理框图

红外热像仪有以下几个突出的优点:一是能实现"全被动"观察。红外热像仪的工作方式是完全被动的,它既克服了主动式红外夜视仪既要依靠人工红外光源工作,又克服了微光夜视仪完全依赖夜天光以及无光难以成像的缺陷,能够在全黑条件下工作,所以十分隐蔽,不易被对方发现。二是能实现"全天候"观察。由于红外线(特别是波长为 8 ~ 14 μm 的红外线)比可见光在大气中的传输能力强,使红外热像仪不仅探测距离远,而且无论白天黑夜都具有较强的透过浑浊空气和烟、雾、雪进行观察的能力。正是因为红外热像仪能看到严密烟幕遮障后面的目标,而且不怕强光,所以红外热像仪更适合在复杂、恶劣的战场环境下使用,尤其是作为瞄准具,不会因炮口的火焰、炸药的烟尘和战场上的闪光而产生迷盲现象。三是能揭露伪装。由于红外热像仪是靠探测目标与背景之间的热辐射差异(温差)去识别目标,因而其具有识别伪装的特殊能力,尤其能发现隐蔽在树林和草丛中的人员和车辆(据报道,用手持红外热像仪可探测到隐藏在灌木丛中 60 m 深处的人,而同样条件下,微光夜视仪的探测距离只有 15 m),即使是白天,用它也能分辨出用树枝、绿叶伪装的人员、车辆和火炮。此外,通过探测地表温差还可以发现地雷场,甚至还能发现埋入地下 1 m 深处的、时间已达 1 年之久的地下水管。四是能获得目标的状态信息。由于红外热像仪利用温差成像,其能获得奇特的观察效果,主要表现在利用红外热像仪进行观察时,不仅能对目标进行探测,还能获得关于目标的状态信息,这在军事上将具有重要的意义,如用红外热像仪观察时,对刚刚发射过的枪、炮管和有动力源(如车辆和飞机的发动机)的热目标,尤其显而易见(美国 OR-1C 机载红外热像仪甚至能探测出 16 h 以前点燃过的炊烟、工作过的火炮和卡车)。通过热图像中的动力源和轮胎部位的亮度对比(温度高低)还可以判断出哪些车辆(飞机)是正在发动或刚刚停驶的,哪些是一直停放的,如果目标离开不久,红外热像仪还能通过"热痕迹"看到它们留下的"影子",从而判断出敌人及武器装备的去向。

5.2 声学传感器

5.2.1 声学基本知识

1. 声波

声波是声音的传播形式,是弹性媒质中传播的压力、应力、质点位移、质点速度等的变化或几种变化的综合。声波可以理解为介质在偏离平衡态时小扰动的传播,在这个传播过程中只有能量的传递,而不会发生质量的传递。如果扰动量比较小,那么声波的传递过程满足经典的波动方程,是线性波。如果扰动很大,那么声波的传递就不再满足线性的声波方程,会出现波的色散和激波。

必须有振源和弹性媒质的存在才能形成声波,在真空与绝对刚体中是不可能形成声波的。凡是弹性媒质,无论是气体、液体和固体,都能够传播声波。当声波在空气(或液体)中传播时,空气质点发生振动,引起空气密度发生稠密和稀疏的变化,相应地该处的压强也发生变化,并依次向邻近的质点传递此变化,形成压力传播的过程,称为疏密波。当空气质点振动的方向与声波传播方向一致时,称为纵波(压缩波);若质点振动方向与声波传播方向垂直,则称为横波。

波的种类很多,有一维的弦振动所产生的波,有二维的薄膜或液面的振动所产生的声波或液面波,有在空间能向所有方向传播的电磁波和冲击波等。它们虽具有不同的内容,但作为波来讲,却可用若干个共同的特征量(波长、频率、波速、振幅和相位等)来描写它的特性。波长是声波在一个周期的时间内传播的距离。声速是声波在媒质中传播的速度,声波波长和频率之间的关系为

$$\lambda = \frac{c}{f} \tag{5-11}$$

式中,λ 为声波的波长;c 为声速;f 为声波的频率。

声波传播时,在同一瞬间到达的各点所构成的面叫作波阵面。如果自振源发出的波阵面上的任何一点均可视为一个新波源,那么由它发出的次级波的包迹联面称为波前。与波前相垂直的射线称为声线。波前若为平面则称为平面波,若为球面则称为球面波,球面波的声线是以声源为中心的球半径。

利用惠更斯原理可以做出各种形状的波在任一时刻的波前(见图5-18)。

在同性均匀媒质中有一声波从波源 O

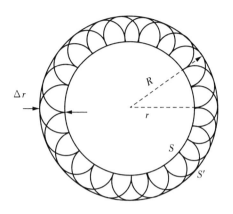

图5-18　利用惠更斯原理求球面波的波前

以声速 c 成球面波向四周传播,若在 t 时刻以半径为 R 的球面的波阵面为 S,那么要求出在 $t + \Delta t$ 时刻的波前 S',则以 S 面上各点为中心以 $\Delta r = c \cdot \Delta t$ 为半径,画出许多半球面次级波,再作正切于这些次级波的包迹面,就得到新的波前 S'。

声波在传播过程中也会产生的折射、反射、散射现象(见图5-19)。当声波通过逆温层或顺温层时,则声线产生折射现象。如果声线由空气的下层进入上层时,上层空气密度小,则声线向下折射,当上层温度低、空气密度大时,则声线向上折射,两层空气的温度差别越大(空气密度差别越大),则折射越严重。

若声波为平面波,同时障碍物是一很大的光滑平面,则当声波从媒质Ⅰ(此时为空气)以与界面法线成 θ_1 角入射到该界面时,一部分声波以 θ_1' 的角度被反射回来,另一部分以与界面法线成 θ_2 角的方向折射到媒质Ⅱ(障碍物)中去[见图5-19(a)]。

入射、反射和折射三者之间的关系为

$$\frac{\sin\theta_1}{c_1} = \frac{\sin\theta_1'}{c_1} = \frac{\sin\theta_2}{c_2} \tag{5-12}$$

式中,c_1、c_2 分别为媒质 Ⅰ 和媒质 Ⅱ 中的声速。由式(5-12)可知:

(1)$\theta_1 = \theta_1'$,即入射角和反射角相等,此即声波反射定律;

(2)$\sin\theta_1/\sin\theta_2 = c_1/c_2$,即入射角的正弦和折射角的正弦之比等于两媒质中声速之比,即声波折射定律。

声波在传播过程中遇到大于声波波长的障碍物时产生反射,遇到表面不规则的障碍物时产生散射[见图 5-19(b)]。根据波的衍射现象,当声波的波长大于障碍物时,声波能绕过障碍物而继续传播,这种现象叫作绕射。此时在障碍物的背后有一段声影,声影即声波不能到达的地方[见图 5-19(c)]。

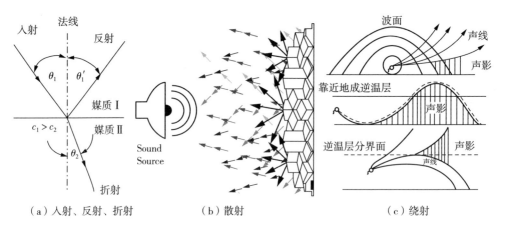

（a）入射、反射、折射　　　　（b）散射　　　　　（c）绕射

图 5-19　平面波的入射、反射、折射和散射、绕射

　　声波在传播过程中会被媒质、声场中的障碍物和房间的墙壁等吸收,从而逐渐衰减。两个同频率的声波在声场中相遇时,会发生干涉现象,这称为声波的相干。两声波的相位相同时,在相遇点会互相增强;相位相反时,在相遇点会互相削弱。不同频率的声波则不会发生相干。能发生相干的声波称为相干波,反之称为非相干波。多个非相干波在同一声场中传播时,声场中各质点将同时接收声波传来的压力变化(位移变化),并传给声波传播方向的下一个质点,即各声波在声场中是独立传播的。各声波对声场中同一观测点总的作用一般遵循线性叠加原理。

　　2. 声波的分类

　　声波频率范围如图 5-20 所示。声波分为次声波、可闻声波、超声波以及微波等。

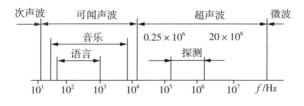

图 5-20　声波频率范围

次声波是频率低于 20 Hz 的声波,人耳听不到,但可与人体器官发生共振,7 ～ 8 Hz 的次声波会引起人的恐怖感,导致动作不协调,甚至心脏停止跳动。次声波频率低,波长长,传播过程中不易被介质吸收,具有很强的穿透力。次声波广泛存在,如雷电、火山爆发、台风、极光、太阳磁暴等自然现象可以产生次声波。研究发现,孔雀开屏是在用次声波交流,当雄孔雀展开尾羽抖动摇晃的时候,会发出只有孔雀才能听到的低频声波。

可闻声波是频率为 20 Hz ～ 20 kHz 的声波。噪声是可闻声波的一种。从物理学角度看,称不协调音为噪声,协调音为音乐。频率为 280 ～ 2560 Hz 的声波称为中高声频,小提琴约有四分之一的较高音域在此频段。噪声是由许多不同频率的声波无规律地杂乱组合而成的声音,它给人以烦躁的感觉。噪声对人体的危害很大,在噪声的刺激下,人们的注意力不易集中、反应迟钝、容易疲乏。长时期或强烈地受噪声刺激,会导致耳鸣、耳聋,引起心血管系统、神经系统和内分泌系统的疾病。

超声波是指频率为 20 kHz ～ 20 MHz 的声波。超声波和可闻声波是机械振动波,是机械振动在弹性介质中的传播过程。超声波可以被聚焦,具有能量集中的特点。质点振动方向与传播方向一致,能在固体、液体和气体介质中传播的波称为超声纵波(疏密波)。质点振动方向垂直于传播方向,只能在固体介质中传播的波称为超声横波(凹凸波)。质点的振动介于横波与纵波之间,沿着介质表面传播,其振幅随深度增加而迅速衰减的波称为超声表面波,超声表面波只在固体的表面传播。当体波在半空间表面,或者两个半空间交界面处,体波受着边界的制约和引导,发生多次反射、透射而产生复杂的转换过程,由于反射、透射等过程产生的波与入射波相互耦合,最终产生沿着平板表面、圆柱体轴向传播的体波称为超声导波。

3. 声波的性能

1) 声压和声压级

声波作用在物体上的压力称为声压 P,单位是帕(Pa)。声场中,每一点的声压是一个随时间和距离变化的量,对于无衰减平面余弦波来说,P 的表达式为

$$P = -\rho c A \omega \sin\left[\omega\left(t - \frac{x}{c}\right)\right] = \rho c u \qquad (5-13)$$

式中,ρ 为介质密度;c 为介质的声速;A 为质点位置振幅;u 为介质中质点振动的速度;ω 为振动的角频率,$\omega = 2\pi f$。

式(5 - 13)中,$\rho c A \omega$ 是声压的幅值,在实际应用中,比较两个声波并不需要对

每个时刻 t 的声压进行比较,真正代表声波强弱的是声压幅度。因此,通常把声压幅度简称为声压。

为表示方便,往往用声压的对数即声压级 L_P 来衡量声音的强弱,其单位是分贝(dB),定义为

$$L_P = 20 \lg \frac{P}{P_0} \tag{5-14}$$

式中,P 为声压;P_0 为基准声压,取其值为听阈声压 2×10^{-5} Pa。

声压在声场中具有空间分布,声压值是时间的函数。峰值声压:瞬时声压在规定的时间内的最大绝对值。有效声压:媒介点上瞬时声压在一个周期内的均方根值。

2)声强和声强级

声强是单位时间内垂直于声波传播方向上单位面积内通过的能量,表示为 I_n,其单位是 W·m^{-2}。声场在指定方向 n 的声强等于垂直于该方向的单位面积上的平均声能通量,即声强为

$$I_n = \frac{1}{T} \int_0^T P u_n \mathrm{d}t \tag{5-15}$$

式中,P 为瞬时声压;u_n 为瞬时质点速度在方向 n 的分量;T 为周期的整数倍。

相应的声强级为

$$L_I = 10 \lg \frac{I}{I_0} \tag{5-16}$$

式中,I 为声强;I_0 为基准声强,取为 10^{-12} W·m^{-2}。

对于球形声源,假设声源在传播过程中没有受到任何阻碍,也不存在能量损失。当声压 P_a 为常数时,两个任意距离 r_1 和 r_2 处的声强为 I_1 和 I_2,则有

$$I_1 4\pi r_1^2 = I_2 4\pi r_2^2$$

即

$$\frac{I_1}{I_2} = \frac{r_2^2}{r_1^2} \tag{5-17}$$

显然,在距声源不同距离的两点,声强之比等于这两个距离平方的倒数之比。

3)声功率和声功率级

声强 I 在包围声源的封闭面积上的积分,就是声源在单位时间内发射出的总

能量,即为声功率,单位为 W,表示为 W。

$$W = \int_S I\,\mathrm{d}S \qquad (5-18)$$

式中,S 为包围声源的封闭面积;dS 为面积微元。

相应的声功率级定义为

$$L_W = 10\lg\frac{W}{W_0} \qquad (5-19)$$

式中,W_0 为基准声功率,取为 10^{-12} W。

声功率级是反映声源发射总能量的物理量,且与测量位置无关,因此它是声源特性的重要指标之一。声功率级无法直接测量,只能通过对声压级的测量经换算而得到。声功率级与声压级的换算关系依声场状况而定。在自由声场中有

$$L_W = \bar{L}_P + 20\lg R + 11 \qquad (5-20)$$

式中,$\bar{L}_P$ 为在球面半径 R 上所测的多点声压级的平均值。

若声波仅在半球面方向上传播,则这种情况相当于开阔地面上声源的声发射过程。声功率级与声压之间换算公式为

$$L_W = \bar{L}_P + 20\lg R + 8 \qquad (5-21)$$

4) 声阻抗

由 $P = \rho c u$ 可知,在同一声压 P 的情况下,ρc 越大,质点振动速度 u 越小;反之 ρc 越小,质点振动速度 u 越大,所以把 ρc 称为介质的声阻抗。ρc 反映介质的声学性质,它是声场中重要的物理量之一。如果相邻的两种介质声阻抗不同,在这两种介质中声波传播的情况就不同,声波入射这两种介质交界面时,就会引起反射、透射等现象。界面两侧介质声阻抗的差异决定着反射能量与透射能量的比值。界面两侧介质声阻抗的差异越大,反射能量越大,透射声能越小。当界面两侧介质声阻抗非常接近时,反射率几乎为零,声波接近于完全透射。

5) 分贝的运算

(1) 分贝加法。通常情况下,声源不是单一的,总是有多个声源同时存在。因此,就有声级的合成(相加)问题,声级的合成用分贝加法来进行。在各声源发生的声波互不相干的情况下,若相加的声压级分别为 $L_{P1}, L_{P2}, \cdots, L_{Pn}$,则总的声压级 L_{Pt} 为

$$L_{Pt} = 10 \lg \left(\sum_{i=1}^{n} 10^{L_{Pi}/10} \right) \tag{5-22}$$

式中,L_{Pi} 为第 i 个声源的声压级(dB)。同理,可得声强级的求和公式为

$$L_{It} = 10 \lg \left(\sum_{i=1}^{n} 10^{L_{Ii}/10} \right) \tag{5-23}$$

式中,L_{It} 为总的声强级(dB);L_{Ii} 为第 i 个声源的声强级(dB)。

声功率级的求和公式为

$$L_{Wt} = 10 \lg \left(\sum_{i=1}^{n} 10^{L_{Wi}/10} \right) \tag{5-24}$$

式中,L_{Wt} 为总的声功率级(dB);L_{Wi} 为第 i 个声源的声功率级(dB)。

(2)分贝减法。在某些情况下,需要从总的测量结果中减去被测声源以外的声音(本底噪声)的影响,以确定单独由被测声源产生的声级,这就要进行分贝相减的计算。设总的声压级为 L_{Pt},本底噪声的声压级为 L_{Pe},可得声源的声压级 L_{Ps},即

$$L_{Ps} = 10 \lg \left(\sum_{i=1}^{n} 10^{L_{Pt}/10} - 10^{L_{Pe}/10} \right) \tag{5-25}$$

(3)分贝的平均值。分贝平均值的求法由分贝求和法而来,即

$$\overline{L}_P = 10 \lg \left(\frac{1}{n} \sum_{i=1}^{n} 10^{L_{Pi}/10} \right) \tag{5-26}$$

式中,n 为测点数目;L_{Pi} 为第 i 点测得的声压级(dB);$\overline{L}_P$ 为测点数目为 n 点的平均声压级(dB)。

5.2.2　空气中声和噪声强弱的主观表示法

空气中声和噪声强弱的主观表示法包括响度和响度级,因为响度和响度级是独立定义的,有一定的任意性,所以两者之间没有直接的联系。它们之间的联系是通过听者的听觉经验建立的。

1. 响度

宋(Sone)是响度 N 的无量纲单位,它正比于听力正常的听者所评定的主观量。1 宋是声压级为听者听阈上 40 dB 的 1 kHz 纯音所产生的响度。任何一个声音的响度,如果被听者判断为 1 宋响度的几倍,那么这个声音的响度就是几宋。

2. 响度级

方(Phon)是响度级 L_N 的无量纲单位,声和噪声以方为单位的响度级等于听力正常的听者判断为等响的 1 kHz 纯音(来自正前方的平面行波)的声压级,并且应说明测量条件。

利用与基准声音进行比较的方法,可以得到整个可听声音频率范围的纯音的响度级。图 5-21 为鲁宾森和达德森提出的等响度级曲线,这一等响度级曲线被国际标准化组织所采用,因此又称为 ISO 曲线。ISO 曲线表示了典型听者认为响度相同的纯音的声压级与频率的关系。因为频率不同时,人耳的主观感觉不同,所以对应每个频率都有各自的听阈声压级和痛阈声压级,把它们联结起来,就能得到听阈线和痛阈线,两线之间按照响度不同,又分为 13 个响度级,听阈线为零方响度线,痛阈线为 120 方响度线。凡在同一条曲线上的各点,虽然它们代表着不同频率和声压级,但其响度相同,故称为等响曲线。每条等响曲线所代表的响度级(方)的大小由该曲线在 1 kHz 时的声压级的分贝值而定,即选取 1 kHz 纯音作为基准音,其噪声听起来与基准纯音一样响,则噪声的响度级就等于这个纯音的声压级(分贝数)。例如,噪声听起来与频率 1 kHz 的声压级 80 dB 的基准音一样响,则该噪声的响度级就是 80 方。

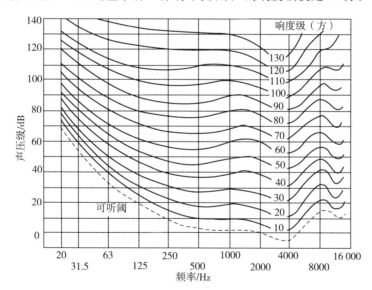

图 5-21　鲁宾森和达德森提出的等响度级曲线

正常说话是 40～60 dB;如果是小声呢喃,声强大概是 20 dB;如果超过 80 dB,就是大声说话,听起来就像吵架;如果超过 120 dB,就会对耳朵造成损伤。以 1 000 Hz 为典型频率,按照图 5-21 中的曲线,0 dB 相当于刚刚能听到的声响;正常说话不是说单一的一个频率,范围为 $300 \sim 3\,400\,\text{Hz}$;有的人声音比较尖锐,说明他声音成分里面高频多一些,有的人声音会比较低沉,说明他声音成分里面低频多一些;电话频带就是按照 $4\,\text{kHz}$ 设计的,留了一定余量。

3. 响度和响度级的关系

稳态声音的响度 N 和响度级 L_N 之间关系的经验公式为

$$N = 2^{(L_N - 40)/10} \text{ 或 } L_N = 40 + 10\log_2 N \qquad (5-27)$$

式(5-27)表明,以 40 方为 1 宋,每增加 10 方,响度增加 1 倍,例如,50 方为 2 宋,60 方为 4 宋,70 方为 8 宋。

5.2.3　气象条件对声速的影响

1. 气温和湿度对声速的影响

在静止的大气中,影响声速的主要因素是气温和湿度。$0\,℃$ 时,声速 $c_0 = 331\,\text{m/s}$,气温每增加(减少)$1\,℃$,声速增加(减少)$0.6\,\text{m/s}$。湿度即空气中的水汽,其对声速的影响很小,当水汽压使水银柱增加(减少)$10\,\text{mm}$ 时,声速增加(减少)$0.6\,\text{m/s}$,而湿度(水汽压)是随着气温的增减而增减的,所以计算湿度对声速的影响只需在气温上加个修正量,加了这个修正量以后的气温叫作虚温,用 t_v^0 表示(见虚温表)。此时,声速表示为

$$c_v = 331 + 0.6 t_v^0$$

那么,在静止的大气中,当温度为 $0\,℃$ 时,其声速可根据式(5-28)求出,即

$$c = \frac{\lambda}{T} = f\lambda \qquad (5-28)$$

也可用拉普拉斯声速公式计算得到,即

$$c = \sqrt{\frac{\gamma P}{\rho}} \qquad (5-29)$$

式中,γ 为气体的定压比热与定容比热之比;P 为空气压力;ρ 为空气密度。

在不同媒质中,声波传播的速度也是不同的。例如,在 $20\,℃$ 时,钢媒质声速是 $5\,000\,\text{m/s}$,水媒质声速是 $1\,450\,\text{m/s}$。

2. 风对声速和声线方向的影响

大气中风对声速的影响较大。因为声波在大气中传播时,空气流动会使声速发生变化。风对声速的影响如图 5-22 所示。

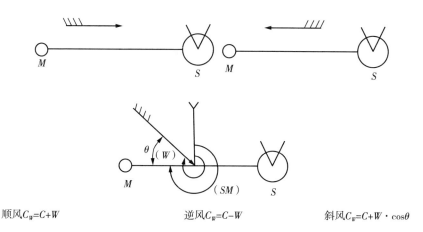

顺风$C_w = C + W$　　　　　　逆风$C_w = C - W$　　　　　斜风$C_w = C + W \cdot \cos\theta$

图 5 - 22　风对声速的影响

顺风使声速增大,逆风使声速减小,斜风对声速影响的大小取决于风向与声波传播方向的关系(风角的大小)而定,其计算公式如下:

$$c_w = c + W\cos\theta \tag{5 - 30}$$

式中,W 为风速,单位为 m/s;θ 为风角,$\theta=$ 风向坐标方位角$(W)-$声线坐标方位角(SM);$W\cos\theta$ 叫作声线上风的纵分速,可用 W_x 表示,其可根据 W 和 θ 从风的纵分速表中查出。

【例 1】　设 $W = 5$ m/s,$(W) = 53 - 00$,$(SM) = 45 - 00$,$c = 340$ m/s,求 c_w。

【解】　$\theta = (W) - (SM) = 53 - 00 - 45 - 00 = 8 - 00$。

查风的纵分速表得 $W_x = +3$ m/s,则 $c_w = c + W_x = 340 + 3 = 343$ (m/s)。

【例 2】　设 $t^0 = +16\ ℃$,$W = 7$ m/s,$(W) = 5 - 00$,$(SM) = 57 - 00$,求 c_{vw}。

【解】　查虚温表得 $t_v^0 = +17\ ℃$,$c_v = 341$ m/s,则 $\theta = (W) - (SM) = 5 - 00 - 57 - 00 = -52 - 00$。

查风的纵分速表得 $W_x = +5$ m/s,则 $c_{vw} = c_v + W_x = 341 + 5 = 346$ (m/s)。

风不仅影响声速,而且影响声线方向发生偏移(见图 5 - 23),其偏移角度 $\Delta\alpha$ 为

$$\Delta\alpha = \frac{W\sin\theta}{c} 1\,000 (密位)$$

式中,$W\sin\theta$ 为声线上的横分速。

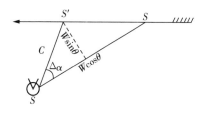

图 5 - 23　风对声线方向的影响

5.2.4 声学传感器的分类与基本结构形式

声学传感器是一种可以接收声波并且能够把声信号转换成电测仪器易于识别的电信号的装置。目前应用最多的声学传感器主要有电容式、动圈式、压电式和永电体式几种。

1. 电容式声学传感器

电容式声学传感器是将被测的声学量的变化转换为电容量变化的传感器,是精密测量中最常用的一种声学传感器,在 $-50 \sim +150$ ℃ 的温度范围内其稳定性、可靠性、耐震性和频率特性均较好。电容式声学传感器结构及电路原理如图 5-24 所示。

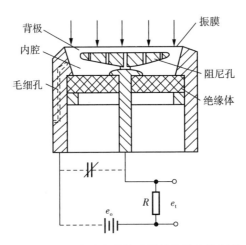

图 5-24 电容式声学传感器结构及电路原理

电容式声学传感器的振膜是一张拉紧的金属薄膜,其厚度为 0.002 5 ~ 0.05 mm,它在声压作用下因变形发生位移,起着变极距型可变电容器动片的作用和背极起定片的作用。背极上有若干个经过特殊设计的阻尼孔,振膜运动时造成的气流将通过这些小孔产生阻尼效应,以抑制振膜的共振振幅。壳体上开有毛细孔,用来平衡振膜两侧的静压力,以防止振膜破裂,然而动态的应力变化(声压)很难通过毛细孔作用于内腔,从而保证仅有振膜的外侧受到声压的作用。电容式声学传感器的电路原理如图 5-24 所示,将声学传感器的可变电容和一个高阻值的电阻 R 与极化电压串联(e_o 为电压源,e_t 为输出电压),当振膜在声压作用下导致电容量变化时,通过电阻 R 的电流随之变化,因此其输出电压 e_t 也随之变化。根据需要,可对 e_t 再进行必要的中间变换。电容式声学传感器幅频特性平直部分的频率范围为 10 Hz ～ 20 kHz。

2. 动圈式声学传感器

动圈式声学传感器是利用电磁感应现象制成的,其结构示意如图 5-25 所示。一个轻质振膜的中部有一个动圈,动圈放在永久磁场的气隙中,在声压作用下,振膜和动圈移动,并切割磁力线,产生感应电势 e_t,e_t 同动圈移动速度成正比例。这种声学传感器的准确度较低,灵敏度也较低,对低频信号不敏感,且易受电磁场的干扰,体积大。其优点是输出阻抗小,可以接较长的电线,也不降低灵敏度。此外,温度和湿度的变化对其灵敏度也无大的影响。

3. 压电式声学传感器

图 5-26 为压电式声学传感器结构示意,图中金属膜片与双压电晶体弯曲梁相连,金属膜片受到声压作用而变形时,会导致双压电晶体弯曲梁的变形,在压电元件梁端面出现电荷,通过变换电路可以输出电信号。压电式声学传感器的金属膜片较厚,其固有频率较低、灵敏度较高、动态特性好、频率响应曲线平坦、结构简单、价格便宜,广泛用于普通声级计中。

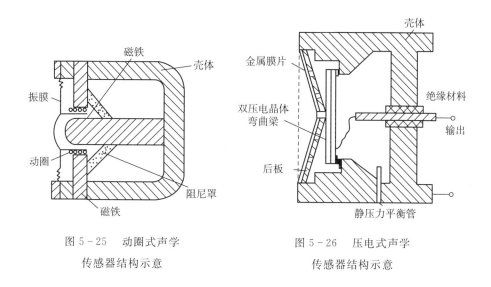

图 5-25　动圈式声学
传感器结构示意

图 5-26　压电式声学
传感器结构示意

4. 永电体式声学传感器

永电体式声学传感器又称为驻极体式声学传感器,其工作原理与电容式声学传感器相似。其特点是尺寸小、价格便宜,既可用于高湿度的测量环境,也可用于精密测量。

5.2.5 声学传感器的应用

1. 声级计

声级计是噪声测量中最常用、最简便的测试仪器,不仅可以进行声级测量,还可以和相应的仪器配套进行频谱分析等。

声级计主要由传声器、输入级、放大器、衰减器、计权网络、检波电路和电源等部分组成。声级计的原理框图如图 5-27 所示。声信号通过传声器转换成交变的电压信号,经输入衰减器、输入放大器的适当处理进入计权网络(或进入滤波器),以模拟人耳对声音的响应,而后进入输出衰减器和输出放大器,最后通过均方根值检波器检波输出一个直流信号驱动指示表头,由此显示出声级的分贝值。

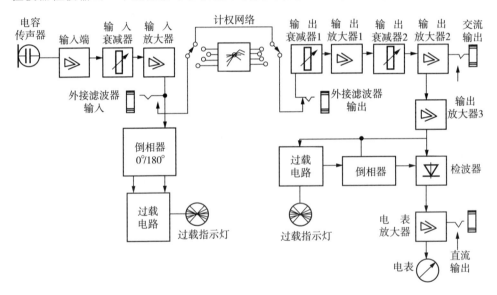

图 5-27 声级计的原理框图

声级计的表头指示阻尼一般有"快"和"慢"两挡,根据测试声压随时间波动的幅度大小来做相应选择。此外,为保证测试结果的精确度和可靠性,声级计必须经常进行校准。输入级是一个阻抗变换器,用来使高输出阻抗的电容传声器与后级放大器匹配。要求输入级的输入电容小和输入电阻高。放大器的作用是将传声器所输出的弱电信号进一步放大,声级计中的衰减器是用来控制量程的,通常以每级衰减 10 dB 为换挡单位。

为模拟人耳听觉对不同频率有不同的灵敏度这一现象,声级计中设计了特殊的滤波衰减器,其可按照等响度曲线对不同频率的音频信号进行不同程度的衰减,称为频率计权网络。GB/T 3785.1—2010/IEC 61672—1:2002 中推荐了三种频率计权网络：A 频率计权、C 频率计权和 Z 频率计权。频率计权网络衰减曲线如图 5-28 所示。在测量过程中，要正确地选择所需的频率计权。

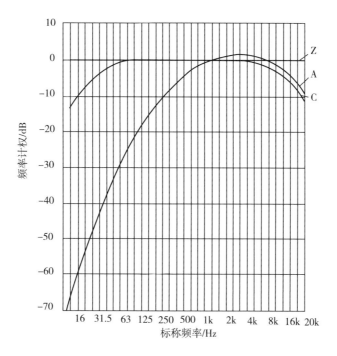

图 5-28　频率计权网络衰减曲线

A 频率计权较好地模仿人耳对低频段（500 Hz 以下）不敏感、对 1 kHz～5 kHz 频段敏感的特点，使电信号的中、低段有较大的衰减。用 A 频率计权测量的声级来代表噪声的大小，称为 A 声级（A Weighted Sound Pressure Level），记作分贝（A）或 dB(A)。由于 A 声级是单一数值，容易直接测量，并且是噪声的所有频率成分的综合反映，与主观反映接近，因此目前在噪声测量中得到广泛的应用，并以它作为评价噪声的标准。但 A 声级代替不了用倍频程声压级表示其他噪声标准，因为 A 声级不能全面地反映噪声的频谱特点，相同的 A 声级的频谱特性可能有很大的差异。

C 频率计权的特点是在整个可听频率范围内近于平直，它让所用频率的声音近于一样程度地通过，基本上不衰减。因此，C 频率计权模拟高强度噪声的频率特性，表示总声压级。

Z 频率计权是对频率范围为 10 Hz～20 kHz 的水平响应。使用 Z 频率计权的测量通常标注 dB(Z)。

时间计权是规定时间常数的指数函数，对瞬时声压的平方进行计权。时间计权 F(快)的设计目标时间常数为 0.125 s，时间计权 S(慢)的设计目标时间常数为 1 s。某时间 t 的 A 频率计权和时间计权声级表示为

$$L_{A\tau}(t) = 20\lg\left\{\left[(1/\tau)\int_{-\infty}^{t} P_A^2(\xi)e^{-(t-\xi)/\tau}d\xi\right]^{1/2}/P_0\right\} \qquad (5-31)$$

式中，τ 为时间计权 F 或 S 的指数时间常数，单位为 s；$P_A(\xi)$ 为时间变量为 ξ 时，A 频率计权瞬时声压；P_0 为基准声压。式(5-31)的过程可以用图 5-29 表达。

图 5-29　形成指数时间计权声级的主要步骤

声级计按用途可分为一般声级计、脉冲声级计、积分声级计和噪声暴露计(又称为噪声剂量计)等；按精度可分为四种类型：0 型声级计、1 型声级计、2 型声级计和 3 型声级计。0 型声级计作为试验室用标准声级计，1 型声级计相当于精密声级计，2 型声级计作为一般用途声级计，3 型声级计作为普级型声级计。

2. 火炮冲击波测试

对于火炮来说，如果冲击波强度超过规定的限度，将对我方战勤人员造成一定的生理损伤，甚至失去战斗能力。炮口冲击波参数的测试数据也为防护用具和其他防护措施的设计和使用提供依据。摸清炮口冲击波的分布及传播规律，能为改进炮口装置(炮口制退器等)的设计提供依据。

1) 火炮射击时产生的声波

火炮射击时，炮口产生一种脉冲式噪声。高速、高压、高温的火药气体突然冲出炮口喷管后，猛烈膨胀，压缩周围空气，形成了超过空气压力的压力波(称超压)，这种噪声在理想条件下产生的物理现象与冲击波相同(由于存在的时间很短促，属冲击性质)，故又叫作冲击波。它以大于声速的速度，并以空气作为媒介向四周传播，冲击波的波前具有压力跃变性，由环境压力升到峰值的时间小于 1 μs。冲击波的持续时间：大口径火炮为毫秒级，小口径火炮一般为微秒级。

压力波包括冲击波和噪声两个物理量。噪声以弱扰动的形式稳定地传播，

扰动通过空气时,空气分子只产生振动,其温度、密度、压力只有微量变化。当环境条件不变时,噪声在空气中的传播速度不变。冲击波则以强扰动的形式传播,波阵面的温度、密度、压力都与初始状态突变、冲击波的传播速度与波阵面的压强有关。波阵面后的空气分子随波阵面运动,其速度大小与冲击波强度有关,其方向在正压区作用时与波阵面同向,在负压区作用时与波阵面反向。正压区是指压力大于静止时的空气压力的区域,而负压区是指压力小于静止时空气压力的区域。冲击波压力曲线如图 5 - 30 所示。冲击波的强度用超过大气压的峰值表示,是指冲击波最大正压力 P_m 与静止状态时空气压力 P_0 之差,即所谓的超压值,单位为帕(Pa)。

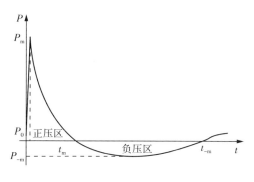

图 5 - 30   冲击波压力曲线

火炮发射时所产生的声波包括发射波(炮口波)、弹道波和射弹爆炸时的爆炸波,这些波都能形成冲击波。

炸药爆炸时,几乎瞬时间就变成高温高压气体(如 100 kg 的 TNT 炸药爆炸时产生约 13 000 个大气压),以每秒数千米的速度向四周扩散,把周围的空气分子压缩成高温密集气层,密集气层的外缘以超过爆炸气体的运动速度又迅速地压缩邻近的空气向外扩散。这样一来,爆炸气体的外缘与密集气层的外缘越离越远,爆炸气体所占的空间就迅速扩大,加之其在压缩过程中又把能量传给了空气,因而使自己的温度迅速下降,压力很快就降到低于周围的气压,使爆心附近变成空气分子稀薄的区域,此时周围被压缩的空气分子除了一部分向外扩散外,另一部分立刻反扑回来填充该区域,而这时原来的压缩区却又变成了稀疏区(见图 5 - 31),因而其周围的密集气体又立刻向其中填充。就这样,每压缩一次波动就向前推进一步,从爆心开始以密疏交替的形状一层一层地向四面八方进行传播,于是就形成了冲击波。

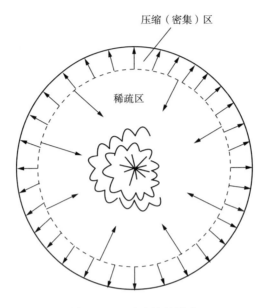

压缩（密集）区

稀疏区

图 5-31　冲击波的形成

当冲击波已脱离爆炸气体而完全形成时，其波前压力最大，温度最高，以超声速在空气中传播。在离爆心一段距离后，其能量很快被空气吸收而减小，压力急剧下降，速度迅速减慢，最后大约距爆心 100 m 左右，冲击波的速度就大致等于声速了，这时冲击波也就变成了普通的声波，因而可以用声测仪器将其记录下来。

冲击波与声波是不同的。声波是在空气分子中平衡地来回振动，而冲击波却破坏了空气的弹性状态，它剧烈地推动空气分子来回冲击。声波具有一定的速度，其压力较小，而冲击波的速度却大得多，压力高得多，变化急剧。

火炮射击时，由于发射药的迅速燃烧，瞬间产生了 3 000 多个大气压，将射弹推出炮膛。射弹从炮膛喷出的高压气体，以及未燃烧完的发射药与空气混合时产生的爆炸（夜间可见到火光），猛烈地冲击炮口前的空气分子，引起压缩振动，气层便呈球形向四周传播，于是形成了波动，这个波动叫作发射波，也叫作炮口波。

由于高压气体向前喷射，因此发射波的波形稍向前突出，其中心在炮口前 10～20 m 处。显然射弹初速度越大，发射波的中心离炮口的距离越远。

火炮的种类不同，其发射波形状也不同。通常榴弹炮的波形：两峰之间一般有较大的间隔，振幅较大；加农炮的波形：波峰尖而密；迫击炮的波形：至多有一个振幅不大的全振动,而波峰较平滑(见图 5-32)。同一类型的火炮,在相同的气象条件下和同等的距离上,火炮口径越大,装药越多,则振幅越大(见图 5-33)。这个特点可作为判断敌炮口径的参考,但必须先求出火炮的距离,然后才能判断敌炮口径大小。

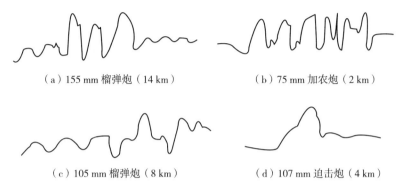

（a）155 mm 榴弹炮（14 km）　　　　　（b）75 mm 加农炮（2 km）

（c）105 mm 榴弹炮（8 km）　　　　　（d）107 mm 迫击炮（4 km）

图 5-32　火炮的发射波波形

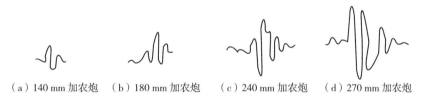

（a）140 mm 加农炮　（b）180 mm 加农炮　（c）240 mm 加农炮　（d）270 mm 加农炮

图 5-33　同条件下不同口径火炮的发射波波形

发射波的压力在各方向的分布是不同的,火炮前要比火炮后的压力大 2~3 倍,如将发射波的压力相同的各点连接起来便得到一等压面(见图 5-34)。首先,在侦察中为了避免我方火炮射击对传声器的干扰,应将传声器配置在我方火炮发射阵地的后方或翼侧。其次,高射炮

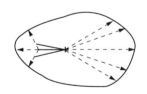

图 5-34　发射波的压力分布

对空射击时,发射波大部分能量向上传播,故沿地面传播的能量有所削弱,因而其交会距离较近。

弹道波是由超声速的射弹冲击空气分子而形成的。它的波面是以弹道为轴线、以弹丸为顶点的圆锥面,其形状就像一顶尖帽子戴在发射波上(见图 5-35)。其频率比发射波高,波形是锯齿形(见图 5-36)。

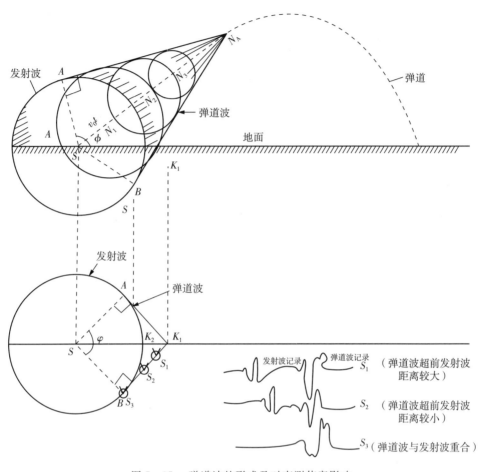

图 5 - 35　弹道波的形成及对声测侦察影响

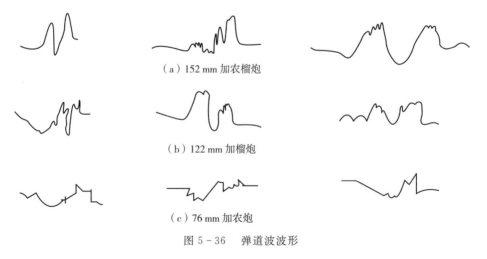

（a）152 mm 加农榴炮

（b）122 mm 加榴炮

（c）76 mm 加农炮

图 5 - 36　弹道波波形

　　当射弹以超声速的速度在空中飞行时,在其弹道轨迹任一点上射弹都要压缩空气分子引起振动。假设射弹在第 1 秒到达 N_1 点,第 2 秒到达 N_2 点……第 4 秒到达 N_4 点。当其到达 N_4 点时,在 S 点产生的炮口波已传播了 $4c$ 的距离(4 倍声速),射弹在 N_1 点所引起的振动传播了 $3c$ 的距离;N_2 点的振动传播了 $2c$ 的距离;N_3 点的振动则传播了 $1c$ 的距离。然后通过射弹做 S、N_1、N_2、N_3 点在第 4 秒末时波前的切面,得出的便是一个圆锥体的弹道波。在圆锥体内所形成的波互相抵消,所以只有圆锥面的弹道波向外传播。

　　因为射弹是与地面成一定角度(θ)向空中飞行的,所以地面上仅能在 ASB 扇形区域内听到弹道波,此扇形区叫作弹道波可闻区。从图 5-35 可以看出,这个扇形区的二分之一可用下式表示:

$$\cos \frac{\varphi}{2} = \frac{ct}{v_0 t} = \frac{c}{v_0} \tag{5-32}$$

式中,v_0 为射弹初速。

　　从式(5-32)可见,扇形区的大小取决于射弹的速度,初速度越大,则扇形区越大;初速度越小,扇形区越小。火炮的扇形区通常为 $100° \sim 120°$。

　　因为只有超声速的射弹在飞行时才能产生弹道波,所以弹道波一直是在发射波前传播的。弹道波的波形总是在发射波波形前面,超前量大小与射弹飞行速度及交会距离成正比,与火炮射角、传声器到射面的距离成反比。由此可知,弹道波的波形、超前发射波波形幅值的大小,取决于传声器配置位置。将传声器配置在 S_1 点则弹道波的波形、超前发射波的波形幅值就较大;配置在 S_2 点则弹道波的波形、超前发射波的波形幅值就较小;配置在 S_3 点则弹道波和发射波记录重合,这样就很难找出发射波的起始点。可见在实施测试时,应将传声器尽量靠近火炮的射面。

　　弹道波虽然是一种干扰波,但有时也可以用来作为判断敌人假炮的依据,因为假炮没有弹道波记录。

　　射弹爆炸时所产生的波动叫作爆炸波。声测侦察是根据我方炮兵射弹的爆炸波来确定炸点的偏差量或炸点坐标,以完成校正射击和对目标试射。

　　爆炸波的记录波形与发射波相似(见图 5-37),在同等条件下,同口径火炮爆炸波的波形幅值小于发射波(与榴弹炮大致相同)的波形幅值。实践证明,爆炸波的波形幅值大小取决于弹径、炸药量和弹着点的土质等条件。弹径越大,炸药量越多,爆炸波越强烈,空中爆炸比地面爆炸声音大,地面爆炸比地下爆炸声音大。所以建立声测试射点时,最好用空炸榴弹或行跳弹射击,通常使用瞬发引信。

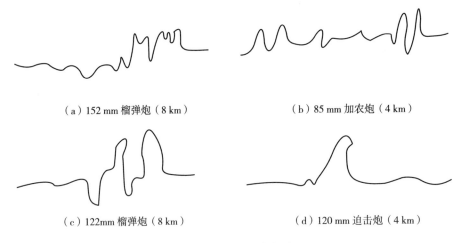

（a）152 mm 榴弹炮（8 km）　　　　　　　（b）85 mm 加农炮（4 km）

（c）122mm 榴弹炮（8 km）　　　　　　　（d）120 mm 迫击炮（4 km）

图 5 - 37　爆炸波波形

　　火箭炮发射时,弹尾装药的燃烧形成声波(见图5-38)。火箭炮发射声波的记录有两个脉冲,第一个产生于开始燃烧时,第二个产生于燃烧结束。两个脉冲之间的间隔取决于火箭弹装药燃烧的时间。根据第一个波形整理结果可求出火箭炮的位置。

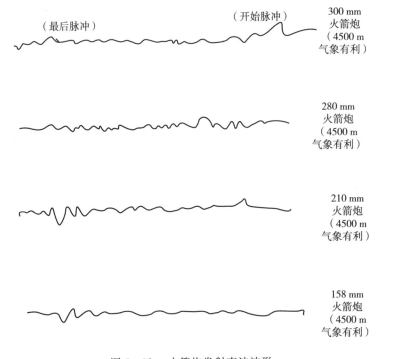

图 5 - 38　火箭炮发射声波波形

2）冲击波的测试方法

正常人耳刚能听到的声音的声压是 2×10^{-5} Pa，此时的声压称为听阈声压。当声压达到 20 Pa 时，人耳将产生疼痛的感觉，此时的声压称为痛阈声压。听阈声压和痛阈声压相差 100 万倍。用声压的绝对值表示声音的强弱很不方便，习惯上用一个成正比关系的对数量声压级代替声压来表示声音的强弱，如式（5 - 14）所示。

把相差 100 万倍的可闻声压范围简化成 0～120 dB 的声压级变化，这样给使用带来了方便，也完全符合人耳对声音的主观感觉。从定义可以看出，声音增加一倍，声压级增加 6 dB。超压值与分贝的换算可查表。

冲击波与噪声的数量级目前尚无严格的界限，通常把超压值大于 0.1 MPa 的冲击波称为弱冲击波，小于 0.01 MPa 的冲击波称为噪声。强冲击波的超压值为 1.2 MPa 甚至几兆帕以上。冲击波对人体的损伤，主要是听觉器官的损伤，严重时内脏也会受到损伤。

在俄国、美国靶场试验法中，规定了炮口波压力安全范围，俄国为 0.02 MPa（180 dB）以内，美国为 4～6 磅／英寸^2（184～187 dB）。

压力波的安全标准以压力波物理参数的数值来表示。压力波是多参数的，有压力峰值、脉冲宽度、频率、脉冲的上升和下降时间等。若要所有的参数都得到反映，安全标准必然定得十分复杂，使用就很不方便（要测试的参数太多）。经过大量试验结果的分析后，决定取压力峰值和脉冲宽度为主要参数，把压力波中大同小异的频谱及基本上可在频谱上得到反映的脉冲上升和下降时间放在次要的位置，则压力波的安全标准可用下式表示：

$$P = 177 - 6 \lg TN \qquad\qquad (5 - 33)$$

式中，P 为可允许压力峰值（峰值压力指瞬间的最大压力）的分贝数；T 为脉冲（正超压）时间，单位为 μs；N 为 1 天内发射的总次数。

脉冲宽度简称脉宽，如压力波为典型的 N 型波，则脉宽指正向的持续时间；若压力波为多峰形的，则脉宽指其包络自峰顶下降 20 dB 处的持续时间（通常从峰顶算至下降 90％ 处）。火炮发射时产生的压力波很少有典型的单尖峰 N 型波，较多的是非典型的单峰或多峰（如火箭压力波），火炮压力波的脉宽基本上为 1～100 ms。

冲击波的传播速度随着冲击波强度而变化，强度越大，速度越快。随着传播距离的增大,传播迅速衰减。当冲击波传到一定距离后,压力、温度、密度逐渐减弱。此时,随波阵面做迁移运动的介质点停止运动,传播速度不再衰减,为一常数,冲击波便蜕变成声波。

冲击波的最高频率范围说法不一,至今没有定论。

用数学法描述超压值随时间变化的规律,一般采用如下近似公式:

$$\Delta P = \Delta P_{\mathrm{m}} \left(1 - \frac{t}{T}\right) \mathrm{e}^{-\frac{t}{T}} \qquad (5-34)$$

式中,ΔP_{m} 为冲击波超压值(冲击波压力),指冲击波最大正压力 P_{m} 与静止状态时空气压力 P_0 之差;t 为脉冲(负超压)时间,单位为 $\mu\mathrm{s}$;T 为脉冲(正超压)时间,单位为 $\mu\mathrm{s}$。

火炮冲击波的测试方法主要有应变法、压电法、电容法、压阻法、纸膜法和机械式自记仪法等。

图 5-39 为应变式冲击波压力传感器,主要由膜片、应变片、壳体、螺盖和信号插座等组成。

应变式冲击波压力传感器的敏感元件是膜片,由于冲击波压力比较低,为了使膜片有较大变形,膜片通常采用铝材。在膜片上粘贴有两个应变片,一个贴于膜片中心,另一个贴在旁边。为了提高传感器的灵敏度、减小非线性失真,目前常采用箔式组合应变片。

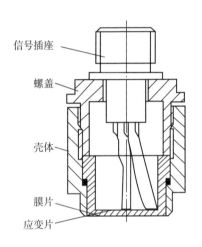

图 5-39 应变式冲击波压力传感器

当炮口冲击波压力作用于传感器的膜片上时,膜片变形,与此同时应变片也随之变形,应变片的变形引起电阻的变化,导致应变仪电桥不平衡,从而产生与冲击波压力对应的电压输出。

应变式冲击波压力传感器与其测量电路配合,可测量冲击波压力随时间的变化规律,频率响应能力可达 15 kHz。该测试系统在 20 世纪 70 年代被广泛采用,但其在使用过程中,每次都需要标定,给检测工作带来较大不便。另外,其频率响应能力和压电测压传感器相比较低,不能真实地再现冲击波压力随时间的变化规律。

压电式冲击波测试系统是用压力标定系统进行标定的。测定炮口冲击波压力时,应根据测试要求同时在多点上布置多个传感器,以记录几个点的同一时刻的冲击波压力值。为便于安装传感器,应做一个专用支座,支座上有固定传感器用的夹具,且支座应设计得稳定可靠。压电式冲击波测试系统均方根误差约为11.5%(不包括动态误差)。压电传感器的频响可以做得很高(100 kHz 以上)。压电式冲击波测试系统框图如图 5 - 40 所示。

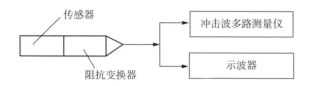

图 5 - 40　压电式冲击波测试系统框图

冲击波压力测量的压电式传感器常用的有以下两种形式。

(1) 组合式压电冲击波压力传感器。组合式压电陶瓷压力传感器结构示意如图 5 - 41 所示,主要由金属纱网、绝热片、压电陶瓷片和芯柱等组成。

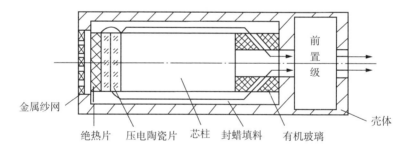

图 5 - 41　组合式压电陶瓷压力传感器结构示意

金属纱网可起电屏蔽作用,用以消除低频杂音。绝热片多采用非极化压电陶瓷材料,无压电效应,声阻和压电陶瓷相同,因此对压力传递影响甚小,能有效地隔绝冲击波波振面的高温和环境温度对压电陶瓷的直接作用,控制压电陶瓷的热释电效应,从而减小检测误差。压电元件多采用压电陶瓷(锆钛酸铅材料)制成,这种材料有较高的灵敏度、较好的线性、烧结方便、价格便宜等优点。但是,这种材料受温度影响较大、稳定性较差,使用时应做相应处理,如在 80 MPa 压力下保持 24 ～ 48 h 进行老化或在 250 ℃ 下保温 8 ～ 24 h 进行温度老化,都可以很好地改善其稳定性。芯柱是压电陶瓷片的支承体,其结构形状对传感器的频响影响较大,若结构形状不合理会导致芯柱的弹性波在压电陶瓷片与芯柱界面间的反复反射而增加噪声。前置级是一个集电荷转换、阻抗变换和电压放大为一体的装置,其输入阻抗大于 $10^8\ \Omega$,与压电陶瓷片输出匹配;输出阻抗小于或等于 $100\ \Omega$,与放大器或记录仪器匹配。前置级可代替电荷放大器的部分功能,因此这种传感器的输出可直接驱动记录显示设备。

冲击波压力通过金属纱网和绝热片作用在压电陶瓷片上,压电陶瓷片的压电效应会使之输出电荷。输出电荷的变化规律与冲击波压力的变化规律一致。压电陶瓷片输出的电荷输入给前置级,经过转换、放大后,以电压的形式输出。

(2)单一型压电冲击波压力传感器。单一型压电冲击波压力传感器结构示意如图 5-42 所示,其主要由压电陶瓷片、导电片、本体和插座等组成。

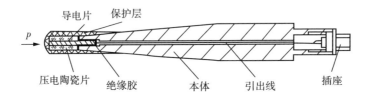

图 5-42 单一型压电冲击波压力传感器结构示意

冲击波压力作用在压电陶瓷片上后,压电陶瓷片将产生电极化现象,同时在其两侧产生大小相等、极性相反的电荷。压电陶瓷片内侧的电荷由导电片、引出线及插座输出。在保护层与压电陶瓷片之间也有一层很薄的导电层,用于将压电陶瓷片外侧的电荷引到传感器本体上。

单一型压电冲击波压力传感器必须通过电荷放大器对输出的电荷进行转换、放大,才能驱动记录显示设备。

冲击波压力测量系统的标定一般采用动态压力标定,常用的方法有两种:点爆炸标定法和激波管标定法。

5.3 姿态传感器

姿态传感器最早应用于航空航天等国防领域,主要用于测量目标相对于参考坐标系的姿态信息,其关键在于倾角的测量。随着传感器技术的发展,姿态传感器在现代各工程领域中得到了广泛应用,在国防领域中的应用包括机器人平衡系统、火炮身管初射角度测量、船舶和飞机航行姿态测量、远程打击武器的姿态测量等。

5.3.1　姿态传感器的相关知识

1. 姿态角

姿态角是指载体坐标系与参考坐标系之间的空间关系。以飞机姿态角为例,机体坐标系 $ox_by_bz_b$ 如图 5-43(a) 所示,对于飞机而言,x_b 轴沿飞机横轴指右,y_b 轴沿飞机纵轴指左,z_b 轴沿飞机竖轴并与 x_b、y_b 轴构成右手直角坐标系。地理坐标系 $ox_ty_tz_t$ 如图 5-42(b) 所示,其原点位于目标所在的点,x_t 轴沿当地纬线指东,y_t 沿当地子午线指北,z_t 轴沿当地地理垂线指上并与 x_t、y_t 轴构成右手直角坐标系。

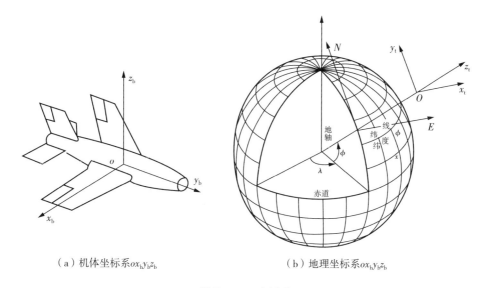

（a）机体坐标系 $ox_by_bz_b$　　　　　　（b）地理坐标系 $ox_by_bz_b$

图 5-43　坐标系

飞机姿态是由机体坐标系与地理坐标系之间的空间关系确定的,由航向角、俯仰角和横滚角三个欧拉角组成。其中,俯仰角为机体 y_b 轴与地平面(平面 x_toy_t)间的夹角,以飞机抬头为正;航向角为机体 y_b 轴在地平面上的投影与 y_t 轴间的夹角,以机头右偏航为正;横滚角为机体 z_b 轴与包含机体 y_b 轴的铅锤面间的夹角,以飞机向右倾斜为正。

2. 姿态角传感器

姿态角传感器是指能够感知载体姿态信息的传感器。姿态角传感器一般是通过角度传感器获取转角信号,并转换成电参量,再通过转换电路转换成电信号输出。

5.3.2　摆式倾角传感器

1. 概念

摆式倾角传感器也称为重力摆姿态角传感器,它是利用重力加速度来工作的。常用于系统的水平测量,还可以用来测量相对于水平面的倾角变化量。摆式倾角传感器的理论基础是牛顿第二定律,在一个系统内部,速度是无法测量的,但却可以测量其加速度。如果初速度已知,那么就可以通过积分计算出线速度,进而可以计算出直线位移,所以它其实是运用惯性原理的一种加速度传感器。当摆式倾角传感器静止时,也就是侧面和垂直方向没有加速度作用,作用在它上面的就只有重力加速度。重力垂直轴与加速度传感器灵敏轴之间的夹角就是倾斜角。

摆式倾角传感器把 MCU、MEMS 加速度计、模数转换电路、通信单元全都集成在一块非常小的电路板上,可以直接输出角度等倾斜数据,能够测量以水平面为参面的双轴倾角变化。输出角度以水准面为参考,基准面可被再次校准,抗外界电磁干扰能力强。

"摆"具有在重力场内力图保持其铅锤方向的特性,根据"摆"的介质可分为固体摆式、液体摆式和气体摆式。

2. 固体摆式倾角传感器

固体摆式倾角传感器的基本结构为支架、摆锤和摆线。如图 5-44 所示,摆锤受重力 G 和摆线的拉力 T 的作用,则其合力 F 为

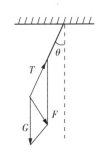

$$F = G\sin\theta = mg\sin\theta \qquad (5-35)$$

式中,θ 为摆线与垂直方向的夹角。获得力 F 的值后,通过公式 $\theta = \arcsin(F/mg)$ 得到倾角 θ 的大小。

图 5-44　固体摆式倾角
传感器原理示意

固体摆式倾角传感器在实际应用中有诸多种类,如应变式、电位器式、电感式、电容式、振弦式等。以电容式倾角传感器为例,其采用差动结构,由左右极板(固定极板)及动极板构成。动极板悬挂于横梁,通过倾斜调整装置与探头外壳固定,受到地球重力作用始终保持铅锤方向,随外壳的倾斜而摆动,从而与固定极板产生相应的偏移。三片电极构成两个电容 C_1、C_2,动极板的位置在倾斜时偏离中心造成 C_1、C_2 同时发生变化,于是建立倾角与电容量信号之间的关联,实现对倾斜角度的测试(见图 5-45)。

设极板长为 a,宽为 b,摆长为 L,图 5-45 中极片延长线交汇至点 O,点 O 至极

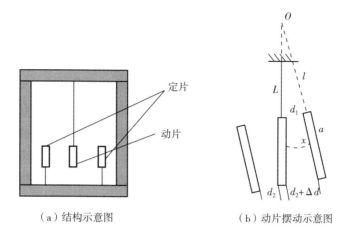

（a）结构示意图　　　　　　（b）动片摆动示意图

图 5 - 45　电容式倾角传感器

板距离为 l，极板初始间距 d_0，极板之间电位差为 U，当传感器基座调至水平时，动片摆体处于铅锤状态，动片在两定片间的中点（零位）且与两定片平行，此时，摆线垂直于地面。当传感器基座有微小角位移 θ（弧度）时，极板上总电量为

$$Q = \varepsilon U a b \, \frac{\ln\left(l + \dfrac{a\theta}{d_1}\right)}{a\theta} \tag{5-36}$$

式中，ε 为极板间填充介质的介电常数。于是动极板与左极板之间的电容为

$$C = \frac{Q}{U} = \varepsilon a b \, \frac{\ln\left(l + \dfrac{a\theta}{d_1}\right)}{a\theta} \tag{5-37}$$

电容式倾角传感器测量电路如图 5-46 所示，通过变压器电桥或脉冲宽度调制电路将信号转换为电压输出。高频电源经变压器接至电容传感器两固定极板，变压器副线圈中点与动极板之间电位差作为输出电压。设图 5-46 中动极板右侧极板之间电容为 C_1，与左侧极板之间电容为 C_2，图中电路的空载输出电压为

$$\dot{U}_o = \frac{C_1 - C_2}{C_1 + C_2} \frac{\dot{U}}{2} = \frac{\ln\left[\dfrac{\left(l + \dfrac{a\theta}{d_0 - (L+a)\theta}\right)}{\left(l + \dfrac{a\theta}{d_0 + L\theta}\right)}\right]}{\ln\left[\left(l + \dfrac{a\theta}{d_0 - (L+a)\theta}\right)\left(l + \dfrac{a\theta}{d_0 + L\theta}\right)\right]} \frac{\dot{U}}{2} \tag{5-38}$$

当 θ 较小时，可以略去展开式的高阶项，输出电压近似为

$$\dot{U}_\circ = \frac{2L+a}{d_0}\frac{\dot{U}}{2}\theta \qquad (5-39)$$

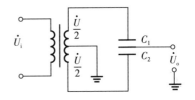

式中,$\dot{U}_\circ$为变压器副线圈感应电动势。由此看出,当角位移较小时,传感器具有较好的线性。

图 5-46 电容式倾角传感器测量电路

3. 液体摆式倾角传感器

液体摆式倾角传感器是依靠密闭腔体中液体在重力场下产生流动,利用电阻、电容或磁阻等电磁参数在液体流动时会发生变化来检测倾角。液体"摆"特性为密闭腔体倾斜时,腔内液体在重力场作用下产生流动,并力图保持液面垂直于重力方向。液体摆式倾角传感器分为电解液式、磁流体式和导电液式。以导电液式倾角传感器为例,其常见形式是在玻璃壳体内装有导电液,并有三根铂电极和外部相连接,三根电极相互平行且间距相等,当壳体水平时,电极插入导电液的深度相同。如果在两根电极之间加上幅值相等的交流电压,电极之间会形成离子电流,两根电极之间的液体相当于两个电阻 R_A 和 R_B。若液体摆水平时,则 $R_A = R_B$。当玻璃壳体倾斜时,电极间的导电液不相等,三根电极浸入液体的深度也发生变化,但中间电极浸入深度基本保持不变。左边电极浸入深度小,则导电液减少,导电的离子数减少,电阻 R_A 增大;相对极的导电液增加,导电的离子数增加,电阻 R_B 减少,即 $R_A > R_B$。反之,若倾斜方向相反,则 $R_A < R_B$。

如图 5-47 所示,方形液槽内安装有三个电极 A、B、C,中间电极 C 为铜丝,其电阻可忽略不计,左右两个电极 A、B 为敏感电极,采用康铜丝,其单位电阻率为 ρ。液槽内装有水银,面高为 h,康铜丝长为 H,左右电极 A、B 距中间电极 C 距离均为 L。当液槽向右倾斜角为 β 时,水银面保持水平,导致左电极 A 液面下降 Δh,右电极 B 液面上升 Δh,如图 5-47(b) 所示,有 $\Delta h = L\tan\beta$,则电极 A、B 的电阻改变量为

$$\Delta R = \rho\Delta h = \rho L\tan\beta \qquad (5-40)$$

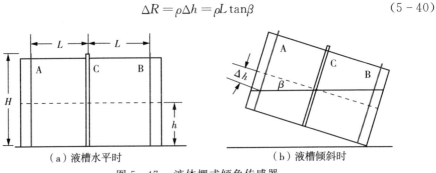

（a）液槽水平时   （b）液槽倾斜时

图 5-47 液体摆式倾角传感器

液体摆式倾角传感器变化量是电阻,采用直流电桥可以较方便地将电阻变量转换成电压变量。图 5-48 为电桥电路,R_A、R_B 为敏感电极的电阻,R_1、R_2 为固定电阻,电源为 U,则根据输出电压 U_o 和已有参数即可解算出 β 的大小。

在液体摆式倾角传感器的应用中,常根据液体位置变化引起应变片的变化,从而引起输出电信号变化而感知倾角的变化。除此类型外,还有在电解

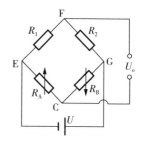

图 5-48　电桥电路

质溶液中留下一气泡,当装置倾斜时气泡会运动使电容发生变化而感应出倾角的液体摆式倾角传感器。

4. 气体摆式倾角传感器

气体在受热时受到浮升力的作用,如同固体摆和液体摆具有的敏感质量一样,热气流总是力图保持在铅垂方向上,因此也具有摆的特性。气体摆式倾角传感器由密闭腔体、气体和热线组成。当腔体所在平面相对水平面倾斜或腔体受到加速度的作用时,热线的阻值发生变化,并且热线阻值的变化是角度或加速度的函数,因而也具有摆的效应。其中,热线阻值的变化是由气体与热线之间的能量交换引起的。

在气体摆式倾角传感器中,气体是密封腔内的唯一运动体,质量较小,相对于固体摆式倾角传感器和液体摆式倾角传感器,其优点在于具有较强的抗振动或冲击能力,不足之处在于受环境温度影响较大。气体摆式倾角传感器敏感原理如图 5-49 所示,它是一个内含气体的密闭腔体,其内有两热敏丝对称地固定在腔体中,关键敏感结构为密闭腔体和热敏丝。基本原理如下:水平状态时,气体在密闭腔中

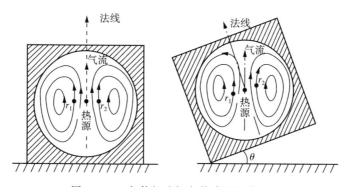

图 5-49　气体摆式倾角传感器敏感原理

受热源加热,形成稳定的自然对流场。两热敏丝位于场中等温处,由热敏丝组成的电桥将保持平衡。密闭腔体倾斜时,自然对流气体力图保持在原来的方向,即具有摆的特性。热敏丝在温度场的位置发生相应改变,处于温度场不同温度点,热敏丝阻值改变,电桥失衡。利用热敏丝相对于对流场位置的变化,可得到与倾斜角呈线性关系的输出信号。

以两丝球形敏感腔结构气体摆式倾角传感器为例,其结构和检测电桥电路如图 5-50 所示。图 5-50(a)中给出了半球体,相对球心等距离平行设置两个敏感电阻丝 r_1 和 r_2,并构成如图 5-50(b)所示检测电桥的两臂。r_1 和 r_2 既起加热作用,又起敏感倾角的作用。当球形敏感元件所在平面相对水平面(xoz 面)倾斜时,阻值发生变化,引起电流变化,检测电桥失衡,输出与倾角 θ 成函数关系的电压 ΔU。

$$\Delta U = E \frac{r_1 - r_2}{2(r_1 + r_2)} \tag{5-41}$$

式中,E 为电桥电路的供电电压。传感器倾斜时,两个敏感电阻线的电阻值必然是一根丝的电阻增加,另一根丝的电阻减小,且可近似认为两者的温度变化绝对值相等。所以,$r_1 + r_2$ 基本保持不变,电桥的输出是由 $\Delta r = r_1 - r_2$ 决定的。由温度场分析可知:

$$\Delta r = r_0 \alpha_0 (T_1 - T_2) \tag{5-42}$$

式中,r_0 为参考温度为 T_0 时的电阻;α_0 为参考温度为 T_0 时的温度系数;T_1、T_2 为两个敏感电阻丝所处位置的温度。通过分析与计算,可知输出电压 ΔU 与倾角 θ 成正比关系。

（a）结构

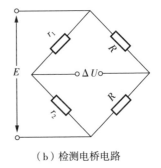

（b）检测电桥电路

图 5-50　气体摆式倾角传感器的结构和检测电桥电路

5. 摆式倾角传感器的性能

摆式倾角传感器有以下主要性能指标。

1) 频率响应特性

摆式倾角传感器的频率响应特性决定了被测量的频率范围，必须在允许频率范围内保持不失真的测量条件，实际上传感器的响应总有一定延迟，希望延迟时间越短越好。

传感器的频率响应高，可测的信号频率范围就宽，而由于受到结构特性的影响，机械系统的惯性较大，固有频率低的传感器可测信号的频率较低。在动态测量中，应根据信号的特点（稳态、瞬态、随机等）选择响应特性，以免产生过大的误差。

摆式倾角传感器为典型谐振系统，测量时易形成振荡，产生过冲，造成信号丢失或引入多余信号。不同敏感材料的摆只能影响其振荡固有频率、振幅，但不能改善其动态性能。传感器极板之间间距 d_0 通常较小（10^{-4} m 量级），运输、安装过程中还需锁紧止动装置，否则易因振荡造成磕碰而损坏。

2) 灵敏度的选择

通常，在摆式倾角传感器的线性范围内，希望摆式倾角传感器的灵敏度越高越好。因为只有灵敏度高时，与被测量变化对应的输出信号的值才比较大，才有利于信号处理。但要注意的是，传感器的灵敏度高，与被测量无关的外界噪声也容易混入，外界噪声会被放大系统放大，从而影响测量精度。因此，要求摆式倾角传感器本身应具有较高的信噪比，尽量减少从外界引入的干扰信号。

摆式倾角传感器的灵敏度是有方向性的。当被测量是一维向量，而且对其方向性要求较高时，则应选择其他方向灵敏度小的摆式倾角传感器；如果被测量是多维向量，则要求摆式倾角传感器的交叉灵敏度越小越好。

3) 稳定性

摆式倾角传感器使用一段时间后，其性能保持不变化的能力称为稳定性。影响摆式倾角传感器长期稳定性的因素除了其本身结构外，主要是使用环境。因此，要使摆式倾角传感器具有良好的稳定性，其必须要有较强的环境适应能力。

4) 线性范围

摆式倾角传感器的线性范围是指输出与输入成正比的范围。从理论上讲，在此范围内，灵敏度保持定值。摆式倾角传感器的线性范围越宽，则其量程越大，并且能保证一定的测量精度。在选择摆式倾角传感器时，确定种类后先要看其量程是否满足要求。但实际上，任何摆式倾角传感器都不能保证绝对的线性，其线性度也是相对的。当所要求测量精度比较低时,在一定的范围内,可将非线性误差较小的摆式倾角传感器近似看作线性的,这会给测量带来极大的方便。

摆式倾角传感器的优劣并非单一因素决定的。简单说来,并不是越灵敏越好,也不是越稳定越好。

基于固体摆、液体摆及气体摆原理研制的倾角传感器,它们各有所长。在重力场中,固体摆式倾角传感器的敏感质量是摆锤质量,液体摆式倾角传感器的敏感质量是电解液,而气体摆式倾角传感器的敏感质量是气体。

气体是密封腔体内的唯一运动体,它的质量较小,在大冲击或高过载时产生的惯性力也很小,所以具有较强的抗振动或冲击能力。但气体运动控制较为复杂,影响其运动的因素较多,其精度无法达到武器系统的要求。

固体摆式倾角传感器有明确的摆长和摆心,其机理基本上与加速度传感器相同。在实际应用中产品类型较多,如电磁摆式,其产品测量范围、精度及抗过载能力较高,在武器系统中应用较为广泛。通过调整摆长和摆材料可改变电容式倾角传感器的固有频率,使之与所测信号匹配,以获得较好的动态响应,提高传感器输出信号与被测量的跟随性,减少失真。加入阻尼介质后,系统的动态特性明显发生改变。

液体摆式倾角传感器系统稳定,在高精度系统中,应用较为广泛,国内外产品多为此类。

5.3.3　旋转变压器

1. 概念

目前,应用的较为广泛的角度测量装置有光电编码器和旋转变压器。但是光电编码器的抗干扰性差,不宜应用在条件恶劣的场合。与之相比,旋转变压器由于结构简单、坚固耐用、抗干扰性强,能够应用在各种条件恶劣的场合,因此在特殊领域有着广泛的应用。旋转变压器简称为旋变,是有次级旋转绕组的变压器,定子绕组为变压器初级,转子绕组为变压器次级。旋转变压器是将机械运动转化为电子信号的转动式机电装置,与编码器不同的是,旋转变压器输出的是随转子转角作某种函数变化的模拟信号(非数字信号)。其输出电压的大小随转子角位移成正弦、余弦函数关系,或保持某一比例关系,或在一定转角范围内与转角呈线性关系。旋转变压器在同步随动系统及数字随动系统中可用于传递转角或电信号;在解算装置中可作为函数的解算用,故也称为解算器。旋转变压器主要用于运动伺服控制系统中,作为角度位置的传感和测量用,属于一类精密控制的微电机。

2. 结构形式及分类

旋转变压器实质上是一种小型交流发电机,结构上可分为定子和转子两大部分。定子和转子的铁芯由铁镍软磁合金或硅钢薄板冲成的槽状芯片叠成,定子和转子的齿槽中都置有正交、互相垂直的两相绕组,定子绕组通过固定在壳体上的接线柱直接引出,转子绕组有两种不同的引出方式。

1) 按有无电刷分

根据转子绕组两种不同的引出方式,旋转变压器分为有刷式和无刷式两种结构形式。

图 5-51 为有刷式旋转变压器结构示意。它的转子绕组通过滑环和电刷直接引出,其特点是结构简单、体积小,但因为电刷与滑环是机械滑动接触的,所以旋转变压器的可靠性差、寿命较短。

图 5-52 为无刷式旋转变压器结构示意。

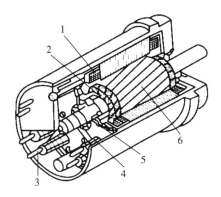

1—定子绕组;2—转子绕组;3—接线柱;

4—电刷;5—整流子;6—转子。

图 5-51　有刷式旋转变压器结构示意

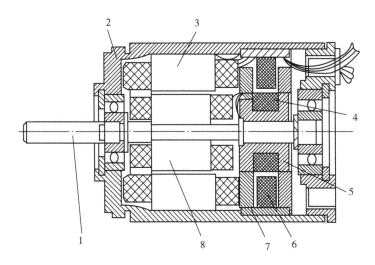

1—转子轴;2—壳体;3—分解器定子;4—变压器一次线圈;

5—变压器转子线轴;6—变压器二次线圈;7—变压器定子;8—分解器转子。

图 5-52　无刷式旋转变压器结构示意

无刷式旋转变压器分为两大部分,即旋转变压器本体和附加变压器。附加变压器的原、副边铁芯及其线圈均成环形,分别固定于转子轴和壳体上,径向留有一定的间隙。旋转变压器本体的转子绕组与附加变压器原边线圈连在一起,在附加变压器原边线圈中的电信号(转子绕组中的电信号)通过电磁耦合,经附加变压器副边线圈间接地送出去。这种结构避免了电刷与滑环之间的不良接触造成的影响,提高了旋转变压器的可靠性及使用寿命,但其体积、质量、成本均有所增加。

2) 按极对数的多少分

旋转变压器按极对数的多少可以分为单对极旋转变压器和多对极旋转变压器两种。其中,多对极旋转变压器可提高角度测量的精度,一般使用时与被测电机的极对数匹配一致。

既有单独使用的多对极旋转变压器,也有和单对极旋转变压器组成统一系统的旋转变压器。在组成的统一系统中,如果单对极旋转变压器和多对极旋转变压器各自有自己的定、转子铁芯,这种结构被称为单通道旋转变压器;如果单对极旋转变压器和多对极旋转变压器在同一套定、转子铁芯中,而分别有自己的单对极绕组和多对极绕组,这种结构被称为双通道旋转变压器。一般双通道结构的旋转变压器较多。

双通道旋转变压器是将两个极对数不等的旋转变压器合在一起。通常极对数少的称为粗机,而极对数多的称为精机。其结构有共磁路和分磁路两种形式。前者是粗机、精机绕组同时嵌入铁芯中,绕组彼此独立,磁路共用。后者是将粗机、精机用机械组合成一体,各自绕组有单独的铁芯,磁路分开。粗机和精机组成电气变速的双通道旋转变压器系统。它不同于两个相同且独立的旋转变压器和减速器组成机械变速的双通道旋转变压器系统。因同步随动系统中采用机械变速的双通道系统满足不了要求,须采用电气变速双通道系统,这种系统不仅把精度提高到秒级,而且结构简单、可靠。

旋转变压器的极对数也被称为轴倍角,极对数为 n 时的轴倍角表示为 nX,即单对极旋转变压器的轴倍角是 $1X$,轴倍角 $2X$ 以上为多对极旋转变压器,单对极与多对极组合的旋转变压器的轴倍角表示为 $1X-nX$。单对极旋转变压器、多对极旋转变压器、组合旋转变压器分别被称为单速旋转变压器、多速旋转变压器、复速旋转变压器。

3) 按转子有无绕组分

按转子上有无绕组可以将旋转变压器分为无刷旋转变压器和磁阻式旋转变压

器(VR 旋转变压器)。无刷旋转变压器通过环型耦合变压器来实现转子绕组和外电路的连接。但是,由于环型耦合变压器的存在,旋转变压器的尺寸、体积、重量较大,因此在一些空间有限的场合应用受到限制。磁阻式旋转变压器转子上不安置绕组,而是把激磁和信号绕组都安放在定子上(见图 5 - 53)。

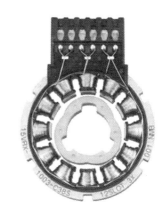

图 5 - 53　磁阻式旋转变压器

磁阻式旋转变压器是根据磁阻变化原理设计的一种无接触式多极旋转变压器。随着转子位置角的变化,气隙磁导不断变化,气隙磁密也不断变化,从而导致定子上信号绕组的感应电势不断变化。其结构简单、尺寸小、精度高,且无接触,大大提高了系统的可靠性,其精度为秒级。磁阻式旋转变压器转子上的齿(极靴)数决定了其极对数。一般磁阻式旋转变压器都是 2 对极(2X)及以上的多对极旋转变压器。

4) 按输入输出相数分类

按照励磁电压输入及输出电压的相数可以将旋转变压器分为 1 相励磁 /2 相输出(BRX)、2 相励磁 /1 相输出(BRT)、2 相励磁 /2 相输出(BRS)等不同形式。其中,1 相励磁 /2 相输出(BRX)应用最广泛。

3. 工作原理

旋转变压器的次级绕组,一相绕组为工作绕组,另一相绕组用来补偿电枢反应。旋转变压器可以组成用作角度数据测量的控制方式、随动方式和位置控制方式。

旋转变压器按其绕组对数可分为单极对旋转变压器和双极对旋转变压器两种,下面分别介绍其工作原理。

1) 单极对旋转变压器

旋转变压器是根据互感原理工作的(见图 5-54)。其定子与转子之间的气隙磁通呈正弦规律,因此当定子绕组加上交流电压 U_1 时,转子绕组输出电压的大小取决于定子和转子两绕组磁轴在空间的相对位置。若定子和转子

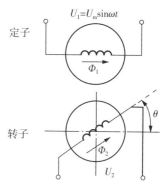

图 5 - 54　旋转变压器工作过程

绕组匝数之比为 k,两绕组轴线间夹角为 θ,则转子绕组产生的感应 U_2 为

$$U_2 = kU_1\cos\theta = kU_m\sin\omega t\cos\theta \tag{5-43}$$

只要测出转子绕组输出电压的幅值,即可得出转子相对定子的角位移 θ 的大小。

2)双极对旋转变压器

在实际应用中,考虑到使用的方便性和检测精度等因素,常采用四极绕组式双极对旋转变压器。这种结构形式的旋转变压器可分为鉴相式和鉴幅式两种工作方式。

(1)鉴相式工作方式。鉴相式工作方式是一种根据旋转变压器转子绕组中感应电势的相位来确定被测位移大小的检测方式。如图 5-55 所示,定子绕组和转子绕组均由两个匝数相等且互相垂直的绕组组成。

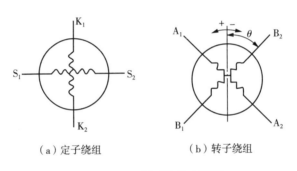

（a）定子绕组　　　　　　（b）转子绕组

图 5-55　双极对旋转变压器

在图 5-55(a) 中,$S_1 S_2$ 为定子主绕组,$K_1 K_2$ 为定子辅助绕组。当 $S_1 S_2$ 和 $K_1 K_2$ 中分别通以交变激磁电压 $U_{1S} = U_m\sin\omega t$,$U_{1C} = U_m\cos\omega t$ 时,则转子绕组中的感应电压 $U_2 = kU_m\cos(\omega t - \theta)$,转子输出电压的相位角和转子的偏转角之间有严格的对应关系。

由此可见,旋转变压器感应电动势与定子绕组中的激励电压同频同幅,但相位不同,其相位差为 θ。若把定子正弦绕组交流激励电压的相位作为基准相位,此相位差角 θ 就是转子相对于定子的空间转角,只要检测出转子输出电压的相位角,就可知道转子的转角。

在图 5-55(b) 中,转子绕组 $A_1 A_2$ 接一高阻抗,它不作为旋转变压器的测量输出,主要起平衡磁场的作用,目的是提高测量精度。

(2)鉴幅式工作方式。鉴幅式工作方式是通过对旋转变压器转子绕组中感应电势幅值的检测来实现位移检测。当 $S_1 S_2$ 和 $K_1 K_2$ 中分别通以交变激磁电压 $U_{1S} = U_{Sm}\sin\omega t$,$U_{1C} = U_{Cm}\sin\omega t$ 时,$U_{Sm} = U_m\sin\alpha$,$U_{Cm} = U_m\cos\alpha$(α 为给定的电气

角），则转子绕组中的感应电压 $U_2 = kU_m\cos(\alpha-\theta)\sin\omega t$，转子感应电压的幅值随转子偏转角 θ 而变化。若电气角已知，则只要测出转子线圈电压幅值，就可测出机械角，从而测得被测角位移。

实际应用时，利用幅值为零的特殊情况进行测量。不断调整电气角，当感应电势幅值为零时，机械角等于电气角，通过电气角测量就能获得机械角大小。

旋转变压器是一种精密角度、位置、速度检测装置，适用于所有使用旋转编码器的场合，以及高温、严寒、潮湿、高速、高振动等旋转编码器无法正常工作的场合，也可用于坐标变换、三角运算和角度数据传输，还可作为两相移相器用在角度-数字转换装置中。

5.3.4　姿态传感器的应用

自行加榴炮武器系统根据自动采集到的姿态角、高低角、方位角、定向角以及炮长火控操作显示台传来的射击诸元进行位置控制调节运算，火控计算机将 PWM 信号转换成正负电压控制信号输出给放大器箱的速度调节器，再通过电流调节器和扩大机，驱动执行电机，带动火炮调炮到位，跟踪瞄准目标，实施火力打击。

自行加榴炮武器系统底盘的姿态角（车体姿态角）如图 5-56 所示，用横倾角 α、纵倾角 β 来表达。

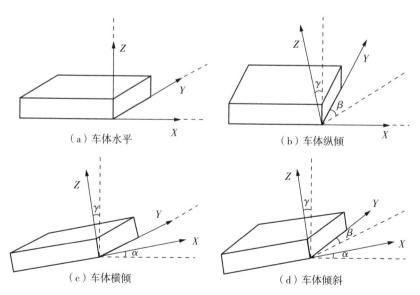

（a）车体水平　　　　　　　　（b）车体纵倾

（c）车体横倾　　　　　　　　（d）车体倾斜

图 5-56　自行加榴炮武器系统底盘的姿态角（车体姿态角）

$$\alpha = \arctan \frac{A_X}{\sqrt{A_X + A_Y}} \tag{5-44}$$

$$\beta = \arctan \frac{A_Y}{\sqrt{A_X + A_Y}} \tag{5-45}$$

某型自行加榴炮车体姿态角传感器采用重力摆结构,安装在耳轴附近的同一平面,横倾和纵倾姿态角传感器相互垂直,分别代表炮塔平面和耳轴中心线。静态测量火炮载体姿态角是火炮实现自动操瞄的关键部件,实时反映火炮的横倾角和纵倾角。火控计算机实时采集姿态传感器的值进行操瞄解算,修正火炮倾斜角,使火炮在车体倾斜时仍能准确射击。

某型自行加榴炮车体姿态角传感器由摆锤机构、拨叉机构、高精度旋转变压器、电磁阻尼器和防震器等组成。车体姿态角传感器结构示意如图 5-57 所示。

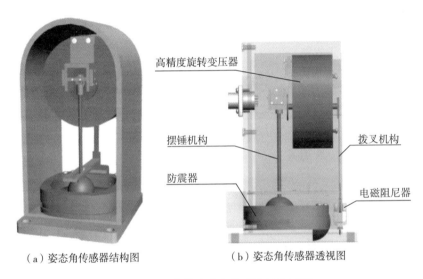

（a）姿态角传感器结构图　　　（b）姿态角传感器透视图

图 5-57　车体姿态角传感器结构示意

5.4　智能传感器及无线传感网络

5.4.1　概念及功能

1. 概念

智能传感器是计算机技术与传感器技术相结合的产物,一般认为智能传感器就是带微处理器,兼有信息采集、信号处理、信息记忆、逻辑思维与判断功能的一类传感器。其最大的特点就是能将传感器检测信息的功能与微处理器的信息处理功能有机地融合在一起。在一定意义上,它具有类似于人工智能的作用。需要指出的是,这里讲的带微处理器包含两种情况:一种是将传感器与微处理器集成在一个芯片上构成所谓的单片智能传感器,另一种是指传感器能够适用于微处理器。显然,后者的定义范围更宽,但两者均属于智能传感器的范畴。

利用微处理器技术使传感器智能化是 20 世纪 80 年代以来新型传感器的一大重要进展。目前,由于智能传感器在功能、测量精度、可靠性等方面较普通传感器有很大的改善,因此智能传感器已经成为传感器研究开发的重点,必将得到广泛的应用。

2. 功能

智能传感器的功能是通过模拟人的感官和大脑的协调动作,并结合长期以来测试技术的研究和实际经验而开发出来的。智能传感器是一个相对独立的智能单元,它的出现对原来硬件性能苛刻要求有所减轻,靠软件帮助可以使传感器的性能大幅度提高。

(1)信息存储和传输。智能传感器通过测试数据存储、传输或接收指令来实现各项功能,如增益的设置、补偿参数的设置、内检参数设置、测试数据输出等。

(2)自补偿和计算功能。多年来从事传感器研制的工程技术人员一直为传感器的温度漂移和输出非线性做了大量的补偿工作,但都没有从根本上解决问题。而智能传感器的自补偿和计算功能为传感器的温度漂移和非线性补偿开辟了新的道路。智能传感器放宽了对传感器加工精密度的要求,只要保证传感器的重复性好,利用微处理器对测试信号进行软件计算,采用多次拟合和差值计算方法对漂移和非线性进行补偿,就能获得较精确的测量结果。

(3)自检、自校、自诊断功能。普通传感器需要定期检验和标定,以保证它在正常使用时有足够的准确度。这些工作一般要求将传感器从使用现场拆卸送到试验室或检验部门进行,因此不能及时诊断在线测量传感器出现的异常。采用智能传感器情况则大有改观:首先,自诊断功能在电源接通时进行自检,诊断测试以确定组件有无故障;其次,根据使用时间可以在线进行校正,微处理器利用存在EPROM 内的计量特性数据进行对比校对。

(4)复合敏感功能。我们观察周围的自然现象,常见的信号有声、光、电、热、力等。敏感元件测量一般通过两种方式:直接测量和间接测量。而智能传感器具有复合功能,能够同时测量多种物理量和化学量,能够给出较全面反映物质运动规律的信息。例如,美国加利福尼亚大学研制的复合液体传感器,可同时测量介质的温度、流速、压力和密度;复合力学传感器,可同时测量物体某一点的三维振动加速度(加速度传感器)、速度(速度传感器)、位移(位移传感器);等等。

(5)智能传感器的集成化。大规模集成电路的发展使传感器与相应的电路集成到同一芯片上,而这种具有某些智能功能的传感器叫作集成智能传感器。集成智能传感器有以下三个方面的优点:① 较高的信噪比:传感器的弱信号先经集成电路信号放大后再远距离传送,可大大改进信噪比;② 改善性能:由于传感器与电路集成于同一芯片上,因此传感器的零漂、温漂和零位可以通过自校单元定期自动校准,又可以采用适当的反馈方式改善传感器的频响;③ 信号规一化:传感器的模拟信号通过程控放大器进行规一化,又通过模数转换成数字信号,微处理器按数字传输的几种形式进行数字规一化,如串行、并行、频率、相位和脉冲等。

5.4.2　分类及特点

1. 分类

智能传感器按智能化程度和实现方式可分为以下三种形式。

1) 初级形式

初级智能传感器的形式比较简单,其特征是在传感器内部集成有温度补偿及校正电路、线性补偿电路和信号处理电路,使传感器具有相应的能力,提高了经典传感器的精度和性能。但该类传感器尚属智能的初级形式,智能含量低,不具备更高级的智能,缺少智能传感器系统的关键部件 —— 微处理器。

2) 中级形式

中级智能传感器除具有初级智能传感器的功能外,还具有自诊断、自校正、数据通信接口等功能。该类传感器结构上通常带有微处理器,传感器与微处理器的集成形式可分为单片式或混合式。借助微处理器,该类传感器功能大大增加,性能进一步提高,自适应性加强。事实上它本身已是一个基本完善的传感器系统,故称为智能传感器的中级形式。

3) 高级形式

高级智能传感器除具有初级智能传感器和中级智能传感器的所有功能外,还具有多维检测、图像识别、分析记忆、模式识别、自学习甚至思维能力等。它所涉及的理论领域包括神经网络、人工智能及模糊理论等。此类传感器可具备人类"五官"的能力,能从复杂的背景信息中提取有用信息,并进行智能化处理,从而成为真正意义上的智能传感器。

2. 特点

与传统传感器相比,智能传感器主要有以下特点。

1) 高精度

由于智能传感器采用了自动调零、自动补偿、自动校准等多项新技术,因此测量精度及分辨力都得到了大幅度提高。例如,美国霍尼韦尔(Honeywell)公司推出的 PPT 系列智能精密压力传感器,测量液体或气体的压力精度为 ±0.05%,比传统压力传感器的精度大约提高了一个数量级。

2) 宽量程

智能传感器的测量范围很宽,并具有很强的过载能力。例如,美国 ADI 公司推出的 ADXRS 300 型单片偏航角速度陀螺仪,能精确测量转动物体的偏航角速度,测量范围是 ±300 °/s。用户只需并联一个合适的设定电阻,即可将测量范围扩展到 ±1 200 °/s,该传感器还能承受 1 000g 的运动加速度或 2 000g 的静力加速度。

3) 多功能

能进行多参数、多功能测量是新型智能传感器的一大特色。瑞士SENSIRION 公司研制的 SHT 11/15 型高精度、自校准、多功能式智能传感器,能同时测量相对湿度、温度和露点等参数,兼有数字温度计、湿度计和露点计三种仪表的功能,可广泛应用于工农业生产、环境监测、医疗仪器、空调设备等领域。Honeywell 公司推出的 APMS - 10G 型智能传感器,内含混浊度传感器、电导传感器、温度传感器、A/D 转换器、微处理器(MPU)和单线 I/O 接口,能定时测量液体的混浊度、电导及温度,并转换成数字输出,是进行水质净化和设备清洗的优选传感器。

4) 自适应能力强

某些智能传感器还具有很强的自适应能力。例如,US00 12 是一种基于数字信号处理器和模糊逻辑技术的高性能智能化超声波干扰探测器集成电路,它对温度环境等自然条件具有自适应能力。美国 Mierosemi 公司、Agilent 公司相继推出了实现人眼仿真的集成化可见光亮度传感器,其光谱特性和灵敏度都与人眼相似,能代替人眼去感受环境亮度的明暗程度,自动控制 LCD 显示器背光源的亮度,可以充分满足用户在不同时间、不同环境中对显示器亮度的需要。

5) 微功耗

降低功耗对智能传感器具有重要意义。这不仅可简化系统电源和散热电路的设计,延长智能传感器的使用寿命,还为进一步提高智能传感器芯片的集成度创造了有利条件。

智能传感器普遍采用大规模或超大规模 COMS 电路,这使传感器的耗电量大幅度降低,有的可用叠层电池甚至纽扣电池供电。暂时不进行测量时,还可采用待机模式将智能传感器的功耗降至更低。例如,FPS 200 型指纹传感器在待机模式下的功耗仅为 $100~\mu\mathrm{W}$。

5.4.3 组成及实现途径

1. 组成

智能传感器的结构有多种形式,但总的来说,应当包括以下几个部分:微处理器部分 —— 智能传感器的核心部分;A/D模块 —— 主要决定智能传感器精度的部分;传感器测量及信号调理部分 —— 主要包括信号的放大、滤波、电平转换等;其他辅助部分 —— 键盘及显示器等。智能传感器组成框图如图 5-58 所示。

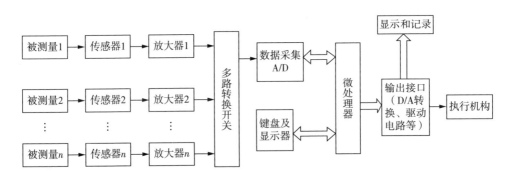

图 5-58　智能传感器组成框图

2. 实现途径

1) 非集成化实现

非集成化实现是将传统的经典传感器(采用非集成化工艺制作的传感器,仅具有获取信号的功能)、信号处理电路、带数字总线接口的微处理器组合成一个整体而构成的一类智能传感器系统。智能传感器的非集成化实现框图如图 5-59 所示。

图 5-59 中信号处理电路的作用是处理经典传感器的输出信号。利用信号处理电路将经典传感器输出的信号进行放大转换为数字信号后送到微处理器,再由

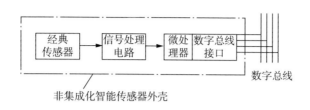

图 5 - 59　智能传感器的非集成化实现框图

微处理器通过数字总线接口挂接在现场数字总线上,这是一种实现智能传感器系统的最快途径与方式。例如,美国罗斯蒙特公司、SMAR 公司生产的电容式智能压力(差)变送器系列产品,就是在原有传统非集成化电容式变送器的基础上附加带数字总线接口的微处理器后组装而成的。同时,开发配备可进行通信、控制、自校正、自补偿、自诊断等功能的智能化软件,从而实现智能化。

另外,最近 10 年来发展极为迅速的模糊传感器也是一种非集成化的新型智能传感器。模糊传感器是在经典数值测量的基础上,通过模糊推理和知识合成,以模拟人类自然语言符号描述的形式输出测量结果。显然,模糊传感器的核心部分就是模拟人类自然语言符号的产生及其处理。

2) 集成化实现

集成化实现是指采用微机械加工技术和超大规模集成电路工艺技术,利用硅作为基本材料来制作敏感单元、信号处理电路、微处理器单元,并将它们集成在同一块芯片上,故又称为集成智能传感器。

智能传感器的集成化主要有以下三种情况。

(1)将多个功能完全相同的敏感单元集成在同一块芯片上,用来测试被测量的空间分布信息。例如,压力传感器阵列、CCD 器件等。

(2)对多个结构相同、功能相近的敏感单元进行集成。例如,将不同的气敏传感单元集成在一起组成"电子鼻",利用各种敏感元件对不同气体的交叉敏感效应,采用神经网络模式识别等先进数据处理技术,可以对混合气体的各种成分同时监测,得到混合气体的组成信息,同时提高气敏传感器的测量精度。这层含义上的集成还有一种情况是将不同量程的传感单元集成在一起,可以根据待测量的大小在各个敏感元件之间切换,在保证测量精度的同时,扩大传感器的测量范围。

(3)对不同类型的传感器进行集成。例如,将有压力、温度、湿度、流量、加速度、化学等敏感单元的传感器进行集成,能同时测量环境中的物理特性或化学参量,进而对环境进行监测。

与经典的传感器相比,集成化智能传感器具有微型化、结构一体化、阵列式、测量精度高、多功能、全数字化等特点,能够减少传感器系统的体积,降低制造成本,且使用方便、操作简单,是目前国际上传感器研究的热点,也是未来传感器发展的主流。

随着微电子技术的飞速发展,微米/纳米技术的问世,大规模集成电路工艺技术的日臻完善,集成电路器件的集成度越来越高。这一发展不但成功地使各种数字电路芯片、模拟电路芯片、微处理器芯片、存储器电路芯片等价格性能比大幅度下降,反过来又促进了微机械加工技术的发展,形成了与传统的经典传感器制作工艺完全不同的现代传感器技术。

现代传感器技术是指以硅材料为基础,采用微米(1 ~ 1 000 μm)级的微机械加工技术和大规模集成电路工艺技术来实现各种仪表传感器系统的微米级尺寸化。国外也称现代传感器技术为专用集成微型传感技术(ASM)。

3) 混合实现

混合实现是指根据需要与可能,将系统各个集成化单元,如敏感单元、信号处理电路、微处理器单元、数字总线接口,以不同的组合方式集成在两块或三块芯片上,并封装在一块电路板上(见图 5 - 60)。

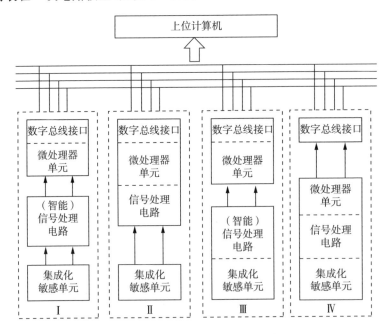

图 5 - 60　智能传感器的混合实现框图

图 5-60 中 Ⅰ ～ Ⅳ 都是集成化实现的智能传感器,它们分别由集成化敏感单元、信号处理电路、微处理器单元和数字总线接口组成。将这几个智能传感器按照一定的总线时序要求连接到一起,再与上位计算机进行通信,上位计算机根据实际应用协调管理各个智能传感器。

混合实现高智能集成传感器系统,是各国科学技术界研究的热门课题之一。日本、美国等国家已开发出在一块硅片上集成同时测量两个、三个甚至四个参量的多功能传感器,如测量温度和压力,测量湿度、温度和亮度,测量温度、湿度和风速。这种多功能传感器组成的智能集成传感器系统,既降低了系统中传感器的重量,又可方便地采用信息融合技术,并且把更多的处理电路与传感器集成在一起,进一步简化了系统组成,改善了系统性能。

5.4.4　无线传感器网络

1. 概念及发展

智能传感器采用可支持以太网和多种现场总线的 IEEE 1415 系列标准作为通用的通信标准,如 IEEE 1415 与射频技术结合,使用射频芯片、振动传感器、温度传感器设计基于单片机的无线智能传感器。

无线传感器网络是大量的静止或移动的传感器以自组织和多跳的方式构成的无线网络,其目的是感知、采集、处理和传输网络覆盖地理区域内感知对象的监测信息,并报告给用户(见图 5-61)。它的英文是 Wireless Sensor Network,简称为WSN 。在这个定义中,无线传感器网络实现了数据采集、处理和传输三种功能,而

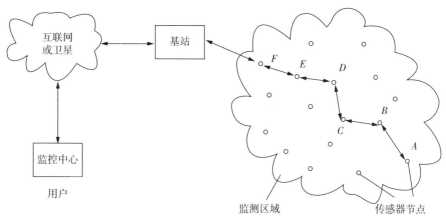

图 5-61　无线传感器网络示意

这正对应着现代信息技术的三大基础技术,即传感器技术、计算机技术和通信技术。无线传感器网络所具有的众多类型的传感器,可探测包括地震、电磁、温度、湿度、噪声、光强度、压力、土壤成分,以及移动物体的大小、速度和方向等周边环境中多种多样的对象。基于 MEMS 的微传感技术和无线联网技术为无线传感器网络赋予了广阔的应用前景。

图 5-61 中,无线传感器网络包括传感器节点、基站以及监控中心等。大量传感器节点随机部署在监测区域,通过自组织方式构成网络。

由于传感器节点的通信距离有限,一般为 $10 \sim 100 \, m$,因此节点只能与其射频覆盖范围内的"邻居"直接通信。如果希望访问大范围内的节点,必须采用多跳路由。如图 5-61 所示,处于监测区域边缘的节点 A 监测的数据不可能直接送达基站,它必须借助别的节点当跳板,先到节点 B,然后是节点 C,这样一次次进行数据转发,经过多跳后路由发到基站,最后通过互联网或卫星到达远程的监控中心。

基站也可以是一个无线网关,目前最流行的技术是使用 GPRS 或者 CDMA 把传感器网络的内部数据发送到因特网上去。这样,使用者在全球任何一个角落,只要有一台可以上网的电脑,就可以随时掌握放置了传感器节点的区域的信息。

无线传感器网络技术的发展基本上经历了以下三个阶段。

第一阶段最早可以追溯到 20 世纪 70 年代使用的传统的传感器系统。

第二阶段是 20 世纪 80—90 年代。该阶段主要是美军研制的分布式传感器网络系统、海军协同交战能力系统、远程战场传感器系统等。这种现代微型化的传感器具备感知能力、计算能力和通信能力。因此在 1999 年,商业周刊将传感器网络列为 21 世纪最具影响的 21 项技术之一。

第三阶段是 21 世纪开始至今。这个阶段的传感器网络技术特点在于网络传输自组织、节点设计低功耗。除了应用于情报部门反恐活动以外,在其他领域更是获得了很好的应用,所以 2002 年美国国家重点实验室之一橡树岭实验室提出了"网络就是传感器"的论断。由于无线传感器网络在国际上被认为是继互联网之后的第二大网络,2003 年美国《技术评论》杂志评出对人类未来生活产生深远影响的十大新兴技术,传感器网络被列为第一。在现代意义上的无线传感器网络的研究及其应用方面,我国与发达国家几乎同步启动,它已经成为我国信息领域位居世界前列的少数方向之一。2006 年我国发布的《国家中长期科学和技术发展规划纲要(2006—2020 年)》中,为信息技术确定了三个前沿方向,其中有两项与传感器网络直接相关,这就是智能感知和自组网技术。当然,传感器网络的发展也是符合计算设备的演化规律。

2. 工作原理

无线传感器网络是一种自组织智能系统,它涉及 MEMS、微电子、计算机、通信、自动控制和人工智能等多学科和领域,是少有的跨学科、高集成度的综合性高新技术。无线传感器网络在有限资源(包括计算能力、存储能力、通信能力和能源供给)的约束条件下,实现数据的采集、传输、处理和展示,针对不同的应用采用不同的节点技术、组网策略和路由协议,同时针对大规模部署的情况采用多传感数据融合等技术提高识别率。

采用 MEMS 技术,特别是立体加工技术,在芯片上将多种元件集为一体,使制作微型化、低成本、多功能的节点成为现实。通过低功耗的无线通信将大量的MEMS 节点联结成网络,发挥其整体的效能和作用。在通信方式上,有无线电、红外、声等多种无线通信技术可供选择。作为自动控制和人工智能领域中的前沿研究内容之一,具有群体智能自治系统的实现和控制为无线传感器网络的智能性提供了有力的技术支持。

无线传感器网络集成有数据处理单元、通信模块和电源模块的微小节点,通过自组织的方式构成网络,随机分布,通过节点中内置的多种类型敏感元件,感测周围环境中的温度、湿度、光强、压力、化学、生物气体种类和成分等多种物理量和生化量,并通过无线通信方式传送这些信息。

在不同应用中,传感器网络节点组成也不相同,但一般都由数据采集、数据处理、数据传输和电源四部分组成。

无线传感器网络结构的一个具体实例如图 5-62 所示。从模块上分,该系统由无线温湿度智能传感器节点(下面简称传感器节点)、汇聚节点和监控中心三部分组成。从结构上看,这是一个层次型网络,最底层为部署在监控区域内的传感器节点,向上层依次为汇聚节点、服务器,最终进入数据库,联入互联网。

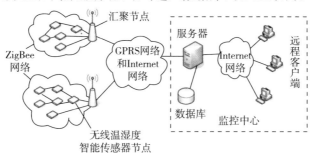

图 5-62　无线温湿度智能传感器网络系统

与其他网络一样,无线传感器网络的协议也包括应用层、传输层、网络层、数据链路层和物理层。在应用层采用不同的软件,就可以实现网络不同的应用目的;传输层提供差错控制和流量控制等功能;网络层主要负责将传输层所提供的数据路由至信息收集节点;数据链路层主要负责节点接入,降低节点间的传输冲突;物理层主要进行比特流的传输。但与蜂窝网、无线局域网等其他无线通信网络相比,无线传感器网络有其自身的显著特性,主要包括节点的低功率和有限处理能力、网络的自组织性和容错性、网络的可扩展性要求、网络对能量的敏感性及传输以数据为中心等。针对这些特性,需要采用适于无线传感器网络的解决方案。比如,在物理层,可以采用低阶调制技术、超宽带无线通信技术、射频标签(BFID)技术等;在网络层,针对不同的准则,可采用各种节省能量的分布式路由算法和协议以及数据融合的算法。

无线网络是一个开放互联系统,按照国际标准化组织(ISO)的规定,为数据流传输所需物理连接的建立、维护和释放提供机械的、电气的、功能的和规程性的模块就叫作物理层。从这个定义可以看出,物理层需要承担为数据终端提供数据传输通路、传输数据和完成管理的职责。具体到无线网络就是频段的选择、介质的选择、调制技术以及扩频技术。源信号要依靠电磁传输必须通过调制技术变成高频信号,抵达接收端时,又通过解调技术还原成原始信号。目前采用的调制方法分为模拟调制和数字调制两种。它们的区别就在于调制信号所用的基带信号的模式不同。信号仅通过调制是不行的,还需要进行扩频。扩频就是将待传输数据进行频谱扩展,它的好处是增强抗干扰能力,可进行多地址通信,提高保密性。常见的扩频包括直接序列扩频、跳频、跳时以及线性调频。

在物理层,无线网络遵从的主要是 IEEE 802.15.4 标准。依照此标准,物理层主要进行如下工作:激活或休眠无线收发器、检测当前信道的能量、发送指示、选择信道频率、发送与接收数据。

信号的传输要靠信道,因此信道也就成了一种宝贵的资源。怎样合理有效地分配信道,就是数据链路层中的 MAC 子层要解决的问题。针对无线传感器网络的能量受限、网络的拓扑结构动态变化以及特殊的通信需求,无线网络经常使用的 MAC 协议有 S‒MAC 协议、分布式能量意识协议(DE‒MAC)和协调设备协议(MD)。

在具备底层传输协议的保障后,信息快速地从源传输到目的地就由路由协议来解决。简单地说,路由要实现两个基本功能:确定最佳路径和通过网络传输信息。数据传输的途径存于路由表,由路由算法初始化并负责维护。

无线传感器网络具有如下特点:能量受限、通信方式以数据为中心、相邻节点的数据有相似性、拓扑结构不断地变化等。常规网络的路由并不一定能适应无线传感器网络。针对无线传感器网络的特点,路由协议可以分为平面路由和分层路由两种。

无线传感器网络有一个属于自己的操作系统 —— Tiny OS。这个系统不同于传统意义上的操作系统,它更像一个编程构架。在此构架下,搭配一组必要的组件,就能方便地编译出面向特定应用的操作系统。

5.4.5　战场感知

战场信息主要有以下三大类:第一类是战场态势信息,包括敌友我三方参战作战部队当前的位置信息、状态信息、目标属性信息等;第二类是战场侦察监视预警信息,包括图像情报信息、信号情报信息、测量特征情报信息、网络情报信息、人力情报信息和开源情报信息等;第三类是战场环境信息,包括气象信息、地理环境信息、电磁环境信息和核生化辐射信息等。

战场感知是所有参战部队和支援保障部队对战场空间内敌友我三方兵力部署、武器装备和战场环境(地形、气象、水文等)等信息的实时掌握过程。战场感知能力包括信息获取、精确信息控制和一致性战场空间理解三个要素。信息获取是指及时、充分、准确提供敌友我部队的状态、行动、计划和意图等信息的能力;精确信息控制是指动态地控制和集成战术指挥、控制、通信、计算机、情报、监视和侦察资源的能力;一致性战场空间理解是指参战人员对敌友和地理环境理解的水平和速度,保持战术部队与支援部队对战场态势理解的一致性的能力。由此可见,广义的战场感知除传统的侦察、监视、情报、目标指示与毁伤评估等外,还包括信息共享及信息资源的管理与控制。

战场信息感知系统用于实现对各种战场信息的"感知"。"感"是指战场信息获取手段,即利用声、电、光、磁等各类传感器来获取多维作战空间(包括陆、海、空、天、网)各类战场数据信息,也就是人们通常所说的侦察监视预警;"知"是"认知",即形成可信度高、适用性强、共享性好的战场情报产品。"感"是手段,"知"是目的,两者不可分割。

未来以信息主导的信息化战争,要求战场信息感知系统必须具备全手段、全空间、全地域、全时域、全频域和全天候的"六全"覆盖能力,以实现对战场作战空间无缝隙、无误差、无时延的"三无"感知能力,为战场各级指战员提供高质量情报产品。实现这一目标的途径,就是构建战场联合信息感知系统。

进入 21 世纪以来,人工智能、信息栅格、移动网络、量子通信、云计算、物联网、大数据等新一代信息技术迅猛发展,为实现战场全维信息感知提供了广阔的应用前景。基于全维信息的战场感知体系,不仅抗干扰、抗攻击能力强,而且可以实现战场信息全网可知、可视、可控,是现代战争克敌制胜的有力手段。

无线传感器网络可以协助实现有效的战场态势感知,具有快速布设、自组织和容错等特性,战场物联网通过部署在互联网上可传感不同信息源的海量传感器,实现人与物、物与物之间的信息交换和网络通信,能为战场上每一个作战要素配属自己的网络互联地址。正是因为这一点,无线传感器网络非常适合应用于恶劣的战场环境,包括监控友军兵力、装备和物质,监视冲突区,侦察敌方地形和布防,定位攻击目标,评估损失,侦察和探测生物化学攻击。无线传感器网络已成为战场指挥系统的重要组成部分。

远距离地面战场侦察传感系统(Remotely Monitored Battlefield Sensor System,REMBASS)有三个主要辅助系统:传感器系统、传输系统和监测装置。REMBASS 利用传感器系统获取信息,并通过 VHF 数字线路传输到由人操作的监测仪上。REMBASS 有三种布设传感器的方法:用人工将传感器安置在需要的地方、用飞机将传感器散设在预定的地点和用火炮将传感器发射到任意位置。人工安置的传感器主要用途是接收当目标进入检测区内所引起的地面震动和声激励信号。在没有目标进入时,传感器是处在"睡眠"状态,功率损耗非常小,当目标进入感测区后,传感器就会立即接收超过正常环境的能量变化信号。

远视目标识别系统(REM - VIEW)是一种综合成像与无人值守地面传感器系统,是无人值守地面传感器系统 AN/GSR - 8(V)REMBASS - Ⅱ 的改进型。其以被动方式探测、分类和确定人员与车辆的行进方向,并能就所探测的场景提供高分辨率图像,图像和传感器数据随后由现场处理器单元通过卫星通信系统中继到遥控操作中心。REM - VIEW 可配置 $8 \sim 12\ \mu m$ 波段的红外热成像传感器,以实现昼/夜成像能力。

智能尘埃及内部结构如图 5 - 63 所示。智能尘埃是以无线方式传递信息的超微型传感器,具有低成本、低功率(手机功率的 1/1 000)等特征,尺寸目标定位在 1 mm 及以下,是美国加州大学伯克利分校(Berkeley)在美国国防部高级研究计划局的资助下于 1998 年开始进行的一项研究。

图 5 - 63　智能尘埃及内部结构

1999 年,Berkeley 的研究小组将其研制的智能微尘直径缩小到 5 mm 之内。从图 5 - 64 可以发现厚膜电池占据了智能微尘体积中的绝大部分。2003 年底,Berkeley 的研究小组推出了具有革命性的 Spec 微尘,它有完整的传感器和通信系统,但只有阿司匹林药片大小。

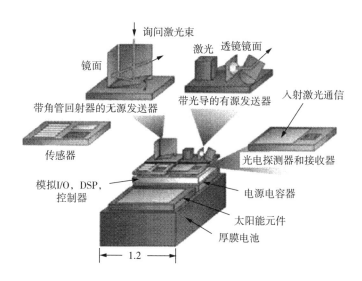

图 5 - 64　智能尘埃结构组成示意

智能尘埃以自组织方式构成的无线网络,能够相互定位、收集数据并向观察者传递信息,如果一个尘埃功能失常,其他尘埃会对其进行修复,并不会影响观察数据的获取。智能尘埃的出现和智能尘埃网络的发展应用带来了一种新的信息获取和处理模式。

智能尘埃主要基于微机电系统技术和集成电路技术,具有体积微小、功耗极低等特点。智能尘埃节点是由传感器、微处理器、通信系统和电源四大部分组成。主被动传输装置及探测接收装置共同构成通信系统;模拟 IO、DSP、控制模块构成微处理器;电源电容、太阳能电池、薄膜电池都属于电源部分;传感器是相对独立的模块。一个 $4.8\ \text{mm}^2$ 智能尘埃节点,其 MEMS 模块实际大小只有 $2.8\ \text{mm} \times 2.1\ \text{mm}$,而利用 $0.25\ \mu\text{m}$ CMOS 工艺制成的集成电路模块实际大小只有 $1\ \text{mm} \times 330\ \mu\text{m}$,执行一条指令平均只需 12 pJ 能耗。正是因为智能尘埃体积微小、功耗极低,其在组成监测网络时具有独特的优势,如多角度、多方位信息融合,低成本,高冗余度,近距离接触,等等。

思考题

1. 什么是热释电效应? 热释电型红外传感器与哪些因素有关?

2. 什么是红外辐射? 什么是红外传感器?

3. 工程上红外线所占据的波段分为哪四部分?

4. 简述一种红外热像仪的结构、组成、工作原理,设计一种用压电式传感器测试火炮冲击波的试验系统,说明其组成及工作原理。

5. 声波按照频率范围可分为哪几类?

6. 声学传感器按工作原理可分为哪几种类型?

7. 试简述火炮发射产生的声波种类及各自特点。试举例说明战场感知网络的组成及工作原理。简要说明姿态传感器在 PLZ05 式自行加榴炮上的应用。

8. 超声波的波形有几种? 是根据什么来分类的?

9. 简述智能传感器的概念与特点。

10. 智能传感器按结构形式可分为哪几种类型?

11. 列举智能传感器在工程和生活中的应用。

12. 简述智能传感器的主要功能。

13. 试总结智能传感器的特点。

14. 什么是姿态? 飞机姿态角是如何确定的?

15. 某液体摆式倾角传感器如图 5 - 47 所示,电桥电路如图 5 - 48 所示,其参数为 $L = 4.0\ \text{cm}, H = 8.0\ \text{cm}, h = 3.0\ \text{cm}, \rho = 0.4\ \Omega/\text{cm}, R_1 = R_2 = 100\ \Omega, U = 1.5\ \text{V}$,求解倾角 β 与输出电压 U_o 的关系式。

下 篇

陆战场典型物理量测试技术

第6章　火炮身管静态参数测试

6.1　火炮身管静态参数测试的目的和内容

火炮身管静态参数测试的目的是检查身管各部尺寸是否符合图纸要求,检查经过多发弹射击后各尺寸和内腔表面的变化情况,为判断身管寿命、分析射击精度及射表编拟提供科学依据。

火炮身管静态参数测试主要包括如下内容:火炮身管内腔直径测量;火炮身管内腔疵病测试;火炮身管炮口角测量;炮膛直线度测量;药室长度测量;药室直径测量;药室容积测量;火炮身管外径测量;身管壁厚差测量;膛线缠度测量;阴线和阳线宽度测量;膛线深度测量;炮身全长、身管长度和膛线部长度测量。

火炮身管内腔直径测量的目的是检查其是否符合技术资料的要求及其在射击试验后的磨损情况,为评定火炮身管寿命提供科学的依据,还可为火炮射击时提供身管磨损量的弹道修正系数。所以火炮身管内腔直径测量是火炮身管静态参数测试中的重要项目,特别是在火炮定型试验和身管寿命试验等大型试验中,对火炮身管内腔直径均应择期进行测量。

火炮身管内腔疵病测试的目的是检查身管内腔表面的加工质量及材质上的缺陷是否符合技术要求,了解腔内烧蚀和磨损变化规律,分析炮膛烧蚀和磨损情况,为评定身管质量及有关研究提供可靠依据。所以火炮身管内腔疵病测试是火炮身管静态参数测试中的重要项目,特别是在火炮定型试验和身管寿命试验等大型试验中,对炮膛均应择期进行细致的检查。

6.2　火炮身管内膛直径测量

线膛炮内膛阳线直径是指炮膛某一截面上相差180°的两条阳线之间的距离；阴线直径是指炮膛某一截面上相差180°的两条阴线之间的距离。滑膛炮内膛直径是指炮膛某一截面上相差180°的两点间的距离。

由于火炮种类繁多，口径大小不一，膛线的几何尺寸和缠度的差异很大，因此形成了各种型号、规格的测径仪。目前，国内常用的测径仪主要有机械星形测径仪、光学星形测径仪、电子测径仪、小口径机电测径仪、深孔内径百分表等多种系列。这些测径仪用于火炮身管加工过程中内膛直径尺寸的测量和试验过程中身管内膛磨损量的测试，属于精密长度测量中的非标准仪器类。

6.2.1　电感调频式测试

电感调频式测试采用电感调频式位移传感器作为火炮身管内膛直径测量的传感元件。电感调频式位移传感器由电感线圈、移动铁芯、导磁外壳、弹簧等组成，用于感受并精确测量点的位移变化量，并将位移变化量转化为其频率的变化量。

电感调频式位移传感器径向安装在测量头内，在火炮身管内膛直径尺寸发生变化时，测杆推动传感器移动铁芯在电感线圈内移动。

随着移动铁芯在电感线圈内相对位置的变化，电感线圈的电感值发生变化。电感线圈的电感值与移动铁芯相对线圈的位移变化量之间存在如下线性关系：

$$L = \frac{4\pi^2 N^2}{l^2}\left[r^2 + (\mu - 1)\, l_c^2 r_c^2 l_0\right] \qquad (6-1)$$

式中，r 为线圈平均半径；l 为单个线圈的长度；l_c 为移动铁芯进入单个线圈的长度；μ 为铁芯的有效磁导率；N 为线圈总匝数；L 为线圈的电感；r_c 为移动铁芯进入单个线圈的半径；l_0 为移动铁芯插入线圈的初始长度。

采用调频振荡电路时，电感线圈电感值的变化使振荡器输出频率发生相应变化，输出频率与电感值之间的计算关系如下：

$$f = \frac{1}{2\pi\sqrt{LC}} \qquad (6-2)$$

式中，f 为振荡器的振荡频率；L 为电感线圈的电感值；C 为固定电容。

电感调频式测径仪主要由测量头、定心支撑爪、推杆、前置电路、数显仪等组成

（见图 6 - 1）。

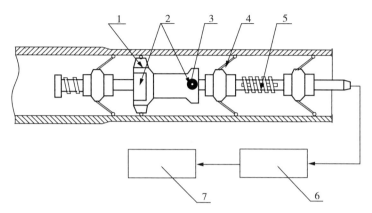

1—前测头；2—前、后测量头本体；3—后测杆；4—定心支撑爪；5—推杆；6—前置电路；7—数显仪。

图 6 - 1　电感调频式测径仪结构示意

　　测量头是测径仪测量部分的核心,用于精确测量测量点的位移变化量,并将位移变化量转化为电感传感器的输出变化量。测量头包括前后两组,即能同时测量两组直径。测量头由测量头本体、传感器、测头等主要部件组成。测量头本体用于安装测头、传感器等部件;测头包括测头座、测杆、导头等。测头座用于安装测杆、导头等。导头安装于测头座顶端,测量时卡入膛线,保证仪器在膛内推进时始终沿膛线运动,测杆从导头伸出,直接与膛壁接触,并将内径变化量传递给传感器。

　　定心支撑爪采用四爪弹性定中方式,在定中支撑范围内保证仪器轴线与炮膛轴线一致。

　　推杆的作用是推动仪器在膛内运动,测量时按身管长度选取推杆节数。

　　测量头装入被测身管后,靠支撑爪的作用使本体轴线与身管轴线同心。由于电感传感器的移动铁芯在弹簧的作用下与测杆的底端接触,测杆顶端顶在膛壁上,随着身管内膛直径尺寸的变化,测杆自动伸缩,推动移动铁芯在电感线圈内移动,随着铁芯在线圈内相对位置的改变,电感线圈的电感值发生相应的变化。

　　电感调频式测径仪电器部分原理框图如图 6 - 2 所示。

　　为提高传感器的远程传输性能及抗干扰性能,在测径仪内安装了前置电路,其可将传感器输出的频率信号进行 F/V 及 V/I 转换,以标准电流输出方式经模拟信号传输电缆传输至数显仪。传感器输入的电流信号在数显仪内经 I/V 转换和电压放大后,输出电压值为 -1.5～+8.5 V 的电压信号,电压信号由液晶数字显示板显示读数;放大后的电压信号另经电平调节输出 -4.096～0 V 直流电压供 12 位

A/D转换板转换,将电压信号数字化后,经RS-232串口由数字信号传输电缆传输至计算机进行数据采集。

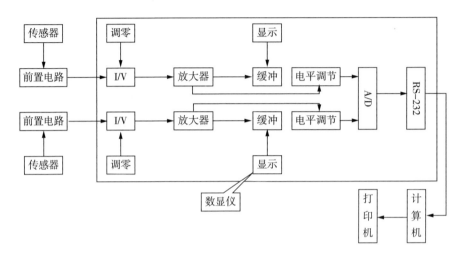

图6-2　电感调频式测径仪电器部分原理框图

电感调频式测径仪主要技术指标如下:

(1) 测量精度:大口径不超过4.4 μm,中口径不超过5.1 μm,小口径不超过9.5 μm;

(2) 量程范围:大口径为$-1.5\sim+8.5$ mm,中口径为$-0.5\sim+5.5$ mm,小口径为$-0.5\sim+1.5$ mm;

(3) 分辨率:1 μm;

(4) 适用口径:Φ20 $\sim$ Φ155 mm。

6.2.2　光栅位移式传感器测试

在一块长条形的光学玻璃上,均匀地刻上许多线条,这就是光栅。按工作原理,光栅可分为物理光栅和计量光栅两种。物理光栅主要是利用光的衍射现象来分析光谱和测定波长等;计量光栅主要是利用莫尔条纹来测量位移。精密的光栅每毫米可以刻100条线,甚至更多。

光栅位移式传感器由光源、透镜、主光栅、指示光栅、光电接收元件和条纹等构成,而光栅是光栅位移式传感器的主要元件。光栅位移式传感器构成示意及原理如图6-3所示。

取两块栅距相同的光栅,这两者刻面相对,中间留有很小的间隙,便组成了光栅副。将其置于由光源和透镜形成的平行光束的光路中,若两光栅栅线之间有很小的夹角 θ(见图 6-4),则在近似垂直栅线方向上就显现出比栅距宽得多的明暗相间的条纹。两块光栅之间倾斜的角度 θ 越小,明暗条纹越粗,这些条纹称为莫尔条纹。中间为亮带,上下为两条暗带。在仪器或机床等普通应用上主光栅长一般不动,指示光栅固定在工作台上随动(也称为读数头),而这里是指示光栅不动,主光栅动。当主光栅沿着垂直于栅线的方向每移动一个栅距时,莫尔条纹近似沿着栅线方向移动一个条纹间距。用光电元件接收莫尔条纹信号,经电路处理后计数器计数可得主光栅与指示光栅相对移动的距离。

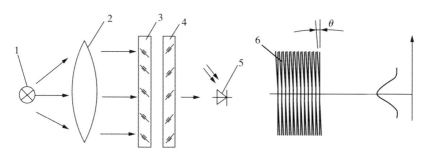

1—光源;2—透镜;3—主光栅;4—指示光栅;5—光电元件;6—条纹。

图 6-3　光栅位移式传感器构成示意及原理

莫尔条纹的间距随着光栅线纹夹角而改变的关系如下:

$$L = \frac{W}{2\sin\dfrac{\theta}{2}} \approx \frac{W}{\theta} \tag{6-3}$$

式中,L 为莫尔条纹间距;W 为光栅栅距;θ 为两光栅线纹夹角。

光栅栅距 W 由刻线宽度 a 和缝隙宽度 b 组成,即 $W = a + b$,一般取 $a = b = W/2$。

如果将主光栅左右移动,那么明暗条纹就会相应地上下移动,而且每当主光栅移动一个栅距时,明暗条纹也正好移过一个周期。莫尔条纹的移动方向和主光栅的移动方向也几乎是垂直的。当主光栅向相反方向移动时,莫尔条纹的移动方向亦相反。

这样,如果把两个光电转换元件按图 6-5 的位置安装,图中 L 为一个明暗条纹的宽度,当主光栅移动时,通过光电转换电路可以得到图 6-6 所示的两个电压信号。电压小的地方相当于遇到暗条纹,电压大的地方相当于遇到明条纹。这两个电压波形都可以看成在一个直流分量上叠加了一个交流分量。U_1 相当于叠加了一个正弦波形，U_2 相当于叠加了一个余弦波形。两者在相位上相差 90°。如果主光栅向右移动，U_2 的波形超前 U_1 90°；如果光栅向左移动，U_1 的波形将超前 U_2 90°。

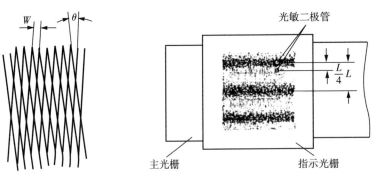

图 6-4　莫尔条纹　　　　图 6-5　光电转换元件相对光栅的安装位置

将上述两路电压波形[分别用"（sin）"和"（cos）"表示]经过施密特电路整形后，可以得到图 6-7 所示的相位相差 90°的两路方波（分别用"［sin］"和"［cos］"表示）。对方波进行计数，将可得出与主光栅位移相应的数字量。

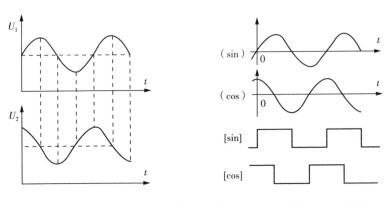

图 6-6　两个光电转换电路的电压波形　　图 6-7　相位相差 90°的两路波形

光栅位移式身管测径仪主要由测量头、定心支撑爪、数显仪、计算机和推杆等组成（见图 6-8）。

光栅位移式身管测径仪的测量头由外壳体、光栅位移式传感器、前盖、后盖、导向杆、回位弹簧等主要部件组成，其结构示意如图 6-9 所示。测量头用于精确测量测量点的位移变化量。

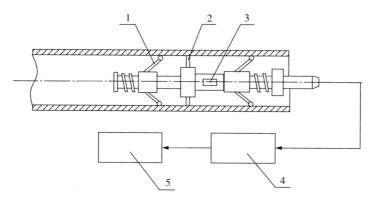

1—定心支撑爪;2—测量头;3—推杆;4—数显仪;5—计算机。

图 6-8　光栅位移式身管测径仪结构示意

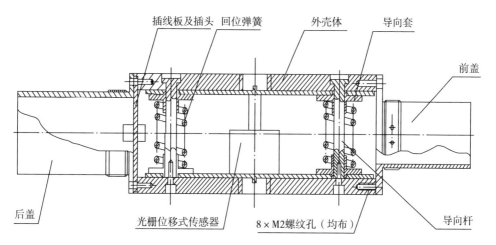

图 6-9　光栅位移式身管测径仪的测量头结构示意

测量头装入被测身管后,利用定心支撑爪使外壳体轴线与身管轴线同轴,测量头轴线与外壳体轴线垂直,且导向套能在导向杆上自由滑动。与光栅位移式传感器主光栅相连的测杆在回位弹簧的作用下,使测量头的测杆紧紧顶在待测身管的阴、阳线或内壁上,随着身管内径尺寸的变化,测杆自动伸缩,推动移动光栅相对于指示光栅产生移动,产生的莫尔条纹信号被光电元件接收,经电路处理后由计数器计数可得到主光栅的位移。由此计算出火炮身管内膛直径的尺寸变化量。

数显仪用于将光栅位移式传感器感应到的位移变化量实时显示在 LCD 显示板上,同时将位移变化量的电信号由 A/D 转换板转换成数字信号后,经 RS-232 串口输出,并提供稳定的不间断电源。定心支撑爪采用四爪弹性定中方式,在定中支撑范围内保证仪器轴线与身管轴线一致。计算机用于采集测量数据,并对测量结果进行处理、存储和打印等工作。

光栅位移式身管测径仪电器部分原理框图如图 6 - 10 所示。

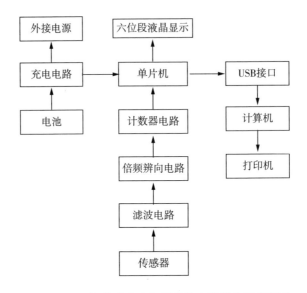

图 6 - 10　光栅位移式身管测径仪电器部分原理框图

光栅位移式身管测径仪主要技术指标如下:

(1) 测量精度: ≤ 5 μm;

(2) 量程范围:大口径为 11 mm,中口径为 8 mm;

(3) 分辨率:1 μm;

(4) 适用口径:Φ60 ~ Φ155 mm;

(5) 测量身管长度:0 ~ 10 m。

6.2.3　容栅位移式传感器测试

容栅位移式传感器在大位移测量上有其突出的优点:一是测量速度快,分辨率为 1 μm 时测量速度可达 1 m/s,分辨率为 0.01 mm 时测量速度可达 1.5 m/s,而其他类型的传感器很少能达到这一水平;二是结构简单、小巧,易于集成;三是对使用环境要求不高,能防油污、防尘,对空气湿度不敏感,适应性强;四是能耗小。鉴于此,小口径机电测径仪采用屏蔽鉴相式容栅位移式传感器作为火炮身管内腔直径测量的传感元件。

容栅位移式传感器由动栅板和定栅板两部分组成。动栅板的正面装有专用大规模集成电路、液晶显示器件、数据输出接口等元件;背面如图 6 - 11 所示,有发射极和接收极两部分。

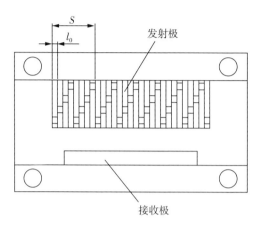

图 6 - 11　动栅板背面结构示意

发射极共有 48 个小发射极,分成 6 组,每组各有 8 个小发射极。小发射极板宽度为 l_0,每 8 个小发射极所占的宽度称为一个节距 S,$S = 8l_0$,其大小与传感器的分辨率有关,如分辨率为 0.01 mm 的容栅位移式传感器的节距为 $S = 5.08$ mm。接收极为一长金属条,处于发射极的下方,长为 5 个节距,与中间 5 组发射极相对应,即前后各空出 4 个小发射极,这是为了消除边缘效应。

定栅板结构示意如图 6 - 12 所示,定栅板是在环氧敷铜板上腐蚀出宽为 $S/2$、间隔亦为 $S/2$ 的与其他部分绝缘的小矩形方格,表面粘贴绝缘保护层,这些小方格称为反射极,其他连通部分屏蔽接地,对测量没有影响。

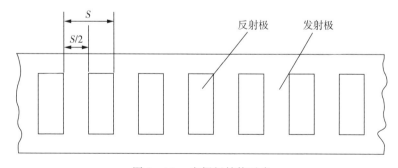

图 6 - 12　定栅板结构示意

动栅和定栅的电极片面相对,平行安装。当发射电极片分别加以激励电压时,通过电容耦合在反射极片上产生电荷,再通过电容在公共接收极上产生电荷输出。

当容栅发射极 E 被加载一个频率和相位严格按周期变化的激励电压信号 V_E 时,根据电容器的工作原理,反射极 M 将会感应产生与 V_E 频率及相位相同的电压信号 V_M(充电电荷 $Q=VC$,当工艺结构确保 C 一定时,$Q \propto V$)。同理,在接收极 R 将得到频率、相位也与激励信号相同的感应信号 V_R。

当反射极 M 相对于发射极 E 发生位移时,尽管反射极 M 在某一瞬间、任一位置均对应于该瞬间和位置上发射极 E 的相应激励状态,但移动的反射极 M 上所感应的信号则不能保持其静止时所感应的信号波形,而产生随位移 ΔX 变化而导致相位与频率变化的感应信号 V'_M,随之,接收极 R 也产生随 V_M 而变化的感应信号 V'_R。

这样,在由容栅位移式传感器的制造工艺保持其结构参数精确一致的条件下,只要由电路保证产生加载于发射极上的激励信号的频率和相位的稳定,并由电子细分逻辑决定相位变化的最小分辨率,则该最小相位变化便对应于一定的位移变化 ΔX。假设最小分辨率(最小相位变化)为一个时钟脉冲 φ,则所述变化的对应关系定义为脉冲当量 ΔS,有

$$\Delta S = \Delta X / \varphi \qquad (6-4)$$

当静止时,输出方波的频率及相位一定,当定尺(反射极板 M)相对于动尺(发射极 E 和接收极 R)移动时,输出波形的相位及频率将发生变化,移动停止后,输出波形的周期恢复原周期,但相位与移动前不同。这样,在移动过程中,由鉴频及计数自动记下周期变化。计算时,读取这一周期变化数加上计算出的相位变化 $\Delta\varphi$,便可求得位移量 X,即

$$X = \Delta\varphi \Delta S \qquad (6-5)$$

将容栅位移式传感器轴向安装在与楔形体相连的拉杆上,在火炮身管内腔直径尺寸发生变化时,通过测杆与楔形体带动传感器的定栅相对于动栅产生相应的位移,由此测量出火炮身管内腔直径尺寸的变化量。

容栅位移式身管测径仪主要由测量头、模拟信号传输电缆、计算机、打印机和 UPS 等组成。测量头由外壳体、测杆、楔形体、弹簧片、容栅位移式传感器等主要部件组成。容栅位移式身管测径仪结构示意如图 6-13 所示。

测量头用于准确定位测量点的位置,精确反映该测量点的径向位移变化量,并将径向位移变化量转化为轴向位移变化量。测量头装入被测身管后,靠定心支承

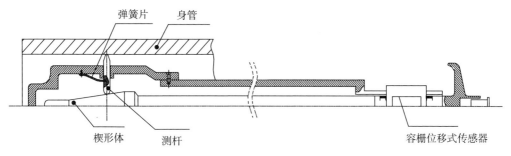

图 6 - 13　容栅位移式身管测径仪结构示意

环的作用使测量头本体轴线与身管轴线同心,测杆轴线与测量头本体轴线垂直,并由导头卡在膛线上来引导测量头的运动方向,测杆和导头处于同一平面,并互相垂直。测量火炮身管内膛直径时,测杆紧紧抵在所测膛线上,导头卡住膛线并保证其随膛线运动。当被测火炮身管内膛直径的尺寸发生变化时,测杆在炮膛内做相应的径向运动。测杆的伸缩使与之相接触的楔形体在炮膛内做轴向移动,楔形体又与安装有容栅位移式传感器的拉杆相连,通过容栅位移式传感器测出楔形体的轴向移动距离。楔形体的轴向移动距离与测杆的径向移动距离有一定的对应关系(1∶5),即测杆径向移动1 mm,楔形体轴向移动 5 mm。这样,通过容栅位移式传感器就能直接测出测杆的径向移动距离。而测杆的径向移动距离就是所测火炮身管内膛直径尺寸的变化量,从而达到测量火炮身管内膛直径的目的。

容栅位移式身管测径仪电器部分原理框图如图 6 - 14 所示。

图 6 - 14　容栅位移式身管测径仪电器部分原理框图

容栅位移式传感器由控制逻辑电路、数据处理电路、LCD 数码显示驱动、8 路驱动输出、反射信号放大及信号处理电路和晶振等组成。晶振的信号通过分频器分频后送到 8 路驱动电路进行相移,然后形成 8 路驱动信号,每路信号之间相位相差 π/4,这 8 路信号送到芯片的 5～12 引脚,再加到动栅板,反射回来的信号通过 17 引脚进入信号放大电路,再把放大后的信号与分频器输出信号进行信号处理和数据处理,控制逻辑的作用是进行公／英制转换、清零和数据输出等。LCD 数码显示驱动器把位移数据变换成 1/2 LCD 驱动信号,直接与液晶屏相连,显示位移量。容栅位移式传感器芯片结构示意如图 6 - 15 所示。

容栅位移式身管测径仪主要技术指标如下：

(1) 测量精度:0.01 mm;

(2) 量程范围:3.6 mm;

(3) 测量深度:2.6 m;

(4) 适用火炮口径:$\Phi23 \sim \Phi30$ mm。

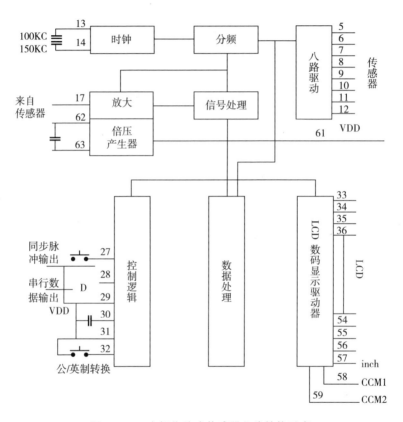

图 6-15　容栅位移式传感器芯片结构示意

6.3　火炮身管内膛疵病测试

6.3.1　内膛疵病分类

本教材只介绍身管射击过程中形成的疵病的测试,包括磨损和烧蚀两种基本情况的测试。随着射弹发数的增加,磨损和烧蚀会渐趋严重和恶化,这将直接影响火炮的剩余战斗能力。

膛壁金属层性质的变化称为烧蚀。烧蚀的主要表现形式为金属的剥落现象。通常把火炮身管在高温、高压、高速火药气体的反复作用下(包括火药气体的热作用、动力作用、对膛壁的物理化学作用和弹丸导转部的机械作用),内膛几何形状的变化称为磨损。磨损的主要表现形式有以下三种。

(1)火药气体的热作用和物理化学作用使表层变脆。身管发射时,膛内承受 $2\,500\sim3\,200\,℃$ 的高温火药气体作用,膛线起始部受有弹带切入膛线时变形功产生的热作用以及弹丸高速运动对膛面摩擦的热作用等,这些可使内膛表面层 $0.01\sim0.2\,mm$ 厚度金属层的温度达到 $800\,℃$ 以上,有时甚至在 $1\,000\,℃$ 以上。内表面金属薄层在高温条件下达到相变温度,形成奥氏体。例如,与氧化合生成 FeO、Fe_2O_3,与碳化合生成 Fe_3C,与 CO 作用生成 $Fe(CO)_5$ 等。同时,火药气体中的碳、氮还会渗入奥氏体,形成渗碳渗氮组织。发射后内膛迅速冷却,内表层金属也会部分形成马氏体。发生上述变化形成的层统称为烧蚀层。

(2)急速热-冷循环使表面产生裂纹。发射时内表层温度迅速升高,其体积随之膨胀。内表层金属体积膨胀的另一个因素是在高温下转变为奥氏体的相变促使的。由于同内表层相邻的外层金属温度很低且不存在相变,因此它限制内表层金属回到原来的位置。但是,已产生的压缩塑性变形使内表层金属内产生很大的拉应力,在连续射击的反复热-冷循环和应力循环作用下,造成受热最严重的膛线起始部出现裂纹,这种裂纹称为热疲劳裂纹。随着射弹发数的增多,裂纹随之加多、加深并向炮口方向延伸。裂纹的出现和发展对身管内膛的破坏起着重要的作用。

(3)火药气体冲刷和弹带的作用使炮膛直径扩大。高温、高压、高速火药气体对炮膛烧蚀层的冲刷是加速炮膛烧蚀极为重要的因素。试验表明,高速火药气体冲过金属狭缝会对两壁造成很大的破坏作用。在炮膛表面形成烧蚀网以后,由于弹带作用和火药气体的冲刷,炮膛直径不断扩大。在阴线部位形成纵向的不断加宽、加深的裂纹网,在阳线的顶部和导转侧受到弹带的机械磨损,导致径向尺寸扩大。由于膛线起始部的炮膛径向尺寸扩大,因此弹丸起动时弹带不可能与膛壁紧密配合,从而无法密封火药气体。这时,弹后的高压气体以极高的速度(可达 $1\,800\,m/s$)冲过弹带与膛壁之间的间隙,对已烧蚀的膛面迅速加热甚至达到表层金属的熔点,使熔化的表层金属被气流带走。表面烧蚀层的不断生成、不断剥落,使裂纹网逐步加宽、加深,往往在膛线起始部附近形成很深的烧蚀沟,且炮膛扩大的部位逐渐向炮口延伸。由上面讨论可知,火药气体冲刷对炮膛烧蚀的后一阶段起着决定性的作用。

身管射击过程中还会产生以下几种特殊的疵病。

(1)阳线挤扁:阳线挤扁可能是环状的或部分的,环状挤扁一般发生在膛线起始部,而部分挤扁可发生在炮膛的任何部位。阳线挤扁会造成阳线变宽,阴线变窄,这将直接影响弹丸在膛内的正常运动。

(2)阳线崩落:膛内不干净造成某些机械损伤或由阳线金属材料中有夹灰所致。在阳线边缘上出现一些缺口,可发生在阳线的任何部位。

(3)阳线脱落:崩落进一步发展成脱落。它发生在阳线的某一部位上,形成比较长的阳线某一侧或两侧全部脱落,最初的表现是阳线棱角脱落,随着射弹发数的增加,会造成阳线大面积脱落。

(4)阳线断落:由弹体在膛内膨胀或膛线内应力过大,导转侧损伤,发射条件不正常和膛内存在异物等因素所致,可能发生在膛内任何部位,表现为阳线表面全部脱落或某段阳线整体脱落,阳线有明显断口。

(5)裂纹:身管加工过程中,裂纹开始较小甚至不明显,随着射弹发数的增加,逐渐加大发展成裂缝,可能发生在膛内任何部位,表现为在膛内表面裂开一条不规则的底部发黑的裂缝。

(6)挂铜、火药残渣:挂铜是弹丸铜制弹带切入膛线并沿膛线高速滑动使一些铜分子残留在膛内表面上的结果。挂铜呈紫红色,通常炮口部明显。经试验证明,火炮内膛表面挂铜厚度不会随着射弹发数的增加而无限累计增加,一般可在 $0.04~\text{mm}$ 左右。而铜微粒不会和内膛表面贴合得很牢固,当火炮下一发弹射击时弹带可以带走一部分挂铜,高压、高速火药气体也可以吹走一部分,所以内膛表面挂铜不会积累得很厚。火炮的挂铜现象对弹道性能稍有影响。火药残渣是火药气体在膛内的残留物,呈黑色。

(7)胀膛:胀膛是指射击后,身管内膛局部产生径向塑性变形使直径扩大的现象。引起胀膛的原因可能有射击前膛内涂油不均匀及擦拭不净或内膛存有杂物,射击时弹丸运动到该处突然受阻,膛压峰值超过身管材料的强度极限。发射速度太快,身管温升过高。

6.3.2　内膛疵病的特点

烧蚀和磨损的情况随着火炮类型、使用情况和内膛部位的不同而有所不同。

1. 内腔表面疵病的形成过程

随着射弹发数的增多,在阴线和阳线上出现纵向、径向细纹及膛线起始部附近出现非闭合网状裂纹[见图 6-16(a)]。对于大口径加农炮来说,甚至在发射几发以后就可能产生这样的裂纹。继续发射,裂纹向炮口方向延伸,原有的裂纹连成网状并不断地加宽、加深[见图 6-16(b)]和[见图 6-16(c)]。受弹带对炮膛的机械磨损和火药气体的冲刷作用,表层金属逐渐剥落,炮膛径向尺寸逐渐扩大。高温、高速火药气体的冲刷使阴线底部形成纵向烧蚀沟裂纹[见图 6-16(d)]和[见图 6-16(e)]。一些高射速自动武器内膛壁温度较高,接近寿命终了时,常发现膛壁有塑性变形和局部熔化现象。

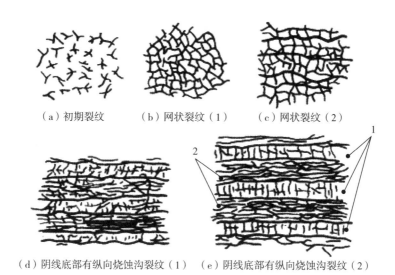

（a）初期裂纹　　　（b）网状裂纹（1）　　　（c）网状裂纹（2）

（d）阴线底部有纵向烧蚀沟裂纹（1）　（e）阴线底部有纵向烧蚀沟裂纹（2）

1—阳线;2—阴线。

图 6-16　内腔表面疵病的形成过程

2. 沿身管长度上内腔疵病的特点

沿身管长度炮膛阳线径向疵病的一般规律如图 6-17 所示,在膛线起始部向前 1～1.5 倍口径长度上炮膛的磨损最严重,因此称为最大磨损段,用“Ⅰ”表示;由此段向前到距膛线起点约 10 倍口径的地方磨损较前段弱,称为次要磨损段,用“Ⅱ”表示;由 Ⅱ 段向前的很长一段,炮膛磨损很小也比较均匀,称为均匀磨损段,用“Ⅲ”表示;在炮口部长度 1.5～2 倍口径的地方又出现磨损较大的区域,称为炮口磨损段,用“Ⅳ”表示。不同类型火炮身管各个磨损段的情况有所差别,高速滑膛炮的最严重磨损部位向炮口方向前移,还会出现第二严重磨损区的现象。

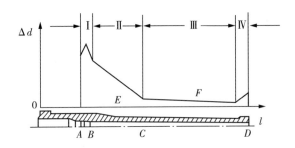

Ⅰ—最大磨损段；Ⅱ—次要磨损段；Ⅲ—均匀磨损段；Ⅳ—炮口磨损段。

图 6-17　沿身管长度炮膛阳线径向疵病的一般规律

内膛磨损使弹丸在膛内定位点前移、药室容积增大、弹带导转不良，对身管寿命终止起着决定性的作用。在研究身管寿命时，必须把注意力集中到这些部位上。

身管口部的磨损使弹丸飞出炮口的张动角加大，导转不良，从而影响火炮射弹密集度。

3. 内膛横断面上疵病的特点

在内膛同一个轴向位置断面上磨损情况也有所不同，表现为阳线顶端和导转侧的磨损比阴线的磨损要快得多。

火炮发射时弹带同膛线导转侧间的比压很大，并有相对滑动，因而比非导转侧磨损大。膛线导转侧的迅速磨损造成阳线截面由最初的矩形变为圆弧形或三角形（见图 6-18）。膛线起始部阳线形状的变化对弹带开始切入膛线过程有着很大的影响。

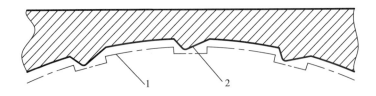

1—原始轮廓；2—导转侧。

图 6-18　内膛断面疵病情况

4. 内膛镀铬身管的烧蚀特点

内膛镀铬后，减少了弹丸对炮膛的磨损和火药气体对膛面的烧蚀，可使身管寿命提高。但由于铬层质地硬脆，加之镀层中难免存在裂纹，因此，随着射弹发数的增多,铬层中原有的径向裂纹会逐渐发展,延伸到基体金属。这时,火药气体会通过铬层的裂纹同基体金属发生作用,有可能生成气相化合物,如$Fe(CO)_5$。这种气相化合物会通过裂纹溢出膛面,从而使铬层裂纹下的基体金属逐渐形成烧蚀坑,架空铬层。继续发射时,在高压火药气体和弹丸的作用下,铬层塌陷、剥落,加速内膛的烧蚀和磨损。由上述破坏过程可知,为提高镀铬身管的寿命,应注意减少铬层的初始裂纹、改善镀层的性能和加强铬层同基体金属的结合强度。

6.3.3 内膛疵病测试

1. CCD 固态图像传感器

图像传感器是利用光电器件的光—电转换功能,将其感光面上的光像转换为与光像成相应线性关系的电信号的功能器件,可以实现可见光、紫外光、X射线、近红外光等的探测,是获取视觉信息的一种基础器件。图像传感器一般分为真空管图像传感器(如电子束摄像管、像增强管、变相管等)和固态图像传感器[如电荷耦合器件(Charge Coupled Device,CCD)固态图像传感器]。目前,真空管图像传感器正逐渐被CCD固态图像传感器所替代。

固态图像传感器是一种高度集成的半导体光电传感器,在一个器件上可以完成光—电信号转换、传输和处理等功能。CCD固态图像传感器是对光敏阵列元件具有自扫描功能的摄像器件,具有集成度高、分辨力高、自扫描、固体化、体积小、质量轻、功耗低、可靠性高、寿命长、图像畸变小、尺寸重现性好、光敏元之间几何尺寸精度高、定位精度和测量精度高、光电灵敏度高、动态范围大、视频信号便于与微机接口、析像度高等优点。因此,CCD固态图像传感器被广泛应用于军事、天文、医疗、电视、传真、通信以及工业检测和自动控制系统,如摄像机、广播电视、可视电话、传真、车身检测、钢管检测、芯片检测、指纹检测、虹膜检测、显微镜改造、工件尺寸及缺陷检测、复杂形貌测量等。

一个完整的CCD由光敏元、转移栅、移位寄存器及一些辅助输入、输出电路组成。CCD工作时,在设定的积分时间内,光敏元对光信号进行取样,将光的强弱转换为各光敏元的电荷量。取样结束后,各光敏元的电荷在转移栅信号驱动下,转移到CCD内部的移位寄存器的相应单元中。移位寄存器在驱动时钟的作用下,将信号电荷顺次转移到输出端。输出信号可接到示波器、图像显示器或其他信号存储、处理设备中,这样可对信号进行再现或存储处理。CCD的基本单元是金属氧化物半导体(Metal Oxide Semiconductor,MOS)电容器,该电容器能存储电荷。以 P 型硅为例,在 P 型硅衬底上通过氧化在表面形成 SiO_2 绝缘层,然后在 SiO_2 层上淀积一层金属。P 型硅里的多数载流子是带正电荷的空穴,少数载流子是带负电荷的电子,当金属电极上施加正电压时,其电场能够透过 SiO_2 绝缘层对这些载流子进行排斥或吸引。MOS 电容器结构示意如图 6-19 所示,其中金属为 MOS 结构的电极称为栅极,此栅极材料通常是用能够透过一定波长范围光的多晶硅薄膜制造而成。半导体作为衬底电极,在两电极之间有一层 SiO_2 绝缘体。

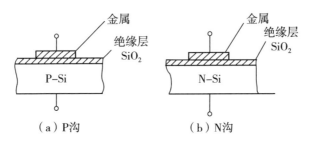

图 6-19　MOS 电容器结构示意

当 MOS 电容器上未加电压时,半导体从界面层到内部能带都是一样的。对 P 型半导体来说,若在金属-半导体间加正电压,则空穴受排斥离开表面而留下受主杂质离子,使半导体表面层形成带负电荷的耗尽层,在耗尽层中电子能量从体内到界面逐渐降低。

当栅压增大超过某特征值(MOS 管的开启电压或阈值电压)时,半导体表面处的费米能级高于禁带中央能级,半导体表面聚集的电子浓度大大增加,形成反型层。由于电子大量集聚在电极下的半导体处,并具有较低的势能,可形象地说半导体表面形成对电子的势阱,能容纳聚集电荷。

CCD 的基本功能是具有在势阱中存储信号电荷,并将其转移的能力,故 CCD 又可称为移位寄存器。为了实现信号电荷的转移,必须使 MOS 电容阵列的排列足够紧密,以致相邻 MOS 电容的势阱可相互沟通,即相互耦合。一般 MOS 电容电极间隙小到 3 μm 以下,通过改变栅极电压可控制势阱高低,使信号电荷可由势阱浅的地方流向势阱深的地方。为了让电荷按规定的方向转移,在 MOS 电容阵列上要加满足一定相位要求的驱动时钟脉冲电压。CCD 的最小单元是在 P 型(或 N 型)硅衬底上生长一层厚度约 120 nm 的 SiO_2 绝缘层,再在 SiO_2 绝缘层上依一定次序沉积金属(Al)电极而构成 MOS 的电容式转移器件。这种排列规则的 MOS 阵列

再加上输入与输出端,即组成 CCD 的主要部分。组成 CCD 的 MOS 结构示意如图
6 - 20 所示。

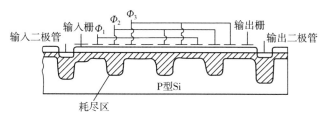

图 6 - 20　组成 CCD 的 MOS 结构示意

当向 SiO_2 绝缘层上表面的电极加一正偏压时,P 型硅衬底中形成耗尽层,较高
的正偏压形成较深的耗尽层,其中的少数载流子 —— 电子被吸收到最高正偏压电
极下的区域内形成电荷包,人们把加偏压后在金属电极下形成的深耗尽层称为势
阱。对于 P 型硅衬底的 CCD,电极加正偏压,少数载流子为电子;对于 N 型硅衬底
的 CCD,电极加负偏压,少数载流子为空穴。

CCD 固态图像传感器通常可分为线阵 CCD 固体图像传感器和面阵 CCD 固体
图像传感器。

1) 线阵 CCD 固态图像传感器

线阵 CCD 固态图像传感器是由一列感光单元(光敏元阵列)与一列 CCD 并行
而构成的。光敏元和 CCD 之间有一个转移控制栅,其基本结构示意如图 6 - 21
所示。

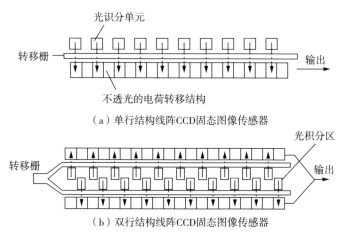

图 6 - 21　线阵 CCD 固态图像传感器基本结构示意

每个感光单元都与一个电荷耦合元件对应,感光元件阵列的各元件都是一个个耗尽的 MOS 电容器。它们具有一个梳状公共电极,而且由一个称为沟阻的高浓度 P 型区在电气上彼此隔离,目的是使 MOS 电容器的电极是透光的。

当入射光照射在光敏元阵列上,梳状电极施加高电压时,入射光所产生的光电荷由光敏元收集,实现光积分。各个光敏元中所积累的光电荷与该光敏元上所接收到的光照强度成正比,也与光积分时间成正比。在光积分时间结束时,转移栅上的电压提高(平时为低电压),与光敏元对应的 CCD 电极同时处于高电压状态。然后,降低梳状电极电压,各光敏元中所积累的光电荷并行地转移到 CCD 中。转移完毕后,转移栅电压降低,梳状电极电压恢复原来的高压状态以迎接下一次积分周期。同时,在 CCD 上加上时钟脉冲,将存储的电荷迅速从 CCD 中转移,并在输出端串行输出。这个过程重复地进行就得到相继的行输出,从而读出电荷图形。单行结构线阵 CCD 固态图像传感器如图 6 - 21(a) 所示。

为了避免在电荷转移到输出端的过程中产生寄生的光积分,CCD 上必须加一层不透光的覆盖层,以避免光照。目前实用的线阵 CCD 固态图像传感器为图 6 - 21(b) 所示的双行结构:在一排图像传感器的两侧布置两排屏蔽光线的 CCD。单、双数光敏元中的信号电荷分别转移到上、下面的 CCD 中,信号电荷在时钟脉冲的作用下自左向右移动。两个 CCD 出来的脉冲序列在输出端交替合并,按照信号电荷在每个光敏元中原来的顺序输出。

2) 面阵 CCD 固态图像传感器

线阵 CCD 固态图像传感器只能在一个方向上实现电子自扫描,为获得二维图像,必须采用庞大的机械扫描装置。线阵 CCD 固态图像传感器的另一个缺点是每个像素的积分时间仅相当于一个行时,信号强度难以提高。为了能在室内照明条件下获得足够的信噪比,必须延长积分时间。于是出现了类似于电子管扫描摄像管那样在整个帧时内均接收光照积累电荷的面阵 CCD 固态图像传感器。面阵 CCD 固态图像传感器在 x、y 两个方向上都能实现电子自扫描,可以获得二维图像。

面阵 CCD 固态图像传感器由感光区、存储区和输出转移部分组成。面阵 CCD 固态图像传感器基本结构示意如图 6 - 22 所示。

面阵 CCD 固态图像传感器将感光元件与存储元件相隔排列,即一列感光单元、一列不透光的存储单元交替排列。在感光区光敏元积分结束时,转移控制栅打开,电荷信号进入存储区。随后,在每个水平回扫周期内,存储区中整个电荷图像一次一行地向上移到水平读出 CCD 中。接着这一行电荷信号在读出 CCD 中向右移位到输出器件,形成视频信号输出。这种结构的器件操作简单,感光单元面积减小,图像清晰,但单元设计复杂。

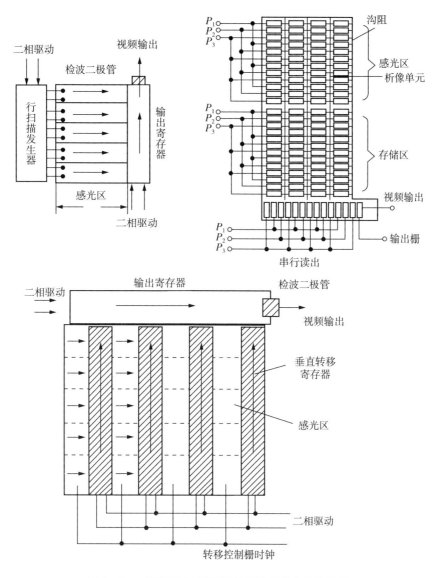

图 6 - 22　面阵 CCD 固态图像传感器基本结构示意

　　CCD 的基本特性参数有光谱响应、动态范围、信噪比、CCD 芯片尺寸等。在 CCD 像素数目相同的条件下,像素点大的 CCD 芯片可以获得更好的拍摄效果。大的像素点有更好的电荷存储能力,可提高动态范围及其他指标。CCD数码照相机简称DC,它采用CCD作为光电转换器件,将被摄物体的图像以数字形式记录在存储器中。DC从外观上看,也有光学镜头、取景器、对焦系统、光圈、内置电子闪光灯等传统相机的结构,但比传统相机多了液晶显示器,且内部更有本质的区别,其快门结构也大不相同。

图6-23为利用线阵CCD固态图像传感器测量物体尺寸的原理框图。

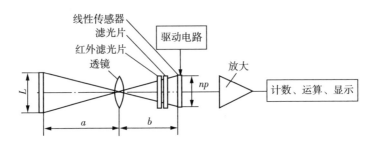

图6-23 利用线阵CCD固态图像传感器测量物体尺寸的原理框图

假设物距与像距分别为a和b,像素间距和像素数分别为p和n,光学成像倍率为M。由几何光学可知,被测对象长度L与系统参数间的关系为

$$\frac{1}{a}+\frac{1}{b}=\frac{1}{f}, M=\frac{b}{a}=\frac{np}{L} \tag{6-6}$$

该系统的测量精度取决于传感器像素数与透镜视场的比值,为提高测量精度应当选用像素多的传感器并且尽量压缩视场。当所用光源含红外光时,可在透镜与传感器间加红外滤光片,若所用光源过强,可再加一滤光片。

2. 基于CCD固态图像传感器的身管内腔疵病测试

CCD固态图像传感器是基于对景物表面的反射光图成像的。因此,景物表面对外来光的反射状况直接影响着光电摄像机的成像质量。擦净的火炮身管,其内表面为光洁如镜的内圆柱面。照明光源会在内圆柱面上形成多次反射和交汇,同时,内腔表面又有膛线相间调制,使光路变得极为复杂。CCD固态图像传感器在这种条件下很难实现光电摄像,为此采用散射、反射、透射等光学技术,使不同的光线叠加、补偿,为CCD数码照相机构造出一个较好的成像条件。基于CCD固态图像传感器的身管内腔疵病测试采用定焦距光学系统,通过调整物像关系获得清晰的内腔图像。

摄像光学系统要计算的参数主要是焦距及反射镜的尺寸,焦距的选择由分辨率要求决定,焦距越长,分辨率越高,但视场越小;反之,焦距越短,分辨率越低,但视场越大。因此,系统在满足 0.1 mm 分辨率的前提下,焦距尽量取得短一些,以便获得较大的视场,以利于观测。综合上述考虑,选择 CCD 固态图像传感器镜头焦距为 7.5 mm,在此条件下对各种口径(23 ～ 50 mm)火炮的摄像机镜头及视场进行计算。以 23 mm 口径为例,反射镜尺寸图如图 6 - 24 所示,考虑到安装尺寸,反射镜距物镜 10 mm,则物距为 21.5 mm,由公式(6 - 6)可求出像距为 10.8 mm。

反射镜尺寸的确定主要考虑视场和安装尺寸,根据图 6 - 25 可得

$$\frac{2D}{D+L}=\frac{D_0}{b} \tag{6-7}$$

式中,D 为反射镜通光孔径;L 为反射镜距物镜尺寸;D_0 为 CCD 成像尺寸。取 $D_0 = 4.8$ mm,则 $L = 11.4$ mm,$D = 12$ mm。

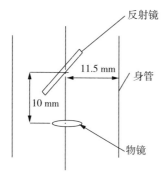 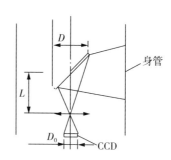

图 6 - 24　反射镜尺寸图　　　图 6 - 25　光学系统外形尺寸图

对于其他小口径火炮的物、像距尺寸可由式(6 - 6)、式(6 - 8)确定:

$$a+b=L+b_{23}+\frac{d}{2} \tag{6-8}$$

式中,b_{23} 为观察 23 mm 口径火炮时的像距;d 为火炮口径。当口径增大时,反射镜尺寸相应增大,但考虑安装问题与通用性,取 $D = 12$ mm。中口径与小口径采用同一种 CCD 固态图像传感器,故取 $D = 20$ mm。

当前视时,为获得较好的观察效果,要将像距缩小,即观察平面距镜头远一些,倍率为 1/30 ～ 1/10 可获得较好的观察效果。据此确定前视时视场角为 60°(水平)。

大口径光学系统的计算方法与小口径相同,为了满足分辨率的要求,配有两种摄像镜头:一种焦距为 12 mm,用于前视窥膛时使用;另一种焦距为 6 mm,用于侧视窥膛时使用。初始位置($L=40$ mm),反射镜尺寸较大($D=22$ mm),以便充分利用 CCD 的成像尺寸,扩大视场。12 mm 镜头前视视场角为 22°(水平)。表 6-1 列出了不同口径火炮对应的光学参数。

表 6-1　不同口径火炮对应的光学参数

口径/mm	23	25	37	85	100	122	130	152	155
倍率/mm	1/3.30	1/3.52	1/4.79	1/9.45	1/6.50	1/7.44	1/7.78	1/8.71	1/8.83
物方分辨率/mm	0.037	0.039	0.054	0.081	0.056	0.064	0.067	0.075	0.076
物方线视场/mm	16	17	21	45×34	31×23	35×27	37×28	42×31	42×32

基于 CCD 固态图像传感器的身管内膛疵病测试系统一般也称为光电窥膛仪,主要由照明装置、反射镜、CCD 固态图像传感器、周向驱动电机、定中装置、爬行驱动装置/推杆、进深测量装置、窥膛控制台、计算机等部分组成。其中,大、中口径光电窥膛仪用爬行驱动装置驱动,小口径光电窥膛仪用推杆推送。大中口径光电窥膛仪结构示意如图 6-26 所示。

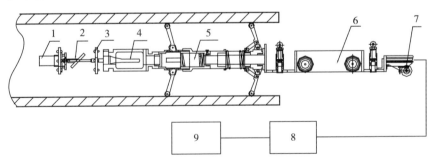

1—周向驱动电机;2—反射镜;3—照明装置;4—CCD 固态图像传感器;5—定中装置;

6—爬行驱动装置;7—进深测量装置;8—窥膛控制台;9—计算机。

图 6-26　大中口径光电窥膛仪结构示意

CCD 固态图像传感器、反射镜、照明装置、周向驱动电机和定中装置组合在一起称为 CCD 光电窥膛头。大口径光电窥膛仪选用 WAT-202B 型微型彩色 CCD 固态图像传感器,摄像机参数:795 像素(水平)×596 像素(垂直),1/3″ 行间转移 CCD,水平清晰度为 420 像素,最低景物照度为 5 lx F1.2。小口径选用 WV-KS152 型彩色 CCD 固态图像传感器,摄像机参数:681 像素(水平)×582 像素(垂直),1/2″ 行间转移 CCD,水平清晰度为 430 像素,最低景物照度为 5 lx F1.6(AGC 接通)。

反射镜有两种:锥形反射镜和平面 45° 反射镜。锥形反射镜用于前视搜索,平面 45° 反射镜用于侧视观察。反射镜的作用是把膛壁光影像由径向改变为轴向,在镜头前成像,保证在身管轴线上的摄像机拍摄到膛壁圆周任何方位上的疵病。

爬行驱动装置:大口径窥膛驱动采用爬行器。爬行器是一种可在炮管内自动运动的装置,由直流永磁力矩电动机转轴输出的转动,通过一对啮合的直齿圆柱齿轮传递给单头蜗杆,蜗杆与蜗轮相啮合,蜗杆转动时带动蜗轮轴及其两端的胶轮转动,就可使爬行器在炮管内运动。在爬行器前部和后部各有一个弹性顶杆,为增强弹性顶杆的通用性,弹性顶杆设为可调式。弹性顶杆把爬行器紧压在膛壁上,以增大摩擦阻力,防止爬行器在炮膛内打滑。

进深测量装置:为准确地对窥膛头定位,采用了一种高精度的光电位移式传感器,把光电位移式传感器与爬行驱动装置连接于一体,爬行驱动装置前进带动光电位移式传感器的栅孔板转动,光电接收装置接收的光通量被栅孔板阻挡,得到脉冲信号,馈送给窥膛控制台内的单片机小系统,经放大整形后形成矩形波形,经计数器计数,完成计数和当量转换运算后,就可输出光电窥膛头进入膛内的深度数据,进深距离以米为单位,精确到 0.001 m。传感、检测、运算、显示整个操作过程是实时完成的。因此,CCD 光电窥膛头在膛内的位置、前进或后退运动、运动快慢等状况,都可以从屏幕上观察到。

光电窥膛仪控制系统包括窥膛控制台、信号预处理、图像采集卡、计算机、打印机、光盘刻录机、UPS 电源等。光电窥膛仪控制系统框图如图 6-27 所示。

光电窥膛仪窥膛控制台由单片机信号处理与控制系统、爬行驱动及控制单元、进深检测及定位单元、周视驱动及控制单元、摄像及照明控制单元等部分组成,其原理框图如图 6-28 所示。单片机信号处理与控制系统是窥膛控制台的核心,它不仅作为爬行驱动及控制单元的开关控制器、周视驱动及控制单元的环行分配器、进深检测及定位单元的数据处理器而控制着相应单元的操作过程,还接收各控制单元或执行单元的反馈信号,经适当处理后,馈送给主控计算机,从而实现对整个光电窥膛仪的自动控制。

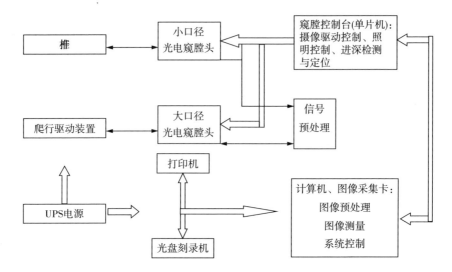

图 6-27　光电窥膛仪控制系统框图

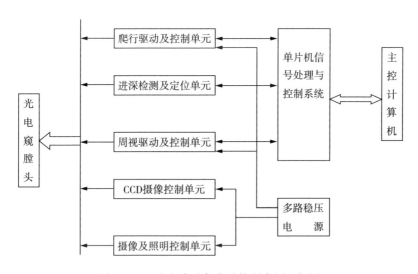

图 6-28　光电窥膛仪窥膛控制台原理框图

图像采集选用 CA6300 彩色采集卡,具有 RGB、Y/C、复合视频三种输入方式。帧频为 25 帧/s,采图窗口为 512×512,可逐行、隔行显示,输入图像可按设置的比例放大或缩小。具有实时显示、实时采集和画面冻结三种工作模式,可满足窥膛过程中的扫描浏览、定点观察和疵病图像采集等操作要求。采集卡有单帧采、隔帧采和逐帧采三种采集速度,窥膛操作通常选用单帧采和隔帧采两种采集速度采集疵病图像。

火炮身管光电窥膛仪通过爬行驱动装置实现 CCD 固态图像传感器对火炮身管内膛进行动态摄像,经采集卡转换为数字信号,显示在计算机屏幕上,供多人观察分析;计算机通过窥膛控制台对爬行驱动装置和周向驱动电机的控制,实现窥膛进深与方位的变化,进深测量装置把进深测量信号反馈回窥膛控制台,处理后送到计算机,给出疵病所处的位置;同时对疵病进行采集、处理和测量,给出内膛疵病的尺寸,实现定量测量,并且将内膛疵病图像存储下来,以供存档、调用及研究。

光电窥膛仪系统软件主要由窥膛图像采集软件和窥膛图像处理软件两部分组成。

窥膛图像采集软件主要完成对图像进行实时的采集,并具有以下功能:系统设置,如采集卡设置、窗口设置、字体设置、串口初始化、窥膛驱动机构选择和尺寸标定;图像采集与冻结,如采集和冻结图像、字符叠加;文件处理,如图像打开与存盘、图像定帧采集和图像打印;疵病定位,如对前视中所发现的疵病方位角、位置进行测量;操作控制,如窥膛驱动机构的前进、后退和步进电机的正转、反转,并可以通过预置数的方式控制窥膛驱动机构前进一定的距离和平面反射镜旋转一定的角度。

窥膛图像处理软件主要用来完成以下几个方面的功能:图像预处理、畸变校正、图像对接、图像特征值计算、尺寸标定等。

光电窥膛仪采用单片机系统对侧视扫描步进电机进行控制,20BY001 型步进电机步距角为 $18°$,28BF01 型步进电机步距角为 $3°$。如果直接驱动,侧视扫描图像会抖动,不利于人眼观察和图像采集,因此必须对步距角进行细分。单片机形成步进电机的步进脉冲($0.5 \sim 4$ Hz),以便改变速度。细分电路用于产生所需的阶梯电流波形,但其输出驱动能力有限,不可能直接驱动步进电机,需要经过一级功率放大后,再去驱动步进电机。单片机同时作为位置控制计数器,确定步进电机的位置,即侧视扫描的角度。侧视扫描角度以度为单位,精确到 $1°$,计数到 $360°$ 则自动清零。

小口径光电窥膛仪选用超微型彩色 CCD 固态图像传感器。受体积限制,摄像机采用分体式结构,即 CCD 光敏芯片与其驱动电路和信号处理电路之间相距较远

（10 m），故 CCD 光敏芯片输出的信号不仅混有较强的时钟干扰和噪声干扰，而且失真较大。因此，在将其转换成数字信号之前，必须实施低噪放大、去噪声、信号校正和自动增益控制（Automatic Gain Control，AGC）等预处理，以提高图像的清晰度和系统的适应能力。低噪放大器为分压式电流负反馈结构形式的直流无噪偏置电路，元器件均用低噪型产品，在电路参数设计时，首先是满足噪声匹配的要求，其次是保证增益足够大。去噪声主要包括时钟干扰抑制和高斯噪声滤除两方面，前者采用相关双取样电路，后者选用时域平均效果较好的有源低通滤波器实现。信号校正主要是针对频率失真而采取的频率补偿技术。AGC 电路保证光电窥膛头具有较大的动态范围，增强了系统的适应性。CCD 光敏芯片输出信号经系统预处理后，不仅提高了信号质量，而且使其幅度能满足 A/D 转换器的要求。

　　CCD 固态图像传感器的视频信号经传输电缆进入图像预处理及信号合成单元，它对图像进行信号校正、去噪声、低噪放大、直流恢复等预处理，以改善图像质量，提高测量精度。信号合成器将字符与图像叠加，对窥膛疵病图像的距离、角度实施标注，以便调用分析和处理，然后将经过预处理和合成的图像送给计算机。信号预处理及合成单元框图如图 6 - 29 所示。

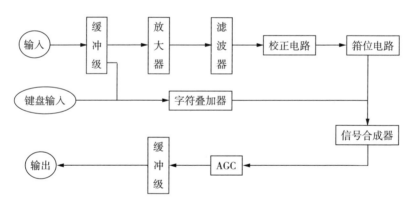

图 6 - 29　信号预处理及合成单元框图

　　缓冲器主要起隔离、阻抗变换和增大驱动功率的作用，用宽带集成运算放大器实现低噪声、高增益放大，以使后续电路处理和满足图像采集板对信号幅度的要求。滤波采用陷波技术和有源低通滤波器滤除噪声及干扰、提高信噪比，进一步抑制时钟干扰和光源引起的交流供电对图像的干扰。由于 CCD 光敏单元的面积不是无限小，其空间采样所形成的图像是带有孔阑失真的视频信号，因此矩形脉冲变成了带倒角的脉冲波形，即存在着高频损失或衰减。为此必须对信号的高频部分进行补偿,以校正信号波形,提高系统的空间分辨率,从而可以测量更细微的裂纹。图像信号在传输过程中(如交流耦合)失去了直流分量,在灰度上将造成严重的失真,使背景的亮度和图像的对比度失真。采用高性能的箝位电路,可以恢复视频信号的直流分量。

合成器是将窥膛图像的角度、方位等字符叠加到输出的图像上,因此合成器应包含三种功能的电路:字符显示画面位置控制及同步电路、叠加电路和增益控制电路。字符显示画面位置控制及同步电路控制字符块在画面上起止的行列数,对摄像机输出全电视信号中的行、场同步信号进行计数和展宽等处理,形成相关的字符控制信号,以实现稳定显示。叠加电路将字符叠加到输入图像的固定部位,主要采用"挖孔"填充法。增益控制电路根据输入图像的大小控制输出信号的幅度,使图像采集部分一直处于高精度模数转换的最佳状态。

信道电路的带宽 ΔB 必须大于等于窥膛视频信号的带宽,即 $\Delta B \geqslant f_{SH} - f_{SL} \approx f_{SH}$,其中 f_{SH}、f_{SL} 分别为视频信号频谱的高低边频。根据系统所选配的 CCD 固态图像传感器参数及相机的 TV 工作制式可推算出,$f_{SH} = 6.55\,\mathrm{MHz}$。它是调整电路参数和选择电路有源器件的一个重要依据。因此,本系统的模拟信道有源器件选用高性能低噪声、宽频带运算放大器 AD827,其带宽大于 $10\,\mathrm{MHz}$。

CCD 固态图像传感器提供的全电视信号经缓冲器被分成两路:一路送合成器;另一路经同步分离电路,产生行、场同步信号,以在摄像图像上形成画面、位置大小均可变化的字符窗口控制信号。字符窗口控制信号与键入的字符一起形成一定大小和排列格式的字符条块。将字符条块送至合成器与视频信号合成,在显示器屏幕上便可显示出标有进深、角度坐标位置的疵病图像。

经过预处理的模拟视频信号通过图像采集卡,将模拟信号转化为数字图像信号送至计算机,计算机系统通过图像采集软件和处理软件完成图像的采集、显示、处理、测量、输出及存储等功能。图像处理与测量包括图像滤波、图像增强、图像分割、图像畸变校正、图像拼接和疵病尺寸测量。

CCD 固态图像传感器拍摄的图像中通常存在着多种噪声,尤其是在摄像照度较低的状态下噪声更为严重。噪声能使整个图像的清晰度、对比度降低。系统采用空域滤波技术进行预处理,即选用一定大小的模板对输入图像进行扫描,滤除噪声,并保持目标边缘轮廓。

CCD 固态图像传感器输入的图像实际上为一种混合图像,它包含背景、噪声和目标图像(如所感兴趣的疵病图像)。突出感兴趣的目标图像、削弱或抑制不感兴趣的图像是图像增强的基本任务。根据目标图像与背景、噪声图像在频域、空域、模糊域内特性的差异,进行不同的加权处理,可使待测的疵病图像相对增强,减小背景和噪声对目标图像的模糊度。采集大量的窥膛图像样本(从不同角度、不同照度状态下摄取图像),进行深入的分析,用统计归纳方法找出窥膛图像中目标、背景、噪声的差异,从而确定相应的增强处理算法(如采用边缘检测、边缘增强、图像细化等)。

对疵病图像进行测量,必须将其从视场原图的背景中提取出来,以进行特殊处理和测量,即图像分割。图像分割的方法通常分为两大类,即固定阈值法和自适应阈值法。固定阈值法是利用目标与背景灰度电平的差异,选用一定大小的固定灰度电平将目标从背景中"切割"出来,这种方法简单易行,但它只适用于摄像照度恒定、图像对比度较大的简单情况。由于窥膛使用环境复杂,疵病背景的照度不一致,因此常采用自适应阈值法,以使分割目标的阈值大小随背景强弱的变化而自动调整。首先要对整个图像灰度分布的统计特性进行计算,然后根据具体图像内容和对目标图像分割的要求,建立计算自适应阈值的数学模型,从而完成自适应阈值的自动计算和疵病图像的自动分割过程。

因为身管内膛是圆筒状的,所以 CCD 固态图像传感器在 X、Y 两个方向的物距有差别,故所摄图像存在畸变 —— 物距远者被压缩,近者被拉伸。同时光学成像存在着轴外图像畸变问题。这些都影响图像的测量精度。光电图像空间畸变是一个十分复杂的问题,它除与上述因素有关外,还与摄像镜头的结构和性能,其与 CCD 光敏面之间的相对位置(如镜头光轴是否垂直光敏面)等因素有关,因此必须对具体成像系统及成像条件进行分析,建立校正畸变的函数关系式(矩阵)以保证图像测量具有足够高的精度。建立校正畸变的函数关系式的关键是找一个不变量作为判据进行校正。当采用现场定标时,可以定标图案的宽度作为判据,根据定标图案发生的畸变程度进行图像校正。

由于 CCD 固态图像传感器的视场有限,因此当膛内的疵病面积过大时,需要进行多幅图像采集。为了描绘疵病的整幅图像并测量出其尺寸,需要将多幅图像中的疵病图像拼接起来。图像拼接的基本原理是利用相邻图像之间接口处的特征匹配实现对接。这种匹配特征可以是自然的、人为的或两者兼有,要根据图像具体状况确定,以保证图像拼接满足图像精度的要求。自然匹配特征是疵病图像的轮廓及纹理等,人为匹配特征是调制在所摄图像上的精细网格。拼接时根据疵病图像的坐标位置(进深和角度)将有关图像按序调入拼接。

精确测量疵病图像的尺寸大小,分三步完成:第一步,精确地描绘疵病图像;第二步,精确测量所描绘的疵病图像;第三步,测量标定。

为了精确地描绘疵病图像,应进行以下操作:第一步,利用图形缩放技术将待测的疵病图像在二维平面上按比例放大,并对放大的图像轮廓纹理进行插值拟合。这种放大后的图像虽然与原图严格相似,但其线条都比较粗,会影响测量精度,为此,要对其进一步做细化处理,以形成一种精细的疵病图像。第二步,测量CCD固态图像传感器拍摄的数字图像的几何尺寸,几何尺寸通常是以像素为计量单元的,当要求测量精度很高时,CCD固态图像传感器所拍摄图像的像元间距就显得太大,因此必须采用内插细分技术进一步提高测量精度。第三步,测量出以像元间距为单位的疵病图像大小后,就要利用标定当量将其转换成绝对尺寸,这可在测量前进行标定,即用一标准图案置于被测疵病旁边,采集一幅图像,计算标准图案的图像像元数,由于标准图案的实际面积已知,故可算出该位置的定标系数(每个像元的长度当量)。将上述第二步测量出的疵病图像像元数乘以相应的定标系数,就可计算出疵病的绝对尺寸。

KT-1型光电窥膛仪适用火炮口径:$\phi 23 \sim \phi 155\ \text{mm}$,测量长度:$0 \sim 10\ \text{m}$,CCD摄像头推进速度:$0.1 \sim 1.0\ \text{m/min}$,旋转速度不小于$180\,°/\text{min}$,机构传动定位误差:轴向不大于$3‰$(相对总长度)或圆周方向不大于$1\,°$,系统分辨率:能够观察$0.01\ \text{mm}$烧蚀网,测量误差:疵病的尺寸测量精度$0.1\ \text{mm}$。

思考题

1. 火炮身管静态参数测试的主要内容有哪些?

2. 根据图6-9所示光栅位移式身管测径仪测量头结构示意,分析其工作原理。

3. 内膛疵病测试的主要内容有哪些?

4. 根据图6-26所示大中口径光电窥膛仪结构示意,分析其工作原理。

5. 简要说明光电窥膛仪的硬件组成及工作过程。

6. 简要说明光电窥膛仪的软件功能及图像处理过程。

7. 简要描述身管内膛损伤的形成过程及形成原因。

8. 简要说明线阵CCD固态图像传感器和面阵CCD固态图像传感器的异同。

第7章 弹丸飞行速度测试

弹丸飞行速度(初速)是火炮和弹药定型试验的重要指标,也是内外弹道研究试验的重要特征量。常用的测速方法有瞬时速度测量法、外弹道区截测速法和雷达测速法等。

常用测速方法按测速原理分类见表7-1所列。

表7-1 常用测速方法按测速原理分类

瞬时速度测量法	弹道摆测速法		
	激波角测速法		
外弹道区截测速法	定时测距法	闪光阴影照相测速	
		高速分幅摄影测速	
		弹道相机测速	
		光电经纬仪测速	
		回波法坐标雷达测速	
		人造卫星信号定位法测速	
	定距测时法	测时仪测速	通靶测速
			断靶测速
			线圈靶测速
			天幕靶测速
			光幕靶测速
			声靶测速
		狭缝摄影机测速	
雷达测速法	多普勒雷达	初速测定雷达测速	
		弹道测速雷达测速	
		膛内测速雷达测速	
		人造卫星信号的多普勒原理测速	

7.1　瞬时速度测量法

瞬时速度测量法是确定弹道某一位置上弹丸飞行速度瞬时值的方法,主要有弹道摆测速法和激波角测速法两种。

7.1.1　弹道摆测速法

弹道摆测速法是在弹丸飞行方向安装一个可前后摆动的悬垂装置(见图7-1)。当弹丸射入钢板砂箱时,钢板砂箱将获取一定能量并发生摆动,测出钢板砂箱的最大摆角 θ,再利用物体撞击的力学公式换算出弹丸射入钢板砂箱瞬间的速度。

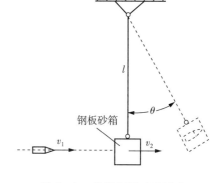

图 7-1　弹道摆测速法示意

设弹丸质量为 m_1,弹丸撞击钢板砂箱时的瞬时速度为 v_1;钢板砂箱质量为 m_2,钢板砂箱受到弹丸撞击后的初始速度为 v_2。根据动量守恒定律,有

$$m_1 v_1 = (m_1 + m_2) v_2 \qquad (7-1)$$

根据机械能守恒定律,有

$$\frac{1}{2}(m_1 + m_2) v_2^2 = (m_1 + m_2) gl(1 - \cos\theta) \qquad (7-2)$$

由此可得

$$v_1 = \frac{m_1 + m_2}{m_1} \sqrt{2gl(1 - \cos\theta)} \qquad (7-3)$$

式(7-2)和式(7-3)中,g 为重力加速度;l 为摆线长度;θ 为最大摆角。

弹道摆测速法的缺点:测速精度低,效率低,数据不能自动化处理。

7.1.2　激波角测速法

弹丸在空气中飞行,弹丸的头部将压缩空气。当弹丸以超声速飞行时,弹丸的头部将形成激波。激波线与弹丸飞行速度矢量线的夹角称为激波角。在特定条件下,激波角 α 与马赫锥角 β 近似相等。激波角测速示意如图 7 - 2 所示。

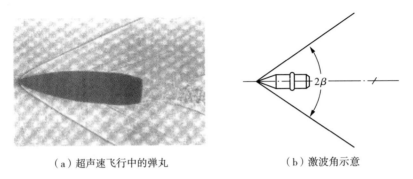

（a）超声速飞行中的弹丸　　　　　　（b）激波角示意

图 7 - 2　激波角测速示意

由空气动力学可知,马赫锥角 β 与弹丸的飞行速度 v 和试验时当地声速 a 有关。其关系式为

$$v = \frac{a}{\sin\beta} \qquad (7 - 4)$$

因此,可通过激波角近似确定弹丸飞行速度的大小。

激波角测速法通常采用闪光阴影照相或采用高速摄影机拍摄出弹丸飞行过程中某一瞬时的照片,通过判读仪测出激波角 α,再根据 $\beta \approx \alpha$,用式(7 - 4)计算出弹丸在该时刻的飞行速度。

激波角测速法的缺点如下。

(1) 只适用于超声速飞行的尖头弹丸的速度测量。由于亚声速飞行和超声速飞行的钝头弹丸(见图 7 - 3)无法量取激波角,因此无法确定其飞行速度。

（a）亚声速飞行的钝头弹丸　　　　　　（b）超声速飞行的钝头弹丸

图 7 - 3　弹丸飞行姿态示意

(2) 测速精度低。超声速飞行的弹丸,随着速度的增大,激波线的形状也将发生变化,但永远不会变成直线。实际上,在量取角度之前,需作激波线的切线,而这

存在很大的随意性,会给测速带来较大的不确定性。

上述两种瞬时速度测量法的测试误差较大,在实际应用中一般不专门用来测速。至今在弹丸速度测量方面,还没有一种能够满足试验需要的瞬时速度测量法,人们在实际试验工作中一般都采用外弹道区截测速法(平均速度测试法)来代替瞬时速度测量法。

7.2 外弹道区截测速法

外弹道区截测速法通过测量弹丸飞行路径上的某一段距离 Δx 和弹丸飞越该段距离所经历的时间 Δt 作为直接观察量,由式(7-5)计算弹丸的平均速度。

$$v_{CP} = \frac{\Delta x}{\Delta t} \tag{7-5}$$

平均速度测量法主要有两种:一种是定时测距法,另一种是定距测时法,两者均以距离 Δx 和时间 Δt 的测量为基础。

定时测距法是按事先规定好的时间间隔 Δt,采用适当的方法记录弹丸在弹道上的飞行距离 Δx,由式(7-5)计算弹丸的平均速度。这种方法大都采用摄影(或摄像)手段定时记录弹丸的瞬时位置图像,再通过照相图像判读,测量出弹丸在这段时间间隔内的飞行距离。定时测距法常用的测速方法有闪光阴影照相测速、高速分幅摄影、光电经纬仪测速、弹道相机测速等。由于采用摄影方法记录,必须经过图像判读等一系列工序才能获得距离数据,因此这类方法测速效率较低,并且多数摄影记录方法测出的数据精度不高,故一般不专门用来测速。

定距测时法是在预计的弹道上事先确定好距离,再用测时仪测出弹丸飞过这段距离所经历的时间,进而计算出弹丸的平均速度。

7.2.1 外弹道区截测速原理

弹丸出炮口一定距离后的飞行路线就是外弹道。在外弹道上,弹丸不再受火药气体压力的作用,只靠在内弹道和中间弹道上所获得的能量飞行,弹丸上所受的力主要是空气阻力和重力。精确测量好弹道上两点间的距离 Δx,再用仪器测量出弹丸飞过这段距离所经历的时间 Δt,由式(7-5)计算弹丸的平均速度。外弹道区截测速法场地布置示意如图7-4所示。

因为炮口到第一靶的水平距离一般不大于 150 m。弹道在此处趋于直线。理

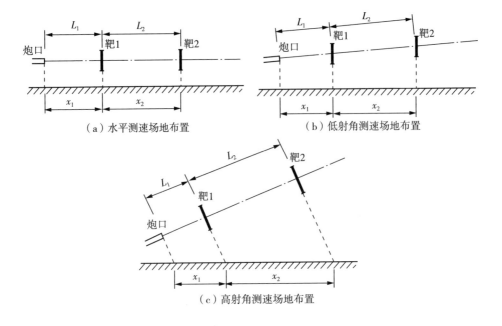

（a）水平测速场地布置　　　　　　（b）低射角测速场地布置

（c）高射角测速场地布置

图 7-4　外弹道区截测速法场地布置示意

论与实践都证明,在 Δx 取得适当小时,用 v_{CP} 代替截区中点弹丸的瞬时速度,其误差极小。此时弹丸初速 v_0 为

$$v_0 = v_{CP} + \Delta v \tag{7-6}$$

式中,Δv 为根据外弹道学阻力定律求出的修正量,简称炮口修正量,Δv 的计算和查表可参阅有关资料。

7.2.2　区截装置

图 7-4 中靶 1 和靶 2 分别代表启动和停止测时仪的仪器和装置,这类装置通常称为区截装置。区截装置是一种传感器,它在空中能够形成一个区截面,当弹丸（或者其他运动物体）穿过该区截面时,能够输出一个电脉冲信号。由于这类装置大量地应用于测速,因此也称为测速靶,简称为靶。区截装置除了广泛用于测速之外,还可以与高速摄影机、闪光阴影和纹影照相设施、狭缝同步摄影机、多普勒测速雷达等其他仪器配合,作为触发启动装置使用。区截装置通常可以分为接触型和非接触型两类。

接触型区截装置是通过直接的机械作用导通或截断闭合电路的方法产生电脉冲信号的一类装置。由于在测速中,弹丸与该装置产生直接的机械作用,因此习惯上称它为接触靶。接触靶通常根据产生电信号的方式分为通靶和断靶。

非接触型区截装置通常是指弹丸穿过区截面时对区截装置不产生任何直接的机械作用,而只改变装置周围的磁场、光场、电场、力场等物理量,并通过感受这些物理量的变化来获得电脉冲信号的一类装置。非接触型区截装置最明显的特点是工作时弹丸与它没有直接接触,使用时以装置的某一空间基准面作为靶面(区截面),它通常也称为非接触靶。由于非接触靶不接触弹丸,因此工作时不干扰弹丸飞行,可以连续、重复使用,测速效率高,并可以测出带真引信的实弹的飞行速度。根据非接触靶的工作原理,一般可将其分为线圈靶、天幕靶、光幕靶、声靶等。

归纳起来,区截装置的种类及分类形式见表7-2所列。

表7-2 区截装置的种类及分类形式

区截装置	接触型区截装置	通靶		箔靶
				惯性靶(常开)
		断靶	网靶	弹头触发网靶
				尾翼触发网靶
				炮口线
			惯性靶(常闭)	
	非接触型区截装置	线圈靶		单线包
				双线包
		天幕靶		水平天幕靶
				仰角天幕靶
		光幕靶		光束反射式(光网靶)
				透镜聚焦式
				全阵列式
		声靶		声学传感器

1. 通靶和断靶

通靶和断靶为接触型区截装置。接触型区截装置的等效电路如图7-5所示。图7-5中,A为靶信号输出端,R为限流电阻,K为靶开关。

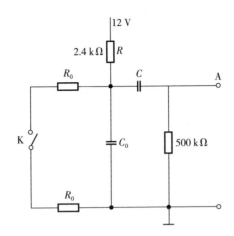

图 7-5　接触型区截装置的等效电路

1）通靶

通靶是使靶开关导通的接触靶。在复原状态下靶开关处于断开状态,此时 A 端为高电平状态,若在某时刻弹丸穿过通靶,弹丸与通靶的机械作用使 K 导通,因而 A 端变成了低电平状态,电平从高到低的突变产生了负脉冲信号。通靶大多数用于枪弹和小口径炮弹测速。

目前常用的通靶是箔靶,箔靶的靶开关一般采用两张金属箔(通常是铝箔),每张金属箔均连接一根引出线(可用鳄鱼夹连接),在它们之间用一层绝缘材料隔离。

射击前,将箔靶的两引出线与仪器电路连接,两张铝箔构成了原理电路(见图 7-5)中靶开关 K 的两个电极。由于弹丸材料为金属导体,弹丸穿过靶时使得两片铝箔瞬间导通,则 A 端将产生负突跳变脉冲,这个负突跳变脉冲的前沿,就是箔靶产生的靶信号。由图 7-5 可以看出,靶开关 K 导通时,回路是一个放电过程。它利用弹丸的穿靶过程导通测时仪输入端来产生触发信号,当输入端(通靶两极)导通时,电缆线分布电容 C_0 上的电量将通过电缆电阻 R_0 被释放,其放电关系式如下:

$$V_\mathrm{a} = E e^{-\frac{t}{\tau}} \tag{7-7}$$

式中,τ 为放电时间常数,$\tau = 2R_0 C_0$;E 为放电起始电平;t 为放电时间。

由式(7-7)可以看出,通靶信号的放电过程是按指数规律变化的。根据实际的箔靶参数,设回路中电容 C_0 上的原充电电势 $E=12$ V,仪器负突跳变的触发电平

为 $V_a=6\ V$,靶线电阻 $2R_0=20\ \Omega$,靶线分布电容 $C_0=10\ mF$。将这些已知量代入式（7-7）则有

$$e^{-\frac{t}{0.2}}=\frac{1}{2}$$

将上式两边取对数,化简得 $t=0.2\times\ln2=0.2\times0.693\approx0.139(\mu s)$。可以看出,箔靶导通时的放电时间常数很小,所以导通后至产生触发过程经历的时间可以短到微秒级。箔靶输出的负脉冲信号的脉冲前沿很陡,延迟时间很短,其影响完全可以忽略。这说明,箔靶测试精度很高,即使两靶回路存在一定的不对称性,其对测量的影响也可不必考虑。

箔靶靶面尺寸由于受到铝箔纸张大小的限制,一般用于小口径弹丸速度的测量。测速时,箔靶工作可靠,一致性好,且可以多次重复使用。若需要将箔靶重复使用,则在每次射击前,应将箔靶的靶框上下或左右移动,以避免弹丸穿靶重孔导致信号丢失。

箔靶在重复使用时为了避免弹丸重孔,每射击一发需移动靶面位置,因此使用不够方便,且靶面移动可能产生靶距误差。制作箔靶时要求靶面平整,中间绝缘良好。安装使用时,要求箔靶靶面垂直于弹道线。尽管制作箔靶选用极薄的金属箔和绝缘层,但弹丸接触箔靶时,仍会使金属箔和绝缘层经历受力、拉伸和破裂等过程,该过程必然影响弹丸运动,也会产生靶距误差。弹丸接触箔靶产生受力过程,为了保证试验安全,在用箔靶进行测速试验时,必须禁止使用真引信弹丸。

2) 断靶

断靶是通过弹丸对靶的机械作用使靶开关 K 断开的接触靶。在工作状态下,断靶的靶开关 K 导通,图 7-5 中的 A 端处于低电平状态。当弹丸穿靶时,弹丸与靶产生机械作用而将靶开关 K 断开,此刻输出端 A 从低电平状态翻转为高电平状态。这种由低电平跳变为高电平状态产生的电信号称为正脉冲信号。断靶输出电平翻转示意如图 7-6 所示。

图 7-6 中,t_1 为弹丸穿靶并使靶

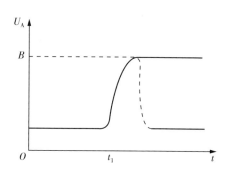

图 7-6　断靶输出电平翻转示意

开关 K 断开的时刻,电平翻转时上升是一个渐变过程,上升沿不陡。产生这种现象的原因是断靶靶面及信号传输线形成了一定的分布电容。当靶开关 K 断开时,电源首先对 A 端与地之间的分布电容充电,A 端电压 U_A 则随该分布电容充电量的增大而增高,直到充电结束完成电平的翻转过程。断靶多用于炮弹测速,常用的断靶有网靶、炮口线、惯性靶(常闭)等。

靶场测速试验中应用最多的断靶是铜丝网靶,在结构上,其一般采用绝缘材料(木制材料),做成矩形网框架,在框架的左右两边设置一排排绕线柱(多用圆钉钉在木质靶框上),通常用一根金属丝(铜丝)在矩形框架左右两边的接线柱上来回绕,制成一个栅栏式的金属网,作为靶开关 K,即构成网靶。金属丝直径一般为 $0.15 \sim 0.25$ mm,栅栏式金属网线的密度随所测弹丸直径和触发方式而定。

根据绕制方式,网靶可分为弹头触发网靶和尾翼触发网靶。前者多用于旋转稳定弹丸测速,一般要求相邻两根金属线的间距小于弹径的 $1/4$,其结构示意如图 7-7 所示。后者主要用于尾翼稳定弹丸测速,一般采用双金属线交错绕,制成一个栅栏式的金属网,以并联接线方式制作网靶,其结构示意如图 7-8 所示。两并联金属线之间间距的取值在弹径与尾翼展长之间,即该间距大于弹径,又小于尾翼展长,可取为弹径与尾翼展长之和的 $1/2$。在实际的速度测试中,由于网靶结构简单、价格便宜、可靠性高,因此较多地应用于炮弹测速,有时也用来测量静态爆破后破片的飞行速度及速度分布。

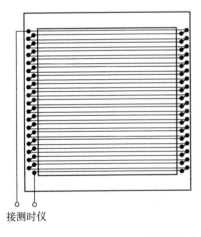

接测时仪

图 7-7　弹头触发网靶的结构示意

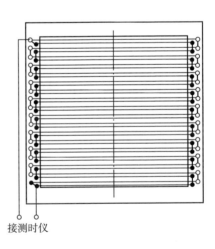

接测时仪

图 7-8　尾翼触发网靶的结构示意

炮口线是网靶的一种特殊形式,在结构上通常采用一根网靶用的金属丝横拉在炮口形成断靶开关,该金属丝通常与炮口轴线垂直相交,并与火炮绝缘固定。金属丝的两端线头即图 7-5 中靶开关 K 的两极。

在实际应用中,绝大多数测时仪都设置有类似图 7-5 所示的网靶电路,使用时将网靶挂在图 7-4 中弹道段的两端,使靶面垂直于预计的弹道线,当网靶的输出端与测时仪接通后,金属丝内将有电流。因为金属丝的电阻很小,所以输出端为低电位。当弹丸穿过靶面时金属丝被切断,则输出端电位将产生上升突跳变,这个电位的突跳变就是网靶产生的靶信号。

网靶具有较高的可靠性,不易受外界干扰的影响,成本低廉,可达到一定的精确度,但必须正确使用。网靶是利用弹丸飞行时截断镀银铜丝而产生阶跃信号的,这个信号送入测时仪即可转换为触发脉冲。通常镀银铜丝被截断时所产生的阶跃信号的前沿不是很陡,而触发电平具有一定量值,由此将产生触发的延迟时间。这个前沿上升时间主要是由传输线分布电容的影响造成的。当使用 100 m 靶线时,其分布电容值可达 $10 \sim 20 \, \mathrm{nF}$,将其接入测时仪输入电路,则其等效为 C_0。网靶的等效电路如图 7-9 所示。

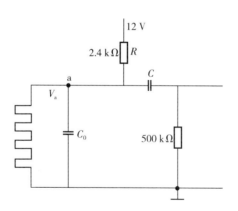

图 7-9　网靶的等效电路

由图 7-9 可知,网靶丝接通时,a 点相当于接地,为零电位;当网靶丝被截断时,a 点电位 V_a 不可能突跳变,它将按电容充电的指数规律上升,即

$$V_a = E(1 - \mathrm{e}^{-\frac{t}{\tau}}) \tag{7-8}$$

式中,τ 为充电时间常数,$\tau = R_0 C_0$;E 为电源电平;t 为充电时间。

例如,根据常规的网靶数据,设测时仪触发电平 V_a 为 6 V,限流电阻 R 为 $2.4 \, \Omega$,C_0 为 10 nF,电源电平 E 为 12 V,将这些已知量代入可得

$$e^{-\frac{t}{24}} = \frac{1}{2}$$

将上式两边取对数化简得 $t = 24 \times \ln2 \approx 16.6(\mu s)$。说明延迟时间达到了 $16.6\,\mu s$，这是不可忽视的量值。除了使测速点发生偏移之外，当两个靶回路不对称时，过大的延迟时间将产生较大的靶距误差。

弹丸穿过金属丝靶栅时，靶丝截断时机不一致也将产生靶距误差。从高速摄影图像可以观察到，靶丝截断时除有一定的伸长量之外，当靶丝被弹丸头部（或某一部位）撞击后，并不是立刻断开，而往往是两边的断头紧贴在弹体上，通过弹体继续导通，直至弹丸底部过去之后才真正断开。这种断开的时机对两靶来说不完全相同，其距离差值就是一种靶距误差，同时靶丝断开的滞后量也导致了测量点后移。另外，两靶缠绕时松紧程度不同，也会造成人为误差。

为了保证产生靶信号的准确性，制作网靶要求框架绝缘良好，绕制用的金属丝要导电良好（一般采用镀银铜丝），绕制时要绷紧，尽量保证每段金属丝松紧一致。实际上，一对网靶在制作时不可能完全一致，弹丸在穿过靶面时，碰击靶面的相对位置也不相同。此外，由于两个靶的输入电路的电参数不能完全对称，输入的触发脉冲所对应的靶距与实际放置两个靶的距离不一致，因此会产生靶距误差。

归纳上述讨论，使用网靶时应注意以下事项：一是试验现场缠绕网栅时，前后两靶的栅栏靶丝应绷直，力求栅栏靶丝的长短、松紧一致；二是两靶回路的信号传输线的长度、规格应力求一致；三是网靶的靶面应平行架设，并保证与弹道线垂直。

综上所述，在接触型区截装置中，通靶输出负脉冲信号，而且脉冲前沿很陡，测试精度很高；断靶输出正脉冲信号，受传输线分布电容的影响，脉冲前沿不太陡，也就是说，断靶的启动和停止信号的延迟时间较通靶长得多。由于通靶和断靶的触发延迟时间相差很大，在弹丸速度测量中，一般不可将通靶、断靶混用（特别是短靶距时不可混用）。否则，两靶信号延迟时间不一致，将产生较大的测时误差。若必须混用，一定要进行延迟修正，以减小测量误差。

2. 线圈靶

线圈靶是用螺线管线圈感受由弹丸运动所引起的线圈内磁通量变化所产生的电信号的区截装置，用漆包线绕制匝数一定的线圈并将之封入铝制或木制腔内。线圈靶的工作原理是利用弹丸穿过线圈绕组的运动，改变线圈的磁通量，从而产生电信号。根据电磁感应定律，线圈产生的感应电动势等于线圈的磁通量随时间的

变化率,即

$$e = -\frac{\mathrm{d}\Phi}{\mathrm{d}t} \qquad (7-9)$$

由此可见,当弹丸穿过线圈靶并使其磁通量发生变化时,线圈的两端必然产生量值等于磁通变化率的电动势 e,电动势的方向与线圈靶的磁通变化方向有关。该电动势 e 即线圈靶产生的电信号,通过放大整形可以得出测时仪的触发信号。

利用弹丸穿过线圈的运动改变线圈靶磁通量的方式有感应式和励磁式两种,对应的线圈靶分别称为感应式测速方法和励磁式测速方法。

1) 感应式测速方法

感应式测速方法需要预先将弹丸进行磁化处理,当磁化后的弹丸沿着线圈靶的轴线方向穿过靶时,弹丸的磁场将使线圈靶中的磁通量产生变化,从而在感应线圈中感应出一个类似正弦波的信号(见图 7 - 10)。由于这种方法要求对弹丸进行磁化处理,通常也称为磁化法测速。

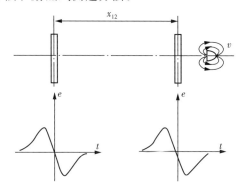

图 7 - 10　磁化弹丸测速波形

磁化法测速一般是在临射击前将弹丸磁化,然后再测速;或者在枪口附近安装一个磁化器,测速时让弹丸在飞行中穿过磁化器而自动磁化。上述两种磁化方法中,前者多用于炮弹测速磁化,后者多用于枪弹测速磁化,两者均具有相同的效果。

实际上,可将预先磁化的弹丸视为一个具有一定磁矩的磁棒,其周围的磁场强度为 H,其磁感应强度 $B = \mu H$(μ 为磁导率),磁通量为

$$\Phi = \int_S B \, \mathrm{d}S$$

当具有磁感应强度 B 的弹丸穿过线圈靶时,改变了线圈靶的磁通量,使之产生电信号:

$$e = -\frac{\mathrm{d}\Phi}{\mathrm{d}t} = -\int_S \frac{\mathrm{d}B}{\mathrm{d}t} \cdot \mathrm{d}S \qquad (7-10)$$

因为弹丸直径比线圈靶直径小得多,所以可以将磁化了的弹丸近似看作一个

磁偶极子。应用电磁学理论中磁偶极子的磁场公式,当具有磁矩为 m 的磁偶极子沿着线圈靶的中心轴线穿过线圈靶时,其感应电动势的表达式可写为

$$e = \frac{3}{2}\mu_0 mnvR^2 x \left(R^2 + x^2\right)^{-\frac{5}{2}} \tag{7-11}$$

式中,μ_0 为空气的磁导率;m 为磁化弹丸的磁矩;n 为感应线圈的匝数;R 为感应线圈的平均半径;v 为弹丸通过线圈靶时的速度。

从式(7-11)可以看出,线圈靶输出信号的大小取决于弹丸通过靶时的速度、弹丸的磁矩、线圈靶绕组的平均半径和匝数等参数。这些参数一定时,信号的幅值则随着弹丸相对线圈靶中心的轴向位置而变化。由 $de/dx = 0$ 可知,当相对位置为 $x = \pm R/2$ 时,信号有峰值。

试验表明,如果弹丸不是沿着线圈的轴线通过,则式(7-11)不再适用。此时线圈靶的磁通量除了随弹丸与靶面的轴向相对位置变化外,还沿靶的径向相对位置变化,其结果是弹丸偏离中心轴线穿靶,这将使信号幅值增大,峰值点更靠近靶面。

2)励磁式测速方法

励磁式测速方法需要将直流电通入线圈,使线圈所包围的空间形成一个恒定的磁场(磁通量恒定),当弹丸(铁磁材料飞行体)穿过线圈时,线圈内的磁介质的磁导率显著增大(铁磁材料的磁导率较空气高 $10^2 \sim 10^3$ 倍),导致磁感应强度上升,引起磁通量变化,从而产生电信号。由于这种方法不要求对弹丸进行磁化处理,所以通常也称为非磁化法测速。励磁线圈靶工作原理示意如图 7-11 所示。

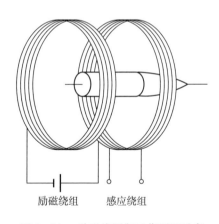

励磁绕组　　　感应绕组

图 7-11　励磁线圈靶工作原理示意

设对线圈靶的励磁绕组通以电流恒定的直流电,使之在靶的周围形成恒定的强度为 H 的磁场,则线圈靶的磁通量为

$$\Phi = \int_S B \cdot dS = \int_S \mu H \cdot dS$$

式中,B 为磁感应强度;S 为线圈的磁通面积;μ 为磁导率。当铁磁材料弹丸穿过线圈靶时,线圈靶中的弹丸所占空间的介质由空气变成了铁磁物质,磁导率 μ 发生了显著变化。此时,线圈靶的磁通变化率为

$$\frac{\mathrm{d}\Phi}{\mathrm{d}t} = \frac{\mathrm{d}\mu}{\mathrm{d}t}\int_{S} H \cdot \mathrm{d}S$$

可见,只要 μ 的变化足够大,同样可以产生电信号 e。

类似的,若把励磁线圈近似看成一个平均半径为 R、匝数为 n、所通直流电流为 I 的短螺管线圈。使坐标的 x 轴与短螺管的轴线重合,则沿 x 轴向的磁场强度可表示为

$$H = \frac{1}{2}nIR^2\left(R^2 + x^2\right)^{-\frac{3}{2}} \tag{7-12}$$

当弹丸垂直靶面沿励磁线圈靶的中心线穿过时,仅认为被弹丸截面所包含的部分空间的磁导率发生变化,则励磁线圈靶的磁通量的变化值可近似为

$$\Delta\Phi = \frac{\mu\pi d^2 H}{4} \tag{7-13}$$

式中,μ 为弹丸的磁导率;d 为弹丸直径;H 为磁场强度。

设短螺管的长度(相当于线圈靶的厚度)为 L,弹丸质心穿过线圈靶经历的时间为 Δt,则线圈靶的输出信号可近似为

$$e = -\frac{\mathrm{d}\Phi}{\mathrm{d}t} = -\frac{L}{\Delta t} \cdot \frac{\Delta\Phi}{L} = -\frac{1}{8L}nIR^2 v\mu\pi \cdot d^2\left(R^2 + x^2\right)^{-\frac{3}{2}} \tag{7-14}$$

式中,v 为弹丸沿中心轴线穿过线圈靶时的运动速度。由式(7-14)可见,励磁式线圈靶测速信号的大小取决于励磁电流、弹丸通过靶时的速度、弹丸的半径和线圈靶的匝数等参数。这些参数一定时,信号的幅值随着弹丸相对线圈靶中心的位置而变化。

与感应式测速方法的情况类似,如果弹丸不是沿着线圈的轴线通过,那么励磁磁场的强度除了随弹丸与靶面的相对位置变化外,还沿靶的径向相对位置变化,其结果是弹丸偏离中心轴线穿靶,这将使信号幅值增大。

励磁式测速有自感式和互感式两种:自感式励磁线圈靶与感应式测速线圈靶的结构相同,即只由一个线圈绕组构成,在使用中将这个线圈绕组通上直流电励

磁,同时它作为感应线圈产生电信号。互感式励磁线圈靶有两个线圈绕组,一个绕组通上直流电励磁,另一个作为感应线圈产生电信号。

应该说明,线圈靶测速虽然有磁化弹丸测速和非磁化弹丸测速两种方式,但由于非磁化弹丸测速需要向线圈靶提供励磁电流,若使用不当,容易产生干扰信号强、靶信号弱等现象,因此靶场测速试验一般优先采用前一种测速方法。

3) 线圈靶的结构

对应上面两种测速方法,线圈靶在结构上可分为双线包线圈靶和单线包线圈靶。图 7-12(a) 为双线包线圈靶,图 7-12(b) 为单线包线圈靶,图 7-12(c) 为铝制框架平面图。为了防止电气短路,金属骨架留有间隙,中间填入绝缘材料,以避免构成闭合回路。

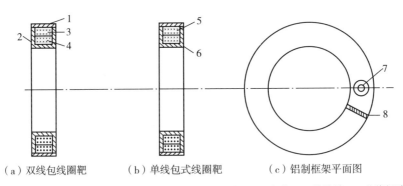

(a) 双线包线圈靶　　　(b) 单线包式线圈靶　　　(c) 铝制框架平面图

1—屏蔽盖;2—线圈框;3—感应线包;4—励磁线包;5—线包;6—框架;7—接线端;8—绝缘间隙。

图 7-12　线圈靶

双线包线圈靶采用木制或铝制框架(通常木质框架做成正方形或正多边形,铝质框架做成圆形),其中装入两个用漆包线绕制的具有一定匝数的线包:一个叫作励磁线包,工作时通以直流励磁电流,产生稳定磁场;另一个叫作感应线包,工作时与测时仪输入回路连接,输出感应信号。当弹丸通过线圈靶时,因弹体是铁磁性物质,会引起线圈中全磁通的变化,产生感应电动势,这就是线圈靶的输出信号。单线包线圈靶只有一个线包,它是感应线包,又可同时兼作励磁线包,因励磁电流是直流,感应信号是交变的,可以用一个适当值的电容器来隔断直流并耦合输出交变的感应信号。

理论和试验分析已证明,线圈靶输出的触发信号存在着相移延迟、波形延迟和外界各种干扰信号的延迟叠加等触发时间延迟,这些信号延迟势必给线圈靶测速带来误差。

　　根据上述线圈靶的感应电信号产生的原理可以看出,线圈靶产生的电信号有图 7-13 所示的两种波形。该波形与线圈绕组匝数、线圈直径、线圈的排列方法、励磁电流的大小和方向(弹丸磁场强度的大小和方向)、弹丸速度及横截面积等参数有关,而信号的极性则随弹丸磁化方向、线圈靶接线方式等操作条件而定。

　　由于存在触发延迟,因此线圈靶的区截面并非在靶面上,而是在感应线圈附近空间的某一平面。为了提高测速精度,要求线圈靶输出的电信号波形尽量一致,以使其区截面相对线圈靶面的位置相同。从弹丸速度测量精度考虑,一般要求启动

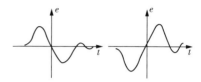

图 7-13　线圈靶电信号波形

信号和停止信号波形一致,并具有足够的幅值。因而,在应用线圈靶测速时要求必须配对使用,线圈直径与火炮口径、设靶距离及弹丸散布相适应,布靶时要求两靶极性一致。

　　为了提高线圈靶的测速精度和工作可靠性,有关部门已对其尺寸规格、适用范围、磁场方向等做出了统一规定。例如,规定弹丸磁化后,弹头为南极;用励磁线包时,规定励磁场的南极指向射击方向,统称"南极启动"。

　　综上所述,为了提高精度,使用线圈靶测速必须注意以下几个方面:

　　(1)选用线圈靶必须配对使用,力求配对的靶圈工艺尺寸、电参量等保持一致,最好使其参数与测时仪输入端匹配,使工作处于过阻尼状态;

　　(2)靶面要平整,架设力求垂直于弹道,靶与靶之间的距离要保证它们不受对方磁场的影响;

　　(3)设置线圈靶要避开铁磁物质,以避免磁场分布变形;

　　(4)射击时,力求弹丸穿过靶心,若偏弹丸离中心轴线不相同,将使信号大小不一致,会带来测速误差;

　　(5)在保证安全的前提下,选用直径比较小的线圈靶,将有利于提高测速精度;

　　(6)励磁线圈靶易受外界干扰,信号波形易产生副波,故使用磁化弹丸的感应线圈靶较好。

　　随着印刷电路工艺的发展,现在人们已生产了印刷电路板的线圈靶,规格有内径为 150 mm 和 300 mm 两种。该种线圈靶是用 0.6 mm 厚的双面敷铜板,每面印刷 20 圈,然后用 8 片或 10 片叠成一个靶圈,最外面用两个 2 mm 厚的开口铝环夹住,既起到加强作用,又有屏蔽功能。这种线圈靶很薄,只有 10 mm 左右,线圈排

列整齐,集总参数和分布参数都比较一致;不经选配便能得到较好的信号波形。但是,印刷电路的线较细,线圈直流电阻较大,内径为 300 mm 的印刷线圈靶,其直流电阻约为 180 Ω,比线绕线圈靶大一倍,这就需要解决与测时仪的输入回路的阻抗匹配问题。

线圈靶的主要优点是耐用、使用方便;靶与弹丸不接触,对弹丸的飞行运动无干扰,可测真引信实弹。它的缺点是需严格配对使用,不如网靶和箔靶稳定可靠,只适用于铁磁物质的弹丸。目前线圈靶在国内外的靶场中仍被普遍采用。

3. 天幕靶

天幕靶是野外靶场测试中应用最多的一种非接触型区截装置,它应用光电转换原理设计而成,其靶面像一个挂在空中的倒尖劈形幕帘,使用时一般以天空作为背景。从本质上说,天幕靶就是一种光探测传感器,其视场为扇形的倒尖劈形的楔形结构。

1) 天幕靶光路原理

天幕靶光路原理示意如图 7 - 14 所示。其光路系统主要由透镜组、狭缝光阑、光敏元件等构成。狭缝光阑位于光敏元件的光敏面上部,其作用是限制靶面以外的光线射入狭缝下面的光敏面。狭缝光阑通常与光敏元件构成一个组件,设置在透镜组下方的像平面上,并使透镜组的光轴穿过狭缝中心。由于天幕靶透镜组后面的狭缝光阑限制了狭缝以外的光线射入光

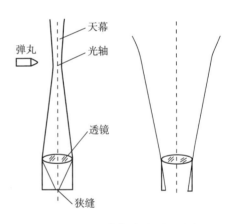

图 7 - 14　天幕靶光路原理示意

敏面,因此狭缝后光敏元件的视场为一倒尖劈状的扇形薄幕面。显然,天幕靶的敏感区域就是这一倒尖劈状的扇形薄幕面视场区域,人们通常将此幕面形状的敏感区域作为产生触发信号的区截面,并称之为天幕。也就是说,只有天幕内的光线才能被光敏元件接收并输出电信号,所以天幕靶的幕面实质上就是其靶面。

在结构上,天幕靶自身不带光源,但工作时需要足够亮度的光线,以保证弹丸穿过其幕面时能够触发输出电信号。它的光源可来自三个方面,其一是天空中的自然光作为背景光源,其二是所探测的目标自带光源(如带有曳光的弹丸、火箭弹等),其三是人工背景光源。只要配用合适的人工光源,天幕靶也可以在室内靶道

使用。人工光源通常需用直流供电,目前采用的人工光源是一种直流供电的长条形阵列的高亮度发光二极管,经毛玻璃形成散射光。人工光源或多或少限制了靶面的大小。

对于野外靶场试验,天幕靶一般以天空为背景,即以太阳光在大气中的散射光作为背景光源。在足够的光照度条件下,当弹丸穿过天幕靶的幕面时,遮住了进入狭缝的部分光线,通过天幕靶狭缝的光通量即刻产生变化(大多数情况是光通量减小),即产生了光信号。该光信号一经光敏元件接收,所在的电路即刻产生一正比于该光通量变化的电信号。通过处理电路对此电信号放大整形,最后输出一个电脉冲信号,触发测时仪,完成计时功能。实际上,大多数天幕靶还可以将整形前的放大信号输出,直接给出弹丸外形的模拟信号。该信号可供数据采集系统分析测时之用。

天幕靶能探测到弹丸的最大距离(弹道与镜头的距离)与弹径成正比,一般以最大探测距离与弹径的比值(倍弹径)表示天幕靶的灵敏度。该灵敏度与天幕厚度成正比,与电路的比较电压成反比。为了在不同的天空亮度下有合适的灵敏度,有些天幕靶在电路中自动生成与天空亮度成正比的比较电压值。使用天幕靶时,通常将光圈定为某一确定值(如将光圈定为 4),不必根据光照度调整镜头光圈。

2) 水平天幕靶与仰角天幕靶

天幕靶有水平天幕靶和仰角天幕靶两种,水平天幕靶一般用于测量射角小于 5°时弹丸的速度,仰角天幕靶除了可以测量小射角的弹丸的速度外,还可用于测量射角大于 5°时的弹丸的速度,如 758 型弹丸速度测量系统。事实上,仰角天幕靶与水平天幕靶在光路和电路结构上并没有明确的界限,前者只是在结构上增加了仰角自由度。但是,两者在性能指标、光路与电路的特点上还是有所区别的。仰角天幕靶的使用适应性比水平天幕靶好得多,它包含水平天幕靶的全部功能,也可以用来水平测速。水平天幕靶的幕宽视场角较大(达 20°以上),幕厚视场角可达 0.3°以上,探测距离较仰角天幕靶短,并且幕面只能在铅直方向展开使用。仰角天幕靶的幕厚视场角较水平天幕靶小,一般在 0.2°以下,探测距离比水平天幕靶远得多。仰角天幕靶的幕面不但可以铅直张开,还可以在一定范围内与铅直面成任意夹角张开。

当弹丸穿过天幕时,天幕靶输出的整形前的放大信号是随着弹丸遮挡光线的多少而变化的渐变模拟信号。虽然这个信号的起点对应着弹丸进入天幕的瞬间,终点对应着弹丸离开天幕的瞬间,但信号的宽度随着弹丸穿过天幕经历的时间的不同而不同,信号的峰值幅度则与弹丸穿过幕面时的遮光多少相关。由于天幕的厚度随着离开光电探测器的距离的增大而增加,因此在仰射测速条件下弹丸穿过两靶幕面的厚度差异很大。如果用这个信号上的任何一个固定电平作为测时仪的触发信号,将可能引起较大的误差。该误差主要是由探测距离不同而引起的,在仰角射击的情况下,仰角越大,这个误差越大。根据上述弹丸穿过天幕的过程与其形成相应电信号的过程分析,天幕靶输出的整形前的放大信号波形应为形似半剖弹体的形状(见图 7 - 15)。

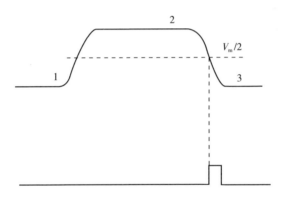

1—弹丸头部信号;2—V_m 信号电平峰值;3—模拟波形;4—触发脉冲。

图 7 - 15   整形前的放大信号波形示意

可见,只要飞行弹丸的摆动不大,该信号的尾部 1/2 峰值幅度处的电平所对应的时刻,恰好精确地对应着弹丸底部飞离天幕 1/2 幕厚的瞬间。可见这个电平是不固定的,它是信号峰值幅度的函数。仰角天幕靶在测速时,就是利用这个不固定的电平取得测时仪的触发脉冲,脉冲前沿就精确地对应着弹底通过 1/2 天幕厚度处的瞬间,它与天幕的厚度无关。这样就消除了由天幕厚度不相等及弹丸穿过天幕时姿态不同所引起的靶距误差。这种取半峰值电平产生触发信号的技术,在天幕靶信号处理中称为"半幕厚触发"技术。该技术也适用于后面将介绍的光幕靶信号处理。尽管采用"半幕厚触发"技术可以消除天幕靶幕厚差异的影响,但在仰射弹道测速时,由于所探测的弹丸距离天幕靶镜头较远,因此在架设天幕靶的过程中,操作要求极为精细,稍不小心就会造成较大的靶距误差。受这一因素影响,仰角天幕靶仍主要用于水平或低射角测速。对于仰射弹道,一般多采用多普勒雷达测速方法,只有在特定的场合才采用仰角天幕靶测速。

天幕靶的核心是光电探测器。光电探测器结构示意如图 7-16 所示,其主要由物镜、狭缝板、聚光器、光电管、电路部分等组成。

3）天幕靶测速的场地布置

物镜的作用是使从光电探测器上方飞过的弹丸在聚光器上产生清晰的影像。狭缝板的作用是在光电探测器上方产生一个尖劈形天幕（见图 7-17）。这个视场在射线方向的夹角是 0.24°,与射线垂直方向上的夹角为 24°（不同型号的天幕靶的参数不同）。

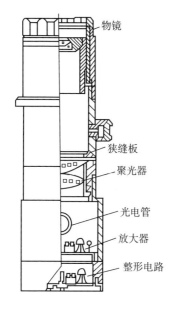

图 7-16 光电探测器结构示意

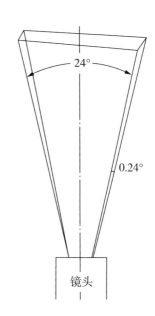

图 7-17 尖劈形天幕

用两台天幕靶配合一台测时仪可以进行弹丸速度测量,测速时天幕靶可放在弹道的正下方,也可架设在侧下方。天幕靶测速场地布置示意如图 7-18 所示。图 7-18 中,两台天幕靶的幕面平行,幕面之间的距离为 Δx。利用天幕靶作为区截装置输出启动和停止信号来触发测时仪,即可测出弹丸飞过两靶所经历的时间间隔 Δt,并由式(7-5)计算弹丸在此距离内的平均速度。

对于天幕靶布置在弹道线侧方的情况（$H > 0$）,可按图 7-19 所示的方法架靶。当射向确定后,首先在地面上划出预定弹道的投影,然后在该投影线上标出预定测速点在地面的投影点 M,再在弹道投影线上标出以 M 点为中心,距离为预定靶距的两点 P_1 和 P_2。在线段 P_1P_2 的某一侧确定 Q_1 和 Q_2,使得线段 Q_1Q_2 与线段

P_1P_2 平行,两线段的距离为 H,在保证安全的条件下,H 值越小越好。

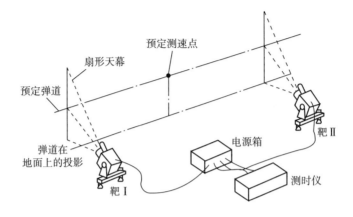

图 7-18　天幕靶测速场地布置示意

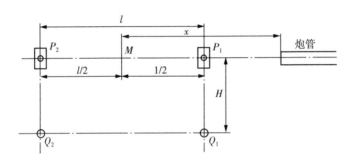

图 7-19　弹道线侧方天幕靶架设示意

对于天幕靶布置在弹道线正下方的情况($H=0$),可按图 7-20 所示的方法架靶。先将天幕靶箱体定位于弹道线正下方,并调至水平,再将钢卷尺拉直并靠近两台靶的箱体,要使尺子与箱体没有任何接触,尺子与箱体侧面保持一条狭缝。通过观察沿着箱体侧面整条狭缝的宽度是否一致来判断箱体侧面与钢卷尺是否平行,如果宽度不一致,则可转动回转盘,使箱体侧面与尺子平行。此时,两靶的天幕达到了粗略平行的状态,只要测出靶距 S 即架设完毕。

由于天幕靶的靶面是一个尖劈形薄幕状的光学视场,因此弹道距镜头越远,幕面宽度越大,幕面厚度越大。天幕靶的靶面不像通靶、断靶和线圈靶那样直观,架设时稍不注意就会引起靶距误差。例如,当两个天幕靶的天幕在铅垂方向不平行度为 $\pm 1°$ 时,在距镜头保护玻璃外表面 1 m 处的靶距就会产生 ± 17.5 mm 的偏差,若靶距为 10 m,则靶距的相对误差为 $\pm 0.17\%$。当两个天幕在水平方向上的不平行度为 1° 时,在距镜头 2 m 离幕宽中心线 ± 300 mm 处的靶距就会产生 ± 5.2 mm 的偏差。如果两个天幕靶架设的水平高度不一样,每相差 0.5 m 就会造成 1 mm 的靶距误差。

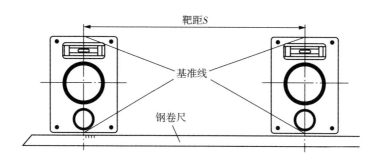

图 7 - 20　弹道线正下方天幕靶架设示意

天幕靶属非接触式靶。天幕靶的优点:测量时对弹丸飞行无影响;测速精度高,作用距离长;使用范围广,可测各种弹丸的飞行速度;在野外使用不需人工光源,广泛应用于火炮野外射击;武器在高射角射击时,布靶容易;能连续重复使用,可连发测速。天幕靶的缺点:结构复杂,成本高;对空中的亮度要求高;靶面定位困难、架设校准费时;易受光线变化的干扰,小鸟从镜头上方飞过、镜头上方的树枝晃动及云团的快速移动等都可能会使天幕靶误触发。

4. 光幕靶

光幕靶是利用人工光源,应用光电转换原理设计出的区截装置,其基本工作原理与天幕靶一样,都是利用弹丸飞过靶面时,改变光电管上的受光量而产生电信号。天幕靶的靶面(幕面)是光敏元件的视场,而光幕靶的靶面是由人工光源构成的光幕与其被照射光敏元件的视场空间的交集构成的。

光幕靶常用于室内弹道测速试验,其结构通常由光幕系统、光信号接收光路及光电转换、信号放大与整形电路组成。光幕靶种类较多,按光幕靶的光发射(光幕) / 光接收元器件结构可分为单管 / 单管光幕靶、单管 / 多管光幕靶、多管 / 单管光幕靶和多管 / 多管光幕靶等。

单管 / 单管光幕靶是指光幕靶结构中只有一个光源器件和一个光敏元件,其光路大都采用透镜聚焦或者光纤束的方法改变光的传播方向,并形成光幕和光信号接收光路,也有个别采用平面镜反射的方法构成光束反射式光幕靶(光网靶)。

图 7 - 21 为透镜聚焦式单管 / 单管光幕靶光路原理。该靶采用透镜聚焦方法

形成平行光幕,并将光信号通过透镜汇聚到接收光敏元件上,因此称为透镜聚焦/单管光幕靶。这种单管/单管光幕靶由点光源、两个柱面透镜或剪裁成长条的平面透镜和一个光电管组成。光源一般为卤钨灯,位于光线发射端透镜的焦点。前端透镜将光源发散成平行光光幕,在光线发射和接收端分别设置有狭缝光阑构成的均匀光幕。后端透镜将平行光光幕聚焦在光电管的光敏面上,从而构成一个具有一定幕面尺寸和幕厚的平行光光幕。当弹丸穿过光幕时,遮挡了一部分光线,使接收端透镜汇聚到光敏元件的光通量减小,从而形成电信号。

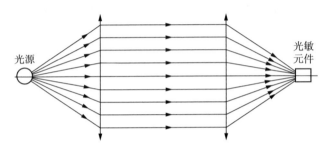

图 7-21 透镜聚焦式单管/单管光幕靶光路原理

透镜聚焦式光幕靶的光幕尺寸除取决于透镜的大小外,还取决于光电管的相对灵敏度。假如光电管的相对灵敏度为 1%,若要能适用于测量直径最小为 4 mm 的弹丸速度,则单管光幕靶的幕面高最大只能为 400 mm。所以单管/单管光幕靶通常被做成幕高为 50 mm,幕宽为 500 mm,幕厚不大于 4 mm 的小型光电靶。

近年来,随着激光技术的发展,透镜聚焦式光幕靶也开始采用激光作为点光源。图 7-22 为激光光源的透镜聚焦式光幕靶光路原理。它以绿光线状光斑半导体激光器作为光源,通过菲涅耳透镜形成激光平行光幕。线状光斑半导体激光器发射的光经过菲涅耳透镜射出后转变为平行光。光幕接收端同样使用一个菲涅耳透镜,其将光幕汇聚后,由光电探测器进行探测。

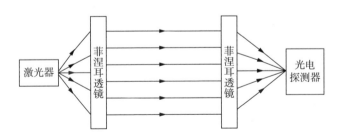

图 7-22 激光光源的透镜聚焦式光幕靶光路原理

一般说来,透镜/狭缝形式的单管发射光路的幕面准确,厚薄均匀,光线平行度高,触发一致性好,具有较强的抗干扰性能,测速精度高,但由于单管接收方式需要将光信号准确聚焦到光敏元件上,这对两个透镜的制作要求相对较高,且其幕面小、结构臃肿、光强分布不均匀,故仅适用于枪弹测速。

图7-23为逆向反射式单管/单管激光光幕靶光路原理。这种逆向反射式单管/单管激光光幕靶采用中心带有激光出射孔的大面积光电探测器作为光电检测器件,激光经透镜扩束后穿过激光出射孔形成扇形光幕。光幕入射逆向反射屏,并将具有一定发散角的反射光线原路反射,使一部分射到接收光电管的光敏面上,当弹丸通过光幕时,光电管探测的光通量发生变化,并将这种变化转换成弹丸通过光幕的电信号。图7-23中的阴影区为该光幕靶的最佳靶区,主要是指既能有效避免打坏测试系统,又能使系统测得信号的信噪比较高的工作区域。

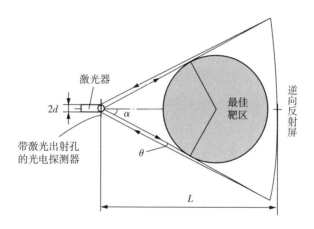

图7-23 逆向反射式单管/单管激光光幕靶光路原理

单管/多管光幕靶是指单管光源与多管光敏元件构成的光幕靶,其结构多采用透镜/狭缝光阑或者光纤束形成光幕,而光信号接收的多个光敏元件则排列成线状阵列形式。单管/多管光幕靶光路原理如图7-24所示。

透镜式单管/多管光幕靶只用一个透镜。这个透镜把卤钨灯点光源汇成平行光,构成平行光光幕,照射在排成

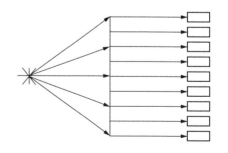

图7-24 单管/多管光幕靶光路原理

一排的光电管上。光电管的排列密度的依据是所需测量的最小弹径。所有光电管都并联于放大整形电路的输入端。当弹丸飞过光幕时,至少有一个光电管的受光被大部分(或全部)遮挡。这种光幕靶采用了多个光电管排列成线状阵列来接收光信号,其光电管的受光量变化大,信噪比高,工作比较可靠。在结构上,这种光幕靶对光幕的光线平行度要求不高,可采用成本较低的菲涅尔透镜或光纤束制作,这使得制作成本大大降低。由菲涅尔透镜形成的单管发射光路的幕面可以做得较大,光幕的光线平行度较光纤束光路结构更好,但光信号的强弱分布不均匀,信号的信噪比和灵敏度受幕面触发位置的影响较大。因为透镜式单管/多管光幕靶的幕面尺寸只取决于透镜尺寸,而与光电管的相对灵敏度无关,所以一般都做成幕高为 $0.5 \sim 1\,m$,幕宽为 $1\,m$,幕厚小于 $4\,mm$ 的大幕面光幕靶。它适用于测量较大口径的弹丸速度,或轻武器离开枪口较远处的弹丸速度。若配以适当的电子线路和数据处理装置,它还可以用来测定弹丸飞过靶时的坐标。

单管/多管光幕靶的另一种形式是光纤束形成光幕的光路结构,光纤束光路采用光纤束将卤钨灯点光源发出的光线排列为线状阵列构成光幕,这种结构光幕靶的光幕幕面较大,光强分布均匀,光信号强弱分布均匀,信号信噪比和灵敏度受幕面触发位置影响较小,电路一致性较好,成本较低,但光线不平行、抗光干扰能力较差、幕面呈发散状。

近些年来,随着大功率发光管大量普及,大幕面光幕靶多采用大功率发光管取代光纤束排成线状阵列构成,这就是目前主要使用的多管/多管光幕靶。

多管/多管光幕靶结构示意如图 7-25 所示,它采用直线阵列的红外发光二极管构成光源装置,直线阵列的红外光电二极管作为接收装置。排成线阵的单个光源装置和接收装置一一对应,分别固定于靶架两侧构成单个探测用光幕靶。这种光幕靶的光幕形成和光信号接收均采用多个元器件构成,通常也称为全阵列式光幕靶。

为了控制光幕的厚度,接收装置在接收光电二极管阵列前设置有两道狭缝光阑,通过狭缝光阑的限制作用,由光源进入接收阵列的光线近似为一个具有一定厚度的薄形幕面区域(光幕)。由于多管阵列发射光路的光发射元件排列与光纤束排列类似,因而其所构成的幕面特点与光纤束光路结构的单管发射光路的幕面特点相同。同理,多管阵列接受光路特性也与光纤束光路结构的多管接收光路相同。与单管接收光信号相比,多管接受光路的信噪比更高,但各个接收光电管的电路一致性较单管结构差。

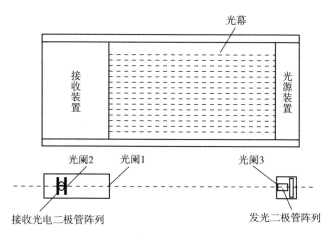

图 7-25 多管/多管光幕靶结构示意

采用光幕靶测速时,用两个光幕靶与一个计时系统配合使用(见图 7-26)。将两套光幕靶平行放置于预定的弹道上,当弹丸穿过第一个光幕时会遮挡一部分光线,引起接收装置光电器件上的光通量发生变化而产生微弱变化的光电流信号,经过后续电路处理,启动测时仪开始计时。当弹丸穿过第

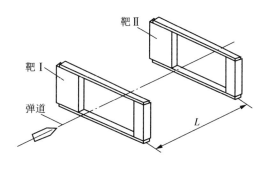

图 7-26 光幕靶测速示意

二个光幕时停止计时,计时系统可给出弹丸飞过两靶的时间。

全阵列式光幕靶的幕面厚度并不均匀,越靠近光线发射端其幕面越薄;越靠近光电管的地方,由于光电管阵列遮光狭缝的限制,其接收幕面也越薄,在两者居中的位置光幕略厚。因此,这种光幕靶用来测速仍存在由幕面厚度变化所造成的靶距误差。

光幕靶的幕面是由光线组成的光幕,比较直观,这对提高架设精度、克服靶距误差有利。光幕靶通常在室内靶道使用,常做成靶距固定的框架结构,架设的靶距精度较高。但是这种光幕靶的抗震性能略差,受到大的震动时容易造成光源抖动,由此可能引起误触发。如果在野外条件下使用光幕靶,蚊虫等其他干扰因素影响更大,输出信号波形更加复杂。若采用传统型的光幕靶加电子测时仪的方法测速,容易出现误触发而造成测速失败,此时若采用数据采集测速仪配合光幕靶则可避

免这一缺陷。

由于光幕靶的模拟信号波形与天幕靶放大后的信号波形的形状基本相同,因此也适合用"半幕厚触发"技术产生触发信号。该触发特征点处正好对应着弹丸底部与光幕中心位置,且光电信号波形的斜率较大,计时误差较小,消除了光幕厚度的影响,使测试精度更高。

7.2.3 测时仪

区截法测速计时仪器主要有电子测时仪和以数据采集系统为核心的测速仪两类。目前国内外靶场大量使用的是电子测时仪(主要是集成电路测时仪),在一些特定场合也用以数据采集系统为核心的测速仪。以数据采集系统为核心的测速仪本质上是一种数据采集系统,是采用虚拟仪器技术实现测时功能的测时仪。

1. 电子测时仪

电子测时仪是一种利用固定周期的电脉冲信号作为时间基准测量记录时间间隔的仪器。在弹丸速度测量中,其作用是测量并记录弹丸飞过一段已知距离所经历的时间。电子测时仪由时基脉冲发生器、电子开关、信号变换器计数器和显示器等组成(见图 7 - 27)。

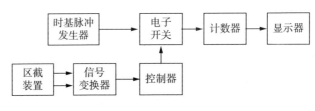

图 7 - 27　电子测时仪组成框图

1) 时基脉冲发生器

时基脉冲发生器由正弦波振荡器、缓冲级和整形电路构成。正弦波振荡器通常都采用高稳定度的石英晶体稳频电路,以便取得稳定可靠的时间基准,石英晶体的固有频率取为 1 MHz(也有取为 10 MHz 的),故此周期为 1 μs(有些测时仪也采用 0.1 μs 的振荡周期),这是根据测时精度的需要选定的。缓冲级由射极跟随器组成,作用是将振荡器后面的电路隔离,改善输入特性,提高频率的稳定性。整形电路一般由双稳触发器构成,其作用主要是把振荡器产生的正弦波信号按周期整形成方波脉冲信号,以便于计数器的记录。

2）信号变换器

信号变换器由输入电路和放大电路两部分组成。

输入电路主要是为了配合各种不同的区截装置而设计的，一般都设有断-断、通-通、通-断、断-通四种组合，以便适用于通靶、断靶或光电靶、天幕靶等不同区截装置。为了配合线圈靶测速，有些测时仪还专门设置了线圈靶放大器，在使用线圈靶时通常具有一种或多种灵敏度档次，以配合线圈信号的大小及干扰信号的大小使用。

对通断靶等跳变信号来说，放大电路只是把它们放大整形成触发脉冲信号，以便控制电子开关的开启与关闭。对线圈靶信号来说，放大电路由差分放大器和触发整形电路组成。因为线圈靶产生的靶信号一般都很小，一般为几十毫伏甚至几毫伏，若要用它来作为控制门电路的触发信号，必须进行高倍率的放大。由于线圈靶的电磁干扰信号有时比其靶信号大得多，因此采用普通放大器会将此干扰信号同时放大导致无法输出触发信号。考虑到在任意时刻电磁干扰对两个线圈靶是等同的（触发信号则不同），所产生的干扰信号属于共模干扰信号，所以采用差分放大器除了能对靶信号进行有效的放大外，还能抑制线圈靶回路的共模干扰信号。

差分放大器的输入输出方式通常有两种。一种是靶 Ⅰ 和靶 Ⅱ 的信号分别由差分放大器的两个输入端输入，由它的两个输出端分别输出。如图 7-28 所示，线圈 Ⅰ 产生的信号由差分放大器 a 端输入，放大后送至触发器 c 端，经触发器整形后由 E 端传送出控制触发脉冲作为启动脉冲。同样，线圈 Ⅱ 产生的信号经放大、整形后由 F 端输出控制脉冲作为停止脉冲。通常人们称这种接法为单端输入、双端输出接法。在这种情况下，由于差分放大器两边不对称及触发电路不对称，将产生较大误差。

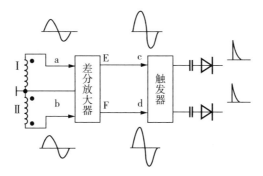

图 7-28 双端输出触发电路原理

另一种是线圈靶的两端并接或串接在差分放大器的两个输入端上,但两个线圈的同名端接在同一个方向上,它的两个靶信号由差分放大器和触发器的同一端输入、输出。这样就消除了电路不对称所带来的放大和触发误差,目前这种接法应用较广。单端输出触发电路原理如图 7-29 所示。

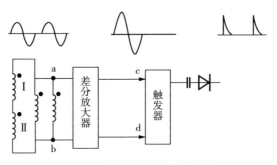

图 7-29 单端输出触发电路原理

目前生产的测时仪对放大后的线圈靶信号的整形可以采用以下两种触发电路:一种是电平触发电路,另一种是过零触发电路。由于测时仪大都采用了双端输入、单端输出电路,其已基本消除了触发电平不对称及信号放大器不对称带来的触发误差。但是它仍然存在着因线圈本身各参量不对称,两靶感应信号幅值不同而产生的触发误差,这个误差可以通过线圈靶配对选用控制在使用要求的范围内。若测时仪采用过零触发电路,则可以进一步减小这个误差。但是,它仍然存在着由线圈靶参量不对称所产生的信号相移不同的误差。

3) 控制器

控制器主要用来开启、关闭和封锁门电路。它通常由两个触发器组成(见图 7-30)。图 7-30(a) 为复原待测状态,在仪器复原时,输出端 3 为低电位,与非门处于关闭状态。此时,只有 1 端即靶 Ⅰ 信号输入的触发脉冲信号可使触发器 Ⅰ 发生翻转,且由 4 端输出的触发信号使触发器 Ⅱ 翻转成开启状态。图 7-30(b) 为开启状态,在仪器处于开启状态时,输出端 3 为高电位,与非门被打开。此时由 1 端输入的触发信号将不再起作用,只有当 2 端即靶 Ⅱ 信号输入触发脉冲时,其才使触发器 Ⅱ 翻转成停止状态。图 7-30(c) 为停止状态,在仪器处于停止状态时,输出端 3 为低电位,与非门被关闭。此时由 1、2 端输入的触发信号都不再起作用,这也称为控制器处于封锁状态。图 7-31 为控制器输出信号示意。

4) 电子开关

电子开关电路通常由一个与非门组成。与非门电路由一个两输入端与非门元件构成,起电子开关的作用。如图 7 - 32 所示,它的 1 端与时基电路相接,由时基脉冲发生单元送入时基脉冲,它的 2 端与控制电路相接。当 2 端为低电位时,虽然 1 端有时基脉冲信号,但与非门关闭,3 端无输出。当 2 端为高电位时,3 端将输出 1 端输入的时基脉冲,并送往计数电路。

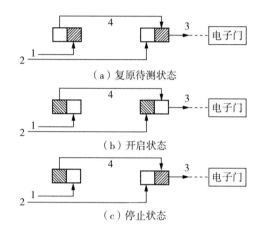

（a）复原待测状态

（b）开启状态

（c）停止状态

图 7 - 30　控制器电路原理

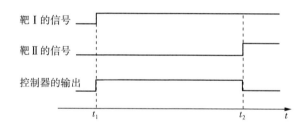

图 7 - 31　控制器输出信号示意

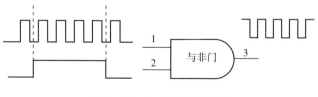

图 7 - 32　与非门电路原理

5）计数器与显示器

　　计数器与显示器实际由计数显示电路来实现,它由六位二进制、十进制计数器和译码显示器组成,可以把来自与非门开启的时间间隔内送入的脉冲数目记录下来,并用数码显示元件显示出来。可以看出,两靶信号的间隔时间即 t_{12} 实际为计数器记录的脉冲个数 n 与脉冲间隔的周期的乘积。如前所述,若电子测时仪的时基脉冲的周期选定为 $1\,\mu s$,则记录的时间间隔 t_{12} 为 $n\,\mu s$。

电子测时仪各功能块输出信号流程如图 7-33 所示。当弹丸在 t_1 时刻穿过靶 Ⅰ 时,由第一个区截装置产生的启动信号经信号变换器触发控制电路状态反转,输出高电平驱动电子开关的门电路打开,此时时基脉冲发生器产生的方波脉冲通过电子开关进入计数器计数;当弹丸在 t_2 时刻穿过靶 Ⅱ 时,由第二个区截装置产生的停止信号使控制电路的触发器反转回低电平,使电子开关的门电路关闭,此时计数器停止计数,显示器显示出的数字就是以 μs 为单位的时间数据。

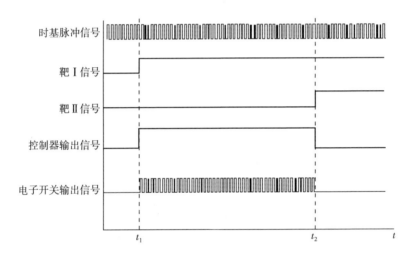

图 7-33　电子测时仪各功能块输出信号流程

2. 以数据采集系统为核心的测速仪

如前所述,电子测时仪测速方法是采用两个区截装置配接一台电子测时仪构成测速系统。区截装置的功能是完成弹丸到达预定位置的探测,而电子测时仪则记录两台测速靶输出信号的时间间隔,再根据两靶之间的距离计算出弹丸飞过两靶的平均速度。在一些特定场合的实际应用中,有些区截装置往往因各种炮口火光、电磁干扰、冲击振动等产生的干扰信号发生误触发现象;对于一些高射频连射测速或双弹头测速,各发弹之间的信号相互交错,存在相互干扰问题;对于水下弹道测速、多目标弹道测速同样存在类似的问题。面对日益复杂的弹种,干扰信号复杂多样以及具有随机性,简单采用滤波器的方法滤除干扰远远不够。近些年来,随着计算机技术和数据采集技术的发展和成熟,测速工作者开始应用以数据采集系统为核心的测速仪以取代应用电子测时仪记录两个信号间的时间间隔,从而实现弹速测量。

1) 以数据采集系统为核心的测速仪的测速原理

以数据采集系统为核心的测速仪的测速原理如图 7-34 所示,采用数据采集的方法将区截装置的输出信号记录下来,并用人工或智能算法识别和提取需要的测量信号以及区截信号对应的时间,通过计算提取出区截信号间的时间间隔,进而得出弹丸的速度数据。

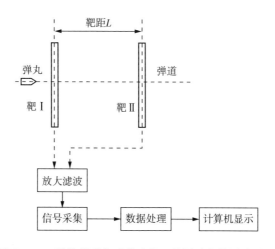

图 7-34 以数据采集系统为核心的测速仪的测速原理

可见,以数据采集系统为核心的测速仪仍以区截法测速原理为基础,使用区截装置(普遍采用通靶、断靶、天幕靶、光幕靶)作为弹丸到达定点位置时刻的探测装置。在实际测试中,区截装置输出信号数据的采集有两种实现形式:一种是使用基于计算机外围设备互连(Peripheral Component Interconnect,PCI)总线的 A/D 采集板进行数据采集,另一种是采用瞬态记录仪配合计算机进行数据采集。

使用基于计算机 PCI 总线的 A/D 采集板进行数据采集的原理如图 7-35 所示。靶 I 和靶 II 通常采用天幕靶或者光幕靶,也可以用通靶、断靶等区截装置,数据采集板通常采用基于 PCI 总线的多通道(双通道以上)采集板,插入计算机 PCI 总线的插槽来实现数据采集。为了保证信号分析的精度,双通道采集板一般采用 12 位以上的 A/D 转换,采样速率在 1 MHz 以上。

针对双通道数据采集板由光电靶输出的模拟信号幅度与 A/D 转换的要求可能不匹配的情况,一般需要在 A/D 采样的输入端设置信号调理电路和滤波电路,用来对区截装置传输来的信号进行放大和预滤波,消除无用的高频成分,压制噪声干扰,同时能保证信号不失真,使区截装置输出信号的幅值满足 A/D 转换的要求,以便充分利用 A/D 转换的分辨率。

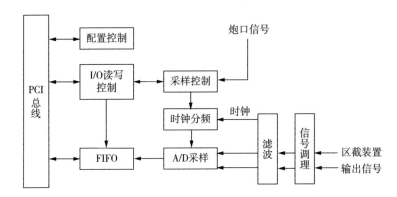

图 7-35　使用基于计算机 PCI 总线的 A/D 采集板进行数据采集的原理

由信号调理电路和滤波电路放大滤波后的区截信号经过双路 A/D 转换,将模拟信号转换成数字信号,进入先入先出队列(First Input First Output,FIFO),由 I/O 读写控制根据计算机或采样控制设定的采样参数发出中断申请,将数据读入计算机内存。

在实际测量弹丸速度时,需确定采样频率、采样起始时间、采样长度等。采集开始指令既可以由计算机根据采样起始时间发出,也可以由炮口同步信号直接控制。采样长度根据实际需要由计算机控制。根据采样定律,为了能够重现原信号,采样频率必须大于信号频带上限的 2 倍,通常取区截装置输出信号最高频率的 2.5～4 倍。因为弹丸飞过靶面的时间很短,所以产生的脉冲信号具有较宽的频谱范围,并且弹速不同时,频谱范围的变化也比较大。从表面上看,设置采样频率应越高越好,较高的采样频率可以满足各种常规弹速的测量要求,测量的分辨精度也比较高,但是使用较高的采样频率对采集板的性能要求较高,采集数据量较大,传输、存储、处理较困难。因此,为了便于采样数据的传输、存储、处理,采样频率的选取应在足以保证精度的前提下,适当低一些更为恰当,一般根据预计弹速设定采样频率。例如,对于采用光幕靶构成的测速系统,假设弹速为 200 m/s,光幕幕厚为 1.00 mm,则弹丸穿过靶面的时间为 0.5 ms,信号的基频为 1 kHz,为了保证精度,并留有余量,如果信号带宽为基频的 50 倍,那么采样频率应该大于 100 kHz,具体使用采样频率的大小可以根据进一步的试验确定。

通过数据采集系统记录弹丸穿过区截装置时的信号,记录其波形,可使测时仪的可靠性大大提高。这是因为通过波形分析可以避免测时仪的误触发,通过信号的分析可去掉各种干扰。因为数据采集后存储在计算机中,所以可以通过波形回放清晰地看到弹形信号,进而可以采用对触发点人工识别的方法取得弹丸飞过靶面的时间。这种方法的优点是现场测试人员可以根据经验排除干扰信号,其缺点是主观因素会影响测量精度,而且如果提高精度,必须采用较高的采样速率。

2) 时间间隔的相关分析提取算法

按照图7-34所示的测速原理,对两个测速区截信号进行 A/D 转换后即形成图7-36所示的数字化信号。从图7-36中提取两区截信号之间的时间间隔,还需要做进一步的数据处理。从 A/D 转换输出的测量数据中提取两区截信号之间的时间间隔的方法有两种:一种是在信号图形中,采用人工识别波形的方法直接读取时间间隔;另一种是采用计算机智能识别算法自动识别两靶信号的波形,并确定两区截信号之间的时间间隔。一般对于信号波形比较干净、干扰较弱的情况,可以直接使用数据算法进行自动识别处理。对于声、光干扰比较严重的情况,则可以首先使用人工的方法剔除干扰波形,然后进行数据处理。

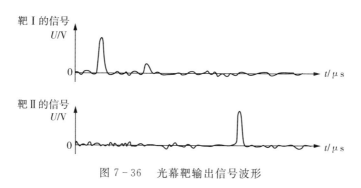

图7-36 光幕靶输出信号波形

在图7-34中,数据处理环节需要采用专门的数据处理软件先识别两个靶信号的波形,再处理弹丸穿过两个区截装置的时间间隔。两靶信号波形的计算机自动识别通常采用基于数学知识的相关分析算法。

7.3 雷达测速法

雷达测速法是利用多普勒雷达对弹丸飞行速度进行测量的一种方法。多普勒雷达主要用于弹丸飞行速度测量(初速测定雷达,也叫作测速雷达)、弹丸膛内运动速度测量(膛内测速雷达)及弹道分析(弹道测速雷达)。

7.3.1 多普勒效应

多普勒雷达是根据多普勒原理设计出的一种弹丸速度测量仪器。工作时,由雷达天线向弹丸飞行方向发射出一束连续、等幅的电磁波,同时接收弹丸反射回来的电磁波信号,其输出是一个交变电流信号,其频率是发射波频率与接收机频率之差,经处理获得弹丸速度数据。多普勒雷达工作原理示意如图 7 - 37 所示。

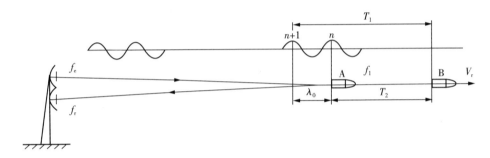

图 7 - 37   多普勒雷达工作原理示意

由物理学知识可知,波在空中传播的速度与波源、观察者的运动是无关的。但是,若波在传播过程中,波源与观察者之间存在相对运动,则观察者所观察到的波的频率会发生变化,这一现象称为多普勒效应。凡是听过汽车响着喇叭从旁驶过或曾经站在火车站台上听过列车鸣笛驶过的人对此现象都比较熟悉。当声源逼近接收器时,1 s 内所发射的波数将在不到 1 s 的时间间隔内抵达接收器。因为声源在发射最后一个波时比发射第一个波时更靠近接收器,即波的波长被"压缩"了,故接收器接收的频率要高一些,所以迎面驶来的列车的鸣笛声听起来更尖锐。反之,当声源退离接收器时,接收波波长被"拉长",其频率变低,即驶离观察者的列车的鸣笛声听起来更低沉。同理,对于波源静止、接收器运动的情况,也存在上述现象。

雷达天线固定不动,弹丸在电磁波束中相对天线以径向速度 v_r 运动。当发射天线发射的电磁波第 n 个波峰到达弹体时,第$(n+1)$个波峰刚好位于距弹体后方一个波长 λ_0 的位置。由于电磁波在空间相对于雷达发射天线以光速 c 传播,弹丸相对于天线以径向速度 v_r 飞离,因此电磁波相对于弹丸的传播速度为$(c-v_r)$。第$(n+1)$个波峰要在第 n 个波峰到达弹体后,经过 $T_1 = \lambda_0/(c-v_r)$ 时间才能到达弹体,而以后的每个电磁波的波峰都是如此,所以弹体上感生电动势的周期不是 T_0

而是 T_1，感生电动势的频率不是 f_0 而是 f_1。

当电磁波从弹体反射回来而被接收天线接收时，也会发生上述情况。假设雷达发射天线发射的电磁波频率 f_0 的第 n 个波峰到达弹体时，弹丸所处的位置在 A 处，则在第 $(n+1)$ 个波峰到达弹体时，弹丸已离开 A 处一个 $(v_r T_1)$ 的距离而到达 B 处（所用时间为 T_1）。第 $(n+1)$ 个波峰由 B 处反射回 A 处所需的时间为 $T_2 = (v_r T_1)/c$。则从弹丸处于 A 处算起，第 $(n+1)$ 个波峰经过 $T_r = T_1 + T_2$ 时间才能返回到 A 处，且每经过 T_r 时间就有一个波峰到达 A 处并继续向雷达接收天线传播而被接收天线接收。所以，雷达接收天线接收的电磁波频率为 $f_2 = 1/T_r$，则有

$$f_r = \frac{1}{T_1 + T_2} \qquad (7-15)$$

将 $T_1 = \lambda_0/(c - v_r)$ 和 $T_2 = v_r T_1/c$ 代入上式得

$$f_r = \frac{c}{\lambda_0} \frac{c - v_r}{c + v_r} = f_0 \frac{c - v_r}{c + v_r} \qquad (7-16)$$

经过上述分析可知，雷达发射天线发射的电磁波频率 f_0 与雷达接收天线接收的电磁波频率 f_r 是不同的，存在一个 f_d 的差值，这个差值叫作多普勒频率，即

$$f_d = f_0 - f_r = f_0 \left(1 - \frac{c - v_r}{c + v_r}\right) = f_0 \frac{2v_r}{c + v_r} \qquad (7-17)$$

因为 $c + v_r \gg 2v_r$，$c \gg v_r$，所以

$$f_d = f_0 \frac{2v_r}{c} \qquad (7-18)$$

式 (7-18) 即多普勒效应的表示式，该公式表明：若目标相对雷达天线静止，则天线发射和接收的电磁波频率相等，即频差 f_d 为零。若目标与雷达天线之间存在相对运动，则反射信号将产生一频率偏移，这个频差（也叫多普勒频移）直接与雷达天线到目标的距离的变化率成正比，即与目标的径向速度成正比。因此，多普勒测速雷达的测速原理是利用电磁波在空间传播遇到运动目标时产生多普勒效应来进行的，只要测得多普勒频率 f_d，即可由公式求出径向速度 v_r。

7.3.2　多普勒雷达工作原理

在靶场试验中，用于弹丸飞行速度的多普勒雷达主要有 640-1A 型测速雷达、MVR-1 型测速雷达、DR582 测速雷达等。下面主要介绍 MVR-1 型测速雷达的构成和工作原理。

多普勒雷达一般由天线单元、红外启动器和终端设备构成,其工作原理框图如图 7-38 所示。

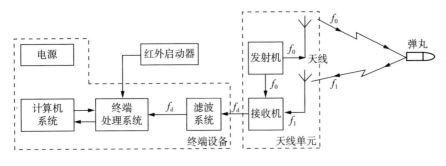

图 7-38　多普勒雷达工作原理框图

1. 多普勒雷达各部分的基本构成及其功能

1) 天线单元

多普勒雷达的天线单元是在室外工作的主体机构,主要由发射机和接收机构成,一般称为高频头,又称为天线。为了使电源线和信号线连接方便,多普勒雷达一般在其天线头上都设置了红外启动装置的接口。对于具有跟踪测试功能的弹道跟踪雷达,其天线单元除了设置有天线头外,还设置有天线跟踪控制器等。

多普勒雷达的发射机由电磁波振荡源和发射天线构成。电磁波振荡源主要有微波管振荡源和微波固态振荡源两类。前者多采用磁控管振荡器,后者采用晶体倍频振荡器、体效应管振荡器等,再结合锁相环(Phase Locked Loop,PLL)技术构成频率和相位均很稳定的电磁波振荡源,再通过多级功率放大输出。通常,微波管振荡源具有输出功率大、振荡频率高、频谱纯、耐高低温和抗核辐射能力强等优点,但其结构复杂、体积大、工作电压高,应用受到限制。微波固态振荡源体积小、重量轻、结构简单、寿命长,工作电压仅为几伏,而且便于集成化,但其输出功率小,目前已经达到的最高振荡频率仍低于微波管振荡源的频率。例如,早期国内使用的 640 雷达采用了磁控管振荡器,DR582 雷达采用了晶体倍频振荡器,毫米波测速雷达采用了体效应管振荡器等。体效应振荡器采用高 Q 腔稳频,抗震性能好,在 $-40\,℃\sim+50\,℃$,保证有优于 8×10^{-4} 的频率稳定度,在这个宽温度范围内工作时,不校频对测速也不会引起显著误差。振荡器频率为 $10\,525\,MHz$,输出功率大于 $250\,mW$。收发共用的喇叭天线波束为 $12°\times10°$,增益为 $23\,dB$,因为天线波束宽,容易捕获目标,所以弹种适应能力强。变换器采用正交场平衡变频器,噪声系数低。工作时,电磁波振荡源产生连续的、频率稳定的等幅电磁波,并通过发射天线向弹丸飞行方向发送,同时将其中很小一部分电磁波传输给接收机的混频器。

多普勒雷达的接收机一般由接收天线(对于小功率雷达可共用发射天线,并由环行器隔离)、混频器和前置放大器构成。工作时,由接收天线接收运动目标(弹丸)反射回来的电磁波信号 f_1,经混频器混频处理后形成多普勒信号,并由前置放大器放大后输出。

多普勒雷达的发射机和接收机通常装在一个机壳内。对于双天线(发射天线和接收天线分开)的多普勒雷达,在两个天线之间通常有一隔离器将发射电磁波和接收电磁波分离,图7-39为双天线高频头工作原理框图;对于单天线(发射和接收共用一个天线)的多普勒雷达,通常采用环行器将发射电磁波与接收电磁波分离。单天线高频头工作原理框图如图7-40所示。

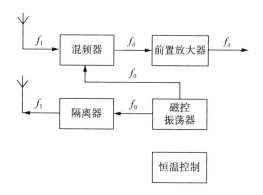

图 7-39 双天线高频头工作原理框图

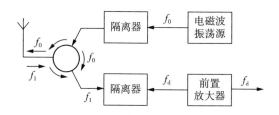

图 7-40 单天线高频头工作原理框图

通常,多普勒雷达天线主要分为抛物形天线和微带天线阵两类。抛物形天线结构上是一个抛物面形的电磁波反射面,发射机的电磁波振荡源输出的电磁波经过波导管传送到抛物面的焦点,经抛物形发射天线聚焦形成电磁波束向空间定向发射。同样,抛物面形接收天线可将目标的反射信号汇聚,并由波导管传输给混频器。

在结构上,一般由多个(如8个、32个等)子阵组成微带天线阵,子阵由串馈的微带线组成,每个线阵由谐振的矩形贴片和半波长微带线串接而成,即一个贴片加上与之串接的一段微带线构成一节,相邻节之间的相位差为2π,以保证各贴片是同相辐射。天线阵采用若干个相同的线阵排成矩形面阵,用一根总的微带线把各线阵的馈电点串接起来(见图7-41)。用同轴微带接头在总微带线的中部进行馈电,使得天线阵的各个贴片元在中心频率上保持同向,从而得到最大的轴向增益。

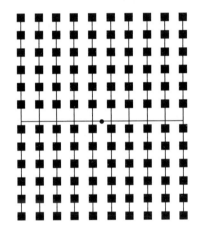

图7-41 发射天线阵示意

微带接收天线也采用平面微带矩形贴片阵列天线,其增益指标要求一般与发射天线类似,并集成在一个平面上。发射机和接收机均采用波导馈电的方式,以减少发射机功率损耗,降低接收机插损,提高系统的灵敏度。

一般来说,微带天线阵的有效辐射的频带较窄,单个阵元承受的功率受到一定的限制,而多普勒测速雷达正好具有频带较窄(只有0.6%,几乎是点频应用)、发射功率不大(通常在几十瓦以内)的特点。由于微带天线阵的馈电网络与微带天线元集成在同一介质基片上,其结构简单,易于制作和生产,并具有结构紧凑、体积小、重量轻、成本低等诸多优点,因此近些年来平面微带天线阵技术在多普勒雷达测速上的应用非常普遍,目前已形成多普勒测速雷达的主流天线。可以说,现代新研制的多普勒测速雷达几乎都采用了微带天线阵。微带天线阵一般将发射天线与接收天线分离,其发射机和接收机均集成在天线单元的内部。

2) 红外启动器

红外启动器实际上是一种红外光探测器,其作用是为终端处理系统提供一个与弹丸射出膛口时刻同步的触发信号,以启动终端处理系统。红外启动器通常由透镜、光敏元件及放大整形电路组成,其工作原理框图如图 7 - 42 所示。

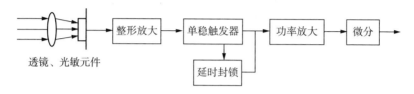

图 7 - 42　红外启动器工作原理框图

在火炮射击时,弹体尾部的光照射到红外启动器,并经透镜聚光使之集中照射在位于其焦点的光敏元件上。此时光敏元件输出一个电信号,经整形放大后传送给单稳触发器,并通过它输出一个具有一定宽度的脉冲信号。该脉冲信号经功率放大后由微分电路整形为尖脉冲信号输出。为了避免信号干扰,许多红外启动器采用了延时封锁电路,使单稳触发器在封锁时间内不再产生新的脉冲信号。

3) 终端设备

终端设备主要由多普勒信号放大器、滤波器系统、终端机和电源等组成。对于弹道跟踪雷达,有些终端机还设置了弹道跟踪控制器。

多普勒信号放大器是一个覆盖 3 500 ～ 141 000 Hz 的宽带高增益放大器。滤波器系统主要由弹道滤波器和控制器等部分组成。弹道滤波器是多普勒雷达速度测量系统的模拟部分的滤波器组件,它接收来自天线系统的多普勒信号。滤波器组件包含 12 个无源滤波器,每个滤波器的通带边沿互相重叠,以完成对 50 ～ 2000 m/s 速度的单目标测量,工作时按弹丸飞行速度选用相应的滤波器。带通滤波器起着预滤波的作用,并可抑制信号中无用的高、低频分量。有些雷达的终端处理系统对模拟信号的滤波要求较高,仅用带通滤波器还不能满足要求,还需设置锁相跟踪滤波器做进一步滤波处理。弹道滤波器工作原理示意如图 7 - 43 所示。锁相跟踪滤波器是一个中心频率可调的锁相跟踪滤波器,用它可以实现频率跟踪,并将来自带通滤波器的混在噪声中的多普勒信号进行再处理,以提高信噪比,从而提高雷达接收机的灵敏度。在测量装定时,一般要求最大速度和最小速度装定应覆盖整个速度范围。测量前,锁相环路锁在面板装定的导引点上,导引点装定(习惯上称初速装定）比预计初速略低。发射时，弹道滤波器的输出信号直接从带通滤波器输出。当弹丸速度信号的多普勒频率等于导引点频率时，锁相环路就锁在信号上，同时产生相关信号触发控制电路改变开关，以便速度信号从锁相跟踪滤波器上输出。

图 7-43　弹道滤波器工作原理示意

应该说明，由于现代大多数新型多普勒雷达终端都采用了数字信号处理技术，其滤波器系统基本都不再设置锁相跟踪滤波器，只需模拟带通滤波器即可满足数据采集的要求。

终端机主要由过零形成电路、门控电路、计算机系统组成。计算机系统与终端处理系统以专门的数据线（多采用计算机标准总线）相连，可实现数据相互传输。该系统内设置有多普勒信号分析处理软件、弹道跟踪数据处理软件、弹丸速度数据处理软件和弹道分析处理软件等，其主要任务是完成多普勒频率的测量、计算弹道上各点的径向速度、对径向速度进行合理化检验、将径向速度换算成切向速度和平滑外推计算初速等。

2. 工作原理

体效应振荡器产生的高稳定连续波信号 f_0(10 525 MHz) 以一定的功率通过天线辐射到空间，其中一部分照射到弹丸上，弹丸反射回带有多普勒信号的调频波 f_r，被天线接收后，经双工器进入变频器。而体效应振荡器的功率也耦合一部分到变频器中，与接收信号进行混频，差频后输出多普勒信号 f_d。多普勒信号经过放大后送入相应的滤波器进行滤波。经过滤波的多普勒信号送入终端测频单元，进行多普勒频率测量并存储。终端机中的数据处理单元对上述信息进行加工处理，最终得到所需的各种数据并在数码管上显示或利用打印机打印输出。红外启动器探测炮口火光产生的启动脉冲来启动雷达工作并作为测速的时间起点，也是炮口初速的计算点。

MVR-1型测速雷达采用连续波多普勒原理测速，测量弹道初始段10或12个点的径向速度 V_r（与雷达发射天线电磁波束相同方向），并由终端数据处理单元和计算机软件对这些数据进行数字滤波、合理性检验、转换成切向速度，最后以最小二乘多项式拟合外推的方法获得初速和其他参数。

3. 多普勒频率的获取

多普勒信号是一个连续的正弦信号,且频率随着弹丸飞行速度的不同而不断变化,由于受到目前技术水平的限制,直接测量某一点的多普勒频率 f_d 比较困难,因此采用定周测时法。

定周测时法是预先确定多普勒信号的周数,测定其信号振荡 n 次所经历的时间。

根据多普勒信号的周期 $T_d = 1/f_d$,由式(7-18)有

$$v_r T_d = \frac{\lambda_0}{2} \tag{7-19}$$

这说明,在多普勒信号的每一个周期 T_d 的时间内,弹丸径向运动的距离是一个常数,其值为雷达天线发射电磁波波长 λ_0 的二分之一。由此,若规定每次测频率的多普勒信号的周数为 n_1,则多普勒信号振荡 n_1 周所经历的时间为

$$T_{n_1} = n_1 T_d \tag{7-20}$$

在 T_{n_1} 时间内,弹丸径向飞行距离为 MB,故由式(7-19)和式(7-20)有

$$MB = v_r T_{n_1} = v_r n_1 T_d = n_1 \frac{\lambda_0}{2} \tag{7-21}$$

由于 n_1 为人为设定的正整数,故 MB 为一个已知的常量,亦称测量基线。由此可知,人为选定测量周数 n_1,再测出多普勒信号振荡 n_1 周所经历的时间 T_{n_1},由式(7-22)即可计算出弹丸的径向速度 v_r。

$$v_r = MB/T_{n_1} \tag{7-22}$$

4. 数据处理

在连续的多普勒信号中选取 10 或 12 段,每一段的多普勒信号的周期个数固定(测速时由输入设备输入),测量该段的时间,并经过计算获取该段的平均多普勒频率,再根据式(7-22)计算出弹丸飞行的径向速度。

雷达测速获得的原始数据有 10 或 12 个点的多普勒频率 f_d,炮口到第一测速点弹丸的飞行时间 T_y(测速时由输入设备输入),相邻两测速点的时间间隔 T_p(测速时由输入设备输入),测速雷达的布站参数(A 值和 B 值)。雷达测速布站示意如图 7-44 所示。数据处理就是利用这些参数来获取弹丸的飞行初速值。

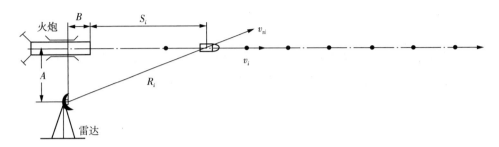

图 7 - 44　雷达测速布站示意

1) 径向速度 v_r 的计算

根据式(7 - 23)可计算得到径向速度 v_r。

$$v_r = \frac{C}{2f_0}f_d \tag{7 - 23}$$

式中, c 为光速($c = 299\ 792\ 458$ m/s); f_0 为测速雷达发射频率($f_0 = 10\ 525$ MHz)。

2) 观测数据的合理性检验

雷达所测 10 或 12 个点数据中,不合理数据率较高,要求对每个观测数据进行判别。该判别是在无其他任何判别基准的情况下,用一判别程序自动进行的,这就要求首先找出一组彼此吻合的合理数据,然后以这组数据为基准去判别其他数据。具体做法:首先,选取 3 个相互吻合的数据,这 3 个数据的选取是根据最小二乘原理和线性回归分析方法并给定一定的精度指标而获取的;然后,以这 3 个数据为基准,采用 $\alpha \sim \beta$ 递推滤波方法,判别其他数据是否合理。如果不合理数据大于 4 个,则认为该 10 或 12 点数据不可用。

3) 径向速度外推

由于雷达测量弹丸的径向速度时,雷达终端记录的第一点径向速度值是弹丸飞离炮口 T_y 时刻的值, T_y 时刻以前所缺数据需用曲线拟合的方法外推得到。

在图 7 - 45 中, $v_{r1} \sim v_{r10}$ 是雷达所测 10 个点的径向速度。利用线性回归分析方法对这 10 个点的径向速度进行线性回归,并外推出 T_y 时刻以前所缺数据 $v_{T0} \sim v_{T2}$,其中 v_{T0} 是外推至炮口的径向速度。

4) 径向速度非线性修正

上述线性外推获得的径向速度 $v_{T0} \sim v_{T2}$ 符合线性规律。而实际上在距离炮口很近的几点径向速度是非线性变化的,如图 7 - 45 中 $v_{x0} \sim v_{x2}$ 。因此需要对 $v_{T0} \sim v_{T2}$ 进行非线性修正以得到 $v_{x0} \sim v_{x2}$ 。径向速度外推点 $v_{T0} \sim v_{T2}$ 实际上很接近切向速度的一些值,非线性修正就是将这些接近切向速度的值作为切向速度去反算径向速度的过程。

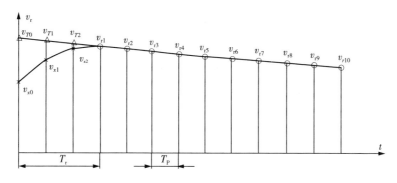

图 7 - 45　雷达测速数据处理示意

弹丸出炮口时刻径向速度的非线性修正按式(7 - 24)进行:

$$v_{x0} = \frac{B v_{T0}}{\sqrt{A^2 + B^2}} \qquad (7 - 24)$$

式中,符号含义同图 7 - 44 和图 7 - 45,其他点径向速度的非线性修正按式(7 - 25)进行:

$$v_{xi} = \frac{S_i v_{Ti}}{R_i} (i = 1, 2, \cdots, T_y / T_p) \qquad (7 - 25)$$

其中,$S_i = S_{i-1} + \dfrac{v_{Ti-1} + V_{Ti}}{2} T_p$,$R_i = \sqrt{A^2 + S_i^2}$。

5) 径向速度 v_r 转换成切向速度 v_i

经过上述径向速度外推和径向速度非线性修正后,获取了 T_y 时刻以前所缺的径向速度数据,有了这些数据后,即可对所测 10 个径向速度 v_r 转换为切向速度 v_i,即

$$v_i = \frac{R_i v_{ri}}{\sqrt{R_i^2 - A^2}} \qquad (7 - 26)$$

式中,$R_i = R_{i-1} + \dfrac{v_{ri-1} + v_{ri}}{2} T_p$。

6) 将 10 个点的切向速度 v_i 外推出炮口速度(初速)

在弹道的直线段,10 个点的切向速度 v_i 是按线性规律变化的,对这 10 个点的切向速度 v_i 进行线性回归,即可获取弹丸飞行初速。

思考题

1. 简述弹丸飞行速度检测的三种方法及工作原理。

2. 简述非接触式区截装置的种类及工作原理。

3. 试述电子测时仪的工作原理。

4. 简述外弹道区截测速原理，并给出初速计算公式。

5. 简要说明测速雷达的工作原理。

6. 归纳说明测速雷达的数据处理过程。

7. 测速雷达的数据为什么需要检验？

第8章　火炮动态参数测试

8.1　火炮动态参数测试要求和参数选取

火炮的设计、研制、生产、验收中均需要对火炮的各动态参数进行测试,这些参数包括弹丸初速、自动机线位移、供弹系统角位移、身管温度等。

8.1.1　测试要求

火炮动态参数测试有如下几点要求。

(1)火炮动态参数测试具有频带宽、动态范围大的特点,所以要求测试系统的硬件具有足够的采样频率和动态范围,这样才可以正确地反映原始信号。

(2)火炮动态测试所需要测试的参数有很多种类,每个种类的信号不只是一个点,往往是多个点,这就需要硬件设备具有足够多的采集通道,用于同时采集多路信号,并且保证信号的绝对时间精度。

(3)测试系统应具有高速的数据传输能力和较深的数据存储深度。火炮动态测试数据采样率高、采样点数多、通道多,这就对数据采集系统的数据传输率和存储深度提出了很高的要求,如果资源达不到要求的话就会使数据丢失,导致试验失败。

(4)由于测试环境的恶劣,干扰因素很多,因此要求测试系统能够有一定的抗干扰能力,保证能够从测试数据中提取有用的信息。

8.1.2　测试参数选取

弹丸初速是火炮、弹道诸元中主要的参数之一。弹丸飞行速度是弹丸运动特性的一个重要参数,是弹丸运动过程中的一个基本特征量。弹丸速度的大小与弹丸发射条件及过程有关,也与弹丸本身的物理参数、气动参数和气象参数有关。它是衡量火炮特性、弹药特性和弹道特性的一项重要指标。火炮炮口初速在火炮系统命中问题中是一个非常重要的参数,它的准确与否直接影响到火炮系统的命中概率。据瑞士康特拉夫斯公司提供的数据,初速下降10%,命中概率下降为64%。根据我国规范,初速下降10%,即可判定身管寿命终止。因此,测量炮口初速也是精确判定火炮身管寿命的重要方法。可见,在火炮系统的研制、定型、生产质量控制、产品验收,以及整个弹道学理论和其他一些理论的研究中都需要测定弹丸的飞行速度。

自动机是火炮的心脏,自动机运动诸元的测定在火炮试验研究中占有重要地位。根据测出的自动机运动曲线,可以校核理论分析的正确性;可以分析火炮的结构参数对其性能的影响,判定各种系数的正确数值;还可以了解自动机的工作特性,判断自动机的运动是否平稳、能量的分配是否恰当、各构件之间的撞击所引起的速度变化是否合理。自动机的运动曲线是判断火炮故障原因的重要依据之一。

火药燃气是自动武器发射弹丸和推动武器的各个机构完成规定动作的原动力,所以用试验的方法准确地测出导气室的火药燃气压力大小或随时间变化的规律(压力曲线),对研究各种结构参数和影响因素对压力曲线的影响,对研究自动武器的设计理论及分析具体的武器性能,提出进一步优化的措施,具有极为重要的意义。

火炮发射中的冲击和振动是一种复杂的现象,它与火炮结构特性、各部件的运动特性、环境条件都有关系。火炮发射中的冲击和振动会造成某些零部件的损坏或变形,会使某些机构的动作发生故障,会使安装在火炮上的电子、光学仪器损坏或者工作失常,这类问题统称为火炮在冲击和振动情况下的强度问题。另外,火炮射击时火药气体压力的合力不会完全通过重心,弹丸挤入膛线对身管的作用,火箭弹在定向管上的运动,燃气流对发射架的冲击作用,都会使火炮或火箭炮在弹丸离开火炮或火箭炮以前就开始振动,从而使刚要离开炮口的弹丸受到一个初始扰动,影响火炮、火箭炮的射击精度。这也是目前造成野战火箭密集度差的一个重要原因。对于高射炮及航空机关炮,随着射速的不断提高,前一发的振动势必影响下一发的射击精度。对于反坦克火炮,随着对首发命中精度要求的提高,身管的振动越来越重要。这类问题统称为火炮在冲击和振动作用下的精度问题。通过振动与冲击测试可以直接、全面地了解火炮各部位的振动响应情况,从而采取合理的方法改善其精度与强度受影响的状况。

在对噪声进行评估,判定其大小是否符合标准,分析噪声的主要成分及性质,为有效降低噪声提供技术支撑时,都需要进行噪声测试。只有准确、真实地测得噪声的声压等有关数据才能为解决噪声问题提供依据。

在火炮的设计、研制、生产、验收中,通过对影响火炮性能的各动态参数进行测试,可以鉴定火炮的性能是否满足战术技术指标。

8.2　火炮动态参数测试系统的总体方案

8.2.1　测试系统总体方案

由面向仪器系统的 PCI 扩展(PCI extensions for Instrumentation,PXI)的模块化仪器/设备组成的自动测试系统,具有数据传输速率高、数据吞吐量大、体积小、重量轻、系统组建灵活、扩展容易、资源复用性好、标准化程度高等众多优点,是当前先进的自动测试系统,尤其是军用自动测试系统的主流组建方案。火炮动态参数综合测试系统采用 PXI 总线,系统中的各个功能模块具有广泛的适应性,可以与其他模块灵活组建成新的测试系统来完成不同的测试任务。综合测试系统将避免传统仪器的缺点,能够对火炮的动态参数进行全面、自动测试及信号分析,在相对较少的资源下获得尽可能多的信息,为火炮的研制、生产、验收等提供很好的试验支撑。

图 8-1 为火炮动态参数测试系统总体框图。

火炮动态参数测试过程中,需要根据测试的线位移、速度、加速度等不同对象合理选定满足测量要求的传感器。传感器的信号通常需要经各类通用放大器或信号调理器后才能送入计算机进行处理。系统通过数据采集卡或串口获得被测信号,计算得到其对应的实际物理量值或其他需关注的参数。

8.2.2　硬件系统

火炮动态参数测试系统从硬件上分为以下几个分系统:弹丸初速测试分系统、自动机线位移测试分系统、供弹系统角位移测试分系统、身管温度测试分系统、导气室及反后坐装置压力测试分系统、冲击与振动测试分系统、电机噪声测试分系统、数据采集分系统。

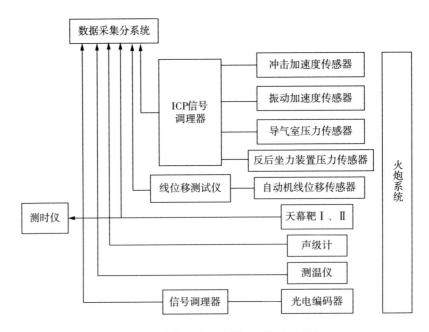

图 8-1　火炮动态参数测试系统总体框图

1. 弹丸初速测试分系统

炮弹经过两个天幕靶,两个天幕靶将先后产生一个脉冲信号,数据采集系统和测时仪两者均能捕捉到此两脉冲信号并获得两脉冲的时间差值,再根据已设定的两个天幕靶之间的距离可计算得到炮弹的速度。

2. 自动机线位移测试分系统

自动机线位移信号经线位移传感器、前置放大器、位移测量仪后进入数据采集分系统,数据采集分系统对获得的数据进行后续处理可获得实际的位移量值。一般在实际测量前要对传感器进行静态标定。

3. 供弹系统角位移测试分系统

角位移光电编码器将被测体转过的角度转换成数字量,通过与角位移光电编码器匹配的调理模块后进入数据采集分系统,在后续处理中,软件将编码器的信号转换成角度数以及圈数进行显示。

4. 身管温度测试分系统

在进行身管温度测试时,应用手持式红外测温仪进行温度测试,其数据通过串口送入计算机进行后续处理。

5. 导气室及反后坐装置压力测试分系统

选用适当的压力传感器及其信号调理电路进行导气室及反后坐装置压力测试,用短电缆将传感器信号引出,再由带有专用转接头的 80 m 长电缆将信号转接到信号调理器上。从调理器出来的信号进入数据采集分系统完成后续数据处理,根据传感器的灵敏度可获得实际压力值。

6. 冲击与振动测试分系统

应用一维冲击加速度传感器、三轴加速度传感器及其信号调理电路进行冲击与振动测试,用短电缆将传感器信号引出,再由带有专用转接头的 80 m、10 m(三轴) 长电缆将信号转接到信号调理器上(放大增益分别为 1、10、100)。从调理器出来的信号进入数据采集分系统完成后续数据处理。

7. 电机噪声测试分系统

声级计具有模拟电压信号输出端,将声级计模拟电压信号输出端用专用电缆线连至数据采集分系统,经过处理后可获得其声压级、频谱特性等。声级计可采用活塞发声器进行校准。

8. 数据采集分系统

测试系统要获得被测信号的数据就要建立数据采集分系统,本测试建立的数据采集分系统框图如图 8-2 所示。

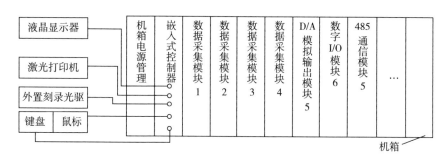

图 8-2　数据采集分系统框图

火炮动态参数随时间的变化各不相同,需要针对不同的测试对象选用合理的采集模块。测试系统中应用 PXI 机箱、不同采样频率的数据采集模块、数字 I/O 模块、D/A 模拟输出模块、485 通信模块等来组建数据采集分系统。

8.2.3　软件系统

在软件方面,目前有 LabVIEW、LabWindows/CVI、Agilent VEE 等应用软

件,测试系统选用美国国家仪器有限公司(National Instruments,NI)生产的LabVIEW作为系统开发软件。用LabVIEW建立的软面板,其界面友好,形象逼真,操作简单、直观。

火炮动态参数测试系统的软件设计将根据具体测试对象的特点研发有针对性的系统应用软件。软件系统主要功能:系统模块检测、功能设置、模块参数设置虚拟面板;测试数据的波形显示;原始测量数据的自动或手动存取;参数的静态标定;各参数测试数据的分析、处理功能;生成报表功能;软件帮助功能。

软件设计的指导思想如下。

(1)软件能够自动检测到系统中所配备的模块,并获得其位置信息。针对各模块可选项的特点,尽可能地充分体现模块功能,并充分考虑现有软件的特点。在各功能参数的设置方面,加入设置参数保存、读取、清除功能,如果在测试同一项目时,各次的参数设置一样,那么可以将其参数设置保存,以便下次测量时直接调用,不需重复设置,方便操作。当发现参数设置不合适时,可以将所有设置的参数恢复到默认值,然后重新设置等。

(2)波形显示功能可以实现在全范围或局部显示数据曲线,可以将图形放大或加入偏置,特别是在同一波形中有两条信号曲线时,加入偏置可将其分开,方便观察。双光标可以获取两关注点的横纵坐标的差值,也可通过光标获得曲线实际对应的物理量值。

(3)为方便以后查看历史数据,要将测量数据存盘。软件可以实现自动存盘和手动存盘,自动存盘是根据测试的系统时间作为文件名进行数据存储,使用户不用每次都要进行存盘的操作,操作者可以根据需要合理选择不同的存储方式。在存储的文件中加入测试项目、采样频率、采样长度、灵敏度等说明,以便后面数据分析时应用。

(4)系统中设有参数静态标定功能,将标定的各特性参数以文件形式存放在硬盘上,以供后面实际测试的数据处理软件部分调用,在某些场合中亦可手动输入相关特性参数。

(5)按测试系统的要求,针对各参数测量的特性进行分析处理,如最大幅值、有效值、上升时间、持续时间等。

(6)可以将试验数据、测试条件等以报表文件的形式存储。

(7)在软件设计中,充分考虑其人性化需求,在帮助菜单中,可以查询软件的功能、操作步骤、操作注意事项等。

软件平台运行过程拟按图 8-3 所示的流程进行。

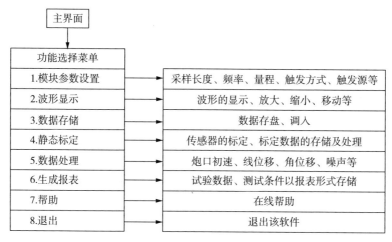

图 8-3　软件平台运行过程

8.3　自动机线位移测试

自动机是火炮的心脏,自动机运动诸元的测定,在火炮试验研究中占有重要地位。

自动机的运动变化是十分剧烈的,因此测量自动机运动的测试系统应当具有从每秒几赫兹到每秒几千赫兹的频率响应,才能真实地反映自动机的运动。可用于线位移测试的传感器有很多,如电容式位移传感器、钢丝绳拉线位移传感器、电感式位移传感器等。

电感式位移传感器具有精度高、线性范围宽、对使用环境要求不高等一系列优点,在测量精密位移和检测精密尺寸(如长度、直径等)中得到了广泛的应用,特别是在一些大范围、高精度测量方面,比其他类型的位移传感器更具有优势。目前国产高精度电感式位移传感器的非线性指标已经达到 0.1%,能满足大部分测量需要。

火炮自动机线位移测试分系统框图如图 8-4 所示。

根据火炮自动机运动特点,测试系统要求线位移传感器满足以下性能指标:

(1) 量程:100～150 mm,300～400 mm,700～800 mm;

(2) 响应速度:> 20 m/s;

(3) 测量误差:≤ 1 mm;

(4) 抗冲击振动:50g。

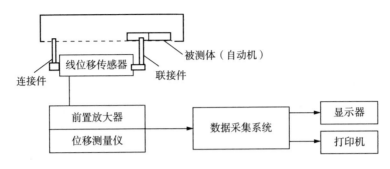

图 8 - 4　火炮自动机线位移测试分系统框图

8.4　供弹系统角位移测试

供弹系统作为火炮的重要组成部分,其自动化程度、功能的多少、可靠性的高低,对火炮的综合性能起着至关重要的作用。

可用于测量供弹系统角位移的传感器有多种,目前常用的是角度编码器,如接触编码器、磁性编码器和光电编码器等。

接触编码器的特点是敏感元件电刷和码盘直接接触,这种编码器对码盘和电刷的制造安装有一定的要求。接触编码器主要在一些简单的应用场景中使用,其存在非单值误差的问题。

磁性编码器应用了电磁感应原理,虽然工作比较可靠,能在比接触编码器宽得多的环境条件范围内工作,但是因需要磁环元件、解调电路,其成本较高。

光电编码器是非接触式的,因此它的使用寿命长、可靠性高。光电编码器在转轴的任何位置都可以输出一个固定的与位置相对的数字码。光电编码器的码盘采用照相腐蚀工艺,在一块圆形光学玻璃上刻有透光和不透光的码形,当光源经光学系统形成一束平行光投射在码盘上时,转动码盘,光经过码盘的透光和不透光区,在码盘的另一侧就形成了光脉冲,脉冲光照射在光电元件上就产生与光脉冲相对应的电脉冲。光电编码器采用循环码作为最佳码形,这样可以解决非单值误差的问题。光电编码器的优点是没有触点磨损,因而允许高速转动。

三种编码器相比,光电编码器性能价格比最高。光电编码器由于使用了体积小、易于集成的光电元件代替机械的接触电刷,其测量精度和分辨率能达到很高水平,因此它在自动控制和自动测试技术中得到了广泛的应用。综合考虑测试系统,采用光电编码器完成供弹系统角位移的测试。

供弹系统角位移测试要求选用的传感器需要满足以下性能指标:

(1) 量程:$0° \sim 360°$;

(2) 精度:5000 线;

(3) 抗冲击振动:$50g$。

8.5　火炮温度测试

8.5.1　火炮温度测试要求

火炮是一种高温、高速、高压并伴随有强烈振动的特种热机。温度是描述火炮工作状态的一个重要参数,不论是分析火炮射击时的热功转换过程,还是研究高温、高压火药燃气作用下的材料强度和零件寿命,都要求实际测量火药燃气和零部件的温度。在火炮研制和使用过程中,温度的测量有其重要意义。

1. 温度对身管的影响

射击时火药气体生成的热能会有 $10\% \sim 20\%$ 被身管吸收,其中绝大部分使身管温度升高。由于身管温度升高,金属表面变软,抗冲击性能下降,因此当弹丸通过时,会加速磨损和火药气体的冲刷作用。在相同条件下,高温磨损比常温磨损快 $2 \sim 3$ 倍。由于身管温度的升高,射击精度可降低到初始精度的 1/2,炮口温度达 $300 \, ℃$ 时,可降低到初始精度的 $1/4 \sim 1/3$。通过温度测量,可掌握温度对身管的影响程度。

2. 温度对反后坐装置的影响

火炮射击时,反后坐装置要消耗后坐能量,其中一部分变成热能,使反后坐装置的液体温度升高,液体特性发生变化,进而影响反后坐装置的工作。如果液体温度超过 $100 \, ℃$,就会损坏反后坐装置的紧塞器具。反后坐装置的液体温度升高与武器的射速有关,通过对反后坐装置液体温度的测量,可确定武器的最高射速,防止反后坐装置某些零部件的损坏。

3. 温度对内弹道的影响

炮膛内壁温度的测量和火药燃气温度的精确测量,将使内弹道方程中的能量方程更符合实际情况,这将有助于内弹道的研究和计算。

8.5.2　火炮身管温度测试

火炮身管温度测试目的:一是身管内外表面温度的测试、制退液温度的测试是为了控制身管和制退液升温上限,不使其超过允许的极限数值;二是身管内外表面温度的测试为编拟炮兵发射速度表提供依据。

1. 身管内壁温度测试

火炮身管寿命直接影响火炮的威力和整体性能的有效发挥。其烧蚀磨损机理研究表明,在造成内膛破坏的众多因素中,热是主导因素之一。身管发热还会引起其他不良现象,如发射药自燃及膛炸、发射速度受到限制、身管材料的力学性能下降、身管的热应力和射击精度降低等。火炮射击试验中要随时观察身管的温度,当其温度超过一定值时需要提醒维护人员采取相应措施。

身管内壁温度测试有以下特点:

(1) 温度范围宽,射击前近似于环境温度,射击过程中最高可达 1 000 ℃;

(2) 在高温、高压的工作环境进行测量时,传感器不仅要感受高温,还要承受 300 ~ 700 MPa 的高压;

(3) 由于射击过程中,火药在膛内的燃烧时间只有几毫秒,因此炮膛内壁的升温是一个瞬变过程;

(4) 火药燃气在高温、高压下具有较强的腐蚀性,且火药燃气的流动具有一定的冲刷作用。

身管内壁温度测试的方法很多,常见的有接触式和非接触式两种。接触式测温法是把测量温度用的传感器置于被测介质中,测温过程中安装比较麻烦,且通常要破坏被测体的完整性。非接触式测温法包括辐射测温、激光测温及红外成像等技术,这一类测温法具有可测上限温度高、动态响应好、不破坏温度场等优点。

热电偶的优点:能够承受膛内的高压;通过选取热电偶的材料和采取一定的措施后热电偶的抗腐蚀性能好;测温范围宽,如铂铑$_{30}$-铂铑$_6$ 热电偶可在 1 600 ℃ 以下长时间使用,铂铑-铂热电偶可在 1 300 ℃ 以下长时间使用,镍铬-镍硅热电偶可在 900 ℃ 以下长时间工作;适当选择热电偶的结构和制造工艺,可以得到较高的响应能力。

在众多的热电偶中,由于镍铬-镍硅属于廉价热电偶,具有复制性好、灵敏度高、线性度好等优点,考虑到炮膛内壁温度不会长时间超过 900 ℃ 这一特点,因此这种热电偶广泛应用于炮膛内壁温度的测量中。

利用热电偶测试身管内壁温度有以下两种形式。

1）直接测量法

在火炮身管需测温部位开一个通孔，将一定形状的热电偶传感器旋紧于孔内，并使热电偶的工作端面与炮膛内壁齐平同（见图 8-5）。热电偶传感器结构示意如图 8-6 所示，其主要由本体、热电极、绝缘物、接头及第三导体等组成。热电偶采用薄膜式结构。热电极一般采用直径为 0.3 mm 的镍铬-镍硅丝。接头是针对测压枪、炮的测压孔设计的一种结构，若安装热电偶测温传感器的孔不是测压孔，则可根据具体形状的孔设计接头。设计原则是在传感器安装到位后，传感器的工作面应与身管内壁齐平，且应能承受火药燃气的压力。第三导体（传感器的工作面）是一个厚度为 $2\sim3\ \mu m$ 的镀膜，采用真空蒸镀方法制成，镀膜材料与身管内壁的镀层材料（铬）相同，镀层将两个热电极连通，根据中间导体定律，当镀膜与两个热电极接点的温度相同时，不会影响测量结果。绝缘物用来固定热电极，其由以氧化铜和正磷酸为基础的高温黏结剂在高温下固结而成。

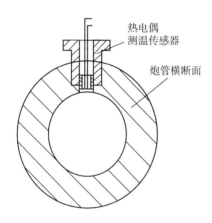

图 8-5　热电偶传感器安装示意

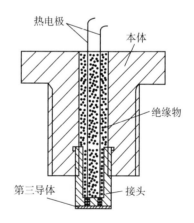

图 8-6　热电偶传感器结构示意

由于热电偶测温传感器与身管内壁处于相同的状态，因此测量精度高。但传感器的安装比较麻烦，如果传感器的工作面凸出身管内壁，那么射击时就会打坏传感器，甚至造成炸膛的严重事故；如果传感器的工作面凹进身管内壁，那么热电偶测温传感器的工作面与身管内壁所处的状态就会存在差异，给测量结果带来误差。

2）管壁内埋设热电偶法

管壁内埋设热电偶法是在火炮身管需测温部位的某一深度上埋设热电偶，即在身管上钻一个一定深度和大小的圆孔，而后将普通结构的镍铬-镍硅热电偶工作端用电弧焊法或接触焊法焊在孔底,从而测得管壁内不同深度的温度变化,然后再利用外推法计算身管内壁的温度。这种方法因热电偶不直接接触火药燃气,腐蚀轻微。管壁的导热过程对热电偶的时间响应要求较低。但热电偶的埋设点距身管内壁的距离不易精确测量,计算中容易引入较大的误差。该方法常用于测量精度要求不高时。

2. 身管外壁温度测试

火炮射击时身管外表面温度最高不超过 600 ℃,因为身管的热容大,温度的变化比较缓慢,所以测量条件并不苛刻。前面介绍的热电偶测温法、热电阻测温法和热辐射测温法都可对身管外表面温度进行测量。但分析几种测温方法的特点,从测量精度、传感器安装的方便性、传感器的复杂程度以及传感器的成本等方面考虑,用热电偶进行测温是比较理想的方法。测量时只需用焊接或压紧的方法把热电偶的工作端贴合在身管外表面的待测点上,就可由测量系统的指示读出待测温度的数值。

利用热电偶测温,必须满足热电偶的工作端温度与被测点温度达到热平衡,才能获得高精度的测量结果。当把热电偶的工作端贴合到身管外表面的被测点后,因热电偶丝的导热作用,热电偶的工作端就会不断地从接触点吸收热量,并通过热电偶丝将热量散失掉,从而使待测点的温度场发生畸变,引入测量误差。为减小由热电偶丝的导热作用引入的测量误差,一方面可以选取较细的热电偶丝,另一方面可采用图 8 - 7 所示的等温引出法,即将热电极沿身管外表面的等温区域敷设一段距离(约热电极直径的 50 倍),然后再离开待测物表面。在等温敷设段内,热电极与身管表面用绝缘层隔开。

测量身管外表面温度用的热电极材料为镍铬-康铜丝,镍铬-康铜丝价格低廉,可长期在 800 ℃ 以下工作。

在非接触测量的方法中,红外测温是比较先进的测温方法,其具有以下特点。

(1) 红外测温可远距离和非接触测温。它特别适合用于测量高速运动物体、带电体、高压及高温物体的温度。

(2) 红外测温反应速度快。它不需要与物体达到热平衡的过程,只要接收到目标的红外辐射即可测量目标的温度。

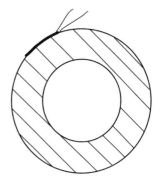

图 8 - 7　等温引出示意

（3）红外测温灵敏度高。因为物体的辐射能量与温度的四次方成正比，物体温度微小的变化就会引起辐射能量较大的变化，红外探测器即可迅速地检测出来。

（4）红外测温准确度高。由于是非接触测量，不会影响物体温度分布状况与运动状态，因此测出的温度比较真实。

（5）红外测温范围广泛。红外测温几乎可以在所有温度测量场合使用。

身管外壁温度传感器需要满足以下性能指标：

（1）量程：$-25 \sim 1200$ ℃；

（2）视场：$D:5 \geqslant 100:1$。

一般选用红外测温仪测试火炮身管外壁温度的变化。

8.5.3　膛内火药燃气温度测试

火炮是以火药燃气压力为能源的特种机械，它具有高压（$200 \sim 700$ MPa）、高温（$2\,000 \sim 3\,000$ ℃）、作用时间短（$10^{-4} \sim 10^{-1}$ s）等优点。

热电偶不适合膛内火药燃气温度的测试，原因之一是标准热电偶的测温最高上限是 $1\,800$ ℃，不能承受 $3\,000$ ℃ 的高温，虽然钨铼系列热电偶的测温最高上限温度可达 $2\,800$ ℃，但由于该热电偶没有标准化，使用时既无制式热电偶可选，又无分度表可查，因此无法应用到实际测温工作中；原因之二是热电偶的热惯性大、响应时间长，不能真实反映火药燃气的温度。

由于电阻温度计测温的范围为 $-250 \sim +500$ ℃，不能承受膛内火药燃气如此高的温度，因此该方法也不适合。

目前，主要采用比色高温计测试膛内火药燃气温度。由于身管对火药燃气热辐射能的屏蔽作用，利用比色高温计测温时，需在身管的测量部位开一个通孔，并装上石英晶体观察窗。石英晶体观察窗的作用有两个：一是密闭火药燃气；二是引出火药燃气的热辐射能。随着光纤技术的发展，用光纤技术将膛内火药燃气温度的光谱引出并传至比色高温计的技术在逐步得到广泛应用，光纤比色高温测试系统可以测量 $3\,500$ ℃ 以下的高温，响应时间可到皮秒（ps）级或纳秒（ns）级。对于炮口火药燃气温度的测量，可采用全辐射高温计、比色高温计及红外辐射测温仪等设备进行。

8.5.4　反后坐装置液体温度测试

反后坐装置（驻退机、复进机）在火炮射击过程中工作腔内的液体温度将不断升高,但不会超过 110 ℃。由于液体和反后坐装置本体的热容大,因此温升比较缓慢。选用反后坐装置液体温度测量设备时,可不考虑设备的响应时间。尽管热电偶可以测量 -270~+2 800 ℃ 的温度,但当温度低于 500 ℃ 时,热电偶的灵敏度较低,测量精度差,如果用热电偶温度计测量反后坐装置工作腔内液体的温度,将得不到精度较高的测量结果。电阻温度计在测量 500 ℃ 以下温度时,具有测量精度高、灵敏度高等优点。因此,利用电阻温度计测量反后坐装置工作腔内液体的温度可以满足要求。通常是将温度传感器安装在反后坐装置的驻液孔内,并使传感器的工作端浸没在驻退机内腔的液体中。驻退机内腔的液体随温度升高,会产生液体膨胀,在机构设计时,设计了液量调节器,驻退机内腔的液体膨胀时,流入液量调节器内,液体冷却后,会主动把液量调节器中的液体送入驻退机内腔,保证驻退机内腔充满液体。

8.6 火炮振动测试

火炮射击时会产生剧烈的冲击和振动(这是一种持续时间较短的、复杂的衰减振动,称为复杂冲击),会造成某些零部件的损坏或变形,使某些机构的动作发生故障,使安装在火炮上的电子、光学仪器损坏或者工作失常等。牵引火炮(自行火炮)在行军时,由于道路高低不平会产生长时间、无规律的复杂振动(这是一种平稳的随机振动,称为随机振动),因此需要对其冲击、振动量进行测试、分析。

振动测试的任务一般分两大类:第一类是基本振动参数(量)的测试,包括线位移、线速度、线加速度、角位移、角速度和角加速度等的测试;第二类是振动系统特征参数的测试,包括固有频率、固有振型、广义质量、广义刚度、阻尼系数等的测试。

在武器的研制过程中,振动体的基本振动参数和振动系统特征参数都是必须知道的参量。但在武器的使用过程中,往往关心的是影响武器射击精度和零部件强度方面的参数,而对振动系统特征参数并不需要过多的了解。振动体振动的线位移和角位移直接影响射击精度,振动体的线加速度和角加速度直接影响零部件强度。在振动体的基本振动参数(线位移、线速度、线加速度、角位移、角速度和角加速度)中,线位移和线加速度的作用最为常见。

在振动测试领域中,测试手段与方法多种多样,但是按各种参数的测量方法及测量过程的物理性质可以分为三类:机械式测量方法、光学式测量方法和电测方法。电测方法的要点在于先将机械振动量转换为电量(电动势、电荷及其他电量),

然后再对电量进行测量,从而得到所要测量的机械量。这是目前应用最广泛的测量方法。

由于位移、速度、加速度之间存在着固定的微积分关系,原则上用其中任何一个物理量就可以通过数学方法或电路处理方法获得其他物理量。因此,这里主要介绍火炮振动测试中常用的振动位移测试和振动加速度测试,而振动速度可以通过微积分关系获得。

8.6.1　振动位移测试

测量振动位移的方法很多,包括电涡流式位移测试、电感式位移测试、电容式位移测试、光电式位移测试等。这里主要介绍电涡流式位移测试。

电涡流式位移传感器测量的范围和精度取决于传感器的结构尺寸、线圈匝数以及激磁频率等诸因素。测量的距离为 $0 \sim 30\ \mathrm{mm}$,频率范围为 $0 \sim 10^4\ \mathrm{Hz}$,线性度误差为 $1\% \sim 3\%$,分辨率最高可达 $0.05\ \mu\mathrm{m}$。

电涡流式位移测试系统主要由电涡流式位移传感器、适调器、位移标定设备及显示记录设备等组成(见图 8-8)。适调器原理框图如图 8-9 所示。

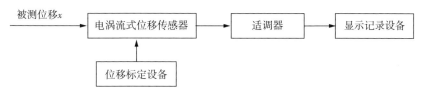

图 8-8　电涡流式位移测试系统框图

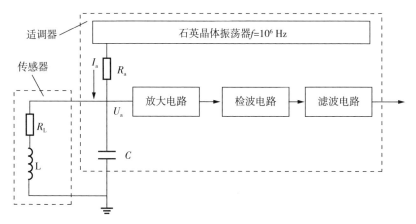

图 8-9　适调器原理框图

位移量发生变化后,电感发生变化,且其变化与位移量的变化成正比。传感器输出的电感变化量由适调器转换成电压值并进行不失真放大,驱动显示记录设备进行测量数据的输出。

适调器由传感器线圈的内阻 R_L、线圈电感 L 和适调器内部的电容 C 组成并联谐振回路,石英晶体振荡器产生的 $f = 10^6\,\text{Hz}$ 的高频等幅振荡信号为并联谐振回路提供工作电压。

位移标定设备为传感器与测量板之间提供标准距离。一般的位移标定设备精度为 0.01 mm。位移标定设备结构示意如图 8-10 所示。

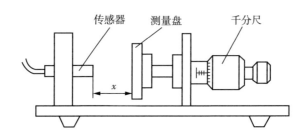

图 8-10　位移标定设备结构示意

8.6.2　振动加速度测试

1. 系统组成及其工作原理

振动加速度测试系统框图如图 8-11 所示。加速度传感器测取被测对象的振动信号,经电荷放大器调理放大,送到频谱分析仪分析。

图 8-11　振动加速度测试系统框图

1) 压电加速度传感器

压电加速度传感器是一种惯性传感器,实质是由质量块、弹簧和阻尼器所组成的二阶惯性测量系统。二阶惯性系统工作原理示意如图 8-12 所示。

传感器的壳体固接在待测物体上,随物体一起运动,壳体内有一质量块,通过一个刚度为 k 的弹簧连接到壳体上,当质量块相对壳体运动时,受到黏滞阻力的作

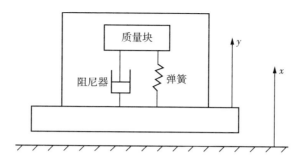

图 8 - 12　二阶惯性系统工作原理示意

用,阻尼力的大小和质量块与壳体间的相对速度成正比,比例系数 C 称为阻尼系数,用一个阻尼器来表示。由于质量块不与传感器基座相固连,因而在惯性作用下将与基座之间产生相对位移。质量块感受加速度并产生与加速度成比例的反作用力。当惯性力与弹簧反作用力相平衡时,质量块相对于基座的位移与加速度成正比,故可通过该位移与惯性力来测量加速度。当加速度传感器和被测物一起受到冲击振动时,压电元件受质量块惯性力的作用,根据牛顿第二定律,此惯性力是加速度的函数,即

$$F = ma \tag{8-1}$$

式中,F 为质量块产生的惯性力;m 为质量块的质量;a 为加速度。

此时惯性力 F 作用于压电元件上,因而产生电荷 q,当传感器选定后,m 为常数,则传感器输出电荷为 $q = d_{11}F = d_{11}ma$,q 与加速度 a 成正比,其中 d_{11} 为压电系数。因此,测得加速度传感器输出的电荷便可知加速度的大小。

压电加速度传感器有压缩型、剪切型、弯曲型等(见图 8 - 13)。其中,弯曲型传感器的压电转换元件兼作质量块。各类型的主要差别是压电转换元件承受应力的形式不相同。

压电加速度传感器基座或与其相当部位被固定在需要测量振动的点上,并与振动体以相同的加速度振动。由于质量块的惯性作用,质量块与基座之间将产生惯性力并作用到压电转换元件(压电晶体)上,因此压电晶片便会产生电荷。如果压电晶片受到质量块的惯性力处在压电晶片线性范围以内,则作用于压电晶片的力所产生的电荷与加速度成正比,通过测量电荷大小便可得到加速度大小。

压电加速度传感器是一个电荷发生器,所发生的电荷与加速度成比例。因此,它不能测量零频率振动,并且其低频响应特性取决于加速度传感器电缆和耦合放

大器组等电子设备,为改善低频响应特性,应使用高输入阻抗和低输出阻抗的跟随器或电荷放大器。

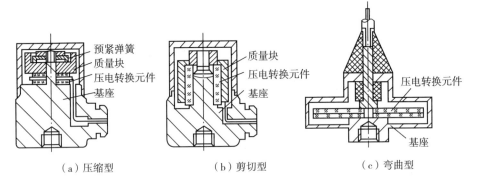

图 8-13　压电加速度传感器结构示意

压电加速度传感器的优点:尺寸小,质量轻,坚固性好,测量频率范围一般可达 1 Hz ～ 22 kHz,测振动时加速度范围为 0 ～ 2 000g,温度范围为－150 ～＋260 ℃,输出电平为 5 ～ 72 mV。压电加速度传感器的缺点:低频性能差、阻抗高、测量噪声大,特别是用它测量位移时经过两次积分后会使信号减弱,噪声和干扰的影响相当大。

2)电荷放大器

由于压电加速度传感器的输出阻抗很高而输出信号小,因此必须用前置放大器将高输出阻抗变为低输出阻抗,然后进行放大。加速度传感器的前置放大器常用电荷放大器,其特性基本不受电缆长度的影响。通常在电荷放大器输出端接有低通滤波器和高通滤波器,用以选择需要的并抑制不需要的频率分量。

3)频谱分析仪

工程中的振动问题十分复杂,经常遇到多种频率叠加的振动波,它们会同时被振动传感器检测到。靠上述仪器无法从中确定各个频率成分及其幅值,这时就要使用专门对信号频率分布做处理的频谱分析仪。

图 2-17 所示的三维坐标图可以形象地显示出一个波形的时域分析与频域分析的关系,它是同一物理现象从不同角度观察的结果。

振动信号的频谱分析可以用带通滤波器、频率分析仪或信号处理设备完成。随着计算机技术的发展和各种数字信号处理软件的开发,用数字方法处理测量的振动信号被广泛地采用。因而,许多振动信号的频谱分析是通过 A/D 接口和软件在通用计算机上进行的。丹麦 Brüel & Kjær 公司的 3560 分析仪系统是一种基于计算机测试与分析的虚拟仪器,可以用于声学和振动测试、分析,完成测试、标定、分析、报告生成等一系列工作,不仅可以对测试数据进行时域、频域、幅域分析,还可以进行倒谱、阶次、倍频程、声源定位等分析。

振动加速度、速度、位移信号的峰值、平均值及有效值是振动分析中重要的物理量。在工程中常采用各种台式、袖珍式、数字式及单通道、多通道等各种规格测振仪来完成这些物理量的测量。这种测振仪配有积分微分电路,可进行被测量的转换,其输出通过面板显示,因而可以直接读出位移、速度、加速度等振动量的峰值、平均值、均方根值。

2. 加速度传感器的安装

传感器固定在结构或部件上会使振动情况发生小的变化。其与没有安装传感器的实际振动相比,会产生一些误差。一般情况下,误差不会太大,只有在对轻型柔性结构或部件进行测量时才需要考虑。在这些场合进行测量,应选择很轻的传感器,选择的加速度传感器的动态质量必须远小于固定点结构的动态质量。物体的动态质量定义为作用力和所产生的加速度之比。因为在传感器正常的工作频率范围内,加速度传感器可视为刚体,所以加速度传感器的动态质量的大小就等于传感器的总质量。例如,加速度传感器固定在结构截面尺寸比传感器尺寸大的测点上,则结构的动态质量就很大,测量产生的误差就很小。结构动态质量较小的场合,如薄板、梁、仪器仪表的面板和印制电路板等,特别是在有共振的那些频率处,要选择很轻的传感器,进行精细的测量,以便尽量减小测量误差。

传感器与被测体的连接一般有六种方式(见图 8-14)。图 8-14(a)为钢螺栓连接,其是将加速度传感器直接用钢螺栓安装在振动体上,是一种理想的安装方式,可测量强振动和高频率振动。图 8-14(b)为绝缘螺栓连接,其是将加速度传感器用绝缘螺栓安装在振动体上,效果同图 8-14(a)的连接方式,当加速度传感器与振动体需要绝缘时采用该方式。以上两种连接方式需要在振动体上加工安装孔,当有些振动体不允许加工安装孔或安装不方便时,可采用图 8-14(c)～图 8-14(f)的连接方式。图 8-14(c)～图 8-14(f)所示的连接方式,传感器与振动体之间不是刚性连接,加速度传感器安装系统的共振频率低于传感器自身固有频率,使得系统的频响能力下降。

当加速度传感器的安装表面或结构存在很大的应变时,加速度传感器的外壳可能会有很大的变形,从而产生测量误差。在这种场合,应选择剪切型加速度传感

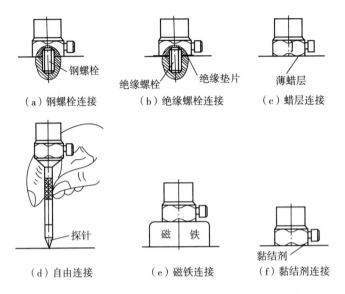

图 8-14　常用的六种传感器与被测体的连接方式

器。这种结构形式的传感器应变灵敏度很低。

结构测点的具体布置和传感器的安装位置都应该合理选择。测点的布置和传感器的安装位置决定了测到的是什么样的信号。不合理的安装布点会产生所测非所需的信号。因此，必须找出能代表被测物体所需要研究的振动位置，合理布点，这样才能得到有用的信号。

安装在构件上的传感器应该与被测物体有良好的接触，必要时，传感器与被测物体之间应有牢固的刚性连接。如果传感器与被测物体在水平方向产生滑动，或在垂直方向产生滑动，或在垂直方向上脱离接触，都会使测试结果严重畸变，导致测试结果无法使用。限于结构的具体情况，有些传感器不能和被测物体直接连接，需要在传感器和被测物体之间加一个转接件。这种固定传感器的转接件会产生寄生振动，这种寄生振动会使测试结果产生畸变和误差。良好的固接要求转接件的自振频率大于被测物体振动频率的 5～10 倍，这样可使寄生振动大大减少。

振动测试系统中的导线连接和接地回路往往被忽视，其实，它们会严重影响测试结果。传感器的输出与连接导线之间、导线与放大器之间的插头连接，要保证处于良好的工作状态。测试系统的每一个接插件和开关的连接状态和状况，也要保证完善和良好。不良的接地或不合适的接地点会给测试系统带来极大的电气干扰，同样会使测试数据受到严重的影响。对于大型设备或结构的多点测量，尤其是野外振动测试,更应引起足够重视。整个测试系统要保证有一个良好的接地点,接地点最好设置在放大器或记录仪器上。

压电型测振系统还存在一个特殊问题,即连接电缆的噪声问题。这些噪声既可能由电缆的机械运动引起,又可能由接地回路效应的电感效应和噪声引起。机械上引起的噪声是因为摩擦生电效应。它是由连接电缆的拉伸、压缩和动态弯曲引起的电缆电容变化和由摩擦引起的电荷变化产生的,这种情况容易发生低频干扰。因此,传感器的输出电缆应尽可能牢固地夹紧,使其不要摆动。

在测量极低频率和极低振级的振动时,经常会产生温度的干扰效应。还应注意防潮问题,传感器本体到接头的绝缘电阻会受潮气和进水作用而大大降低绝缘性能,从而会严重地影响测试。

在对各种火炮、火箭炮身管的振动测试,尤其是炮口的振动测试中,需要对传感器实行保护措施,包括防冲击波的作用、防高温和燃气流的直接作用,以确保传感器不受破坏。

3. 加速度传感器灵敏度的校准

为保证振动测量与试验结果的可靠性与精确度,在振动测试中对加速度传感器和测试系统的校准显得尤为重要。因为加速度传感器使用一段时间后灵敏度会有所改变(如压电材料的老化会使灵敏度每年降低 $2\% \sim 5\%$),所以加速度传感器应定期校准。另外,测试仪器修理后必须按它的技术指标进行全面、严格的标定和校准。进行重大测试工作之前常常需要做现场校准或某些特性校准,以保证获得满意的结果。

加速度传感器要校准的项目很多,但是绝大多数使用者最关心的是加速度传感器灵敏度的校准。实际测量中常用的灵敏度校准方法有绝对法与相对法两种。

1) 绝对法

将待校准的加速度传感器固定在校准振动台上,用激光干涉测振仪(或读数显微镜)直接测量振动台的振幅,根据显示结果再和待校准加速度传感器的输出比较,以确定待校准加速度传感器的灵敏度(见图 8-15),这便是用激光干涉仪的绝对校准法,其校准误差为 $0.5\% \sim 1\%$。此法同时可测量加速度传感器的频率响应特性。例如,用我国的 BZD-1 中频校准振动台配上 GDZ-1 光电激光干涉仪,在 $10 \sim 1\,000$ Hz 有 $0.5\% \sim 1\%$ 的校准误差,在 $1\,000 \sim 4\,000$ Hz 有 $0.5\% \sim 1.5\%$ 的校准误差。此法的不足之处是设备复杂、操作和环境要求高,只适合计量单位和测振仪器制造厂使用。

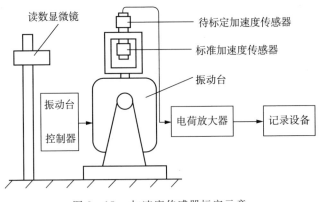

图 8-15　加速度传感器标定示意

2) 相对法

相对法又称为背靠背比较校准法。将待校准的传感器和经过国家计量等部门严格校准过的传感器背靠背地(或并排地)安装在振动台上,承受相同的振动。将两个传感器的输出进行比较,就可以计算出在该频率点待校准传感器的灵敏度。这时,严格校准过的传感器起着"振动标准传递"的作用,通常称为参考传感器。

设 v_a、v_r 分别为待校准加速度传感器和参考加速度传感器的输出,则待校准加速度传感器的灵敏度为

$$S_a = S_r \frac{v_a}{v_r} \qquad (8-2)$$

式中,S_r 为参考传感器的灵敏度。

任何外界干扰,如地基的振动等,都会影响校准工作,从而产生误差,故高精度的校准工作应在隔振的基座上进行。

不同对象所受冲击、振动量不同。安装在火炮上的 GPS、瞄具、随动系统所受冲击一般不超过 $1\,000g$;牵引炮在路试试验中的冲击不超过 $5\,000g$;火炮的炮身、炮架、牵引车的振动一般不超过 $20g$。因此,火炮冲击与振动测试中所用传感器需要满足以下性能指标。

(1) 冲击加速度传感器:

量程:$1\,000g \sim 5\,000g$。

(2) 微小型三轴振动加速度传感器:

① 量程:$20g$;

② 精度:$< 1\%\mathrm{FS}$。

8.7 火炮压力测试

火炮射击试验时,流体压力测试工作较频繁,流体压力大部分是瞬态或冲击的压力。流体压力的延续时间、变化频率、最大压力变化较大,因此必须根据具体测试对象采用适当的方法。

由于火炮结构紧凑,测压传感器的安装、防振、屏蔽等一系列问题都要仔细考虑,选择测试方法尽量满足下列要求。

(1)压力测试系统的频响要适应被测参数的频率特性,使频率误差具有足够小的数值。

(2)由于被测压力值一般较高,因此测压传感器及其附件夹具等应具有足够的强度,否则会引起传感器破坏。但要求传感器体积不能过大,否则会给使用和安装带来困难。

(3)测压传感器的灵敏度要适中,若灵敏度太高,会影响整个测试设备的复杂程度和增加消除干扰的困难。

(4)测压传感器的信号输出应该是线性的,这对一些测压传感器来说是可以满足要求的。但必须指出,在设计传感器夹具、外壳及夹持方式时,常因没有考虑这些问题而使线性破坏,从而使压力的标定和处理工作复杂化,还会增大误差。

(5)测压传感器的外形尺寸应尽量小,使传感器在火炮上安装不致引起干涉。

身管兵器射击过程中的压力测量方法有塑性变形测压法和弹性变形测压法两大类。其中,塑性变形测压法又可分为铜柱测压法和铜球测压法两种;弹性变形测压法又可分为应变测压法、压电测压法、压阻测压法、电容测压法和电感测压法等。塑性变形测压法只能测量膛内火药燃气的最大压力,不能测量压力随时间的变化规律,因此只适用于火药燃气最大压力的测量。弹性变形测压法不仅能测量火药燃气压力的最大值,还可以测量其变化规律,又可用于其他压力(驻退机压力和复进机压力)的测量,是一种通用的测压方法。

8.7.1 铜柱(铜球)测压法

根据材料力学理论可知,不论何种材料(物体)当自身受到力的作用后,都要产生变形,如果物体的受力使得自身的变形超过弹性极限时,就会产生塑性变形,且变形量和受力大小成正比。铜柱（铜球）测压法是利用力敏感元件（测压铜柱或测压铜球）所具有的良好塑性变形特性，以其在火药燃气压力作用下产生的永久变形量作为压力值的度量。

身管兵器射击时，膛内火药燃气作用在铜柱测压器上，由铜柱测压器的活塞杆将压力变换成力，这个力将使安装在铜柱测压器内的测压铜柱产生塑性变形。测压铜柱的变形量与所受到的力成正比。根据测压铜柱的变形量及自身的变形规律即可确定出膛内火药燃气压力的大小。铜柱测压法原理框图如图 8-16 所示。铜柱测压法所用设备主要有测压铜柱、铜柱测压器、千分尺等。

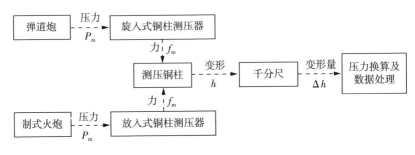

图 8-16　铜柱测压法原理框图

8.7.2　应变测压法

铜柱测压法以塑性变形为基础，不仅存在标定和测量不能使用同一个测量元件的问题，还不能测量压力随时间的变化规律。然而在理论和实践上都要求能够准确地测出火药燃气压力随时间变化的 $P-t$ 曲线，这就必须采用弹性变形测压法。

弹性变形测压法是根据胡克定律利用某些材料受到载荷作用时产生变形，而卸载后又能恢复原始状态的特点，将压力转换为电参量进行测量的方法。

应变测压法是利用应变测压传感器将压力信号转变成应变信号，再通过电阻应变仪转换成电信号并放大输出给记录显示设备进行记录。应变压力测试系统框图如图 8-17 所示。应变测压法适合于在压力作用时间较长的条件下使用，用此法可以测试火炮反后坐装置内的液体压力和气体压力。

应变测压传感器以弹性变形为基础。被测压力作用在应变测压传感器的弹性元件上，使弹性元件产生变形，并用弹性应变的大小来表示压力的大小。因为去载时弹性变形是可以恢复的，所以它不仅能测试压力的上升段，也可测试压力的下降段,从而反映压力变化的全过程。

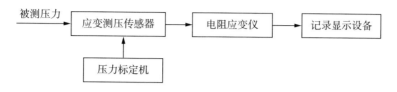

图 8 - 17　应变压力测试系统框图

弹性变形测压法的基础是胡克定律,即

$$\sigma = E\varepsilon \qquad (8-3)$$

也就是在弹性范围内,应力 σ 和应变 ε 成正比,比例系数是弹性模量 E。试验表明,用静应力测出的钢的弹性模量和用阶跃变化的动应力测出的钢的弹性模量的差值不大于 0.35%,所以可以认为应力和应变的正比关系和变形速率无关。

应变测压传感器按其结构可分为膜片式、筒式、活塞式、垂链膜片式四种。

1. 膜片式应变测压传感器

膜片式应变测压传感器由平圆膜片、应变片、温度补偿片、本体和信号插座等组成(见图 8 - 18)。该测压传感器的弹性元件是周边固定的平圆膜片上面粘贴一个组合应变片,当平圆膜片在待测压力作用下发生弹性变形时,应变片也发生相应的变形,从而本体使应变片的阻值发生变化,通过电桥电路就有相应的电压信号输出。

周边固定的平圆膜片,当其一面承受均布压力时,平圆膜片发生弯曲变形,在另一面上(粘贴有应变片的平圆膜片面)的径向应变和切向应变分别为

$$\begin{cases} \varepsilon_{\mathrm{r}} = \dfrac{3p(1-\mu^2)}{8Eh^2}(r_0^2 - 3r^2) \\[3mm] \varepsilon_{\mathrm{q}} = \dfrac{3p(1-\mu^2)}{8Eh^2}(r_0^2 - r^2) \end{cases} \qquad (8-4)$$

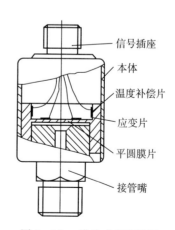

图 8 - 18　膜片式应变测压
传感器结构示意

式中,p 为作用在膜片上的压力;h 为平圆膜片的厚度;r_0 为平圆膜片的有效半径;r 为平圆膜片任意点半径;E 为平圆膜片材料弹性模量;μ

为平圆膜片材料的泊松比。

在平圆膜片中心($r=0$)处,径向应变和切向应变都达到最大值,即

$$\varepsilon_{rm} = \varepsilon_{qm} = \frac{3pr_0^2}{8Eh^2}(1-\mu^2)$$

在平圆膜片的边沿($r=r_0$)处,切向应变为零,径向应变达到负的最大值(压缩应变),即

$$\varepsilon_{-rm} = \frac{3pr_0^2}{4Eh^2}(1-\mu^2)$$

在$r=\frac{1}{\sqrt{3}}r_0$处,径向应变为零;当$r<\frac{1}{\sqrt{3}}r_0$时,ε_r为正应变(拉伸);当$r>\frac{1}{\sqrt{3}}r_0$时,ε_r为负应变(压缩)。

根据以上分析,平圆膜片的应变分布如图 8-19 所示。根据平圆膜片应变分布曲线来考虑应变片结构、粘贴位置和方向,可提高应变测压传感器的灵敏度和减小非线性失真。对这种平圆膜片所用应变片,目前大都采用图 8-20 所示的箔式组合应变片。

结合平圆膜片应变分布曲线图可以看出,位于平圆膜片中心部分的两个电阻 R_1 和 R_3 感受正的切向应变(拉伸应变),则应变片丝栅按圆周方向排列,丝栅被拉伸,电阻增大;而位于边缘的两个电阻 R_2 和 R_4 感受负的径向应变(压缩应变),则应变片丝栅按半径方向排列,丝栅被压缩,电阻减小。应变片这种布局所组成的全桥电路灵敏度高,并具有温度自动补偿作用。

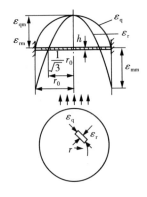
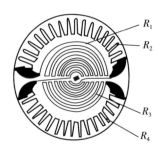

图 8-19　平圆膜片的应变分布　　图 8-20　箔式组合应变片

当平圆膜片受到压力作用时,将产生直线变形,使得粘贴在它上面的应变片的几何尺寸发生变化,从而完成压力到电阻的转变。这种应变测压传感器去掉了质量较大的活塞,使得固有频率进一步提高,频响能力可达 20 kHz。这种应变测压传感器能够用来测试冲击波压力,但频响较低。

2. 垂链膜片式应变测压传感器

垂链膜片式应变测压传感器结构示意如图 8-21 所示,它由应变管、垂链式膜片、应变片、本体和信号插座等组成。垂链式膜片承受压力并把压力传递给应变管,在应变管外表面沿轴向粘贴有工作应变片,沿圆周方向粘贴有温度补偿应变片。垂链膜片薄而柔软,膜片弯曲应力小,主要承受拉伸应力。因此,它比平圆膜片质量轻,从而提高传感器整体的固有频率。设计传感器时,为使垂链式膜片应力分布均匀,一般选取应变管直径(d)与垂链式膜片直径

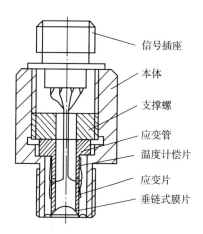

图 8-21　垂链膜片式应变测压
传感器结构示意

信号插座

本体

支撑螺

应变管

温度计偿片

应变片

垂链式膜片

(D) 的比值为 $1/\sqrt{3}$。因此,垂链式膜片的有效面积为总面积的 2/3,在相同压力作用下,该面积决定了作用在应变管上的力。

垂链膜片式应变测压传感器的弹性元件是应变管,在压力作用下,应变管发生轴向变形。应变管轴向振动固有频率直接决定着垂链式膜片应变测压传感器的频响能力。应变管的轴向固有频率为

$$f_0 = \frac{1}{2\pi l} \sqrt{\frac{Em_0}{\left(\frac{1}{m} + \frac{1}{3}m_0\right)\rho}} \tag{8-5}$$

式中,l 为应变管工作部分长度;E 为应变管材料的弹性模量;m 为应变管端部的附加质量;m_0 为应变管工作部分质量;ρ 为应变管材料的密度。

垂链式膜片应变测压传感器去掉了质量较大的活塞,采用垂链式膜片进行压力和力的转换,使得固有频率进一步提高,频响能力可达 30 ～ 50 kHz。在火炮射击过程中,能满足各种压力的测量需要,因此得到了广泛的应用。

3. 筒式应变测压传感器

筒式应变测压传感器由应变筒、应变片、本体和信号插座等组成(见图 8-

22)。筒式应变测压传感器的弹性元件是一个钻了盲孔的薄壁圆筒,称为应变筒。使用时空腔中灌满了油脂,所灌油脂的种类和测试的压力大小有关。如果被测压力较高,在50 MPa以上,可灌变压器油;如果被测压力较低,可灌一般的炮油。

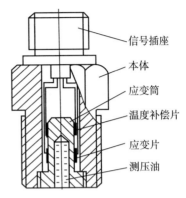

图 8-22　筒式应变测压
传感器结构示意

（信号插座　本体　应变筒　温度补偿片　应变片　测压油）

测试时把筒式应变测压传感器拧到测试位置的测试孔中,火药气体压力作用在油脂上,油脂受压后,把压力传送到应变筒的内壁,使应变筒向外膨胀,发生弹性变形。在应变筒外壁的中部,沿圆周方向贴有一片或两片应变片,以感受应变筒受压力作用时所产生的应变。在应变筒的顶端实心部位贴一片或两片和应变片同一阻值、同一批号的温度补偿片。

应变筒的应变可以根据薄壁圆筒的公式计算,它外表面的切向应变ε_r和压力p之间的关系为

$$\varepsilon_r = \frac{p}{E} \frac{d_1^2}{d_2^2 - d_1^2}(2 - \mu) \tag{8-6}$$

式中,E为应变筒材料的弹性模量;p为待测压力,单位为Pa;d_1为应变筒内径,单位为m;d_2为应变筒外径,单位为m;μ为应变筒材料的泊松比。

在被测压力作用下,应产生足够大的切向应变,使应变片产生较大电阻变化,以提高传感器的灵敏度。一般最大压力(也称额定载荷)时产生的应变应在$0.5 \times 10^{-3}\varepsilon$以上,通常为$1 \times 10^{-3}\varepsilon \sim 2 \times 10^{-3}\varepsilon$,但不应超出弹性变形的范围。为了有足够的过载能力,应变筒材料应当有较高的弹性极限和屈服极限。

应变筒本身的固有频率是比较高的,但空腔式应变测压传感器的固有频率要受填充在应变筒空腔中的油柱的限制。油柱体的弹性模量较低,所以油柱的轴向固有频率也较低。目前,筒式应变测压传感器的固有频率为$5 \sim 7\,\mathrm{kHz}$。在向空腔中灌注油脂时,必须防止混入气泡,因为气泡会严重降低传感器的固有频率。可以把油脂加热熔化后用医用注射器注入空腔底部,以保证排除空气。

火炮制退、复进机一般使用筒式应变测压传感器测试液体和气体的压力,该类传感器也可用来测量枪炮的腔内压力($10^8\,\mathrm{Pa}$),其动特性和灵敏度主要由材料的弹性模量和尺寸决定。

4. 活塞式应变测压传感器

图 8-23 为活塞式应变测压传感器结构示意,其弹性元件是应变管。使用时把活塞式应变测压传感器拧到测压孔内,压力 p 作用在活塞的一端,活塞把压力转化为集中力 $F(F = pS$,其中 S 是活塞杆的面积)作用在应变管上,使应变管产生轴向压缩弹性变形,应变片(一片或两片)沿轴向贴在应变管的中部。在应变管上部较粗的部位,沿轴向粘贴一片或两片和工作应变片同一阻值、同一批号的温度补偿片。

应变管的轴向应变与所受压力的关系为

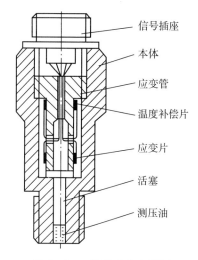

图 8-23　活塞式应变测压
传感器结构示意

图中标注(自上而下):信号插座、本体、应变管、温度补偿片、应变片、活塞、测压油

$$\varepsilon = \frac{4pS}{\pi E(d_2^2 - d_1^2)} \tag{8-7}$$

式中,p 为最大待测压力,单位为 Pa;d_1 为应变管内径,单位为 m;d_2 为应变管外径,单位为 m;S 为活塞杆面积;E 为应变管材料的弹性模量,单位为 N/m。

为了消除间隙的影响,装配时应给应变管一定的预应力,此预应力使应变管产生 $5 \times 10^{-5} \sim 8 \times 10^{-5}$ 的预应变。

由于活塞式应变测压传感器主要是通过活塞杆,而不是通过油脂传递压力的,因此它的固有频率比较高,一般可达 10 kHz ~ 15 kHz。活塞的质量越轻,活塞杆的刚度越大,则固有频率越高。

8.7.3　压电测压法

压电测压法适合在压力作用时间在 20 ms 以下、压力值在 200 MPa 以上的情况下使用,除了用其检测火药气体压力以外,也可用来检测液体和气体的压力。压电压力测量系统框图如图 8-24 所示。

测压过程中,火药燃气压力(驻退机液体压力、气液式复进机气液压力)作用在压电式测压传感器上,压电压力传感器将压力的变化转换成电荷的变化。这个电荷变化量首先由信号调理器的输入级转换成电压的变化,然后进行不失真地放大并驱动记录显示设备进行记录。

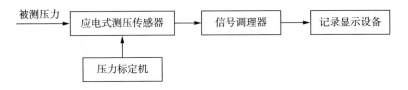

图 8 - 24　压电压力测量系统框图

压电压力传感器主要用于动态压力的测量,如测量武器射击过程中的火药燃气压力、驻退机液体压力和复进机气液压力等。其结构有活塞式和膜片式两种。

1. 活塞式压电压力传感器

图 8 - 25 为活塞式压电压力传感器结构示意。活塞式压电压力传感器主要由压电晶片、本体、活塞、砧盘、压盖和信号插座等组成。

活塞是将压力转换成力的装置,活塞面积有两种规格,即 0.2 cm² 和 0.5 cm²。活塞将压力转换成力后,通过砧盘传给压电晶片,砧盘可使作用在压电晶片上的力均匀,避免压电晶片因局部受力而损坏。

压电晶片是压电压力传感器的传感元件,当它受到砧盘传来的力后,在它的两个表面将产生电荷。为了提高传感器的灵敏度,压电晶片往往采用两片以上的一组压电晶片,安装时需使压电晶片并联连接。

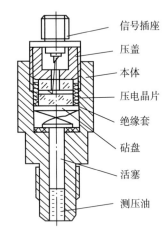

图 8 - 25　活塞式压电压力
传感器结构示意

活塞式压电压力传感器由于存在较大质量的活塞,因此频响能力受到一定影响,只能达到 30 kHz 左右。

2. 膜片式压电压力传感器

图 8 - 26 为膜片式压电压力传感器结构示意,其主要由压电晶片、本体、膜片、砧盘和信号插座等组成。

当膜片受到压力 F 作用后,由压电器件将形变通过压电系数 d_{ij} 生成电荷,实现力 — 电转换,在一个压电片上所产生的电荷 q 为

$$q = d_{ij}F = d_{ij}Sp \tag{8-8}$$

式中,S 为晶体表面积;d_{ij} 为压电系数;p 为输入压强。从式(8-8)可以看出膜片式

压电压力传感器的输出电荷 q 与输入压强 p 成正比。

膜片式压电压力传感器与活塞式压电压力传感器相比,它用金属膜片代替活塞,膜片起着传递压力、实现预压和密封三个作用。膜片用微束等离子焊与本体焊接,整个结构是密封的。因此,在性能稳定性上膜片式结构大大优于活塞式结构。由于膜片式压电压力传感器膜片质量很小,和压电元件相比刚度也很小,如果提供合适的预紧力,膜片式压电压力传感器的频响能力可达 100 kHz 以上。目前,膜片式压电压力传感器已基本替代了活塞式压电压力传感器。

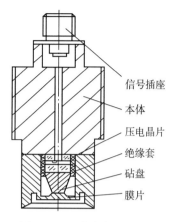

信号插座
本体
压电晶片
绝缘套
砧盘
膜片

图 8-26　膜片式压电压力
传感器结构示意

膜片式压电压力传感器在工作时,除了受到压力的作用外,一般情况会同时受到温度和加速度的影响。例如,在测量火药燃气压力时,膜片式压电压力传感器在高温火药燃气作用下,温度迅速上升,与此同时,安装膜片式压电压力传感器的身管还伴有一定的振动加速度。温度和加速度的变化都会使得膜片式压电压力传感器的电参量发生变化,给测量的压力结果中引入一定的误差。因此,精度较高、性能较好的膜片式压电压力传感器从结构方面大都采取了一些补偿措施,主要有温度补偿和加速度补偿。

膜片式压电压力传感器的温度特性主要表现在两个方面:一是温度引起的膜片式压电压力传感器灵敏度的变化,二是温度引起膜片式压电压力传感器零点漂移。对于物理性能良好的石英晶体而言,温度引起的灵敏度变化很小,可以忽略不计。但温度的变化会引起膜片式压电压力传感器各不同材料的零件产生不同程度的变形。由于石英晶体的膨胀系数远小于金属零件的膨胀系数,当温度变化时,金属体的线膨胀大于石英晶体的线膨胀,从而引起预紧力的变化,导致膜片式压电压力传感器的零点漂移,严重时还会影响线性度和灵敏度。对于这种影响,一般采用的补偿办法是在压电晶片与膜片之间安装一块线膨胀系数大的金属片(如铝、青铜),自动抵消弹性套与压电晶体线膨胀的差值,保证预紧力的稳定。

膜片式压电压力传感器在振动条件下测量压力时,由于各零部件自身质量的存在,在加速度作用下产生惯性力,该惯性力对中、高量程的膜片式压电压力传感器产生的附加电荷比起被测压力对压电晶体作用产生的电荷相对较小,可忽略不计,但对小量程膜片式压电压力传感器就不能忽略。对加速度采取的补偿办法是在膜片式压电压力传感器内部中的压电晶片上部设置一个附加质量块和一组与压电晶片极性相反的补偿压电晶片。在加速度作用时,附加质量块对补偿压电晶片产生的电荷与压电晶片因加速度产生的电荷相抵消,只要附加质量块选择适当,就可达到补偿目的。

3. 压电测压系统的记录仪器和标定

测量时,压电测压传感器通过螺纹拧到被测试火炮的测压孔上,被测压力作用在活塞的端面上,并通过活塞的另一端把压力传送到压电晶体上。为了保证压电晶体受压均匀、不易损坏,并保持良好的绝缘性能,压电测压传感器零件的加工要求是很高的。例如,活塞和活塞孔之间的间隙应控制为 $0.013 \sim 0.016$ mm;活塞压块、导电片等零件的表面不平度和不垂直度均应小于 0.005 mm;表面粗糙度要求较高,以减少受力时产生的横向效应,防止压电晶体的破损。枪、炮测压用的压电晶体的尺寸一般已规格化。对于不同的压力范围,压电测压传感器的活塞面积不同,它们的应用范围也不同:活塞面积 $S = 0.2$ cm^2,用于测量 400 MPa 以下的压力;活塞面积 $S = 0.5$ cm^2,用于测试 200 MPa 以下的压力。

压电测压传感器是发电型的变换器,压电效应产生的电荷很少。为保证压电晶体产生的电荷不会泄漏掉,要重视整个压电测压传感器的电绝缘性能,如绝缘零件应当用聚四氟乙烯、聚苯、有机玻璃等高绝缘性能的材料制作。为防止表面漏电,零件表面要光洁,如在装配前用汽油、酒精、丙酮、四氯化碳清洗 $2 \sim 3$ 次,并把清洗好的零件在 $60 \sim 80$ ℃ 的温度下烘烤 1 h。装配后的绝缘电阻应大于 10^{11} Ω。

装配时应当给压电晶体一定的预压力,预压力的大小约 2.5 MPa。预压力的作用是消除压电晶体片、活塞、压块之间的间隙,防止压电晶体因撞击而受损坏,并可以提高压电测压传感器的固有频率。

压电测压传感器的固有频率和以下因素有关:

(1)压电测压传感器的活动零件,如活塞等的质量越小,刚度越大,则传感器的固有频率越高;

(2)压电测压传感器壳体的刚度越大,零件的紧固性越好,则固有频率越高。

压电传感器的固有频率一般可达 $25 \sim 100$ kHz。假设某压电测压传感器的固有频率为 30 kHz,测试允许的最大相对误差 γ 为 5%,则上升时间为

$$\tau_{\mathrm{m}} = \frac{0.30}{\gamma f_0} = \frac{0.30}{0.05 \times 3 \times 10^4} = 0.2 \times 10^{-3} (\mathrm{s}) = 0.2 (\mathrm{ms})$$

所以基本上能满足各种兵器膛压的测试要求。

压电测压传感器的高频特性是较好的,可以满足测试火药气体压力的要求。但是,压电测压传感器在测试缓慢的压力变化时,却可能会引入较大的误差。压电测压传感器的低频特性不好,这是压电测压传感器的缺点,产生这个缺点的原因在于静电荷泄漏。很明显,压电测压传感器的绝缘电阻不可能是无限大的,测试电路输入的阻抗也不可能是无限大的,这样就不可避免地会发生静电荷的泄漏,破坏了压力和电量(电压)之间的正比关系。在测试快速变化过程时,由于持续时间短,漏电的影响不大,但是对于缓慢变化的过程,漏电可能产生较大的误差。

压电测压系统的记录仪器,可以使用电子示波器、记忆示波器、瞬态记录仪、波形存储示波器和磁带记录仪等。

为了把用压电测压系统所记录的曲线换算成压力-时间曲线,还必须对测试系统进行标定,也就是确定记录曲线上单位高度所相应的压力值。常用的静压发生装置(产生标准压力的装置)有活塞式压力标定机、杠杆式压力发生器、弹簧测力计式压力发生器及液柱式压力计等。在武器压力测量过程中,常用的压力标定设备是活塞式压力标定机。

活塞式压力标定机是一种精度较高、标定量程较宽的压力发生设备。图 8-27 为活塞式压力标定机。

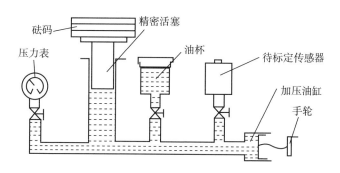

图 8-27 活塞式压力标定机

当转动手轮时,加压油缸的活塞向左移动,管路中的液体压力增加,当液体压力增加到一定值时,精密活塞连同上面的砝码被顶起。此时压力可通过精密活塞的有效面积、砝码和精密活塞的总质量精确计算,也可根据压力表直接观察压力的大小,但压力表的显示精度比通过砝码计算的精度要低。一般情况,一台标定机上存在一种示值模式,如果用砝码指示压力,则不需要安装压力表。通过增加或减小砝码质量可改变压力的大小。

4. 导气室及反后坐装置压力测试

不同炮后坐体液压缓冲装置内产生的压力大小不同,一般可分为两种,一种产生的压力小于 50 MPa,另一种产生的压力大于 50 MPa,但不超过 100 MPa。因此,在进行导气室及反后坐装置压力测试时要求压力传感器的性能指标如下:

(1) 量程:50 MPa,100 MPa;

(2) 固有频率:≥100 kHz;

(3) 测量误差:≤2%FS。

在满足前述压力传感器性能指标的前提下,还要考虑选用 ICP 型传感器还是高阻输出型传感器。压电压力传感器在与阻抗变换器配合使用时,连接电缆不能太长。电缆长,电缆电容就大,电缆电容增大必然使压电压力传感器的灵敏度降低。ICP 型传感器是将前置放大器与传感器集成在一起,这样可以使电缆长度最短,对灵敏度影响小。

8.7.4 压阻测压法

压阻压力测量系统主要由压阻压力传感器、电压放大器、记录显示设备及压力标定机等组成(见图 8-28)。

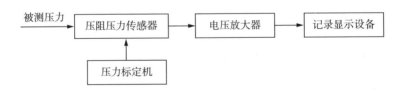

图 8-28 压阻压力测量系统框图

被测压力作用在压阻压力传感器上,传感器内部的测量元件硅杯将压力的变化转变为电阻的变化,并由压阻压力传感器内部转换电路将电阻变化转换为电压变化。压阻压力传感器输出的微弱电压信号经电压放大器进行不失真地放大后,驱动记录显示设备记录下来,以便进一步进行分析和处理。压力标定机为压阻压力传感器提供标准的压力信号,根据电压放大器的输出可确定系统的输出/输入关系。

压阻压力传感器结构示意如图 8 - 29 所示。

压阻压力传感器端部是高弹性的钢膜片,头部填满低黏度的硅油用以传递压力和隔热。硅杯组件浸在硅油中,被测压力经过钢膜片和硅油传递到硅杯的膜片上。硅杯的膜片上在承压面扩散有四个电阻,组成惠斯通电桥。电桥电阻通过金引线与绝缘端子相连。在印制电路板上设置有各种补偿电阻。当硅杯的膜片上受力后,由于半导体的压阻效应,扩散在膜片上的四个电阻阻值发生变化,经压阻压力传感器内部的电路部分转换后,以电压的形式输出。

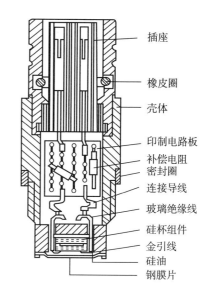

插座
橡皮圈
壳体
印制电路板
补偿电阻
密封圈
连接导线
玻璃绝缘线
硅杯组件
金引线
硅油
钢膜片

图 8 - 29　压阻压力传感器结构示意

压阻压力传感器的特点如下。

(1)压阻压力传感器结构简单、可微型化。压阻压力传感器结构中的主要部件是硅杯,硅杯的直径可以制作得很小,可达 1 mm,压阻压力传感器微型化后对被测压力几乎没有影响。

(2)固有频率高。由于压阻压力传感器结构轻巧、无活动元件,膜片直径小,刚度大,目前最高固有频率已达 1 500 kHz。

(3)灵敏度高。半导体硅杯的灵敏度系数比金属应变片灵敏度系数高 50 ～ 100 倍,因此压阻压力传感器输出信号大。

(4)精度高。由于压阻压力传感器没有活动部件和应变片黏结剂,因此它的非线性、滞后、重复性误差都较小。目前,一般测量精度为 0.05% ～ 0.1%。

(5)使用温度范围小。因半导体温度系数大,传感器的使用温度受到一定限制,一般都在 100 ℃ 以内。因此,在火炮射击时的压力测量中,一般用于驻退机和复进机压力的测量。

8.7.5　放入式电子测压法

放入式电子测压系统是 20 世纪 90 年代初由中北大学开始研发的一种测量设备,该设备主要用于火炮膛内火药燃气压力的测量。

放入式电子测压系统由放入式电子测压器和计算机两部分组成。对计算机部分的要求不高,只要具有并口通信功能和 USB 口通信功能,并安装专用软件即可可靠工作。

利用放入式电子测压系统测压的方法兼具铜柱测压法和非电量电测法(应变测压法、压电测压法、压阻测压法)的优点。放入式电子测压器既有与铜柱测压器相当的体积小、无引出线、使用方便的优点,又有与有引线非电量电测法相当的检测精度高和可记录膛压-时间曲线的能力,还可重复使用。它是一种理想的火炮膛内燃气压力测量设备。

放入式电子测压器由测压器壳体、前端盖、后端盖、前护膛环、后护膛环、压力传感器、电路模块、电池组、倒置开关等组成(见图 8-30)。

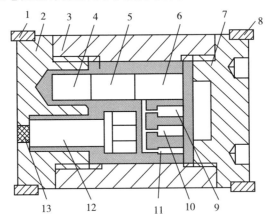

1—后护膛环;2—后端盖;3—测压器壳体;4—倒置开关;5—电路模块;6—电池组;7—前端盖;
8—前护膛环;9—控制组件;10—输出接口;11—电源开关;12—压力传感器;13—传感器高压硅脂。

图 8-30　放入式电子测压器结构示意

测压器壳体及前、后端盖用超高强度钢制造而成,经热处理后达到额定强度,以保护传感器及电路模块在高温高压环境下不受损坏。护膛环用紫铜制造而成,防止放入式电子测压器在膛内无规则运动时损坏膛线。压力传感器采用压电压力传感器,其测量范围与工作频带满足要求。电路模块主要由电荷放大器、控制电路、A/D 转换电路、存储器等组成,用来对压力传感器输出的电荷变化进行变换、放大及存储。电池为可充电的聚合物锂离子电池。倒置开关为测压器的关键部件,采用双球式结构(见图 8-31)。

开关处于闭合状态时,小钢球将壳体和电极导通,电源通过电极和壳体向用电设备提供电源。开关处于断开状态时小钢球滑向如图 8-31(b) 所示的位置,切断电池与用电设备之间的回路。将放入式电子测压器放于药筒底部时,应保证在弹

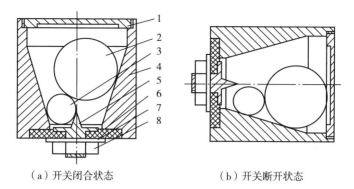

（a）开关闭合状态　　　　　　　（b）开关断开状态

1—端盖；2—大钢球；3—小钢球；4—壳体；5—电极；6—绝缘板；7—导电片；8—螺母图。

图 8-31　倒置开关结构示意

药保温期间使倒置开关处于断开状态；而将药筒放入药室后，应保证倒置开关处于闭合状态，从而有效地降低放入电子测压器保温过程功耗。

放入式电子测压器原理框图如图 8-32 所示。

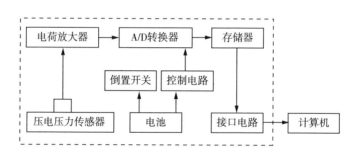

图 8-32　放入式电子测压器原理框图

射击前，将放入式电子测压器放于药筒底部。射击过程中，火药燃气作用在压电压力传感器上，压电压力传感器将压力的变化转变成电荷的变化。电荷放大器将压电压力传感器输出的电荷转换为电压并进行放大和滤波。电荷放大器的输出信号为模拟信号，该信号由 A/D 转换器转换为数字信号后存入存储器中。射击结束后，将放入式电子测压器连接到计算机上，通过计算机将放入式电子测压器存储器中的信号读出，根据压电压力传感器和电荷放大器的灵敏度即可确定出被测压力的大小。

在武器（或弹药）的内弹道检测过程中，为了提高检测精度或某一试验任务的需要，通常需要对试验用弹药进行保温（高温或低温），保温时间根据武器口径不同一般为 24 ～ 72 h。在利用放入式电子测压器进行压力测量时，放入式电子测压器必须在保温前放于药筒底部,随弹药一起保温。因其内部的电池容量有限,在随弹药一起保温时放入式电子测压器必须处于省电状态,在上述原理框图中,电池只给控制电路提供工作电压,而电荷放大器、A/D 转换器和存储器都处于断电状态,射击前短时间内必须通过电源控制装置,使放入式电子测压器转为工作状态。这一任务由倒置开关完成。

思考题

1. 火炮动态参数测试要求有哪些?

2. 火炮动态参数测试软件系统的主要功能是什么?

3. 分析火炮身管温度测试的目的。

4. 简述身管内壁温度测试的特点。

5. 如何用热电偶直接测量法检测火炮身管内壁温度?

6. 画出电涡流式位移测试系统框图,简要分析测试原理。

7. 简要分析压电加速度传感器的工作原理。

8. 简述加速度传感器灵敏度校准的两种方法。

9. 简述火炮压力测试的要求。

10. 分析筒式应变测压传感器的工作机理。

11. 简要说明压电测压法在火炮压力测试中的应用。

12. 简要说明倒置开关的工作原理和功能。

参 考 文 献

[1] 王伯雄,王雪,陈非凡. 工程测试技术[M]. 北京:清华大学出版社,2006.

[2] 张金. 模拟信号调理技术[M]. 北京:电子工业出版社,2012.

[3] 叶湘滨,熊飞丽,张文娜,等. 传感器与测试技术[M]. 北京:国防工业出版社,2007.

[4] 韩裕生,乔志花,张金. 传感器技术及应用[M]. 北京:电子工业出版社,2013.

[5] 周明光,马海潮. 计算机测试系统原理与应用[M]. 北京:电子工业出版社,2005.

[6] 秦红磊,路辉,郎荣玲. 自动测试系统——硬件及软件技术[M]. 北京:高等教育出版社,2007.

[7] 柳爱利,周绍磊. 自动测试技术[M]. 北京:电子工业出版社,2007.

[8] 张珉,吴石林,欧阳红军,等. 军事计量学基础[M]. 长沙:国防科技大学出版社,2013.

[9] 潘仲明,乔纯捷. 仪器科学与技术学科内涵及体系结构[J]. 电子测量与仪器学报,2008(S2):31 - 35.

[10] 樊尚春,乔少杰. 检测技术与系统[M]. 北京:北京航空航天大学出版社,2005.

[11] 刘存,李晖. 现代检测技术[M]. 北京:机械工业出版社,2005.

[12] 赵庆海. 测试技术与工程应用[M]. 北京:化学工业出版社,2005.

[13] 王琦. 声阵列传感弹丸炸点空间位置测试方法[D]. 西安:西安工业大学,2023.

[14] 李滨,谷志新,刘晓义,等. 传感与测试技术[M]. 北京:科学出版社,2021.

[15] 曹和平,易文周,叶子进. 传感原理与应用[M]. 杭州:浙江工商大学出版社,2022.

[16] 孙传友,孙晓斌,张一. 感测技术与系统设计[M]. 北京:科学出版社,2004.

[17] 孙传友,张一. 现代测试技术及仪表[M]. 北京:高等教育出版社,2012.

[18] 宋文绪,杨帆. 自动检测技术[M]. 北京:高等教育出版社,2004.

[19] 李道华,李玲,朱艳. 传感器电路分析与设计[M]. 武汉:武汉大学出版社,2000.

[20] 单成祥,牛彦文,张春.传感器原理与应用[M].北京:国防工业出版社,2006.

[21] 吕泉.现代传感器原理及应用[M].北京:清华大学出版社,2006.

[22] 谢志萍.传感器与检测技术[M].4版.北京:电子工业出版社,2022.

[23] 吕俊芳,钱政,袁梅.传感器接口与检测仪器电路[M].北京:北京国防工业出版社,2009.

[24] 李艳红,李海华,杨玉蓓.传感器原理及实际应用设计[M],北京理工大学出版社,2016.

[25] 金伟,齐世清,吴朝霞,等.现代检测技术[M].3版.北京:北京邮电大学出版社,2012.

[26] 张洪润,张亚凡,邓洪敏.传感器原理及应用[M].北京:清华大学出版社,2008.

[27] 吴建平.传感器原理及应用[M].2版.北京:机械工业出版社,2012.

[28] 刘笃仁,韩保君.传感器原理及应用技术[M].西安:西安电子科技大学出版社,2003.

[29] 秦玉伟,皇甫国庆,肖令禄.汽车传感器的应用以及发展趋势[J].传感器世界,2008(7),10-12.

[30] 王爱传,马清芝,李德永.汽车传感器使用要求与发展趋势[J].农业装备与车辆工程,2010(2):14-16.

[31] 梁森,王侃夫,黄杭美.自动检测与转换技术[M].4版.北京:机械工业出版社,2019.

[32] 祝诗平.传感器与检测技术[M].北京:中国林业出版社,北京大学出版社,2006.

[33] 郁有文,常健,程继红.传感器原理及工程应用[M].4版.西安:西安电子科技大学出版社,2014.

[34] 盖强,蔡畅.军用传感与测试技术[M].北京:国防工业出版社,2014.

[35] 王昌明,孔德仁,何云峰.传感与测试技术[M].北京:北京航空航天大学出版社,2005.

[36] 蔡丽.传感器与检测技术应用[M].北京:冶金工业出版社,2013.

[37] 袁冬琴.自动检测与转换技术[M].上海:上海交通大学出版社,2015.

[38] 李艳红,李海华,杨玉蓓.传感器原理及实际应用设计[M].北京:北京理工大学出版社,2016.

[39] 杨书仪,廖力力,覃凌云,等.基于传感布置优化的履带车辆振动测试系统[J].兵工学报,2022,43(12):2989-2999.

[40] 赵艳夺.基于干涉和背向瑞利散射融合技术的分布式光纤振动传感器研究[D].北京:北京交通大学,2022.